山东大学双一流建设『中国古典学术』专项资助项目

山東大學中文專刊

曾繁仁学术文集

西方美学简论

美育十讲

第一卷

人民出版社

统　　筹:侯俊智
责任编辑:侯俊智
助理编辑:程　露　郭　涛　胡　卉
特约编辑:叶敏娟　刘　佳
责任校对:秦　婵　周　荣

图书在版编目(CIP)数据

曾繁仁学术文集/曾繁仁 著. —北京:人民出版社,2021.5
ISBN 978 - 7 - 01 - 022233 - 2

Ⅰ.①曾…　Ⅱ.①曾…　Ⅲ.①美学-文集　Ⅳ.①B83—53

中国版本图书馆 CIP 数据核字(2020)第 108330 号

曾繁仁学术文集
ZENGFANREN XUESHU WENJI

曾繁仁　著

人民出版社 出版发行
(100706　北京市东城区隆福寺街 99 号)

涿州市旭峰德源印刷有限公司印刷　新华书店经销

2021 年 5 月第 1 版　2021 年 5 月北京第 1 次印刷
开本:787 毫米×1092 毫米 1/16　印张:406.75
字数:4568 千字

ISBN 978 - 7 - 01 - 022233 - 2　定价:2000.00 元(全套)

邮购地址 100706　北京市东城区隆福寺街 99 号
人民东方图书销售中心　电话 (010)65250042　65289539

作 者 像

"山东大学中文专刊"
编辑工作组

"山东大学中文专刊"
编辑出版说明

　　"山东大学中文专刊"是山东大学中文学科学者著述的一部丛书。由山东大学文学院主持编辑，邀请有关专家担任编纂工作，国内有经验的专业出版社分工出版。

　　山东大学中文学科与山东大学的历史同步，在社会巨变中，屡经分合迁转，是国内历史悠久、名家辈出、有较大影响的中文学科之一。1901年山东大学堂创办之初，其课程设置就包括经史子集等中文课程。1926年省立山东大学在济南创办，设立了文学院，有中国哲学、国文学两系。20世纪30年代至40年代，杨振声、闻一多、老舍、洪深、梁实秋、游国恩、王献唐、张煦、丁山、姜叔明、沈从文、明义士、台静农、闻宥、栾调甫、顾颉刚、胡厚宣、黄孝纾等著名学者作家在国立山东（青岛）大学、齐鲁大学任教，在学术界享有盛誉。新中国成立后，山东大学中文学科迎来新的发展时期，华岗、成仿吾先后担任校长，陆侃如、冯沅君先后担任副校长，黄孝纾、王统照、吕荧、高亨、高兰、萧涤非、殷孟伦、殷焕先、刘泮溪、孙昌熙、关德栋、蒋维崧等语言文学名家在山东大学任教，是国内中文学科实力雄厚的学术重镇。改革开放以来，新中国培养的一代学术名家周来祥、袁世硕、董治安、牟世金、张可礼、龚克昌、刘乃昌、朱德才、郭延礼、葛本仪、钱曾怡、曾繁仁、张忠纲等，以深厚的学术功底和开拓创新精神，谱写了山东大学中文学科新的辉煌。

总结历史成就，整理出版几代人用心血和智慧凝结而成的著述，是对学术前辈最大的尊敬，也是开拓未来，创造新知，更上一层楼的最好起点。2018年4月16日，山东大学新一届领导班子奉命成立，4月20日履任。如何在新的阶段为学科发展做一些有益的工作，是摆在面前的首要课题。编辑出版"山东大学中文专刊"是新举措之一。经过一年的紧张工作，第一批成果即将问世。这其中既有历史成就的总结，也有新时期的新著。相信这是一项长期的任务，而且长江后浪推前浪，在未来的学术界，山东大学中文学科的学人一定能够创造出无愧于前哲、无愧于当代、无愧于后进的更加辉煌的业绩。

是所望也。

山东大学文学院

2021年3月1日

自　序

　　山东大学文学院专门设立"山东大学文学院学术专刊",我的学术文集得以列入专刊,并在人民出版社出版。出版社编辑工作初步完成,此时正值本人虚度 80 周岁之时,看到这 14 卷 500 余万字的文集,真的是感慨系之。当然,首先得感谢山东大学文学院。我 1959 年 8 月 20 日到山东大学中文系读书,至今已经有 62 年,超过了一个甲子。感谢 62 年来所有教育、关心我的老师、同学与同事! 没有山东大学,没有中文系,没有你们,就没有我的今天,当然也没有这部文集。是你们的培养与支持使我成为一名教师与学者! 今天,文学院又专门设立专刊,支持出版了文集,这是又一次巨大的鼓励! 正值山东大学迎接 120 年校庆之际,这部文集也可算是我对母校的一次汇报,我将以余生报效母校于万一。祝我的母校山东大学,祝山东大学中文系走向更大辉煌!

　　经济社会是一切思想的动因,时代是一切学术成果的土壤。我在学术上取得的一些成果,正是在时代的土壤上生长起来的。我大学毕业之时,正是风雨骤至的"文革"十年的前夕,只是到了曙光初现的 1977 年,才迎来我们学术生命的春天。改革开放开启了中国新的春天,也开启了我们学术的春天。那时,我正值 36 岁,是一个迟到的青春,但还精力旺盛。"文革"后的第一届 1977 级新生入校之时,正是学术开放的初期,我的老师安排我为 77 级开设"西方美学"课程。起初,我的教学与研究是为了论证马克思主义美学发展的历史必然性及其伟大成就,但教学过程中也发现了西方美学的自有贡献以及对于我们的特殊启迪,这些成果就是我1983年出版的《西方美学简论》,以及1992年出版的《西方美学论纲》。此后,我一直给研究生开设"西方美学"课程,直到现在。在此基础上,2019年出版了《西方美学范畴研究》。

1981年,正是反思十年动乱的时期,"文革"中对美与艺术的彻底颠覆使我们极为震撼。有感于此,在当年举办的山东省高教干部培训班上,我开设了"美育"课程,并从这时起陆续在《山东高教研究》等期刊杂志上发表有关美育的论文。此后,先后出版了《美育十讲》(1985年)、《走向21世纪的审美教育》(2000年)、《现代美育理论》(2006)、《美育十五讲》(2012年)等多部有关美育论著。20世纪80年代后期,我国工业化如火如荼,乡镇企业遍地开花,在GDP逐年大幅度增长的同时,也造成了极大的环境污染。我有机会在高校为地方服务的过程中目睹了这种污染之严重,感触甚深! 这是促使我从2001年开始生态美学研究的直接动因。2001年,中华青年美学学会与陕西师范大学合作召开全国第一届"生态美学学术研讨会",我应邀在会上发表了题为《生态美学:后现代语境下生态存在论美学》的发言,从此走上生态美学研究之路,先后出版了《生态存在论美学论稿》(2003年出版,2009年增订再版)、《生态美学导论》(2010年)、《中西对话中的生态美学》(2012年)、《生态美学基本理论研究》(2015年)等论著。在生态美学研究的过程中,我一直思考如何在欧陆现象学之生态美学与英美分析哲学之环境美学之外建立一种反映中国传统"天人合一"文化传统的生态美学理论。恰在此时,国家层面提出"文化自信"与"坚守中国文化立场"的问题,这给予我以极大的勇气与信心。自此，我在倡导中国传统"中和之美"的基础上提出了中国传统"生生美学"之建立的问题，2018 年在《光明日报》发表了《解读中国传统生生美学》一文。收入本文集的《生生美学》，汇集、总结了我近些年来关于此问题的思考。以上，就是本人 40 多年来的简要学术历程，也是本文集的大体形成过程与基本学术面貌。

人是时代的产物，这个时代培养教育了我，山东大学中文系培养教育了我，使得我具有了初步的科研能力与学术追求的兴趣。我的老师们为我们做出了学术的榜样，我们努力追求之。但我本人无论在古典与西学方面都有着先天的不足，与我的老师们差距甚大。我本人又没有接受过研究生教育，也与我的学生差距甚大。这就决定了我学术研究的先天不足，决定了本文集不可免的疏漏，甚至是惭愧之处。敬请各位师友方家不吝批评！

本文集的出版，除了感谢山东大学文学院的支持，还要特别感谢祁海文教授。他负责编辑本文集，花费了非常大的精力收集、整理散见于报纸杂志上的文章，认真地编辑、修改、校对，费尽心血，14 卷文稿都凝聚着他的劳动。还有不少参加编校工作的学生们，他们都为本文集付出了劳动。当然，还要感谢人民出版社的领导与编辑们的巨大付出。对于以上师友，不知如何答谢，只在心中默默祝福！

曾繁仁

写于 2021 年 1 月 12 日 80 岁生日刚过之时

《曾繁仁学术文集》分卷目录

1964年8月，大学毕业前夕

1975年，全家合影

山东大学公用信笺

面向新的世纪，培养审美的新的一代新人
—— 在开幕式上的讲话．

山东大学　雷某仁

尊敬的各位来宾、各位专家、各位代表、朋友们、同志们：

首先我代表这次青岛审美与艺术教育国际学术研讨会的主办单位对各位来宾、各位专家和各位代表的光临表示热烈的欢迎，对教育部、省教委、教育学会、青岛市教育局、山东省陶行知研究会对此次会议所给予的大力支持表示衷心的感谢。

这次研讨会之所以选择审美与艺术教育这样一个论题，是由我们文化研究中心所承担的审美教育科研任务所直接促成的。作为素质教育的审美与艺术教育已经成为新世纪各国文化教育普遍所共同关注的一个热点课题。那就是，面向新的世纪，建立新型审美的生态，我们在培养什么样的居民培养审美的新的一代新人。众所周知，面对未来，摆在人类面前的是机遇与挑战共存。所谓机遇，那就是未来必将使人类获得更大的蓬勃发展。而所谓挑战，那就是与蓬勃发展相伴，人类也将面临严峻的挑战。如理想的消解、市场经济的冲击、精神家园的荒芜都是严重的问题。这些都是当前高科技与人的发展的某种两极发展的特征。面对着这样的情况与处境，我们应当明确我们精神的种种周围社会。而更重要的是精神文明的素质培养的部分。也就是通过审美的手段，培养审美的新的一代新人。这样的新人应该是有

本卷编辑说明

本卷收录了《西方美学简论》和《美育十讲》两部著作。

《西方美学简论》，1983年7月由山东人民出版社出版。这是作者最早出版的一部专著，也是最早的一部西方美学研究论著。该书是在作者此前陆续发表的十篇西方美学研究论文的基础上结集而成，这些论文在收入该书时都有较大的修改和增补。此次收入本文集，以山东人民出版社1983年版为原本。

《美育十讲》，1985年12月由山东教育出版社出版，是作者最早出版的一部美育专著。作者2000年10月在陕西师范大学出版社出版《走向二十一世纪的审美教育》一书时，曾将《美育十讲》作为该书的第一编全文收录，略有修订和增删。此次收入本文集，以山东教育出版社1985年版为原本。

上述两部著作此次收入本文集时，在原本基础上调整、增补了全书的引文和注释，校正了个别明显的错字、误字，正文中一些断句也略有修正。

目　录

西方美学简论

美　育　十　讲

西方美学简论

试论柏拉图美学思想的历史地位

一

柏拉图是公元前五至四世纪古希腊著名的哲学家与美学家。在政治上,他顽固地站在奴隶主贵族的立场之上,力图挽救其颓势。表现在美学观与文艺观上,他也是以对奴隶主贵族的国家"有效用"作为其研究问题的出发点。从思想上来说,"理念论"是其美学思想的核心。"美即理念"的基本观点渗透于他的美学观与文艺观的各个方面。不论是他的摹仿说、回忆说、灵感论、效用说,还是他的修辞学,都被理念论统帅,以其为理论基础。这就说明,他的美学观与文艺观在思想体系上是客观唯心主义的。因此,从总的方面来说,柏拉图的美学观与文艺观在政治上是反动的,在思想上是唯心的。这是一个基本的估计,是一个大的前提。但是,还有另一方面的情况,那就是柏拉图的美学思想在历史上有着深远的影响。他的学园一直维持到公元六世纪,而其美学思想则垄断了欧洲中世纪的大部分时间,形成了绵延不断的新柏拉图主义,乃至于被一切的唯心主义美学家尊为祖师。不仅如此,柏拉图的美学思想对于进步的美学家和文艺运动也有着巨大的影响。文艺复兴时期,意大利的人文主义者研究柏拉图成风。那时意大利的文化中心佛罗伦萨就建立了一座柏拉图学园,定期讨论美学问题和其他哲学问题。大艺术家米开朗琪罗就是这些活动的积极参加者。十八世纪末、十九世纪初浪漫主义运动中的许多文艺家也都是柏拉图的信仰者，如席勒、雪莱等。此外，像大理论家康德、黑格尔、车尔尼雪夫斯基和大诗人歌德等，都不同程度地受到柏拉图的影响。伟大的革命民主主义理论家车尔尼雪夫斯基在《论亚里士多德的"诗学"》一文中认为，柏拉图的理论"不仅比亚里士多德深刻，而且还比他更完整"①。车氏这一看法是否公允另作别论，但说明了他对柏拉图美学思想的重视程度。上述柏拉图美学思想在历史上的深远影响，从表面上看似乎同他政治上的反动性、思想上的唯心主义是矛盾的。我们的任务就是要正视并正确地解释这种"矛盾"的现象。但是，过去由于受到苏联理论界否定柏氏理论观点的影响，加上我们自己在学术研究中的极"左"思潮和简单化倾向，因而在我国理论界作为主导的方面，对于柏拉图的美学思想也基本上采取了全盘否定的态度。其中，最具代表性的观点就是汝信、夏森同志在《西方美学史论丛》一书的《柏拉图的美学思想》一文中对柏拉图美学思想的评价。该书出版于1963年，1980年重印。重印时，作者对有关柏拉图美学思想的评价未作修改。汝信、夏森同志在该文中谈到柏拉图有关美的本质的理论时，认为"不仅具有浓厚的宗教神秘主义色彩，而且还暴露出柏拉图蔑视人民群众的奴隶主贵族观点"②。而在谈到柏拉图的艺术观时，他们则认为"柏拉图的艺术理论在历史上起的不是进步作用，而是反动作用，它不能促进文学艺术的发展，却

---

①《车尔尼雪夫斯基论文学》中卷，辛未艾译，上海译文出版社1979年版，第184页。

②汝信、夏森：《西方美学史论丛》，上海人民出版社1963年版，第17页。

反而成为文学艺术前进道路上的障碍。文学艺术遇到了严重的挑战,甚至连它的存在权利也受到了威胁"①。这里,向我们提出了一个评价古代美学家的共同问题:如果一个美学家在政治上是反动的、思想上是唯心的,那么,其美学理论中能否包含有价值的成分,是否有可取之处? 总之,对这样的美学家应如何评价其美学思想的历史地位,这是一个极其重要的、带有普遍性的问题,需要一切美学史工作者给予明确的回答。

二

马克思主义告诉我们,对一切事物都应实事求是,具体问题具体分析。因此,对于柏拉图的美学思想中有无可取之处及其历史地位的问题就不应抽象地肯定或否定,而应从具体地分析柏拉图的各种美学观点入手,然后得出结论。

柏拉图关于美的本质的理论就在于他提出了"美即理念"的观点。他认为,在诸天之上存在着各种各样的理念,其中就有一个"美的理念",即所谓"美本身"。这种"美的理念"是永恒的、绝对的,具体的美的事物之所以会美,原因就是它们"分有"了"美的理念",而人之所以会认识美,是因其对于作为灵魂时所具有的理念知识的"回忆"。没有疑问,这正如汝信、夏森同志所说,是一种极端荒谬的客观唯心主义的理论,而且带有浓厚的宗教神学的色彩。因为,所谓"美的理念"只不过是对美的事物的最简单的抽象,是一般的概念,应该是先有美的事物,然后才有"美的理念"或"美本身"。但柏拉图却将其颠倒过来,认为"美的理念"或"美本

---

①汝信、夏森:《西方美学史论丛》,上海人民出版社1963年版,第39页。

身"先于美的事物,高于美的事物,是美的本原。这就正如列宁所说:"原始的唯心主义认为:一般(概念、理念)是单个的存在物。这看来是野蛮的、骇人听闻的(确切些说:幼稚的)、荒谬的。"①但是,我们又不能不看到,在对美的本质的探讨上,柏拉图毕竟还是有其贡献的。因为,在柏拉图之前,人们对美的认识还处于朦胧的状态,常常将美与美的事物及美的特质混淆在一起。只有柏拉图才第一次在美学史上提出了"美本身"这个概念,并将"美本身"与美的事物及美的特质区别开来。他在其早年著名的美学专论《大希庇阿斯篇》中借苏格拉底与辩士希庇阿斯的对话,从各个不同的角度探讨了这样一个问题:"凡是美的那些东西真正是美,是否有一个美本身存在,才叫那些东西美呢?"②他认为,应把"美本身"与具体的美的事物区别开来。例如,应将"美本身"与美的小姐、美的汤罐、美的母马和美的竖琴等区别开来。同时,他还认为,应将"美本身"与美的具体特质相区别。例如,应将"美本身"与"有用""快感"等区别。尽管他在该篇没有对"美本身"作出更具体、更确切的规范,而是认为"美是难的"。但在对美的本质的探讨上,他毕竟是较其前人向前迈进了一步。而且,作为集中论美的论文,《大希庇阿斯篇》在西方美学史上也是第一篇。他的《理想国》《伊安》《斐德若》诸篇虽非专门论美,但也有较集中的篇幅论及美学问题与文艺问题。这本身就对历史上的美学思想与文艺思想带有归纳的性质,因而在使美学与文艺理论成为独立的学科方面,柏拉图的贡献是显而易见的。而且,我们还应看到,这

①列宁:《亚理斯多德的〈形而上学〉一书摘要》,《列宁全集》第38卷,人民出版社1959年版,第421页。
②柏拉图:《文艺对话集》,朱光潜译,人民文学出版社1963年版,第181页。

种关于美本身和美的事物的区别的理论也体现了个别与一般、现象与本质相联系的辩证思想,说明柏拉图已认识到个别不仅是个别,而是其中还包含着一般,现象也不仅是现象,其中也包含着本质。这是对美的认识的深化。这种辩证的思想还表现在柏氏不是静止地看待对美的认识,而是将其看作一个过程。他在《会饮篇》中著名的第俄提玛的启示中假借女巫之口给我们描绘了认识美的"正确秩序":先从人世间个别的美的事物开始,逐渐提升到最高境界的美,好像升梯,逐步上进,从一个美的形体到美的行为制度,从美的行为制度到美的学问知识,最后再从各种美的学问知识一直到只以美本身为对象的那种学问,彻悟美的本体。这里所说的美的认识过程,当然不是某些同志所说的是什么"辩证唯物论的雏形",而是以唯心主义的"回忆说"为其前提的,讲的是人对美的理念的回忆过程,因而仍具有浓厚的宗教神秘主义色彩。但他终究是看到了人对美的认识是一个逐步深化的过程,涉及了人关于美的概念在其规定性上的逻辑层次问题,即从个别事物的美到行为制度的美,再到美的理论和本体逐步发展递进。当然,最后他还是将美归结到绝对性和永恒性,因而又不免堕入形而上学。但这种将美的认识看作一个逐步递进的过程的理论在美学史上毕竟是第一次,因而标志了人类对美的思考的一个迈进,并且对后世诸如黑格尔那样的辩证的美学家也有着巨大的启示作用。

除此之外,柏拉图还在美学史上第一次比较集中地论述了美与善的关系。尤其在《大希庇阿斯篇》,他探讨了美是否有用、有益和善等问题,尽管没有得出结论,但已比较全面地涉及了美与善的关系。在其中年所著的《理想国》中,柏拉图更为明确地提出了著名的"效用说"。这种"效用说"无疑充分地体现了奴隶主贵族阶级的反动政治立场。它的提出完全以"城邦保卫者",即奴隶主贵族的继承人的教育为出发点,目的在维护奴隶主贵族的城邦统治,而其措施也是从监督、检查到驱逐的一系列奴隶主贵族的文化专制。因此,汝信、夏森同志揭露这种"效用说"为奴隶主贵族反动政治服务的阶级实质是完全正确的。但这只是一个方面,也许是主要的方面,但还存在着对美与善的关系探讨的另一个方面。因为,柏拉图不仅是一个奴隶主贵族阶级的代表人物,而且还是一位美学家。他虽是站在奴隶主贵族阶级的立场探讨美学问题,有其政治上的反动性。但作为美学家,他的探讨又并非完全是政治化了的,而仍是牵涉一些学科领域自身的问题,这些问题本身还是有其相对独立性的。例如,柏拉图在"效用说"中除了上述反动的政治内容之外,就还对文艺提出了"不仅能引起快感,而且对于国家和人生都有效用"①这样的美学要求。在快感与效用的关系上,他又主张以快感服从效用,要求被有害文艺的快感所吸引的人应从其"效用"出发,"像情人发见爱人无益有害一样,就要忍痛和她脱离关系了"②。这其实就是主张美与善的统一,善为美的基础。可见,柏拉图的这种"效用说"的提出以及其对美与善的关系的集中论述,不能说除了其政治上的反动性之外就无任何理论价值,起码应该说是在美学史上第一个明确提出文艺要以社会效用为标准,要为政治目的服务。这一点,就连汝信、夏森同志也是承认的。而且,就论题本身来说,如此集中而全面地论述美与善的关系,在理论上也是一大进展。正因为如此,车尔尼雪夫斯基以相当多的篇幅发挥了柏氏"艺术对国家人生有效用"

①柏拉图:《文艺对话集》,朱光潜译,人民文学出版社1963年版,第88页。
②柏拉图:《文艺对话集》,朱光潜译,人民文学出版社1963年版,第88页。

的观点。这种论述和发挥,当然有汝信、夏森同志所指出的车氏"不善于用阶级斗争的观点和阶级分析的方法去观察历史和评价历史人物"①的原因。但除此之外,柏氏的"效用说"本身在美学理论上的成就被车尔尼雪夫斯基所重视应是另一方面的重要原因。在这个问题上,汝信、夏森同志还认为,只要肯定柏拉图"效用说"中的某些观点,那就是一种脱离其阶级性和政治性的"抽象的"评价。这里,首先要弄清楚什么才是"抽象的"评价。众所周知,所谓"抽象的"评价,乃是一种脱离事物的具体规定性的形而上学的倾向。但事物的规定性是多方面的。例如,柏氏的"效用说"就既有阶级、政治的规定性,又有美学和文艺学学科自身的一些规定性。我们对"效用说"中某些内容的肯定,正是从学科自身的规定性出发,并且只在这个范围内有其限定性,因而不是什么"抽象的"评价。

三

下面,我们再来分析一下柏拉图的文艺思想。这是学术界长期以来最伤脑筋的一个问题。因为柏拉图是文艺史上对文艺和文艺家谴责最厉害的一个人。他曾将文艺骂成"说谎""逢迎人性中的低劣的部分"②,并提出了驱逐文艺家的主张。他说:"我们的城邦里没有像他这样的一个人,法律也不准许有像他这样一个人,然后把他涂上香水,戴上毛冠,请他到旁的城邦去。"③不仅如

①汝信、夏森:《西方美学史论丛》,上海人民出版社 1963 年版,第 54 页。
②柏拉图:《文艺对话集》,朱光潜译,人民文学出版社 1963 年版,第 84 页。
③柏拉图:《文艺对话集》,朱光潜译,人民文学出版社 1963 年版,第 56 页。

此,柏拉图著名的"摹仿说"也必将导致对文艺的否定。因其认为存在着三个世界:理念世界、现实世界和艺术世界。现实世界是对理念世界的摹仿,而艺术世界则是对现实世界的摹仿,因而,在他看来,文艺是"摹本的摹本""影子的影子""和真理隔着三层"。所以,他把"摹仿的艺术家"放在社会中"第六流"的地位,次于政治家、事业家、体育运动员和祭士,而同工人、农民接近。这当然是其反动政治立场与客观唯心的哲学观在文艺思想中的表现,是极其荒谬的。也正因如此,不少理论家完全否定了柏拉图对艺术理论的积极贡献,乃至于汝信、夏森同志认为"文学艺术遇到了严重的挑战,甚至连它的存在权利也受到了威胁"。

我们认为,如果因为柏拉图对文艺和文艺家作过谴责和否定就全部否定其文艺思想的积极意义,同样也是不全面的。因为,柏拉图的文艺思想是极其复杂而丰富的,其中既包含着对文艺的谴责和否定,也包含着对艺术特性的深刻论述。总之,这是极其矛盾的现象。但由于任何事物本身都是矛盾的、多方面的,所以,我们就不能只看到一个侧面而否定另外的侧面。否则,就会犯片面性的错误。翻开柏拉图的《文艺对话集》,我们立刻就会发现,他对文艺的特性作了如此全面而深刻的论述。这不仅在其以前的美学家中从未有过,就是在其以后的美学家中也不多见。即便是亚里士多德,尽管其《诗学》是美学史上系统研究美学和文艺问题的第一部专著,但终究存在着以规则来套文艺,从而在某种程度上忽视其特性的弊病。而柏拉图却更多地注重了文艺的特性。柏拉图对文艺特性的论述首先表现于他在《理想国》中对"效用说"的阐述之中。他之所以如此重视文艺,就是因为认识到文艺具有特有的巨大的感染作用。他在《理想国》中认为,文艺教育的特点是"有最强烈的力量浸入心灵的最深处,如果教育的方式适合,它们就拿美来浸润心灵"①。他把文艺的这种"浸润心灵"的作用称作是"诗的魔力",认为如果使青年们"天天耳濡目染于优美的作品,像从一种清幽境界呼吸一阵清风,来呼吸它们的好影响,使他们不知不觉地从小就培养起对于美的爱好,并且培养起融美于心灵的习惯"②。这就说明,柏拉图已经十分深刻地看到了文艺特有的从情感上熏陶感染、潜移默化的作用。也可以说,正是基于文艺具有这样独特的巨大作用,柏拉图才特别重视文艺教育,从而提出了"效用说"的观点。而且,这也证明了他是一位具有很深的文艺素养的美学家。因而,他尽管将摹仿的文艺斥为"影子的影子""和真理隔着三层",但仍然主张在其理想国中保留一部分"颂神的和赞美好人的诗歌"③。

在这里,还要特别提到柏拉图的"灵感论"。"灵感论"并不始于柏拉图,在他之前的德谟克利特、苏格拉底等即认为诗歌创作来自灵感。但柏氏却是第一个将其理论化、系统化。因而,他有关灵感的观点在美学史上影响最大。柏拉图把诗人分成两种:一种是与哲学家相等的爱美者或诗神的顶礼者,一种是摹仿的艺术家。他肯定前者否定后者,而认为两者之间的差别就在于前者靠灵感而后者靠摹仿。他认为,所谓"灵感"就是一种由于神灵凭附而丧失理性的迷狂。这无疑带有浓厚的宗教神秘主义色彩。但具体分析一下他关于"灵感"的论述,却又可以从中看到他对文艺创作特性的注意和阐明。他在《伊安篇》中集中地论述了文艺创作为什么不凭技艺而凭灵感的问题。他具体地分析了文艺创作

活动中这样几种现象：一种是文艺家在具体的知识上不如匠人，
《荷马史诗》中写了御车的诗句，但荷马所掌握的御车的知识肯定
没有御车人多，诗中描写的治病、纺织、牧牛、打仗等都是如此；再
一种是有些诗人长于某种体裁，却不一定长于其他体裁，这就说
明诗人创作不是凭技艺，因为如果凭技艺的规矩创作，那就会擅
长于一切体裁；还有就是有些诗人平生只写过一篇成功之作，如
卡尔喀斯人廷尼科斯，平生只写了一首著名的《谢神歌》。柏拉图
认为，凡此种种都证明了文艺创作不是凭技艺而是凭灵感。他断
言：“若是没有这种诗神的迷狂，无论谁去敲诗歌的门，他和他的
作品都永远站在诗歌的门外。”①当然，柏拉图的这段论述中有否
定必然性、合目的性和后天学习的唯心主义和非理性主义的倾
向，但却充分说明了他已初步认识到文艺创作同其他思维活动相
比，偶然性、无目的性和先天性占有更大比重的特点。这不能不
说是一个贡献。因为，文艺创作尽管包含必然性和理性的规律，
但这种必然性和理性的合目的性却不像在科学技术与理论中那
么明显，而是一种寓必然于偶然、寓目的于无目的，是一种必然与
偶然、合目的与无目的的直接统一。同时，文艺创作尽管同其他
技艺一样也要依靠后天的学习掌握，但同其他技艺相比，其先天
禀赋的因素显得更为重要。柏拉图还在《伊安篇》中具体形容了
这种文艺创作中感情澎湃的“迷狂”状态。他以女巫下神为例，认
为“抒情诗人的心灵也正像这样，他们自己也说他们像酿蜜，飞到
诗神的园里，从流蜜的泉源吸取精英，来酿成他们的诗歌。他们
这番话是不错的，因为诗人是一种轻飘的长着羽翼的神明的东
西，不得到灵感，不失去平常理智而陷入迷狂，就没有能力创造，

————————

① 柏拉图：《文艺对话集》，朱光潜译，人民文学出版社1963年版，第118页。

就不能做诗或代神说话"①。在《斐德若篇》中,柏拉图超出具体的文艺创作范围,探讨了哲人在美的回忆中所经历的迷狂状态。他把这种对美的回忆比作对爱情的追求中因得与失所引起的痛喜感情,并描述了其间的迷狂情形。他说:"这痛喜两种感觉的混合使灵魂不安于他所处的离奇情况,彷徨不知所措,又深恨无法解脱,于是他就陷入迷狂状态,夜不能安寝,日不能安坐,只是带着焦急的神情,到处徘徊,希望可以看那具有美的人一眼。若是他果然看到了,从那美吸取情波了,原来那些毛根的塞口就都开起来,他吸了一口气,刺疼已不再来,他又暂时享受到极甘美的乐境。所以他尽可能地不肯离开爱人的身边,不把任何人放在眼里,父母亲友全忘了,财产因疏忽而遭损失,他也满不在意……"②这就极细微地刻画了在美的追求(即艺术构思)中和达到美的境界(即创作成功)后的不同处境中迷狂的具体状态。通过他对"迷狂"状态的这段描写,我们可以从中概括出他对文艺创作特性的这样几点认识:第一,文艺创作是一种搅动得作者寝食不安的强烈的感情活动而非理性活动;第二,文艺创作是一种亲友财产俱忘的高度集中的精神状态;第三,文艺创作的成功能使作者达到一种乐而忘痛的"极甘美的乐境"。这就较细微而形象地说明了文艺创作是以感情活动为主要特点的。当然,柏拉图的这些观点中包含着明显的非理性的唯心主义倾向,过分地强调了创作中的感情活动,而这种感情活动既不是以实际生活为基础,又脱离了理性活动的指导。但如此集中详尽地阐述文艺创作的感情特征,这在美学史上和文艺理论史上都是第一次。而这种论述,从其实际效果来说,也决不会仅仅是

---

① 柏拉图:《文艺对话集》,朱光潜译,人民文学出版社1963年版,第8页。
② 柏拉图:《文艺对话集》,朱光潜译,人民文学出版社1963年版,第128页。

有害于文艺。相反，它对于促进文艺沿着自己特有的规律发展还是有所助益的。另外，从美学史上看，关于文艺的本质有两种对立的理论。一是"再现说"，主张文艺是对客观现实的反映，强调认识作用；另一种是"表现说"，主张文艺表现主观的感情，强调情感作用。这两种理论的根源都在柏拉图。他既在"再现说"方面提出了"摹仿说"，又在"表现说"方面提出了"灵感论"。这就更充分地说明了柏拉图美学思想在整个欧洲美学史上的重要地位。它不愧是欧洲美学思想的重要源头之一。

现在，我们还要简单地提一下柏拉图的"修辞学"。当然，这在柏拉图整个美学思想与文艺思想中并不占重要位置，但还是有其独到的贡献却又不被人所重视。"修辞学"本来是在柏拉图的时代所流行的一种学问，崇尚这门学问的主要是一些被称为"智者"（Sophist）的人们。这些人常以教授诡辩和修辞为业。他们的修辞理论过分强调形式方面的因素，甚至声言"无论你说什么，你首先应注意的是逼真，是自圆其说，什么真理全不用你去管，全文遵守这个原则，便是修辞术的全体大要了"①。柏拉图则反其道而行之，提出了"以理帅辞""统观全体"的原则。他说："文章要做的好，主要的条件是作者对于所谈问题的真理要知道清楚"，"头一个法则是统观全体，把和题目有关的纷纭散乱的事项统摄在一个普遍概念下面，得到一个精确的定义，使我们所要讨论的东西可以一目了然。"②尽管柏拉图这里所说的"理"是奴隶主贵族的政治主张和客观唯心主义的理念，这当然是应该批判的，但他的

①柏拉图：《文艺对话集》，朱光潜译，人民文学出版社1963年版，第165页。
②柏拉图：《文艺对话集》，朱光潜译，人民文学出版社1963年版，第141、152页。

"以理帅辞""统观全体"的原则却正确地反映了作品中内容对形式的决定,总结了文章写作的客观规律,对后世是有积极的借鉴作用的。只是,柏拉图在一定程度上忽视了形式的相对独立性和反作用,因而也不免带有一定的片面性。

四

通过上面对柏拉图美学思想和文艺思想的具体分析,我们可以看到汝信、夏森同志认为柏拉图美学思想和文艺思想所起的仅仅是反动作用的观点是不尽全面的。事实上,柏拉图美学思想的历史作用是复杂的,既有其消极的反动作用,又有其积极的促进文艺发展的作用。因为,柏拉图对一系列基本的美学和文艺问题都作了首创性的可贵探讨。这就使他的美学思想虽然属于唯心主义体系,但却是对一个时代的文艺成果的极其有益的高度总结,涉及了一系列前人所未曾涉及的问题。例如,美的本质、美与善的关系、文艺的感情特征等。柏拉图对于这些问题,有的给予了一定程度的解决,有的没有解决,甚至给予了错误的解决。但不论怎样,其意义都是极其重大的。当然,柏拉图的美学思想还未构成完整的体系,内中时有矛盾之处。例如,他在"摹仿说"中否定了文艺的感染作用,但在"效用说"中却又强调了文艺的感染作用,而他的所谓"爱智慧者"的诗和"摹仿"的诗,基本特征和区别都不明确。凡此种种,都是后人在评价其美学思想时发生歧义的原因。但这只能归之于历史的局限,而如此集中地对美与艺术的本质进行哲学的探讨则是第一次,并对后世美学家产生极大的影响。同时,柏拉图对文艺创作的特性也作了史无前例的强调。他在提出"迷狂说"和"效用说"的过程中,都非常形象而具体地涉及到了文艺创作的感情活动的特性。这实际上已经接触到了艺术思维与艺术欣赏中的一系列特殊性问题,其价值是极其重大的。

这一切都向我们说明了一个问题:对于一个美学家来说,绝不是政治上反动、思想上唯心,其美学思想和文艺思想就无任何理论价值。也就是说,不是什么"路线错了,一切皆错"。其原因首先在于,一个理论家不仅是某种政治和哲学路线的产物,更重要的是一定时代的产物。他的理论成果总是要包含时代的内容,甚至反映出一定时代的思维水平。柏拉图就是这样的情形。他所生活的古希腊时代,是一个文艺高度繁荣、哲学思想高度发达的时代,是人类童年时期文化发展的一个高峰。其时,不仅出现了壮丽无比的巴台农神殿,而且出现了伟大的雕塑家菲狄亚斯、米隆和著名的三大悲剧诗人埃斯库罗斯、索福克勒斯和欧里庇得斯。在哲学上也出现了蓬勃发展、百家争鸣的繁荣局面。这样的历史条件,为柏拉图思考美学问题提供了丰富的文艺和理论的材料,同时也给他的思考以强大的推动力。因此,柏拉图是时代的产儿,他的成就从某种意义上来说也是时代的成就。当然,古希腊时期除柏拉图之外还涌现了众多的理论家。他们对美学和文艺问题也都作了自己的思考。但却只有柏拉图和亚里士多德为其佼佼者。这不能不说同他们本身善于观察思考和学习总结有着密切的关系。他们博古通今,谙熟各种学问,并终生思考种种社会问题与学术问题。这样,他们才得以将时代的成就融汇于自己的学术体系之中,从而取得突出的成就。这里,还需再次提出美学思想与文艺思想对政治思想和哲学思想的相对独立性问题。我们认为,一个理论家的美学思想与文艺思想首先是被其政治思想和哲学思想所制约的,但它们又都有自己的相对独立性。这就使得柏拉图尽管在政治思想上是反动的、在哲学思想上是唯心的,而其美学思想与文艺思想却仍可有其成就和重要价值。在柏拉图的理论中,还常常出现其美学思想与文艺思想突破其政治思想与哲学思想的情况。例如,从柏拉图的客观唯心主义的理念论出发,必然得出文艺与真理隔三层而对其否定的结论。但实际上,柏拉图在具体论述中不但没有全部否定文艺,而且对文艺特有的感染作用还作了集中而充分的论述。这就说明,柏拉图不是一个以政治和哲学原则代替美学和艺术规律的僵化的教条主义者,而是一位有着很深的艺术素养的美学大师。诸如此类的矛盾现象,在柏拉图的美学思想中还有一些。我们在研究分析柏拉图的美学思想时,如果不顾及到这种矛盾现象,那就不是一种实事求是的态度。当然,一个美学家的美学观和文艺观对于政治观和哲学观的独立性,还仅仅是"相对的"。从总体上来说,他的美学观与文艺观还是要被其政治观和哲学观所制约和决定。柏拉图反动的政治观和唯心的哲学观毕竟使他对许多基本的美学问题和文艺问题作了歪曲的理解。这是非常重要、不容忽视的方面。但在我们长期以来已经较多地注意到了这一方面的情况下,目前不是应更多地看到其美学和文艺思想成就的一面吗? 这里,我们还要说明的是,我们之所以一再强调美学思想与文艺思想对于政治思想与哲学思想的相对独立性,这只不过是评价历史上的美学家与文艺理论家时所必须注意的一个问题。对于我们今天的美学工作者和文艺理论工作者来说,首要的任务当然还是要努力地掌握马克思主义的立场、观点与方法。这样才有可能给予复杂的美学问题与文艺问题以正确的解决。

　　综上所述,根据马克思主义的历史主义的基本原则,具体而客观地分析柏拉图的美学思想,我们可以从中发现一系列完全崭新的内容，由此可以断言，不能轻易地以"反动"二字对柏拉图的美学思想作结，而是既要看到其中反动、唯心的内容，也要看到其中积极的有价值的成分。这些积极的有价值的成分正是人类文化的伟大财富之一，是人类在其童年时期对美学和文艺现象进行深入思考的有益成果。对于这样的财富和成果，我们应认真地研究，给予批判的继承。

论亚里士多德的美学思想

　　亚里士多德（公元前 384—前 322）是古希腊著名哲学家柏拉图的学生，马其顿王亚历山大的老师。他是古希腊最著名的学者，在哲学、物理学、伦理学、语言学、美学等各个领域都有重要建树。在美学方面，他第一次写出了有关的专著《诗学》和《修辞学》。此外，在其《形而上学》《政治学》等其他哲学、伦理学著作中也都涉及许多有关的美学问题。他的这些著作，尤其是《诗学》，在欧洲古代美学和文艺理论史上具有法典般的权威。因此，系统地研究亚里士多德的美学思想，对于进一步掌握欧洲古代和近现代美学流派的思想渊源，以及发展我国自己具有民族特点的无产阶级美学理论，都是大有裨益的。要全面理解亚里士多德的美学思想，必须掌握这样一条基本线索，那就是，尽管亚里士多德师承于柏拉图，但在所有的美学基本问题上两者却都是对立的。柏拉图曾在其著名的《理想国》中对当时的文艺与文艺家进行了全面的谴责，并曾声言要将他们赶出他的"理想国"。亚里士多德很可能是有感于此，而写出了自己的美学著作，用以为文艺辩解。

一

　　文艺与现实的关系问题是美学理论的一个基本问题。柏拉图在这个问题上提出了唯心主义的"摹仿说"，认为现实是对理念的摹仿,而文艺是对现实的摹仿,因此,文艺是"摹仿的摹仿""影子的影子"。亚里士多德继承了柏拉图艺术是摹仿的观点,但却对其进行了唯物主义的根本改造,并以此为出发点建立了自己的美学思想体系。这是亚里士多德对美学史的最大贡献。因此,我们应该全面地认识亚里士多德的摹仿说。

摹仿的原因。柏拉图对于文艺的摹仿是谴责的,在他的"理想国"里,他将文艺家放在社会第六等级的地位,甚至认为他们连普通的匠人都不如。亚里士多德不同意这种看法,认为文艺的摹仿完全是出于人的天性。在《诗学》的第四章探讨诗的起源时,他指出,诗的起源有二:一是摹仿,二是音调感和节奏感。这两个方面,在他看来都是出于人的天性。他在谈到摹仿时指出,"人从孩提的时代起就有摹仿的本能"。他甚至认为,人同禽兽的分别之一就在于人最善于摹仿,人的最初时知识就是从摹仿得来的。[1]可见,在亚里士多德看来,摹仿既是人的天性,也就人皆有之,因而不应受到谴责,而且因其能给人以知识,还应给其应有的地位。

摹仿的文艺比现实更高。柏拉图对于文艺的真实性是否定的。他认为,理念世界是最高的最真实的境界,而文艺是"摹仿的摹仿""影子的影子",当然无任何真实性可言。亚里士多德则认为,文艺尽管是对现实的摹仿,但却比现实更高。他在将诗与历史相比较时指出:"写诗这种活动比写历史更富于哲学意味,更被严肃的对待。"[2]这里,亚里士多德所说的"历史"并不是指我们

---

[1] 亚里士多德、贺拉斯:《诗学·诗艺》,罗念生、杨周翰译,人民文学出版社1962年版,第11页。

[2] 亚里士多德、贺拉斯:《诗学·诗艺》,罗念生、杨周翰译,人民文学出版社1962年版,第29页。

今天所理解的总结历史规律的历史科学,而是指当时古希腊的详尽记述史实的编年史。因此,亚里士多德所说的历史可以理解成"现实"本身。而所谓"哲学意味"是指就其深刻性来说超过了客观反映现实的历史,并比历史更有价值,因而就"更被严肃的对待"。

那么,文艺为什么能做到比现实更高呢?亚里士多德认为,这是由于文艺能反映生活的规律。他说:"诗人的职责不在于描述已发生的事,而在于描述可能发生的事,即按照可然律或必然律可能发生的事。历史家与诗人的差别不在于一用散文,一用韵文。……两者的差别在于一叙述已发生的事,一描述可能发生的事。……因为诗所描述的事带有普遍性,历史则叙述个别的事。所谓'有普遍性的事',指某一种人,按照可然律或必然律,会说的话,会行的事……"①这里所说的"可然律"是指在某种假定的前提与条件下可能发生的结果,而"必然律"则指在已定的前提或条件下必然发生的结果。总之,都是指反映事物之间因果关系的一种必然的规律。可见,在亚里士多德看来,文艺之所以比现实更高,就是因其揭示了现实生活的内在规律。为此,他特别强调文艺作品情节的合乎情理。他认为,一桩不可能发生而可信的事,比一桩可能发生而不可信的事更为可取。因为,所谓可信与否就是指是否合乎情理,亦即是否符合事物发展的规律。在他看来,一件事只要符合事物发展的规律,尽管现实生活中不存在,也完全应该作为文艺作品的情节;相反,一件事如果违背了事物发展的规律,那么即使在现实生活中存在,也不应作为文艺作品

---

① 亚里士多德、贺拉斯:《诗学·诗艺》,罗念生、杨周翰译,人民文学出版社1962年版,第28—29页。

的情节。

正因为文艺在对现实的摹仿中可以揭示其内在的规律,所以亚里士多德要求文艺家也必须掌握现实生活的规律。但柏拉图却认为,艺术家根本不需要掌握现实生活的知识,而只要凭神启的灵感就行。亚里士多德不同意这种看法,认为在现实知识的掌握方面,对于文艺家的要求应该比经验家更高,文艺家对于现实事物不仅应知其然而且应知其所以然。

摹仿的特点。摹仿的文艺有什么特点,它同科学的认识又有什么区别呢?这是将文艺从一般认识形式中区分出来,使其具有独立意义的一个极其重要的问题,也是创作理论中的一个基本问题。亚里士多德对于这一问题已有一定程度的认识。在《心灵论》中,他已谈到了判断与想象的区别,认为它们"是不同的思想方式"。他说,所谓想象就是离开具体事物之后,闭上眼睛所产生的一种"幻想"①。在《诗学》中,他要求诗人在安排情节时"应竭力把剧中情景摆在眼前,唯有这样,看得清清楚楚——仿佛置身于发生事件的现场中——才能作出适当的处理"②。很明显,亚里士多德所认为的艺术想象就是具体事物在脑子里的一种活灵活现的浮现。这就说明,亚里士多德已经认识到了创作中的个别性的特点。联系上文所说的他认为文艺必须反映生活普遍性的观点,可以看出,他已涉及了文艺创作中普遍性与个别性之间的关系问题。这是非常重要的,可以看作是有关艺术典型理论的萌芽,对此后的创作和理论都产生了重大的影响。

①伍蠡甫主编:《西方文论选》上卷,人民文学出版社1964年版,第561页。
②亚里士多德、贺拉斯:《诗学·诗艺》,罗念生、杨周翰译,人民文学出版社1962年版,第55—56页。

摹仿的方法。亚里士多德在《诗学》中还涉及了艺术摹仿的方法问题。他说:"诗人既然和画家与其他造型艺术家一样,是一个摹仿者,那么他必须摹仿下列三种对象之一:过去有的或现在有的事、传说中的或人们相信的事、应当有的事。"又说:"如果有人指责诗人所描写的事物不符实际,也许他可以这样反驳:'这些事物是按照它们应当有的样子描写的',正像索福克勒斯所说,他按照人应当有样子来描写,欧里庇得斯则按照人本来的样子来描写。"①这里尽管讲的是摹仿对象,但实际上论述的是摹仿中所应遵循的原则,即摹仿的方法。他讲了三种方法:第一种是摹仿"过去有的或现有的事",总之是摹仿已有的事;第二种是摹仿"传说中的或人们相信的事",这实际上是说的古代神话;第三种是摹仿"应当有的事"。这三种方法归纳起来又无非是"按照应当有的样子来描写"和"按照本来的样子描写"两种。但由于亚里士多德讲得过分简单,因而引起了对这段话理解上的歧义。有的认为,"这里所说的就是浪漫主义和现实主义基本原则上的区别"②。有的则认为,"这里第一种就是简单摹仿自然,第二种是根据神话传说,第三种就是上文所说的'按照可然律或必然律'是'可能发生的事'"③。我们认为,第二种看法比较符合亚里士多德的原意。因为,古希腊时期尽管文艺繁荣,但终是人类文艺发展的初期,现实主义与浪漫主义并未形成独立的文学流派,所以,理论上的概括就不可能完善。按照亚里士多德的本意理解,"按照本来的样

①亚里士多德、贺拉斯:《诗学·诗艺》,罗念生、杨周翰译,人民文学出版社 1962 年版,第 92—93 页。
②蔡仪主编:《文学概论》,人民文学出版社 1979 年版,第 258 页。
③朱光潜:《西方美学史》上,人民文学出版社 1979 年版,第 74 页。

子描写"实际上说的是一种不完全的现实主义,过分地拘泥于现实,而"按照应当有的样子来描写"就是"按照可然律或必然律可能发生的事"。这样的事在亚里士多德看来是合乎情理的,即使其在现实中不存在也比在现实中存在的不合情理的事更有资格作为文艺的描写对象。总之,我们认为,亚里士多德在这里从总的方面就是讲文艺对现实的"摹仿"。因此,不论是"本来的样子"还是"应当有的样子",都是以"摹仿"为其前提的。由此,我们认为,所谓"应当有的样子"不是主观认为有的"理想"的样子,而是现实本身的"必然"的样子。当然,对于"本来的样子"和"应当有的样子",后人将其解释为"固有的样子"和"理想的样子",从而将其分别作为现实主义和浪漫主义的基本特征,那也无可厚非,但却不是亚里士多德的本意。

摹仿的文艺的社会作用。由于对摹仿的认识不同,亚里士多德在文艺的社会作用问题上与柏拉图也有着不同的看法。柏拉图由于将文艺看作是"摹仿的摹仿",因而否定了摹仿的文艺有任何的真实性,也就否定了它的认识作用。同时,由于他认为摹仿是迎合人性中的低劣部分,因而也就否定了摹仿的文艺的快感作用。但他却从其政治需要出发要求文艺具有巩固其"理想国"的"效用"。亚里士多德由于给了摹仿以唯物主义的解释,因而他除了继承他老师的"效用说"之外,还针锋相对地肯定了文艺的认识作用和快感作用。他首先肯定了文艺的快感作用,认为"人对于摹仿的作品总是感到快感"[1]。他还在《政治学》中以音乐为例对这种快感进行了具体的描述,他说,"音乐是一种最愉快的东西",

---

[1] 亚里士多德、贺拉斯:《诗学·诗艺》,罗念生、杨周翰译,人民文学出版社1962年版,第11页。

能够使人"心畅神怡"①。同时,他也十分重视文艺的认识作用,甚至认为文艺的快感作用主要还是以认识作用作基础。他说:"我们看见那些图像所以感到快感,就因为我们一面在看,一面在求知。"②为此,他还以尸首和可鄙的动物形象为例,说明之所以"事物本身看上去尽管引起痛感,但惟妙惟肖的图像看上去却能引起我们的快感"③,就是因为满足了我们"求知"的需要。亚里士多德在这里讲的是从自然丑变为艺术美的问题,是美学理论中一个有争议的重要问题。亚里士多德以"求知说"对其作了解释,看来是简单而不确切的。因为自然丑变为艺术美的问题比较复杂,其原因主要不是"求知",而是艺术创造中文艺家所寄寓的美学理想。或者是将对象本身包含的某种潜在的美的因素在特定的情境中突出来,或者是通过强烈的批判而流露出美学理想。而且,也不是一切的丑的事物都有条件变成艺术美,像尸首之类事物就不可能变成艺术美。对此,亚里士多德以"求知说"解释尽管不够确切,但由此也说明亚里士多德对文艺认识作用的重视。另外,有些人由于看到了亚里士多德重视文艺的快感作用,因而就将其描绘成只重视快感的"唯美主义者"。例如,英国的布乔尔和阿特铿斯就是如此。④ 实际上,他们都把亚里士多德歪曲了。因为亚里士多德是十分重视文艺的政治教育作用的。他在《修辞

---

① 亚里士多德:《政治学》,转引自北京大学哲学系美学教研室编《西方美学家论美和美感》,商务印书馆 1980 年版,第 45 页。

② 亚里士多德、贺拉斯:《诗学·诗艺》,罗念生、杨周翰译,人民文学出版社 1962 年版,第 11 页。

③ 亚里士多德、贺拉斯:《诗学·诗艺》,罗念生、杨周翰译,人民文学出版社 1962 年版,第 11 页。

④ 参见朱光潜《西方美学史》上,人民文学出版社 1979 年版,第 83 页。

学》中曾说："美是一种善，其所以引起快感，正因为它善。"①可见，他已经把文艺的政治伦理作用摆在快感作用之上了。他还在《政治学》中以许多事例证明了音乐对人的道德品质的潜移默化作用。因此，他特别强调地认为，音乐的第一个目的就是"教育"。

在文艺的社会作用问题上，亚里士多德的另一个重要贡献是提出了文艺的不同内容会对人产生不同的作用的观点。他着重论述了音乐中的这种现象。他说："乐调却不同，它本身就是性格的摹仿，因为性质不同的乐调就会引起观众的不同的心情和态度。例如像所谓'混合体吕底亚氏'的乐调使人哀伤严肃，像'松散的和谐'之类乐调使人心肠软弱，多里斯式乐调使人温和平静，佛律癸亚式乐调使人充满宗教狂热……"②这一关于文艺的内容同其作用的关系的问题也是美学理论中的一个重要的有争议的问题。但早在两千多年前亚里士多德就已看到了这一问题并发表自己的见解，这就说明他的美学理论的水平之高。

二

亚里士多德在《诗学》中论述了史诗、喜剧、悲剧等当时流行的各种文体，但其主要力量却是用于论述悲剧。这种论述的全面和深刻在美学史上是第一次，对后世也具有极大的影响。

悲剧的定义及其地位。什么是悲剧呢？亚里士多德首次给其下了一个比较全面的定义。他说："悲剧是对于一个严肃、完整、有一定长度的行动的摹仿；它的媒介是语言，具有各种悦耳之

---

①转引自朱光潜《西方美学史》上，人民文学出版社1979年版，第84页。
②亚里士多德：《政治学》，吴寿彭译，商务印书馆1981年版，第84页。

音,分别在剧的各部分使用;摹仿方式是借人物的动作来表达,而不是采用叙述法;借引起怜悯与恐惧来使这种情感得到陶冶。"①在这里,亚里士多德全面地论述了悲剧的性质、表现手段、方法及效果。这就较好地总结了古希腊时期的悲剧创作,在美学史上影响深远,几乎成为欧洲古典美学中有关悲剧的经典性定义。

那么,悲剧在各种文体中的地位如何呢?柏拉图从其建立"理想国"的政治需要出发是肯定颂诗而否定悲喜剧的。他认为,悲喜剧所产生的悲哀和喜悦的情感效果是迎合了人性中的低劣部分。但亚里士多德却不同意这种看法。他认为,悲剧是所有文体中最好的一种。他针对当时社会上流行的尊崇史诗贬斥悲剧的观点,在《诗学》中以整个一章的篇幅来论述这两种体裁的优劣。从内容、结构,特别是从效果等各个方面将两者作了比较,最后得出结论:"悲剧比史诗优越,因为它比史诗更容易达到它的目的。"②亚里士多德所以如此重视悲剧,是有其时代与思想的原因的。因为,在亚里士多德所生活的时代,希腊奴隶主阶级专政的城邦制已渐趋瓦解,社会矛盾极其尖锐,奴隶主统治面临越来越多的问题。亚里士多德作为奴隶主阶级中的中间阶层的思想代表,是主张适当地揭露矛盾以便于疗救的。悲剧这一文学样式就一方面能揭露矛盾,另一方面又能在感情上唤起观众对主人公的极大同情,而其主人公则都是奴隶主阶级的代表人物。可见,悲剧这一文学样式就正适应了亚里士多德的政治要求,因而被其推

———————————

① 亚里士多德、贺拉斯:《诗学·诗艺》,罗念生、杨周翰译,人民文学出版社1962 年版,第 19 页。
② 亚里士多德、贺拉斯:《诗学·诗艺》,罗念生、杨周翰译,人民文学出版社1962 年版,第 107 页。

崇。当然,在一切文体中过分地强调悲剧,应该说是片面的。

悲剧主角的"过失说"。关于悲剧的主角,亚里士多德在将悲剧与喜剧进行比较时曾说:"喜剧总是摹仿比我们今天的人坏的人,悲剧总是摹仿比我们今天的人好的人。"①这是他在《诗学》的第二章讲的,不免简单了一些。在第十三章中,他又从悲剧效果的角度以相当的篇幅进一步研究了悲剧的主角,提出了著名的悲剧主角的"过失说"。他说,悲剧的主角应是"介于这两种人之间的人,这样的人不十分善良,也不十分公正,而他之所以陷于厄运,不是由于他为非作恶,而是由于他犯了错误"②。他在这里所说的"这两种人",是好人和坏人。悲剧的主角就应介于这两者之间,一方面应是好人,另一方面又不是十全十美而犯有错误。当然,所犯错误不是道德品质方面的问题而只属于认识方面的问题。亚里士多德之所以这样认为,完全是从悲剧所应产生的怜悯与恐惧的效果出发的。在他看来,悲剧的主角只有是一个好人,仅仅因认识方面的过失就遭到厄运,这样才能引起一般人的矜悯。"因为怜悯是由一个人遭受不应遭受的厄运而引起的。"③悲剧主角只有尚有缺点,犯有错误,同普通的人有相似之处,才能使一般的人由其所遭受的厄运而想到自己,从而产生恐惧之情。因为,"恐惧是由这个这样遭受厄运的人与我们相似而

---

① 亚里士多德、贺拉斯:《诗学·诗艺》,罗念生、杨周翰译,人民文学出版社1962年版,第8—9页。

② 亚里士多德、贺拉斯:《诗学·诗艺》,罗念生、杨周翰译,人民文学出版社1962年版,第38页。

③ 亚里士多德、贺拉斯:《诗学·诗艺》,罗念生、杨周翰译,人民文学出版社1962年版,第38页。

引起的"①。他的这种从文艺效果出发,通过对观众心理的分析所进行的悲剧主角的研究,是非常深刻、极其有价值的。这也是整个古希腊文学由神话时代迈入悲剧时代的特点在理论上的反映,说明文艺越来越接近现实生活,由对战胜自然的神与英雄的讴歌逐步地过渡到对现实的人的描写。在悲剧的根源上,也由古希腊传统的"命运说"开始转到个人,认为悲剧的根源"是由于他犯了错误"。但他并未真正摆脱"命运说"的束缚。因为,他不仅在《诗学》第十五章中敬畏地提到"神是无所不知的"②,并主张"机械下神"和不合情理的事可放到剧外,而且,他视为典范的悲剧《俄狄浦斯王》就集中地表现了"命运说"。因此,朱光潜先生认为他在《诗学》中未提"命运"二字就似乎同"命运说"划清了界限,这一看法是不切合实际的。

　　悲剧作用的"陶冶说"。上面谈到,亚里士多德在《诗学》第六章给悲剧下定义时曾经涉及悲剧的"陶冶"作用。他说:悲剧"借引起怜悯与恐惧来使这种情感得到陶冶"。这里所说的"陶冶",即"Katharsis"(卡塔西斯)。它是亚里士多德所认为的悲剧所应起到的作用,是其美学思想中的关键性字眼,也是欧洲美学史上的重要问题之一。但对其含义,自文艺复兴以来就有争论,在我国学者中也存有不同看法。一般说来,有三种看法:第一种看法是将"卡塔西斯"解释为宗教中的"净化",即通过悲剧的怜悯与恐惧来净化其中的痛苦、利己、凶杀等坏的因素;第二种看法是将

①亚里士多德、贺拉斯:《诗学·诗艺》,罗念生、杨周翰译,人民文学出版社1962年版,第38页。
②亚里士多德、贺拉斯:《诗学·诗艺》,罗念生、杨周翰译,人民文学出版社1962年版,第50页。

"卡塔西斯"解释为医学上的"宣泄",即通过悲剧的怜悯与恐惧使其中过分强烈的情绪因宣泄而达到平静,因此恢复和保持住心理的健康,朱光潜先生在其《西方美学史》中就持这种看法①;第三种看法是将"卡塔西斯"解释为"陶冶",罗念生先生就持这样的看法,认为"悲剧使人养成适当的怜悯与恐惧之情"②。我认为,在这三种看法中,罗先生的"陶冶说"较为恰当。因为,从文艺本身来说,由其形象性所决定对人的感情都能起到一种潜移默化的熏陶作用,正是通过这种熏陶作用从而培植起人们的某种感情。悲剧因其特有的主角和情节通过感情熏陶使人培植起恐惧与怜悯之情,这就是作为文艺的悲剧所特有的"陶冶"作用。再从亚里士多德的情形来看,他是一贯主张"适中的中庸之道"的,因而,他对于恐惧与怜悯之情的培植是要求不强不弱、适当有度的。所以,罗先生将亚里士多德的"卡塔西斯"解释成"使人养成适当的怜悯与恐惧之情"。但罗先生却没有进一步解释亚里士多德关于怎样"养成"的观点。亚里士多德在这一方面同样是有自己的深刻的见解的。他认为,悲剧首先是使人得到怜悯与恐惧的感情上的满足,这就是悲剧所能给予观众的一种"特别能给的快感"。罗先生否认这种快感与陶冶有直接的关系。这是不对的。实际上,这种快感乃是悲剧"陶冶"作用的必由之途。试想,怜悯与恐惧的情感本身都不是愉悦的而是痛苦的,但观众接受到悲剧中的这种感情之后却会产生一种特有的满足。这就表现为人们明明知道悲剧会引起悲戚,但却有意地花钱买票去看,甚至预先带着手帕准备

①朱光潜:《西方美学史》上,人民文学出版社1979年版,第88页。
②罗念生:《卡塔西斯笺释——亚里士多德论悲剧》,《剧本》,1961年第11期。

到剧院中去大哭一场。其原因是悲剧所产生的这种怜悯与恐惧同生活中经历的同样感情不同,它对观众来说是一种感情上的满足。亚里士多德曾以索福克勒斯的著名悲剧《俄狄浦斯王》为例,说明观众看到这个悲剧"而惊心动魄,发生怜悯之情",是由于看到其情节而"受感动"①。所谓"受感动",是一种审美现象,也就是人们在文艺欣赏中的感情上的一种满足。任何人要被悲剧所"陶冶"都需经过这种"受感动"的过程。

悲剧的情节。亚里士多德认为,在悲剧艺术的六个成分(情节、性格、言词、思想、形象与歌曲)当中,最重要的是情节。他说,"情节乃悲剧的基础,有似悲剧的灵魂",又说:"悲剧中没有行动,则不成为悲剧,但没有'性格',仍然不失为悲剧。"②可见,亚里士多德对于悲剧的情节是十分重视的,但却未免过分。因为,在任何文艺作品中,人物性格的塑造都是基础,情节乃性格的历史,由性格决定。如果过分突出情节而忽视性格,就不免成为错误的"唯情节论"。亚里士多德之所以这样重视悲剧的情节,是因为他认为悲剧创作不在于摹仿人的品质而在于摹仿某个行动,悲剧主人公不是为了表现性格而行动,而是在行动的时候附带表现性格。因此,他断言:"悲剧艺术的目的在于组织情节(亦即布局),在一切事物中,目的是最关重要的。"③他还由此进一步认为,悲剧特有的怜悯与恐惧的效果不是依靠性格产生而只能依靠情节

①亚里士多德、贺拉斯:《诗学·诗艺》,罗念生、杨周翰译,人民文学出版社
　1962年版,第43页。
②亚里士多德、贺拉斯:《诗学·诗艺》,罗念生、杨周翰译,人民文学出版社
　1962年版,第23、21页。
③亚里士多德、贺拉斯:《诗学·诗艺》,罗念生、杨周翰译,人民文学出版社
　1962年版,第21页。

产生。当然,这一看法也是偏颇的,因为悲剧效果尽管直接地是由情节决定的,但情节却是由性格决定的。

关于情节的具体含义,亚里士多德十分正确地指出,"所谓'情节',指事件的安排"①。对于事件的安排,他则提出了"一桩桩事件是意外的发生而彼此间又有因果关系"②的原则。这里听说的"意外的发生"是指偶然性,而"因果关系"则又是指的必然性。也就是说,在亚里士多德看来,情节安排的原则是偶然性与必然性的统一。这一看法是非常正确的,是同他的"摹仿说"紧密相联的。因为,他既强调文艺的摹仿要表现"可然律与必然律",又认识到摹仿的个别性,这就必然导致对情节的安排提出"偶然与必然统一"的原则。

不仅如此,亚里士多德还细致地研究了悲剧情节结构的几种情形及其组成部分。他根据古希腊悲剧情节结构的实际情况,将其分为简单情节与复杂情节两类。所谓"简单情节",即由顺境到逆境或由逆境到顺境的转变是逐渐发生的。而"复杂情节",则指由顺境到逆境或由逆境到顺境的转变是通过人物对于未知事实的发现而突然转变的。前者情节单纯,后者情节错综复杂。亚里士多德还对于"复杂情节"的各个主要组成部分——突转、发现、苦难、穿插、结局等,作了深入地分析与研究。

"突转",即意外地转变。这是带有偶然性的,在悲剧中是引起戏剧性的重要手法。亚里士多德的要求是,这种"突转"应是

---

① 亚里士多德、贺拉斯:《诗学·诗艺》,罗念生、杨周翰译,人民文学出版社1962年版,第20页。
② 亚里士多德、贺拉斯:《诗学·诗艺》,罗念生、杨周翰译,人民文学出版社1962年版,第31页。

"按照可然律或必然律而发生的"。也就是说,要求在偶然中表现出必然。

"发现":由不知到知,即掌握了自己所不知道的事实。这种"发现",从内容上来说是人物的被发现,最好是发生了苦难事件之后,发现双方是亲属关系。例如,索福克勒斯的著名悲剧《俄狄浦斯王》中的主角俄狄浦斯最后发现自己杀父娶母。

"苦难":所谓"苦难","是毁灭或痛苦的行动,例如死亡、剧烈的痛苦、伤害和这类的事件"①。但亚里士多德认为,并不是一切的苦难事件都可作为悲剧情节的成分。因为,还得研究一下哪一些苦难事件能引起怜悯与恐惧的悲剧效果。他认为,只有"当亲属之间发生苦难事件时才行,例如弟兄对弟兄、儿子对父亲、母亲对儿子或儿子对母亲施行杀害或企图杀害,或作这类的事"②。只有这样的苦难事件才能产生悲剧的效果,才是作家所应追求的。

"结局":在结局问题上,柏拉图反对作家在作品中写"许多坏人享福,许多好人遭殃"③,主张善有善报、恶有恶报的大团圆式的双重结局。亚里士多德是不同意这一观点的。他认为,这样做是作家为了迎合观众的软心肠,是不会产生悲剧的效果的。他主张单一的结局,其中最好的是由顺境转入逆境而不是由逆境转入顺境,因为,只有这样才"最能产生悲剧的效果"④。

---

① 亚里士多德、贺拉斯:《诗学·诗艺》,罗念生、杨周翰译,人民文学出版社1962年版,第36页。

② 亚里士多德、贺拉斯:《诗学·诗艺》,罗念生、杨周翰译,人民文学出版社1962年版,第44页。

③ 柏拉图:《文艺对话集》,朱光潜译,人民文学出版社1963年版,第46页。

④ 亚里士多德、贺拉斯:《诗学·诗艺》,罗念生、杨周翰译,人民文学出版社1962年版,第41页。

"穿插":所谓"穿插",是指悲剧主要情节之外的一些细节。亚里士多德主张穿插时不要没必要的外加,而要使其相互之间有内在联系。另外,他还要求悲剧中的穿插要短,不能像史诗中那样过长。

悲剧的性格刻画。亚里士多德虽然特别重视悲剧的情节而相对地忽视悲剧的性格,但仍是将悲剧成分中的性格作为第二位来对待。而且,他还在《诗学》第十五章中对悲剧的性格刻画进行了专门的研究,提出了必须注意的四点原则。第一点,性格必须善良。也就是说,尽管悲剧人物犯有错误,但不是品德上的"为非作恶",而是认识上的问题。因此,对人物品质的刻画"宁可更好,不要更坏"[1]。第二点,性格必须适合,即要求性格必须适合人物的身份。第三点,性格必须相似,也就是要求悲剧人物的性格同一般的人相似。第四点,性格必须一致。所谓"一致",就是要求性格要统一,即使不一致,也要"寓一致于不一致的'性格'中"[2],亦即要求做到基本上一致。上述原则是非常深刻的,甚至到今天也不失其现实的意义。

悲剧的分类。亚里士多德认为,悲剧分为四种,第一种是复杂剧,这种剧主要由突转与发现构成;第二种是苦难剧,属于简单剧,其主要成分是苦难;第三种是性格剧,主要写善良人物,以大团圆收场;第四种是穿插剧,其主要成分是穿插。

---

① 亚里士多德、贺拉斯:《诗学·诗艺》,罗念生、杨周翰译,人民文学出版社1962 年版,第 40 页。

② 亚里士多德、贺拉斯:《诗学·诗艺》,罗念生、杨周翰译,人民文学出版社1962 年版,第 48 页。

三

亚里士多德的美学思想是极其丰富的,除上述主要理论外,还涉及美学理论中的许多问题,因而只能择其要者加以论述。

"整体说"。关于什么是美,柏拉图认为"美即理念"。这样,在柏拉图看来,美就是抽象的、不可捉摸的了。由于亚里士多德在文艺与生活的关系上基本上坚持了唯物主义的"摹仿说",因而必然将美从虚无缥缈的境界拉回到现实之中,一反"美即理念"的观点,提出了"美在整体"的理论。他认为,对一部文艺作品的最重要的要求就是"整一性":悲剧是对一个"完整"行动的摹仿,情节安排也应该"整一"。为此,他又进一步认为,"美是要倚靠体积与安排"①,因为事物不论太大或太小都"看不出它的整一性"②。他还对这种美的"整一性"作了具体的规定,即"秩序、匀称与明确"③,他认为这是美的主要形式。

基于这种美在整体的观点,他认为,文艺作品的情节应只限于一个完整的行动,里面的事件要有紧密的组织,任何部分都不能随意挪动和删削。他还进一步对"完整"作了具体的解释,认为"所谓'完整',指事之有头、有身、有尾。所谓'头',指事之不必然上承他事,但自然引起他事发生者;所谓'尾',恰与此相反,指事

---

① 亚里士多德、贺拉斯:《诗学·诗艺》,罗念生、杨周翰译,人民文学出版社 1962 年版,第 25 页。

② 亚里士多德、贺拉斯:《诗学·诗艺》,罗念生、杨周翰译,人民文学出版社 1962 年版,第 26 页。

③ 亚里士多德:《形而上学》,吴寿彭译,商务印书馆 1959 年版,第 266 页。

之按照必然律或常规自然的上承某事者,但无他事继其后;所谓
'身',指事之承前启后者"①。亚里士多德的关于情节"整一性"
的解释看来非常具体通俗,有似生活中的大实话,但却蕴含着丰
富的哲理,即要求情节之各部分有机结合、紧丝密缝。在性格塑
造上,他也从"美在整体"的理论出发,提出了"寓一致于不一致"
的观点,要求做到性格完整,因上文已经论及,不再赘述。

　　亚里士多德的这种"美在整体"的观点是有其积极意义的。
因他一反柏拉图关于美的唯心主义观念,而将其奠定在现实的基
础之上。他的"整体说"就是以唯物主义的"摹仿说"为其理论根
据的。因为,唯物主义"摹仿说"认为,美的根源在于对客观现实
的摹仿,所以客观现实事物的整体的特性就成了美的属性。而
且,正因为他从唯物主义的"摹仿说"出发,所以同柏拉图否定快
感与美感的必然联系相反,而是承认快感与美感的密切关系,并
正是从快感的角度提出了"美在整体"的理论。他一再强调美的
事物应该是一个像我们的身体一样的"活的东西",因而它的长
短、体积、比例等外部特征都是我们可以感知的。他正是从这种
人的"感知"的角度,才对美的概念充实了"整一""匀称""明确"等
具体的含义。他认为,只有这种"完整的活东西",才能"给我们一
种它特别能给的快感"②。但这种"美在整体"的观点又不免有形
式主义和绝对化的偏向。因为,尽管亚里士多德所说的"整一性"
也包括情节的必然性等内容的因素,但总的来说是偏重于形式的

①亚里士多德、贺拉斯:《诗学·诗艺》,罗念生、杨周翰译,人民文学出版社
　1962年版,第25页。
②亚里士多德、贺拉斯:《诗学·诗艺》,罗念生、杨周翰译,人民文学出版社
　1962年版,第43页。

方面。另外，他认为，美的这种"整一、匀称和明确"，"惟有数理诸学优于为之作证"①。这就不难看出毕达哥拉斯学派从自然科学角度将美归结为"和谐"的机械论观点的影响。

论文艺的种类与体裁。关于文艺的种类与体裁的理论，是同文艺发展的状况联系在一起的。希腊奴隶社会的初期，只有作为叙事诗的"史诗"，后来才有抒情诗。到雅典的最盛时期，悲剧与喜剧相继繁荣。正是在这样的情形下，亚里士多德在《诗学》中论述了文艺的种类与体裁。他在《诗学》的第一章开宗明义地提出了文艺分类的三条标准：媒介、对象、方式。这三条标准的提出，在美学史和文艺史上的影响是很大的，后世的许多理论家就是根据自己对于这三条的理解来确定文艺分类的标准。

关于因反映生活所用的媒介不同而使文艺分成不同种类的情形，亚里士多德论述的是比较清楚的。这里所说的"媒介"，主要指文艺所借用的物质手段。亚里士多德认为，绘画与雕塑是"用颜色和姿态来制造形象，摹仿许多事物"；舞蹈"借姿态的节奏来摹仿各种'性格'、感受和行动"；音乐"只用音调和节奏"；史诗"只用语言来摹仿"；而颂诗、悲喜剧等，则兼用音调、节奏、语言等各种媒介。②

亚里士多德还认为，描写对象的不同也会导致作品的差别。喜剧是描写比一般人坏的人，悲剧是描写比一般人好的人；颂诗和赞美诗描写高尚的人的行动，讽刺诗则描写下劣的人的行动。甚至描写对象在长度方面的不同也是造成文体差别的原因之一。

①亚里士多德：《形而上学》，吴寿彭译，商务印书馆1959年版，第266页。
②亚里士多德、贺拉斯：《诗学·诗艺》，罗念生、杨周翰译，人民文学出版社1962年版，第4页。

史诗所描写的是故事繁多的材料，规模大，而戏剧则只能描写整个事件的一部分。

亚里士多德所说的摹仿的方式是指反映生活、塑造形象的方法。柏拉图将其分为直接叙述、间接叙述和两者的混合三种，并赞成间接叙述而反对戏剧体的直接叙述。亚里士多德在分法上同柏拉图一致，但他认为直接叙述的方式优于由作者出面介绍的第三人称的间接叙述的方式，并明确地肯定了借人物动作来摹仿的纯属间接叙述的戏剧，特别是肯定了其中的悲剧。

当然，由于当时文艺现实本身分类就不是太细，种类比较简单，这就使亚里士多德在论述中不免过于粗略，但他对文艺分类所立的标准却还是比较科学的。

论文艺批评。关于文艺批评所应掌握的标准，柏拉图是特别看重政治标准的。他主张"效用说"，以贵族城邦的利益作为衡量文艺的标准。亚里士多德不同意这种以政治标准取代艺术标准的绝对化的倾向，他认为，衡量诗和衡量政治正确与否的标准不应一样。这样，就在文艺批评中较充分地注意到了文艺的特性，是比较科学的。但是，亚里士多德又并不否认政治标准的重要性。相反，他在重视文艺特性的同时，仍是十分强调政治道德的标准。上文所说的他有关善是美的基础的观点就是例证。

在批评标准上，当时流行着诡辩论者相对主义的理论。例如，诡辩论者普罗塔哥拉就曾提出"人是万物的尺度"。由此出发，必然得出这样的结论："同一个别事物于此人为美者，可以于彼而为丑。"这就完全否定了衡量事物标准的客观性，当然也就否定了文艺批评标准的客观性。亚里士多德不同意这种观点，而将其看作是荒谬的。他认为，在评论事物时，"该以其中的一方为度量事物的标准,而不用那不正常的另一方。"①这就强调了文艺批评标准的客观性,是其文艺观中唯物主义倾向的表现。

在批评方法上,亚里士多德反对主观臆断的唯心主义批评方法。他借一个名叫格劳孔的人之口有力地抨击了这种倾向:从一些不近情理的假定出发,然后由此推断,把自己想出来的意思作为诗人所说的,进而指责诗人。这种以先入之见代替作品实际的批评方法在批评史上是屡见不鲜的,直到现在仍甚有市场。可见,一种唯心主义倾向在古今中外都是一脉相承的。与此相反,亚里士多德却主张具体问题具体分析的唯物主义批评方法。他认为,"在判断一言一行是好是坏的时候,不但要看言行本身是善是恶,而且要看言者、行者为谁,对象为谁,时间系何时,方式属何种,动机是为什么"②。尽管亚里士多德在这里主要讲的是对文艺作品中人物行为的评价问题,但却同时为我们确立了一个共同的批评方法:从对象本身的实际情况出发,紧密联系作者及其具体环境。这样的批评方法应该说是比较科学的,对我们今天仍有其重要的借鉴价值。

论喜剧。亚里士多德在《诗学》中用主要篇幅讲悲剧,但也捎带着论到了喜剧和史诗。由于喜剧是一种新兴的文艺种类,亚里士多德对它的论述在美学史上就带有开创的性质。关于喜剧的起源,他认为,喜剧是从下等表演的临时口占发展来的。这里所说的下等表演,是指滑稽表演,临时口占即此种以歌唱为主的表演中的一种临时性的对答。不仅如此,亚里士多德还进一步论述

①亚里士多德:《形而上学》,吴寿彭译,商务印书馆1959年版,第218页。
②亚里士多德、贺拉斯:《诗学·诗艺》,罗念生、杨周翰译,人民文学出版社1962年版,第94页。

了喜剧的性质，提出了丑和滑稽的概念。他说："喜剧是对于比较坏的人的摹仿，然而，'坏'不是指一切恶而言，而是指丑而言，其中一种是滑稽。滑稽的事物是某种错误或丑陋，不致引起痛苦或伤害。"①这里，他不是将喜剧的本质归结为一般的"恶"，而是归结为丑。他还进一步对"丑的事物"，即"滑稽的事物"作了具体性质方面的规定。在他看来，所谓"滑稽的事物"，从内容上看是一种违背历史必然的错误，从形式上看则是一种形态怪异的丑陋，而从其效果看则不像悲剧那样使人如临其境一般产生伤害感而引起痛苦，而是使观众在欣赏中保持相当的距离。当然，这样的解释还是过于简单，而且也不甚准确，但却从大的方面对喜剧作了规定，因而其意义就是十分明显的了。

论风格。关于风格，亚里士多德主要讲的是语言风格。他在《诗学》中对语言风格提出的总要求是："明晰而不流于平淡。"②在《修辞学》中又对这一总要求作了具体的规定，提出了两条具体要求：一条是必须清楚明白，一条是必须妥帖恰当。这里特别要提出来的是，亚里士多德在论述语言风格时也涉及了作家的创作风格问题。他认为，一个作家语言的特色也表现了他的性格。因为，"不同阶级的人，不同气质的人，都会有他们自己的不同的表达方式"③。这实际上是认为语言风格由其阶级和气质的个人性格特点所决定，不同阶级和气质的人有不同的语言表达特色，因

---

①亚里士多德、贺拉斯：《诗学·诗艺》，罗念生、杨周翰译，人民文学出版社1962年版，第16页。
②亚里士多德、贺拉斯：《诗学·诗艺》，罗念生、杨周翰译，人民文学出版社1962年版，第77页。
③伍蠡甫主编：《西方文论选》上，人民文学出版社1979年版，第93页。

而也就有不同的风格。这样的意见已经接近我们今天关于"风格"的解释了,亚里士多德在二千多年前就能讲出这样的意见,实在是难能可贵的。当然,他所说的阶级是指男女老幼各类的人,同今天所说的阶级含义迥然不同,不可混淆。在风格的形成问题上,他是既强调天赋才能又重视后天的长期学习的。这种从先天和后天两个方面来考察风格形成的途径无疑是正确的。但在风格的形成中,天赋的因素只不过是提供了一种可能,更重要的还是后天的锻炼和学习。亚里士多德将先天与后天同等看待,这就暴露了他的唯心主义思想实质。

四

综上所述,亚里士多德无疑是一位伟大的美学家。但由于他的著作的特殊遭遇,使得他的美学思想直到十五世纪才开始对欧洲美学史发生影响。据历史记载,亚里士多德死后,他的遗著传给他的门徒忒俄佛刺斯托斯,忒俄佛刺斯托斯临死时把它传给涅琉斯。涅琉斯的后人害怕柏加曼的国王要求馈赠或廉价收买这些珍贵著作,便把它藏在地窖里,经百余年,约在公元前 100 年,一个名叫阿珀利孔的非洲富人把它们高价收买下来,带到雅典,并请人把它们抄录,又凭猜测补上一些水污虫蛀的章节。阿珀利孔的藏书于公元前 84 年被萨拉运到罗马。希腊学者忒兰尼奥于一世纪末叶从萨拉的图书室中发现了亚里士多德的著作,写了几份目录提要分赠给西塞禄、安德洛尼科斯等人。安德洛尼科斯把他获得的目录提要加以整理,后又校订了原文,于是亚里士多德的著作才得以流传。公元六世纪被译成叙利亚文,十世纪由叙利亚文译成阿拉伯文。正因为亚里士多德的著作一度被淹没,因而他的美学思想对古希腊晚期和罗马时期的一些美学和文艺论著没有发生影响。它在欧洲美学史和文学史上发生影响大约开始于十五世纪末叶。

尽管亚里士多德的著作经过了这样的特殊遭遇,但仍然无损于他的美学思想在美学史上的重要地位。亚里士多德美学思想最突出的成就就是系统性。在古希腊,尽管柏拉图是第一个集中地论述了美学与文艺问题的理论家,但从总的方面来说,他的美学思想还是零散的,未成体系。但是,亚里士多德的《诗学》却是第一部有体系的美学著作。他在这部著作中,以唯物主义的摹仿说与整体说作为理论根据,以悲剧为重点,全面而系统地阐明了自己对情节安排、性格刻画、修辞造句及悲剧效果等各个问题的观点,并从比较的角度论及了喜剧与史诗。尤为重要的是,在论述中提出了一系列极其重要的美学观点,如"摹仿说""整体说""过失说""陶冶说"以及有关文艺分类、文艺批评等各方面的观点。这些理论对后世影响极大,具有规范的作用。两千多年来的悲剧理论,从莎士比亚、高乃依、莱辛、黑格尔到车尔尼雪夫斯基,无不受到亚里士多德悲剧理论的影响。他的"过失说""陶冶说"等悲剧观,成为悲剧理论中不断探讨的问题。而且,在欧洲文学的古典主义时期,古典主义的大师们正是以亚里士多德的"整体说"为据提出了著名的"三一律"(一个情节、一个地点、一天内完成)。另外,亚里士多德关于文艺对现实的摹仿必须合乎必然律与可然律的观点,实际上是为后世的艺术典型理论提供了根据。他关于按事物的本来样子和应有样子描写的论述,尽管有其原来固有的含义,但还是对后世的现实主义和浪漫主义理论有明显影响。其他有关文艺分类和文艺批评的观点,对后世的影响也是很大的。总之,正如车尔尼雪夫斯基所说,"亚里士多德是第一个在独立的体系中申述了美学见解,他的见解几乎统治了两千多年",并成为"所有后来美学概念的基础"①。

当然,亚里士多德也同一切伟大的理论家一样有其局限性。从阶级立场上来看,亚里士多德毕竟是奴隶主阶级的理论家,在他的美学观点中,奴隶主阶级的阶级偏见是十分明显的。例如,他在谈到人物刻画时竟禁不住对奴隶进行辱骂:"妇女比较坏,奴隶非常坏。"②而在谈到悲剧主角时,他又情不自禁地流露出对奴隶主阶级的赞美。他认为,悲剧的主角应该是比普通的人更好的人,这种人就只能是奴隶主阶级的代表人物了。他说:"这种人名声显赫,生活幸福,例如俄狄浦斯、堤厄斯忒斯以及出身于他们这样的家族的著名人物。"③从理论上看,亚里士多德尽管在美学问题上不乏唯物主义的真知灼见,但他终究不是彻底的唯物主义者,而是动摇于唯物主义与唯心主义之间。因而,他的美学思想中唯心主义成分还是十分明显的。从大的方面来说,他把人类的活动分为认识、实践、创造三个方面。认识主要指科学研究领域,实践则指政治与伦理活动,而创造则指包括"文艺"在内的一切人工制作。这样,就将文艺创作与理论认识、政治活动在一定程度上隔裂开来。这不仅是一种理论上的混乱,而且是使创作脱离社会实践的一种唯心主义倾向。再从亚里士多德的悲剧理论来说,他在论述悲剧的矛盾时,多从善与恶及悲剧主角个人"过失"的纯

①[俄]车尔尼雪夫斯基:《车尔尼雪夫斯基论文学》中卷,辛未艾译,上海译文出版社 1979 年版,第 183、212 页。
②亚里士多德、贺拉斯:《诗学·诗艺》,罗念生、杨周翰译,人民文学出版社 1962 年版,第 47 页。
③亚里士多德、贺拉斯:《诗学·诗艺》,罗念生、杨周翰译,人民文学出版社 1962 年版,第 38—39 页。

道德角度考虑,而没有认识到悲剧的矛盾冲突实质上是社会阶级矛盾的艺术反映。这当然也是一种历史唯心主义的倾向。这种"过失说"在美学史上影响深远。不仅黑格尔提出的冲突双方是合理而又片面的伦理力量的悲剧观是受其影响,甚至拉萨尔在《济金根》中将主人公的失败归之于"智力过失"也是这种"过失说"的表现。此外,亚里士多德的美学思想中绝对形而上学的倾向也到处可见。这种倾向着重表现在,他的美学思想缺乏发展的观点而取静观的认识。这当然首先由其哲学思想中的静止论所决定。他一方面反对诡辩派的相对主义,而另一方面又主张静止论。他说:"探索真理必以保持常态而不受变改之事物为始。"①可见,他只看到事物不变的常态一面,而完全忽视了事物发展的变态的一面。因而,他在论到美及文艺问题时,不免有形而上学绝对化的倾向。例如,他强调美在整体,主张文艺情节与形式的整一性,但却忽视了文艺的多样性,忽视了客观存在的情节安排的波折多奇以及形式上的曲线美等,乃至于如前所说,甚至走到从数学的角度来要求文艺的极端。

但是,从历史唯物主义的观点来看,亚里士多德的上述局限性在当时的历史条件下是难以避免的。正如列宁所说:"判断历史的功绩,不是根据历史活动家没有提供现代所要求的东西,而是根据他们比他们的前辈提供了新的东西。"②以这样的标准衡量,将亚里士多德作为欧洲美学史的奠基人,应该是毫不过分的。

---

①亚里士多德:《形而上学》,吴寿彭译,商务印书馆1959年版,第219页。
②《列宁全集》第二卷,人民出版社1959年版,第150页。

论狄德罗的现实主义美学思想

　　狄德罗(1713—1784),法国启蒙运动的三大领袖之一,是这个运动的重要理论家,著名的《百科全书》的主编。他在反封建的资产阶级革命中表现了不屈不挠的斗争意志。正如恩格斯所说:"如果说,有谁为了'对真理和正义的热诚'(就这句话的正面意思说)而献出了整个的生命,那末,例如狄德罗就是这样的人。"①他是一个战斗的唯物论者,尽管其世界观从总的方面来说尚未摆脱形而上学的束缚,但却包含着明显的辩证法因素。他的政治上的革命性和哲学理论上的突破,使得他在美学研究上也取得了不同凡响的成就。他一生中论美的专文只有为《百科全书》所写的一节,后来定名为《美之根源及性质的哲学的研究》。其他的美学思想散见于论述绘画、雕刻、音乐、戏剧和表演艺术的各种论文之中,如《论戏剧艺术》《绘画论》《关于演员的是非谈》等。狄德罗在欧洲美学史上占有突出的地位,特别应该引起我们马克思主义美学研究者的重视。因为,他是欧洲近代现实主义美学的先驱,对唯物主义美学思想的发展作过不可磨灭的贡献。他的"美在关系"的唯物主义美学命题至今仍闪耀着不灭的光辉,对我们深有启发。

---

①《马克思恩格斯选集》第四卷,人民出版社1972年版,第228页。

一

　　关于"美是什么"的问题,早在公元前五至前四世纪古希腊的柏拉图就开始进行了探讨。此后的理论家与文艺家们又不断地研究这一问题。到十七世纪,法国新古典主义的理论家们提出了"美在理性"的观点。这里所说的"理性",即指一种符合人性的普遍而永恒的准则。笛卡尔和布瓦洛都是这样主张的。这种对理性准则的崇拜使得他们主张一种轻内容重形式的形式主义理论,鼓吹所谓"三一律"。这是一种唯心主义的、绝对化的美学观,不利于文艺对现实生活的反映和自身的发展。为了更好地表现"第三等级"的现实要求,狄德罗勇敢地打破了这种"美在理性"的传统观念,提出了"美在关系"的新看法。这是人类在美的本质研究上的一个进步。

　　狄德罗的"美在关系"的命题是从哲学的高度对美的本质的概括,适用于一切美的事物。他在《美之根源及性质的哲学的研究》中研究了历史上各种关于美的本质的代表性理论。关于"美在理性"的理论,他认为,最后必然导致"承认在我们的精神之上,有某种根本的、至上的、永恒的、完全的统一,是美的基本尺度"①。显然,这种超然于精神之上的"美的基本尺度"是根本不存在的,这种观点也完全是唯心的。关于"美即有用"的理论,狄德罗认为并不能概括一切美的事物,因为"假如有用是美的唯一基础,那么浮雕、暗纹、花盆,总而言之,一切装饰都变成可笑而多

―――――――――

①[法]狄德罗:《美之根源及性质的研究》,杨一之译,《文艺理论译丛》第1期,人民文学出版社1958年版,第2页。

余的了"①。可见,并非一切美的东西都有用,同样,也并非一切
有用的东西皆美。关于"美即愉快"的理论,狄德罗认为也不全
面。它同"美即有用"的理论一样,"有些东西使人愉快而并不美,
另一些则虽美而并不使人愉快"②。因此,这一理论也不能真正
概括美的本质。关于"美即伟大"的理论,狄德罗认为,"一个存在
物是孤立的,或虽是一个为数甚多的种类的个体而被孤立起来考
察时,大小就丝毫不相干了"③。为此,狄德罗得出结论说:"所有
叫作美的存在物,就是一个排除伟大、另一个排除用途、第三个排
除对称。"④鉴于上述情况,狄德罗认为,不能就事论事地从相对
狭隘的意义上来研究美,而应从"更为哲学的、更适合于一般的美
的概念与语言及事物的本性的意义"⑤上来研究美。这就要更多
地考虑到概念的普遍性和抓住美的事物的本质特征。狄德罗正
是从这种哲学的、更为普遍的高度提出了"我认为组成美的,就是
关系"⑥的命题。他认为,这种"关系"的概念概括了我们称之为
美的一切存在物所共有的性质。任何存在物只要有了"关系"的

---

① [法]狄德罗:《美之根源及性质的研究》,杨一之译,《文艺理论译丛》第1
　　期,人民文学出版社 1958 年版,第 15 页。
② [法]狄德罗:《美之根源及性质的研究》,杨一之译,《文艺理论译丛》第1
　　期,人民文学出版社 1958 年版,第 15 页。
③ [法]狄德罗:《美之根源及性质的研究》,杨一之译,《文艺理论译丛》第1
　　期,人民文学出版社 1958 年版,第 23 页。
④ [法]狄德罗:《美之根源及性质的研究》,杨一之译,《文艺理论译丛》第1
　　期,人民文学出版社 1958 年版,第 24 页。
⑤ [法]狄德罗:《美之根源及性质的研究》,杨一之译,《文艺理论译丛》第1
　　期,人民文学出版社 1958 年版,第 23 页。
⑥ [法]狄德罗:《美之根源及性质的研究》,杨一之译,《文艺理论译丛》第1
　　期,人民文学出版社 1958 年版,第 23 页。

性质也就有了美，没有这种性质也就不再有美，具有同其相反的性质就成为丑。"总而言之，由于这种性质，美才发生、增加、变化无穷、衰谢、消失。"①而且，这一概念也适用于一切时代，"将美放到关系的知觉中，你就有了从世界诞生起直到今天它的进步史"②。

　　同时，"美在关系"的理论同历史上其他有关美的本质的理论相比，也更准确、更深刻地概括了美的本质。首先是坚持了美在客观的唯物主义哲学路线。狄德罗的"美在关系"的命题之中，"关系"的概念是唯物主义的而不是唯心主义的。他所说的"关系"，不是指精神中的关系而是指客观存在的关系。为此，他批评了英国经验主义美学家哈奇生在美的认识上的唯心主义观点。哈奇生主张，绝对美即"某个人的心所得到的一种认识"。狄德罗认为，哈奇生的错误在于"不将绝对的美理解为事物中那样固有的性质，它自身就使事物美，与看事物和下判断的心灵毫无关系"③。他与哈奇生针锋相对，明确地将"关系"看作是美的存在物所共有的一种客观性质，是不以人的意志为转移的，在人的"身外的"。他以巴黎的卢浮宫的门面为例说明美的这种客观性，认为"不论有人无人，卢浮宫的门面并不减其美"④。他还进一步论

①［法］狄德罗：《美之根源及性质的研究》，杨一之译，《文艺理论译丛》第1期，人民文学出版社1958年版，第18页。
②［法］狄德罗：《美之根源及性质的研究》，杨一之译，《文艺理论译丛》第1期，人民文学出版社1958年版，第25页。
③［法］狄德罗：《美之根源及性质的研究》，杨一之译，《文艺理论译丛》第1期，人民文学出版社1958年版，第7页。
④［法］狄德罗：《美之根源及性质的研究》，杨一之译，《文艺理论译丛》第1期，人民文学出版社1958年版，第19页。

述了"关系"的具体含义,认为存在着实在的、察知的和虚构的三种关系,而作为事物的美的本质的关系则不是指属于第二性的察知的和虚构的关系,而是指客观的实在的关系。他说:"所以我说一个存在物,由于我们注意它的关系而美,我并不是说由我们的想象力移植过去的智力的或虚构的关系,而是说那里的实在关系,借助于我们的感官而为我们的悟性所注意到的实在关系。"①不仅如此,狄德罗还进一步将美与美感划清了界限,指明前者是客观的、不以人的意志为转移的,而后者则是主观的、被各种主观因素所决定的。因而,他认为,审美判断上的分歧并不能说明实在美的虚妄,从而否定美的客观性。他十分形象地指出,将西班牙酒同呕吐剂混在一起喝,会使人们讨厌西班牙酒,但不能改变西班牙酒本身是好的;一个瑰丽的前厅由于朋友在其中丧命而使人反感,但不能改变前厅本身的瑰丽;一个美丽的剧院因自己在其中演出被喝了倒彩而不觉其美,但"这座剧院并未失其为美"②。这样将美与美感明确地分开是十分重要的,可以堵塞唯心主义的漏洞,使其不能利用美与美感的混淆,宣扬唯心主义的观点。

　　其次,"美在关系"的理论使对于美的本质的探讨由自然形式突进到对于社会内容的研究。从历史上来看,关于美的本质,亚里士多德将其归结为体积、大小、秩序、相称和明确等。这样着重从形式方面对美进行探讨,从亚里士多德到罗马的贺拉斯,到中

---

① [法]狄德罗:《美之根源及性质的研究》,杨一之译,《文艺理论译丛》第1期,人民文学出版社1958年版,第23页。
② [法]狄德罗:《美之根源及性质的研究》,杨一之译,《文艺理论译丛》第1期,人民文学出版社1958年版,第29页。

世纪时期的奥古斯丁,乃至于新古典主义的布瓦洛,都是一脉相承、大同小异的。十八世纪英国经验主义美学家柏克等人,从感觉经验出发,将美归结为小、光滑、娇柔等,还是局限于形式方面的探讨。上述美学理论从对于美的本质的把握来说还是比较肤浅的。狄德罗的"美在关系"的理论则开始突破这一美学体系,使对于美的本质的探讨开始深入到社会关系的领域。当然,狄德罗由于受其机械论世界观的影响,仍是较多地从自然形态的角度来探讨美,而在对美的社会性的研究上也是极为初步的。可以说,在对美的本质的探讨上,狄德罗的美学思想带有从自然到社会的过渡性质。狄德罗将美分为实在美与相对美两类。所谓"实在美",就是事物本身的关系,即其各个部分之间的关系,诸如秩序、对称、安排等。这仍然是亚里士多德以来美在自然形态的形式方面的那一套。而所谓"相对美",即指一事物与其他事物之间的关系。这里又有两种情形。一种情形是对象与自然现象之间的关系,仍是着重于自然形态的形式方面的因素。他举花与鱼为例,认为"在同类的存在物之中,花中这一朵,鱼中那一条,在我心中唤醒最多的关系观念和最多的某些关系"①就是美的。再一种情形就是对象与社会现象,即社会环境之间的关系。在这一点上,他是最有创见的,真正涉及了美的社会性本质,但从理论本身来说,仍是较为模糊的。他在举例论述"相对美"时提到高乃依的悲剧《荷拉士》,涉及了这一点。该剧写的是公元前七世纪罗马荷提留斯时代,荷拉士三兄弟与库里亚斯三兄弟作战,荷拉士兄弟两死,库里亚斯兄弟三伤。于是荷拉士兄弟中的仅存者佯逃,库里

---

① [法]狄德罗:《美之根源及性质的研究》,杨一之译,《文艺理论译丛》第1期,人民文学出版社1958年版,第20页。

亚斯兄弟在后追赶。当老荷拉士听到他的女儿说其子两死一逃时,气愤地说了"他就死"这句话。狄德罗认为,如果脱离老荷拉士说这句话的环境,那这句话就无所谓美与丑。但如果将老荷拉士说的这句话同其环境联系起来,知道这场战斗关系到祖国的荣誉,战士是说话者所剩的唯一的儿子,另外两个儿子已经战死,他又是对自己的女儿说这番话的,"于是原来不美不丑的答话'他就死',以我逐步揭露其与环境的关系而更美,终于成为绝妙好词"①。但是,假如说这句话的人与环境的关系发生了变化,变成由意大利喜剧中著名的狡猾仆役史嘉本说出,他又是在主人被强盗袭击后逃走、自己也逃走的情况下说这番话的。于是"这个'他就死'便成为可笑了"②。由此,狄德罗得出结论说:"所以美确乎如我们以上所说,是随关系而开始、增长、变化、衰落、消失的。"③狄德罗在这里所说的"关系",明显是指社会关系。这就涉及了美的社会性的本质了。关于美的社会性问题,他还曾讲过这样一段话:"如果由用途、由习惯,我们给几个肢体以特殊的禀赋而有损其他的,就不再是自然人的美,而是社会的几种状况的美。背变驼,肩变宽,臂缩短和更有力,是'挑夫的美'。"④但总的来说,他在这方面的认识还是比较模糊朦胧的。此后,他就没有再从理论

---

① [法]狄德罗:《美之根源及性质的研究》,杨一之译,《文艺理论译丛》第 1 期,人民文学出版社 1958 年版,第 21—22 页。

② [法]狄德罗:《美之根源及性质的研究》,杨一之译,《文艺理论译丛》第 1 期,人民文学出版社 1958 年版,第 22 页。

③ [法]狄德罗:《美之根源及性质的研究》,杨一之译,《文艺理论译丛》第 1 期,人民文学出版社 1958 年版,第 22 页。

④ 转引自周忠厚《试论狄德罗的美学思想》,中国社会科学院文学研究所文艺理论研究室《美学论丛》2,中国社会科学出版社 1980 年版,第 100 页。

上探讨美的社会性质,而只在探讨具体的艺术问题时涉及这一问题。具体地说,就是在探讨戏剧艺术时提出了"情境"的概念,一反性格决定环境的习见,认为情境"应该成为作品的基础"。他这里所说的"情境"就是指社会环境、人物之间的本质关系等。

最后,"美在关系"的理论还更深刻地揭示了美与真、善之间的关系。在对美的本质的探讨中,必然涉及美与真、善的关系问题,而"美在关系"的理论则把这样一个理论问题深化了。它要求我们进一步研究美是人同现实之间的一种实用的关系呢,还是一般的认识关系,或是其他的关系。关于美与真的关系,狄德罗作为现实主义文艺家,观点是十分清楚的。他提出了"摹仿自然"的口号,要求"美"做到符合客观现实。但是,他又认为,艺术中的"美"与哲学中的"真"是不同的。他说:"艺术中的美和哲学中的真都根据同一个基础。真是什么?真就是我们的判断与事物一致。摹仿性艺术的美是什么?这种美就是所描绘的形象与事物的一致。"①这就说明了"美"等于"真",它是在形象的描绘中包含着"真"的内容。关于美与善的关系,在狄德罗看来有两个方面的含义。一个方面是关于美与有用的关系。上面已经谈到,狄德罗是不同意把美仅仅归结为有用的。他认为美应超脱一点个人的直接利益,因为,"情欲十分激动时,只会更显得可怕"②。但狄德罗又反对美与实用毫无关系的观点。他虽然不同意将实用作为美的唯一基础,但却认为实用是美的基础之一。他说,人们觉得健康是美,因为健康能给人带来幸福;觉得安详是美,因为安详意

①转引自朱光潜《西方美学史》上,人民文学出版社1979年版,第274页。
②[法]狄德罗:《绘画论》,《文艺理论译丛》第4期,人民文学出版社1958年版,第43页。

味着舒适的休息；觉得深沉是美，因为深沉能使人产生智慧。总之，健康、安详、深沉都有其实用的一面，因而也都有可能是美的。由此，狄德罗断言愉快与有用的有机结合"应当占据审美等级的第一位"①。美与善的关系的第二个方面的含义就是美与德行的关系。德行作为"善"的组成部分，已经是社会方面的内容了。狄德罗认为，美与德行密切相关。他在晚年所写的《绘画论》中谈到美的容貌的吸引力时曾说过这样一段话："……如果他经常的容貌，符合于你所想象的德行，他就是吸引你；如果他经常的容貌符合于你所想象的邪行，他就会离开你。"②总括起来，在狄德罗看来，美所概括的人与现实的关系，既同"真"的范畴所概括的认识关系与"善"的范畴所概括的效用关系密切相关，但又不完全相同。因此，他主张三者的统一，认为"真、善、美是些十分相近的品质"③。同时，他朦胧地看到了美所概括的人与现实的关系还有其特有的内容。他说，在真与善的"两种品质之上加以一些难得而出色的情状，真就显得美，善也显得美"④。对于"情状"，朱光潜先生译为"情境"，指具体的社会环境。周忠厚同志解释为"形式因素"。以上两说都不太符合狄德罗的原意，因而不太确切。我认为，如果从其"美在关系"的理论出发，将"情状"解释为"关

①［法］狄德罗：《谈话的继续》，《狄德罗哲学选集》，江天骥等译，商务印书馆1979年版，第196页。
②［法］狄德罗：《绘画论》，《文艺理论译丛》第4期，人民文学出版社1958年版，第41页。
③［法］狄德罗：《绘画论》，《文艺理论译丛》第4期，人民文学出版社1958年版，第70页。
④［法］狄德罗：《绘画论》，《文艺理论译丛》第4期，人民文学出版社1958年版，第70—71页。

系"较为妥帖,意即美既非属于社会因素的"善"和"情境",亦非属于自然因素的"真"和"形式",而是同两者都密切相关,是介于真与善、自然与社会之间的一种特有的"关系"。这种看法是符合狄德罗的美学思想中所包含的辩证法因素的。但狄德罗作为机械的唯物论者不可能认识到实践的作用,因而并不能真正解决真与善的统一问题,而只不过是一种朦胧的认识,甚至是一种猜测。

由上述可知,"美在关系"说在解决美的本质问题上坚持了唯物主义观点,并将美的探讨伸张到社会领域,对人们有重要启示作用。这一观点还强调,艺术美须揭示现实生活中合乎规律的关系和这一关系所蕴含的思想内容。这对于保卫文艺的现实主义原则、加深文艺的思想认识意义具有进步的作用。但"美在关系"的命题在含义上过于广泛,任何事物都有各种关系,"美"所概括的人与现实的关系应该有更具体的规定性,否则就不能科学地解决美的本质问题。

二

什么是美感呢?由于狄德罗认为"美在关系",因而必然得出美感是关于关系的概念的结论。他说:"关系的感觉是我们的赞赏和愉悦的唯一基础。"[①]这样,狄德罗就十分肯定地断定了美感是属于第二性的,是精神领域的范畴。这就再一次旗帜鲜明地将美与美感划清了界限,从而进一步地在美学领域坚持了唯物主义的路线。狄德罗为了进一步说明美感的第二性,还研究了美感的来源问题。他认为,

----

① 转引自周忠厚《试论狄德罗的美学思想》,中国社会科学院文学研究所文艺理论研究室《美学论丛》2,中国社会科学出版社1980年版,第103页。

秩序、安排、比例、统一等美感的观念"都来自感觉,是后天的"①。他说,尽管某些唯心主义者将这些美感的范畴"叫作永恒的、根本的、至高无上的、美的本质的规则等",但实际上这些美感的范畴只不过是各种客观的美的关系作用于我们的感官的结果,作为"知性""概念",它们都只不过是"我们的精神的抽象"②。

对于美感,狄德罗是充分地看到了它的差异的。他认为,在一个民族与另一个民族之间,以及同一个民族中一个人与另一个人之间在美感方面都是有差异的。他甚至断言,"在地球上或许就没有两个人对同一对象刚刚看到一样的关系,在同一程度上判断它美"③。那么,美感为什么会有差异呢?狄德罗认为,其根本原因在于美感来源。由于美感是客观美通过感官在人的观念上的反映,因而美感来源于客观美和人的主观感受。而客观美本身是稳定的,对任何人都是共同的,因此,美感差异就只能是来源于人的主观条件的差异。众所周知,在美学史上,柏拉图把美感差异的原因归之于神,但狄德罗却将其归之于人。这正是他的唯物主义美学思想的又一明显的表现,他在晚年所著的《绘画论》中断言:"快感便是这样和一个人的想象、敏感和知识成正比例而增长的。"④他举例说,一个普通人的感受和一个哲学家的感受由于主观条件的不同而

---

① [法]狄德罗:《美之根源及性质的研究》,杨一之译,《文艺理论译丛》第 1 期,人民文学出版社 1958 年版,第 17 页。
② [法]狄德罗:《美之根源及性质的研究》,杨一之译,《文艺理论译丛》第 1 期,人民文学出版社 1958 年版,第 17 页。
③ [法]狄德罗:《美之根源及性质的研究》,杨一之译,《文艺理论译丛》第 1 期,人民文学出版社 1958 年版,第 31—32 页。
④ [法]狄德罗:《绘画论》,《文艺理论译丛》第 4 期,人民文学出版社 1958 年版,第 72 页。

差别甚大。他说，由于哲学家有渊博的知识、深沉的思想和澎湃的感情，因而能通过联想在森林的树木上看到挺立在风雨中的桅樯，在高山的腹内看到熔解在炉火中的矿石，在岩石里看到建造宫殿和庙宇的石条，在泉水中看到丰收、水涝和贸易，但普通的人由于无知、愚钝和冷心肠却做不到这一点，而"只看出很有限的东西"①。当然，从狄德罗的上述观点中可以看到他的明显的剥削阶级的阶级偏见。

艺术欣赏是对艺术的审美活动，是获得美感的具体途径。狄德罗在论述美感与审美的同时，也论述了艺术欣赏问题。什么是艺术欣赏力呢？他说，所谓艺术欣赏力就是"由于反复的经验而获得的敏捷性，它表示在能使它美化的情况下，抓住真实与良好的东西，并且迅速而强烈地为它所感动"②。这实际上是对艺术欣赏力所下的定义，包含以下几点内容：第一，艺术欣赏力的特征是敏捷性，也就是对某一美的对象或美的对象的某一方面具有特别敏锐的、似乎是不经思考的反应，能迅速地引起强烈的感动。第二，形成艺术欣赏力的原因是由于反复的经验。这无疑是唯物主义的，排除了欣赏来源于先天和神启的唯心主义谬说。但仍不免过分强调感性因素相对忽略理性因素，因而有机械唯物论倾向。第三，艺术欣赏力的内容是抓住真实与良好的东西，而所谓真实与良好的东西即是真与善的东西。这就将真与善作为艺术欣赏的基础与前提，无疑是比较正确和进步的。但艺术欣赏的内

---

①［法］狄德罗：《绘画论》，《文艺理论译丛》第 4 期，人民文学出版社 1958 年版，第 72 页。

②［法］狄德罗：《绘画论》，《文艺理论译丛》第 4 期，人民文学出版社 1958 年版，第 72 页。

容除去真与善是其基础之外，还应包含美的因素，诸如内容的感人、形式的和谐对称等。

<h1 style="text-align:center">三</h1>

"摹仿说"是解答现实美与艺术美的关系问题。它又分两类：一类是以柏拉图为代表的唯心主义"摹仿说"，将现实作为理念的摹仿，而又将艺术看作是对现实的摹仿，因而是"摹仿的摹仿"。另一类是以亚里士多德为代表的唯物主义"摹仿说"，认为艺术是对现实的摹仿。狄德罗是现实主义美学的大师，他是师承于亚里士多德的唯物主义"摹仿说"的。他明确要求文艺家应"悉心模仿自然"①。要求其"在自然门下作一名潜心问学的弟子"②。不仅如此，他还进一步提出了文艺创作应"服从自然"的原则，指出"自然，自然！人们是无法违抗它的。要就把它赶走，要就服从它"③。这些只不过是狄德罗对于唯物主义"摹仿说"的继承和发挥。更重要的是，他还对唯物主义的"摹仿说"作出了自己特有的新贡献。

他提出了摹仿要做到惊奇而不失逼真的原则。狄德罗认为，不是一切事物都可以在艺术中加以一丝不走的摹仿的。他以画人为例，认为按照对人体各部严格的比例画出来的人只有神仙和野人。因为这两类"人"没有个性，可以这样一丝不走地"摹仿"。

---

① [法]狄德罗：《绘画论》，《文艺理论译丛》第 4 期，人民文学出版社 1958 年版，第 18 页。

② [法]狄德罗：《关于演员的是非谈》，《戏剧报》编辑部《"演员的矛盾"讨论集》，上海文艺出版社 1963 年版，第 202 页。

③ [法]狄德罗：《论戏剧艺术》下，《文艺理论译丛》第 2 期，人民文学出版社 1958 年版，第 142 页。

但对于活生生的世俗的人,因为都是有着鲜明的个性的,因此在
对其描绘时,不要求比例的极端精确,而是要求选择最能代表本
业的人,画出其特征。基于这样一种指导思想,狄德罗对于"摹
仿"提出了惊奇而不失逼真的基本观点。在狄德罗看来,所谓"惊
奇"是一种"稀有的情况""异常的组合"。它所产生的是一种"戏
剧兴趣",即艺术效果。这种"稀有""异常"就是个性与共性高度
统一的"个别"。这才是艺术"摹仿"的对象,也是在"摹仿"中所应
达到的目标。狄德罗认为,在这种"稀有"中应该是"真实性要少
些而逼真性却多些"①。这里所说的"真实性"是指偶然的个别事
物,而"逼真性"即亚里士多德所说的现实生活中不必实有但却是
符合可然律的可能有的事物。狄德罗继承了这一思想,并加以发
挥。狄德罗是非常重视这种"逼真性"的,认为艺术摹仿不可为了
追求"惊奇"而失去"逼真"。他将这种失去逼真的情形称作"奇
迹",指出"稀有的情况是惊奇;天然不可能的情况是奇迹;戏剧艺
术摒弃奇迹"②。他反复强调这一点,并举出许多例子加以说明。
他在《绘画论》中举出了一幅题为《苏格拉底之死》的绘画来说明
这种失去逼真性的可笑。他说:"在这张画上希腊的这位生活最
清苦严肃的哲学家竟会死在一张富丽堂皇的卧床上。"③同时,他
还要求文艺家们"牢牢记住贺拉斯的名句"。这些名句是:"画家
和诗人自来便敢说敢写,……但是也不至于将猛兽和家畜同槽,

①[法]狄德罗:《论戏剧艺术》上,《文艺理论译丛》第 1 期,人民文学出版社
　1958 年版,第 167 页。
②[法]狄德罗:《论戏剧艺术》上,《文艺理论译丛》第 1 期,人民文学出版社
　1958 年版,第 167 页。
③[法]狄德罗:《绘画论》,《文艺理论译丛》第 4 期,人民文学出版社 1958 年
　版,第 39 页。

毒蛇和飞禽交配。"①这就要求文艺创作既不能一丝不苟地摹仿生活,同时也不能违背生活的规律。

如上所说,狄德罗提出了"服从自然""回到自然"的口号。从口号本身看,似乎与新古典主义没有区别,但在对"自然"即现实美的理解上却不相同。新古典主义所说的"自然"、所欣赏的"现实美",是所谓"文明""文雅""彬彬有礼",也就是经过封建文化洗礼的"自然"。但作为启蒙主义者的狄德罗却同其相反,他所说的"自然",所欣赏的现实美是原始状态的。例如,他在《论戏剧艺术》一文中就明确指出:"诗人需要的是什么?是未经雕琢的自然,还是加过工的自然;是平静的自然,还是混乱的自然?他喜欢晴明宁静的白昼的美呢,还是狂风阵阵呼啸,远方传来低沉而连续的雷声,电光闪亮了头顶的天空的黑夜的恐怖?他喜欢波平如镜的海景,还是汹涌的波涛?他喜欢面对一座冷落无声的宫殿,还是在废墟中作一回散步?一幢人工建筑的大厦和一块人手栽种的园地,还是一个深密的古森林和在一座没有生物的岩石间的无名洞穴?一湾流水,几片池塘和数股清泉,还是一挂在下泻时通过岩石折成数股,发出一直传到远处的咆哮,使正在山上放牧的童子闻而惊骇的奔腾澎湃的瀑布?"②他得出结论说:"诗需要一些壮大、野蛮、粗犷的东西。"③狄德罗的这种原始主义的观点正是后来的浪漫运动所要求的东西。因此,狄德罗在由新古典主

---

① [法]狄德罗:《绘画论》,《文艺理论译丛》第 4 期,人民文学出版社 1958 年版,第 69 页。

② [法]狄德罗:《论戏剧艺术》下,《文艺理论译丛》第 2 期,人民文学出版社1958 年版,第 137 页。

③ [法]狄德罗:《论戏剧艺术》下,《文艺理论译丛》第 2 期,人民文学出版社1958 年版,第 137 页。

义到浪漫主义的过渡中起了很大的促进作用。

亚里士多德在首次提出唯物主义"摹仿说"时就已初步涉及了艺术典型的问题。但这一理论到中世纪以后，直到新古典主义，均被理解成"类型说"。狄德罗对于亚里士多德的典型论有新的发挥，对于新古典主义的类型说有所突破。这是他的美学思想中辩证因素的突出表现，是其不同于机械唯物论之处。

首先，提出了文艺是生活现象的集聚的观点。狄德罗不仅提出了艺术摹仿应做到惊奇而不失逼真的原则，而且进一步提出了文艺是生活现象的集聚的观点，认为艺术美应高于现实美。他说："他们吸收一切引起注意的东西；他们把这些东西聚在一起。许多珍贵现象，就从这些不知不觉聚在心里的东西那边，移到他们的作品的里面。"①在这里，他较准确地揭示了艺术概括的特点，认识到艺术概括是一种对现象的感性形态在不知不觉中所进行的选择和集中。也就是从生活素材中选出珍贵的现象，然后将其集聚起来。这就既划清了艺术与理论的界限，也划清了艺术与生活的界限。正是基于这种对艺术概括的认识，他反对当时流行的一种现实美高于艺术美的观点。他说，如果像某些人所说，"本生自然和一种偶然安排比艺术魅力更有成就，艺术魅力仅止于损害它们的成就，请问，被人誉扬不置的艺术魅力又是什么？"②相反，他主张艺术美高于现实美。为了说明这一观点，他形象地以现实生活中的街头场面和戏剧场面相比，认为它

①［法］狄德罗：《关于演员的是非谈》，《戏剧报》编辑部《"演员的矛盾"讨论集》，上海文艺出版社1963年版，第205页。

②［法］狄德罗：《关于演员的是非谈》，《戏剧报》编辑部《"演员的矛盾"讨论集》，上海文艺出版社1963年版，第215页。

们之间的高低"就像一个野蛮部落之于一个有文化的人们的集会一样"①。

　　其次,提出并论述了"理想典范"的概念。狄德罗提出了"理想典范"的概念。他在《关于演员的是非谈》中指出:"什么是舞台上的真实? 是动作、谈话、容貌、声音、行动、手势与诗人想象出来的一个理想典范的符合,而这种理想典范又往往被演员加以夸张。妙处就在这里。"②可见,他已将"理想典范"看作艺术的真实,在作品中具有统帅的作用,而且认为文艺创作的成功之妙就在于此。狄德罗非常赞赏当时法国的一位著名女演员克勒雍,认为在整个艺坛上没有比她更好的演员了。而克勒雍的成功恰恰就在于"她自己事先已塑造出一个范本,一开始表演,她就设法依照这个范本"③。狄德罗认为,这个"范本"是角色的提炼,而不是演员本身。甚至,这个经过演员提炼的"范本"比原作中的人物还高。据说伏尔泰看了克勒雍演出他的剧本后,说:"这出戏是我写出来的吗?"④那么,这种"理想典范"的含义是什么呢? 狄德罗认为,它首先具有最一般、最显著的特征,也就是具有某类人的共性。他以莫里哀剧中的吝啬鬼哈巴贡和伪君子达尔杜弗为例说明这一问题,他说:"哈巴贡和达尔杜弗是照世上所有的杜瓦纳尔

①[法]狄德罗:《关于演员的是非谈》,《戏剧报》编辑部《"演员的矛盾"讨论集》,上海文艺出版社1963年版,第215—216页。

②[法]狄德罗:《关于演员的是非谈》,《戏剧报》编辑部《"演员的矛盾"讨论集》,上海文艺出版社1963年版,第213页。

③朱光潜:《狄德罗的〈谈演员的矛盾〉》,《戏剧报》编辑部《"演员的矛盾"讨论集》,上海文艺出版社1963年版,第4页。

④[法]狄德罗:《关于演员的是非谈》,《戏剧报》编辑部《"演员的矛盾"讨论集》,上海文艺出版社1963年版,第230页。

和格利塞耳创造的；这里有他们最一般和最显著的特征，然而不是任何一个人的准确的画像，所以也就没有一个人把戏里的人物看成自己。"①。这里所说的杜瓦纳尔是当时法国的税收总办、著名的善于搜括的人物，而格利塞耳则是当时法国以神甫面目出现的拐骗同谋犯。在狄德罗看来，"理想典范"就应根据现实生活中的这类人物进行概括，体现出这类人物的共同特征，但又绝不就是现实生活中的某个具体人。这就说明，狄德罗所说的"理想典范"就是我们所说的艺术典型。当然，在艺术典型问题上，狄德罗突破新古典主义的贡献还在于他同时强调了人物的个性。他曾说过这样的名言："没有两张叶子是同样绿的；没有两个人在动作和体态上是完全一样的。"②甚至认为，"世界上每一部分，每一个国家，一个国家的每一个省，每一个省的每一个城市，每一个城市的每一家，每一家的每一个人，每一个人的每一个时候，都有它的相貌、它的表情。"③他要求文艺家准确地表现出这种独特的相貌和表情。对于画家来说，如果做不到这一点因而抓不住人物之间的区别，狄德罗就老实不客气地对其斥责道："请你把画笔摔到火里烧掉。"④

　　最后，深刻地论述了性格与环境的关系。狄德罗在艺术典型

①［法］狄德罗：《关于演员的是非谈》，《戏剧报》编辑部《"演员的矛盾"讨论集》，上海文艺出版社1963年版，第226—227页。

②［法］狄德罗：《绘画论》，《文艺理论译丛》第4期，人民文学出版社1958年版，第53页。

③［法］狄德罗：《绘画论》，《文艺理论译丛》第4期，人民文学出版社1958年版，第40页。

④［法］狄德罗：《绘画论》，《文艺理论译丛》第4期，人民文学出版社1958年版，第44页。

问题上最突出的贡献,就是特别着重地论述了典型性格与环境的关系。这是同他的"美在关系"的基本美学观点直接有关的。他明确地提出了环境决定性格的观点,指出"人物的性格要根据他们的处境来决定"①。为此,他从多方面阐明了这一思想。一方面是认为社会制度对人物性格有重大的影响。他分析了共和国和君主国两种不同的社会制度所造成的不同的人的性格。他说:"共和国是平等的状况。任何国民自己看作是小皇帝,共和国的人民所有的神气是趾高气扬,无情与傲慢。在君主国,不是命令就是服从,其特性和表情是和蔼、婉转、温和、重名誉、讲究文雅博人欢心。在专制统治下,美德是奴隶的美德。你可以指给我看温和、柔顺、懦怯、谨慎、哀求和谦虚的面容。"②另一方面,他提出了阶级环境和生活环境对人物性格的影响问题。他说:"在社会里,每一个阶层的公民都有它的特性和表情,手艺人、贵族、平民、文人、教士、法官、军人等等。手艺人当中,有各个行业的习惯,有店铺和工场的各种容貌。"③他还具体地举出巴黎马尔苏郊区贫穷的孩子受到环境影响的情形,他说:"我长久住在圣马尔苏郊区,在那里的偏僻地方我见过许多面容很可爱的孩子。到十二三岁的时候,这些充满温和善良的眼睛转变为敢作敢为十分激烈的眼睛了;……由于经常发怒、谩骂、互殴、叫喊,为几分钱经常脱帽的

---

①[法]狄德罗:《论戏剧艺术》上,《文艺理论译丛》第 1 期,人民文学出版社 1958 年版,第 184 页。

②[法]狄德罗:《绘画论》,《文艺理论译丛》第 4 期,人民文学出版社 1958 年版,第 42 页。

③[法]狄德罗:《绘画论》,《文艺理论译丛》第 4 期,人民文学出版社 1958 年版,第 42 页。

缘故，他们一辈子感染了吝啬、无耻、忿怒的神气。"①当然，在这里，狄德罗又一次明显地流露出了自己的阶级偏见。但正因为狄德罗充分认识到环境对性格的重大影响，所以主张在文艺创作中如果把环境安排得突出一些，性格就会更加鲜明。他说："如果人物的处境愈棘手愈不幸，他们的性格就愈容易决定。"②这里所说的"棘手"，是指环境与人物的对比、人物利益的对立。总之，是指尖锐的矛盾冲突。这一理论同黑格尔的"情境说"与恩格斯的典型环境决定典型性格的现实主义典型论有着渊源关系。

四

　　狄德罗在亚里士多德的基础上，通过文艺与历史的比较，进一步阐明了艺术创作的特点。他在《论戏剧艺术》中指出："但是历史家只是简单、单纯地写下了所发生的事实，因此不一定尽他们的所能把人物突出；也没有尽可能去感动人，去提起人的兴趣。如果是诗人的话，他就会写出一切他以为最能动人的东西。他会假想出一些事件。他可以杜撰些言词。他会对历史添枝加叶。"③狄德罗同亚里士多德一样，认为历史只是单纯地写下已发生的事实。当然，这是不完全正确的。但在对文艺创作的认识上，狄德罗比亚里士多德进了一步。他认为，文艺创作的主要特

---

① [法]狄德罗:《绘画论》,《文艺理论译丛》第 4 期,人民文学出版社 1958 年版,第 41 页。

② [法]狄德罗:《论戏剧艺术》上,《文艺理论译丛》第 1 期,人民文学出版社 1958 年版,第 184 页。

③ [法]狄德罗:《论戏剧艺术》上,《文艺理论译丛》第 1 期,人民文学出版社 1958 年版,第 169 页。

征是"假想出一些事件"。这里所说的"假想",就是我们通常所说的艺术想象,是文艺创作的最主要途径。正如狄德罗自己所说:"诗人善于想象,哲学家长于推理。"①那么,什么是想象呢?狄德罗认为,所谓想象"是人们追忆形象的机能"②,即"把一系列的形象按照它们在自然中必然会前后相联的顺序加以追忆"③。这种对形象的追忆就使所要描写的人物"犹如在我的眼前"④。这就对想象进行了比较全面的阐述,指出了想象的根据是"自然中必然是前后相联的顺序",想象的特点是"犹如在我的眼前"的个别形象的浮现,想象的心理机能是"追忆"。不仅如此,狄德罗还指出,文艺家在进行艺术想象时,常常处于一种灵感来临的状态,并对其进行了具体的描绘。他说,这是一种"游神物外的时候",文艺家"完全接受艺术的支配",甚至是处于一种"似醉似迷的状态"⑤。在《绘画论》中,他又以画家为例说道,灵感来临时画家的"眼睛一直望着他的画布,微微地张开口,气息喘急"⑥。总之,狄德罗认为,在灵感来临之际,艺术家处于一种身不由己的非自觉

①[法]狄德罗:《论戏剧艺术》上,《文艺理论译丛》第1期,人民文学出版社1958年版,第171页。

②[法]狄德罗:《论戏剧艺术》上,《文艺理论译丛》第1期,人民文学出版社1958年版,第170页。

③[法]狄德罗:《论戏剧艺术》上,《文艺理论译丛》第1期,人民文学出版社1958年版,第171页。

④[法]狄德罗:《论戏剧艺术》下,《文艺理论译丛》第2期,人民文学出版社1958年版,第146页。

⑤[法]狄德罗:《论戏剧艺术》下,《文艺理论译丛》第2期,人民文学出版社1958年版,第143页。

⑥[法]狄德罗:《绘画论》,《文艺理论译丛》第4期,人民文学出版社1958年版,第24页。

的、感情极端澎湃冲动的状态。他进而认为,在整个艺术想象的过程中都伴随着感情的活动。他说:"如果写的是讽刺诗,他就应该怒目而视,高耸双肩,闭嘴咬牙,呼吸短促而紧逼,因为他在发怒。如果写的是赞美诗,他就应该昂着头,嘴半开半闭,眼睛朝天,神气是激发而感奋,呼吸急促,因为他满怀狂热。"①由上述可见,狄德罗是西方美学史上第一个以唯物主义观点比较全面地阐明了艺术想象的美学家,因而在这一方面具有开创的意义。当然,他只强调了"追忆",相对忽视了创造,这就不免有机械唯物论的倾向。

艺术想象尽管是充分自由的、充满着激情的,但却不是没有任何束缚。狄德罗充分地认识到了这一点。他说:"诗人不能完全听任想象力的狂热摆布,想象有它一定的范围。在事物的一般程序的罕见情况中,想象的活动有它一定的规范。这就是他的规则。"②这里所说的"范围"和"规范"就是指"理"对感情的约束与指导,以使想象"合乎逻辑",也就是"显出各种现象之间的必然联系"③。他的著名的《关于演员的是非谈》就是旨在反对靠敏感演戏而主张靠思维演戏。他说,"演员靠灵感演戏,决不统一",而"根据思维、想象、记忆,对人性的研究、对某一理想典范的经常摹仿",就能使每次演出都能"统一、相同、永远始终如一的完美"④。

---

① [法]狄德罗:《论戏剧艺术》下,《文艺理论译丛》第 2 期,人民文学出版社 1958 年版,第 159 页。

② [法]狄德罗:《论戏剧艺术》上,《文艺理论译丛》第 1 期,人民文学出版社 1958 年版,第 172 页。

③ 转引自朱光潜《西方美学史》上卷,人民文学出版社 1963 年版,第 280 页。

④ [法]狄德罗:《关于演员的是非谈》,《戏剧报》编辑部"演员的矛盾"讨论集,上海文艺出版社 1963 年版,第 202、203 页。

即便是舞台上的感情的高潮，那也不完全由感情使然，而应受到思维的指导。他说："演员的眼泪是从他的脑内流出来的，敏感者的眼泪是从他的心里倒流上去的。"①他认为，"情欲发展到难以自制的地步，事就都要显出一副怪相"②，而绝没有美。为此，他要求理性的指导，并举例说在朋友或爱人刚死之时不宜作诗哀悼，因此时受到感情的驱遣写不下去，"只有等到激烈的哀痛已过去，……当事人才想到幸福遭到折损，才能估计损失，记忆才和想象结合起来，去回味和放大已经感到的悲痛"③。总之，狄德罗是强调情与理的统一的，在这两者之中，他对理的束缚力更为重视。这对于反对唯心主义的凭感情驱遣、随心所欲的艺术理论起到很大作用。但从总的方面来讲，他相对地轻视了情感在艺术想象活动中的能动作用，这就不免偏颇，有形式化和僵化的倾向。

狄德罗作为唯物主义者是非常重视社会与时代对文艺创作的重大影响的。他非常认真地研究了社会、时代与文艺的关系，得出了动乱使艺术之树常青的结论。他说："正是国内自相残杀的战争或对于宗教的狂热使人们揭竿而起，使大量的血流遍大地，这时候，亚波罗头上的桂冠才复活而常青，它需要以血滋润。在和平时期，在安闲时期，它就要萎谢了。"④这一观点从总的方面来说是正确的。因为，所谓动乱的时代就是阶级斗争激烈的

①［法］狄德罗：《关于演员的是非谈》，《戏剧报》编辑部《"演员的矛盾"讨论集》，上海文艺出版社1963年版，第209页。
②［法］狄德罗：《关于演员的是非谈》，《戏剧报》编辑部《"演员的矛盾"讨论集》，上海文艺出版社1963年版，第213页。
③转引自朱光潜《西方美学史》上卷，人民文学出版社1963年版，第280页。
④［法］狄德罗：《论戏剧艺术》下，《文艺理论译丛》第2期，人民文学出版社1958年版，第137页。

时代。此时,社会斗争此起彼伏,风云变幻,给文艺创作提供了
丰富的题材。同时,激烈的斗争也迫切地需要文艺为其服务。
这就自然会给文艺创作提供厚实的土壤和丰富的营养。另外,
狄德罗还提出了忧患出诗人的观点。他认为,"什么时代产生诗
人? 那是在经历了大灾难和大忧患以后,当困乏的人民开始喘
息的时候。那时想象力被伤心惨目的景象所激动,就会描绘出
那些后世未曾亲身经历的人所不认识的事物"①。很清楚,狄德
罗已经认识到一个作家只有在动乱的时代,在遭遇到种种磨难
之后,才会对社会人生有深切的感受,才会获得创作的动力和源
泉。总之,作家和作品都是时代的产儿,这一唯物主义的基本原
理在狄德罗那里已经得到了初步的阐发。他甚至还认识到,某
种艺术种类的出现和发展也同社会的某种需要有关。例如,建
筑术的发展就同统治者的财富增加和奢侈的发展有关。由于歌
颂胜利者的凯旋门和祷告上帝的大石屋的出现,使得统治者竞
相抬高自己的住宅,从而促使了"庙宇、宫殿、府第、公馆的建筑
一天比一天讲究;雕刻和绘画亦随之而日益发展起来"②。他还
研究了某种文艺潮流与社会的关系,他说:"如果一个民族的风
尚萎靡、琐屑、做作……。他只好尽力美化这种风尚,选择最适
合于他的艺术的情节,对其他的略去不计,同时大胆假设一些
情节。"③

---

①[法]狄德罗:《论戏剧艺术》下,《文艺理论译丛》第 2 期,人民文学出版社
　1958 年版,第 137 页。

②[法]狄德罗:《绘画论》,《文艺理论译丛》第 4 期,人民文学出版社 1958 年
　版,第 66 页。

③[法]狄德罗:《论戏剧艺术》下,《文艺理论译丛》第 2 期,人民文学出版社
　1958 年版,第 137—138 页。

　　狄德罗作为一个进步的资产阶级理论家和唯物论者,从自己的政治立场与哲学观出发,对文艺家提出了要求。首先,他要求文艺家深入生活,甚至提出了"试住到乡下去,住到茅棚里去"的战斗口号。他说:"你要想认识真理,就得深入生活,去熟悉各种不同的社会情况。试住到乡下去,住到茅棚里去,访问左邻右舍,更好地瞧一瞧他们的床铺、饮食、房屋、衣服等,这样你就会了解到那些奉承你的人设法瞒过你的东西。"①狄德罗认为,只有通过这样的亲自观察才能对生活实践形成真正的概念。他说:"今天是大礼拜的前夕,你们到教区去围着忏悔台去走一转,你们就会看到静思和悔过的真正体态。明天,你们到乡间小酒店去,你们会看到忿怒人的真正的动作。你们要寻找公众场合的节目:观察街道、公园、市场和屋内,这样,你们对于生活实践的真正动作就会有正确的概念。"②狄德罗的要求文艺家"深入生活"的观点在当时是具有进步意义的。因为,他要求文艺家深入第三等级,特别是劳动人民的生活,而不同于新古典主义布瓦洛等人所热衷的宫廷贵族生活。同时,这也是唯物主义美学的战斗口号,对于欧洲现实主义文艺的发展有着巨大的指导作用。其次,要求文艺家既要有强烈的感情,更要有较高的判断力。狄德罗对于文艺家直觉的感受力和理性判断力之间的关系提出了自己的看法。他并不否定文艺家直觉的感受力,但认为这种感受不应过分。他说:"感受推到极致可以使人失却明辨之智;一切东西都会不分好坏

---

①转引自周忠厚《试论狄德罗的美学思想》,中国社会科学院文学研究所文艺理论研究室《美学论丛》2,中国社会科学出版社 1980 年版,第 123 页。

②[法]狄德罗:《绘画论》,《文艺理论译丛》第 4 期,人民文学出版社 1958 年版,第 21 页。

地使他感动。"①为此,他要求文艺家也"应该是一个哲学家"②。狄德罗认为,文艺家只有成为哲学家才能具备文艺家的基本品质——判断力高。在谈到一个大演员所应具备的基本品质时,他说:"我这方面,希望他判断力高;我要他是一位冷静的旁观的人;这就是说,我要他鞭辟入里,决不敏感,有模仿一切的艺术,或者换一个方式来说,有扮演任何种类性格与角色的无往而不相宜的本领。"③这就是说,在狄德罗看来,一个演员只有具有较高的判断力,才能正确地把握角色的性格特征与感情,从而能够演好任何角色,而不至于以自己的性格与感情去取代。为此,狄德罗以古代的学者和批评家为榜样,要求文艺家在增加自己的生活经验的同时,还要研究各种哲学著作。他说:"古代的作者和批评家都从自己先求深造开始,他们总是在学完各派哲学以后才从事文艺事业。"④另外,狄德罗还要求文艺家首先成为一个有德行的人。他非常重视文艺家的道德修养,说:"真理和美德是艺术的两个密友。你要当作家、批评家吗?请首先做一个有德行的人。"⑤为此,他要求文艺家努力学习为人之道,提高自己的道德修养。他

---

① [法]狄德罗:《绘画论》,《文艺理论译丛》第 4 期,人民文学出版社 1958 年版,第 72—73 页。

② [法]狄德罗:《论戏剧艺术》上,《文艺理论译丛》第 1 期,人民文学出版社 1958 年版,第 146 页。

③ [法]狄德罗:《关于演员的是非谈》,《戏剧报》编辑部《"演员的矛盾"讨论集》,上海文艺出版社 1963 年版,第 201—202 页。

④ [法]狄德罗:《论戏剧艺术》下,《文艺理论译丛》第 2 期,人民文学出版社 1958 年版,第 154 页。

⑤ [法]狄德罗:《论戏剧艺术》下,《文艺理论译丛》第 2 期,人民文学出版社 1958 年版,第 154 页。

说："不要以为学习为人之道而付出的劳动和光阴对于一个作家来说是白费的。从你将在你的性格、作风中建立起来的高度的道德品质里散发出一种伟大、正直的光采，它会笼罩着你的一切作品。"①相反，他认为缺乏道德修养的吝啬鬼、迷信者和伪君子是对真善美无所感的，因而也绝对创作不出优秀的作品。他说："当艺术家想到金钱时，它便丧失了美的感觉。"②

五

狄德罗除了在美、美感、文艺与现实、文艺创作与作家等理论问题上阐述了自己的现实主义美学思想，还论述了文艺的社会效用、风格、批评、文体等一系列美学和文艺理论问题。

在文艺的社会效用问题上，他首先为文艺树立了劝善惩恶的"共同目标"。他说："倘使一切摹仿艺术树立一个共同的目标，倘使有一天它们帮助法律引导我们爱道德恨罪恶，人们将会得到多大的好处！"③又说："使德行显得更为可爱，恶行更为可憎，怪事更为触目，这就是一切手拿笔杆、画笔或雕刀的正派人的意图。"④可见，他同历来的许多现实主义理论家一样，是将文艺的社

---

①［法］狄德罗:《论戏剧艺术》下,《文艺理论译丛》第 2 期,人民文学出版社1958 年版,第 155 页。

②转引自周忠厚《试论狄德罗的美学思想》,中国社会科学院文学研究所文艺理论研究室《美学论丛》2,中国社会科学出版社 1980 年版,第 123 页。

③［法］狄德罗:《论戏剧艺术》上,《文艺理论译丛》第 1 期,人民文学出版社1958 年版,第 150 页。

④［法］狄德罗:《绘画论》,《文艺理论译丛》第 4 期,人民文学出版社 1958 年版,第 57 页。

会效用归之于劝善惩恶的。在他看来,这就是文艺创作的总目标。按照这样的总目标创作的文艺,就能产生良好的社会效果,引起观众或读者的强烈共鸣和严肃思考。他说,这样的作品能使观众"长时间静默的抑压以后发自心灵的一场深沉的叹息",并因"严肃地考量问题而坐卧不安"①。在他看来,这样的作品的效果才能长留人们的心中,这样的作家才是卓越的作家。他说:"效果长期存留在我们心上的诗人才是卓越的诗人。"②这就说明,狄德罗实际上是要求文艺家引导人们思考社会问题,要求文艺成为反封建的战斗武器。由于主张这种劝善惩恶的总目标,因而在文艺的内容上,他就主张表现严肃的内容,反对表现肮脏污秽的内容。他形象地将绘画和诗称作"良家女子","应当是行为端淑的"。对于当时专以色情的肉感为题材的画家布仙,狄德罗公开声明,"尽管人们把你摆在展览会最引目的地方,我们还是不屑一顾的"③。与此相反,他主张文艺作品描写严肃正派的内容。为了更好地表现第三等级,狄德罗提出了一种介于悲喜剧之间的"严肃喜剧"。要求这种戏剧形式认真地提出社会道德问题,以"市民家庭"为其内容,可涉及人类的美德和缺点,家庭的不幸事件等各个道德领域。他甚至主张文艺作品"直接提出道德问题","在舞台上讨论道德问题的最重要之点"④。他

---

① [法]狄德罗:《论戏剧艺术》上,《文艺理论译丛》第 1 期,人民文学出版社 1958 年版,第 151、151—152 页。

② [法]狄德罗:《论戏剧艺术》上,《文艺理论译丛》第 1 期,人民文学出版社 1958 年版,第 151 页。

③ [法]狄德罗:《绘画论》,《文艺理论译丛》第 4 期,人民文学出版社 1958 年版,第 56 页。

④ [法]狄德罗:《论戏剧艺术》上,《文艺理论译丛》第 1 期,人民文学出版社 1958 年版,第 151 页。

说："诗人应该这样来讨论自杀、荣誉、决斗、财产、品格以及其它千百种问题。我们的诗将由此取得一种它所未有的严肃性。"①这种在舞台上直接讨论道德问题的主张，就在理论上为后来的"问题剧"提供了根据，对易卜生、奥斯特洛夫斯基、肖伯纳等人的戏剧创作有着深刻影响。但是，狄德罗并没有把文艺的这种劝善惩恶的作用绝对化，而是同时注意到了文艺的特性。他认为，文艺的这种劝善惩恶应做得不牵强，目的不应太显露，否则就达不到目的而导致失败。他说："让他去教育人、去取悦于人；但是这一切都要做得毫不牵强。假使别人发现他的目的，他就算没有达到目的，那时他就不是对话而是说教了。"②如何才能做到使目的不显露而隐蔽呢？那就只有通过完美的艺术形象，"使听众经常误信自己身临其境"③。这样，就会产生巨大的艺术效果，使读者或观众感动、惊吓、"心碎、恐怖、战栗、流泪、愤怒"④。狄德罗将这种方法称作是"以迂回曲折的方式打动人心"，而且是能够"更准确更有力地打动人心深处"。这时，即便是一个坏人，走出包厢时也可能已比较不那么倾向于作恶了。"这比被一个严厉而生硬的说教者痛斥一顿要来得有效。"⑤

----

①[法]狄德罗：《论戏剧艺术》上，《文艺理论译丛》第 1 期，人民文学出版社 1958 年版，第 151 页。

②[法]狄德罗：《论戏剧艺术》上，《文艺理论译丛》第 1 期，人民文学出版社 1958 年版，第 182 页。

③转引自朱光潜《西方美学史》上卷，人民文学出版社 1963 年版，第 262 页。

④[法]狄德罗：《绘画论》，《文艺理论译丛》第 4 期，人民文学出版社 1958 年版，第 54 页。

⑤[法]狄德罗：《论戏剧艺术》上，《文艺理论译丛》第 1 期，人民文学出版社 1958 年版，第 150 页。

　　狄德罗在研究戏剧和绘画的过程中涉及了文艺创作的风格问题。他发现在文艺创作中有这样一种现象,就是"有人向好几个艺术家提出一个同样的题材去作画,每个艺术家用他自己的方法去思考,去绘制,结果从他们的画室里拿出来的图画是各不相同的。每一幅画里都可以发现一些特殊的美。"①为什么会形成这种现象呢? 狄德罗认为,主要是文艺家在作品中"自我写照"②。由于文艺家的经历不同,所以其各自的个性也就不同。他说:"不同的生活和相异的经历就已经足够产生不同的判断了。"③正因为每个人的个性不同,所以作为"自我写照"的文艺作品也就决不相同,而各具特色。狄德罗还认识到,由于人的经历的变化造成文艺家的性格也要发生变化,因而文艺家的风格也必然随之发生变化,而不会一成不变。他说:"就以同一个人而言,无论就生理或精神方面来看,也是一切都在不断的相互交替之中的⋯⋯所以怎么能够使我们之中有人能在整个生命的过程中保持始终不变的爱好,对真、善、美有同一的判断?"④在具体的风格方面,狄德罗赞赏简朴的风格。他自称"天赋我以对简朴的爱好"。⑤ 由此,他反对与简

---

①[法]狄德罗:《论戏剧艺术》下,《文艺理论译丛》第 2 期,人民文学出版社
　1958 年版,第 152 页。
②[法]狄德罗:《绘画论》,《文艺理论译丛》第 4 期,人民文学出版社 1958 年
　版,第 24 页。
③[法]狄德罗:《论戏剧艺术》下,《文艺理论译丛》第 2 期,人民文学出版社
　1958 年版,第 156 页。
④[法]狄德罗:《论戏剧艺术》下,《文艺理论译丛》第 2 期,人民文学出版社
　1958 年版,第 156—157 页。
⑤[法]狄德罗:《论戏剧艺术》上,《文艺理论译丛》第 1 期,人民文学出版社
　1958 年版,第 176 页。

朴相对的豪华和富丽堂皇。他说:"豪华使一切遭到破坏。富丽堂皇的景象未必美。富丽使你想入非非;它可以使你眼花缭乱,但不会感动你的心。"①同时,他也赞成风格方面的简单明了。他在谈到戏剧时,认为"对观众来说,一切应当明白","最好把将要发生的事情也向他们明白交代"②。为了做到简单明了,他认为,在创作中,"不须要加以任何闲散的形象,无谓的点缀。主题只应是一个。"③

　　关于批评标准,狄德罗认为,"有多少人就有多少不同的衡量标准,而且同一个人在他的生命之中许多显著不同的时期里就有同样多的不同尺度"④。因此,他认为,如果只拿自己当作典范,争论就不会完结。他主张,"在自我范围之外找出一个衡量标准,一个尺度",而"只要还没有找到,大多数的判断会是错误的,而全部判断会是不可靠的"⑤。那么,到底是什么样的标准呢?狄德罗没有直接谈到,但却认为"一件作品,陈列在各种各样的观众面前,如果它不能为一个普通正常头脑的人所了解,将是一件失败的作品"⑥。

------

①[法]狄德罗:《论戏剧艺术》下,《文艺理论译丛》第 2 期,人民文学出版社 1958 年版,第 140—141 页。

②[法]狄德罗:《论戏剧艺术》上,《文艺理论译丛》第 1 期,人民文学出版社 1958 年版,第 178 页。

③[法]狄德罗:《绘画论》,《文艺理论译丛》第 4 期,人民文学出版社 1958 年版,第 52 页。

④[法]狄德罗:《论戏剧艺术》下,《文艺理论译丛》第 2 期,人民文学出版社 1958 年版,第 156—157 页。

⑤[法]狄德罗:《论戏剧艺术》下,《文艺理论译丛》第 2 期,人民文学出版社 1958 年版,第 157 页。

⑥[法]狄德罗:《绘画论》,《文艺理论译丛》第 4 期,人民文学出版社 1958 年版,第 51—52 页。

又说:"我就想到问题不仅仅在于要真实,而且还要有趣。"①可见,他所说的"衡量标准"无非就是内容上的正确、真实和形式上的有趣。在批评态度方面,他竭力反对那种不实事求是的对文艺家恶意中伤的批评家。他将这种批评家称作是对过路人喷射毒箭的野蛮人。同时,他也反对那种以教育者自居的狂妄自大的批评家。因为,他认为,"没有一个人,也不可能有一个人能在一切领域中同样完善地判断真、善、美",如果有人以为存在一个"心目中拥有尽善尽美的理想的普遍典范的人","这完全是妄想"②。在批评方面,狄德罗民主精神的表现就是比较重视群众的意见。他说,"请相信我,群众是不大会看错的"。"对群众来说,他们有他们自己的主张。假使作家的作品不高明,他们嗤之以鼻;如果批评家们的意见是错讹的,他们也同样对待。"③

在文体论方面,狄德罗研究了体裁的产生。他认为,一种新的体裁的出现是同社会的需要直接有关的,是由当时的社会决定的,并以肖像画和半身像为例加以说明。他说:"肖像画和半身像应该在共和国家受到尊重,因为在共和国家里公民的视线经常注射在人民权利和自由的保卫者身上。在君主国家情况就不一样,那里只有上帝和国王。"④狄德罗的这一认识是非常精辟的,是

---

①转引自周忠厚《试论狄德罗的美学思想》,中国社会科学院文学研究所文艺理论研究室《美学论丛》2,中国社会科学出版社 1980 年版,第 106 页。

②[法]狄德罗:《论戏剧艺术》下,《文艺理论译丛》第 2 期,人民文学出版社 1958 年版,第 157 页。

③[法]狄德罗:《论戏剧艺术》下,《文艺理论译丛》第 2 期,人民文学出版社 1958 年版,第 153 页。

④[法]狄德罗:《绘画论》,《文艺理论译丛》第 4 期,人民文学出版社 1958 年版,第 62 页。

唯物主义的。同时,他还论述了各种体裁之间的关系及其区别。关于悲剧和喜剧,他作了这样的区别:"一是悲剧,在悲剧中戏剧作家可以凭个人想象在历史以外加上他认为能以提高兴趣的东西;一是喜剧,可以完全出之于戏剧作家的创造。"①关于小说和戏剧,狄德罗认为它们之间的规律不同。他认为,"小说家有的是时间和空间,而戏剧作家正缺乏这些东西"②,"小说作家可以用主要力量来描绘动作和印象,而戏剧作家不过顺便投下一言半语而已"③。狄德罗说,正因为如此,"在同等条件下,我比较看轻一部小说而重视一个剧本"④。但狄德罗不仅看到了各类体裁之间的区别,而且看到了它们之间的一致性。他认为,绘画和戏剧在不能照搬自然这一点上就是一致的。从各类体裁的起源和发展看,它们之间也是密切相关、不可分离的。他认为,"如果没有建筑术,也就不会有绘画,不会有雕刻",正是从这个意义上,可以说绘画与雕刻从建筑术中获得起源与发展⑤。同时,"绘画和雕刻又反过来给予建筑以巨大的推进。如果一个建筑师不同时是制图能手,我劝你不要相信他

---

① [法]狄德罗:《论戏剧艺术》上,《文艺理论译丛》第 1 期,人民文学出版社 1958 年版,第 165 页。

② [法]狄德罗:《论戏剧艺术》上,《文艺理论译丛》第 1 期,人民文学出版社 1958 年版,第 168 页。

③ [法]狄德罗:《论戏剧艺术》下,《文艺理论译丛》第 2 期,人民文学出版社 1958 年版,第 151 页。

④ [法]狄德罗:《论戏剧艺术》上,《文艺理论译丛》第 1 期,人民文学出版社 1958 年版,第 168 页。

⑤ [法]狄德罗:《绘画论》,《文艺理论译丛》第 4 期,人民文学出版社 1958 年版,第 65 页。

的建筑才艺"①。在体裁方面,狄德罗为了适应斗争的需要,还独出心裁地创造了一种介于悲喜剧之间的严肃喜剧,将家庭的不幸和人民大众的灾难包含在它的表现范围之内。他认为,自己创作的《私生子》和《一家之主》就是这类剧的代表作。这就在实际上创造了一种新的体裁——正剧,从而打破了古典主义所规定的悲剧表现王公贵族、喜剧鞭挞第三等级的框框,扩大了戏剧体裁,使文艺能够更好地反映现实生活,表现第三等级的要求。

　　综上所述,狄德罗建立了深刻的现实主义美学思想体系,成为启蒙运动时期唯物主义美学的杰出代表人物。他的美学思想对于美学史上唯物主义美学理论的发展和艺术史上现实主义艺术的发展都起到了巨大的指导作用。

　　当然,狄德罗的美学思想也有着明显的缺陷。首先是他的美学思想中掺有某些唯心主义的因素,在某些问题上表现出了摇摆性。例如,他说:"当还没有诗人的时候,就有诗的道理。"②这就将作为观念形态的诗的道理放到了作为物质形态的诗人之前。同时,狄德罗企图依靠文艺在瞬间使恶人良心发现。这不免过分地强调了文艺的作用,只看到"批判的武器"而没有看到"武器的批判"。他还把自己看成教育者,把人民群众看成被教育者,相对地忽视了人民群众在历史上的巨大作用,并时时流露出对于劳动人民的阶级偏见。他也和其他启蒙运动的理论家一样,把理性看成是教育和文艺的最高目的和手段。但他所说的理性,不过是资

---

① [法]狄德罗:《绘画论》,《文艺理论译丛》第4期,人民文学出版社1958年版,第66页。

② [法]狄德罗:《论戏剧艺术》上,《文艺理论译丛》第1期,人民文学出版社1958年版,第147页。

产阶级的人性。凡此种种,都说明他没有完全同唯心主义,特别是历史唯心主义划清界限。再一方面就是,狄德罗的美学思想在理论上有前后矛盾之处,作为体系不够完整。例如,他在《关于演员的是非谈》中强调理性,否定天才和情感,但在《论戏剧艺术》中却又强调天才和情感,这就使得在理论上前后不够一致。

莱辛及其美学思想

一

莱辛(1729—1781),欧洲启蒙文学的重要理论家,德国民族文学的奠基人。在美学上有重要建树,先后发表了《关于当代文学的通讯》《拉奥孔》《汉堡剧评》等文艺理论和美学论著。特别是其中的《拉奥孔》,是欧洲美学史上的一座纪念碑,对后世有着深远的影响。

他于 1729 年 1 月 22 日诞生在德国萨克森的一个小城镇卡门茨城的一个贫穷牧师的家庭里,是父母十二个子女中的长子。童年时期聪慧好学,富有反抗精神。1746 年仅仅十七岁的莱辛进入莱比锡大学学习。他并没有被繁复沉重的课程与书本所束缚,而是热情地投入生活,特别是同当时戏剧界的人士交往。他在一封家信中写道:"我理解,书使我变成学者,但是绝对没有使我变成人。因此,我决定从房间里出来,在象(像)我一样的人群里露面。"①他写作了生平第一个喜剧《青年学者》,并取得了上演的机会。后来,他竟毅然放弃学业,移居柏林,开始了自己的文学

---

① [俄]车尔尼雪夫斯基:《莱辛,他的时代,他的一生与活动》,《车尔尼雪夫斯基论文学》中卷,辛未艾译,上海译文出版社 1979 年版,第 332 页。

生涯。这在当时实际上是一种毫无生活保障而又被人所鄙视的职业,在亲友们看来无疑是毁灭自己。莱辛后来描述世人对文学事业的偏见,说:"有人说,大丈夫应当从事教堂或者国家所要求的严肃的研究,或者重大的事业。诗歌和喜剧都被称为玩物……"①但莱辛却为了对民众进行启蒙教育义无反顾地走上了这条崎岖而曲折的道路。他也的确终生为穷苦颠沛所累,常常不得温饱,甚至吃不上午餐。后因同法国著名学者伏尔泰之间因借书所引起的误解,莱辛受到了极不公正的对待。正因这件不愉快事件的影响,使得他离开柏林,参加医学硕士学位的考试,并取得成功。但这只不过是为了给满怀希望的父亲以略略的安慰。他仍旧于 1752 年回到柏林,从事文学工作,主要写文学评论。莱辛走上文学道路之时,正值德国文艺界的一场大论战。论战的中心是如何发展德国文学的问题。主要派别是力主摹仿法国古典主义的高特舍特派和力主摹仿英国现实主义的苏黎世派。从总的方面来说,莱辛对于这两派不从德国现实出发,专事摹仿的倾向都不赞成。他在早期所写的寓言《猴子和狐狸》中,借一只专事摹仿的猴子对这种倾向进行了尖锐的讽刺。但比较起来,他认为苏黎世派摹仿英国现实主义的主张还较适合德国的情形,而高特舍特派以法国古典主义为蓝本的观点,他认为完全违背了德国的现实。因此,他给予高特舍特派以更有力的抨击。他说:"要是高特舍特先生从来没有干预过戏剧该多好。他所想象的改进要么是一些不需要的细微末节,要么是把它变坏。"又说,高特舍特"认为什么是崭新的呢?只是法国化的戏剧;也不去研究一下,这种法国化的戏剧,对德国的思想方式

---

① [德]莱辛:《汉堡剧评》,张黎译,上海译文出版社 1981 年版,第 482 页。

合式（适）呢，还是不合式（适）？"①他还以犀利的笔锋反击高特舍特派因莱辛常以小开本出版专著而对他所进行的讽刺。他出资翻印了高特舍特派的小册子《珍袖本笑话》，并宣布："我们把这本小册子翻印出来，并且给它定了一个它所值的卖价，这就是零。"②他就是以这样的斗争锋芒，在很短的时间内就战胜了高特舍特派、苏黎世派等旧有的派别。这都说明了，他是一名有着不屈的斗争精神的战士。他在回答当时《美术评论》的编辑关于在他的肖像下写什么题词时，曾经风趣地说："请在我的肖像之下写上，这是个凶恶的人，要当心他。"③在柏林期间，莱辛同友人们一起创办了著名的《文学通讯》杂志，从1759年开始的最初几期几乎全是由他撰写，后来逐渐减少。这就是而后出版的《关于当代文学的通讯》。

但莱辛终为穷困所迫，希图找到一个固定的职业，甚至不得不给一位富商充当旅游陪伴。当然，这也是为了实现自己环游欧洲的夙愿，但后来又因种种原因而中途辍止。不过，莱辛寻职的活动却并未中止，甚至准备接受普鲁士军队中一个给养官的职位。后来，他终于接受了布列斯拉夫尔总督塔乌蒂安将军手下一名秘书的职位。他在这个职位上一直工作了四年，并利用这一较安定的条件，系统地研究了神学、哲学、美学、历史、法律、自然科学等。也正是在这段时间，他写出了剧本《明娜·封·巴尔赫姆》

---

① 伍蠡甫主编：《西方文论选》上卷，上海译文出版社1979年版，第416、417—418页。

② [俄]车尔尼雪夫斯基：《莱辛，他的时代，他的一生与活动》，《车尔尼雪夫斯基论文学》中卷，辛未艾译，上海译文出版社1979年版，第332页。

③ [俄]车尔尼雪夫斯基：《莱辛，他的时代，他的一生与活动》，《车尔尼雪夫斯基论文学》中卷，辛未艾译，上海译文出版社1979年版，第339页。

以及影响极大的美学专著《拉奥孔》。但这种枯燥而机械的官场生活同他献身于新的启蒙文学的志趣是格格不入的,他终于在1765 年 5 月离职重返柏林,回到文学的岗位之上。这时,莱辛已逐渐成为德国文学公认的领袖。从 1767 年 4 月开始,他应邀就任汉堡剧院艺术顾问的职务,办起了《汉堡剧评》,共一年时间,出104 期。

1770 年,莱辛为了偿还为数并不太大的债务,接受了勃朗史维格王子斐迪南的邀请,到伏尔芬贝特担任图书管理员。尽管薪金极其微薄,但总算可使他摆脱最困窘的境况。就在这段时间,他写作了悲剧《爱美丽雅·迦罗蒂》(1772)。后来,他又违背自己的意愿接受了勃朗史维格政府宫廷顾问的职位。1776 年 10 月,莱辛终于结束长期极不稳定的流浪汉式的生活,建立了一个温暖的家庭。但只有短暂的时间。1778 年 1 月,莱辛的妻子因难产去世。这是对莱辛的一次沉重的打击。此后,他因心力交瘁而不断缠绵病床,生命的最后三年完全是在疾病中度过的。但他却以空前的毅力咬紧牙关,投入到一次辉煌的反宗教的斗争。斗争起于莱辛出版了汉堡教授莱马罗斯怀疑《圣经》真实性的手稿,引起宗教界的不满。牧师约翰·葛兹针对莱马罗斯的论点在讲道时进行了反扑,于是,莱辛接连撰文进行答复,这就是著名的《反葛兹论》。但勃朗史维格大公禁止莱辛进行答辩,于是,他就写出了生平最后一个剧本——《智者纳旦》(1779),反对正统教会的宗教偏见,保卫人民的信仰自由。1781 年 2 月,莱辛已被气喘和昏睡病折磨得狼狈不堪。2 月 15 日晚 9 时,莱辛在病床上听说朋友们来探望自己,于是起了床,打开房间的门,走进客厅,向客人们行礼,并充满着温暖的爱握着养女的手,跌倒下去,平静地阖上了眼睛,离开了这个战斗了一生的世界,终年五十二岁。在他死后,柏林和汉堡的剧院都举行了追悼演出，在饰以黑绒的舞台上演出了莱辛的《爱美丽雅·迦罗蒂》，演员们身穿丧服走上舞台。为了纪念这位伟大的德国剧作家和批评家，人们还镌刻了两枚纪念章。在纪念章上刻着："德国的光荣""真理在他身上痛悼失去朋友，自然痛悼失去对手"①，还在莱辛的故世地勃朗史维格建造了纪念碑。

二

莱辛的美学思想有一个特点，就是主要论述文艺美学的一些具体问题，而对美的本质这样一些从哲学角度探索美的问题几乎没有涉及。其原因在于时代的需要。莱辛所处的十八世纪的德国，政治经济都很落后，全国被三百多个封建小邦所割据，不论在政治上还是在经济上都以封建统治为主体。但资本主义经济和资产阶级还是有了相当的发展，只是德国资产阶级在政治上具有妥协性，思想上具有软弱性，经济上具有依附性。当时，以法国为中心的资产阶级启蒙运动已影响到德国，但在德国具体的历史条件下，资产阶级政治革命的条件还不成熟。因而，德国的启蒙运动主要表现于文化领域，目标是建立统一的德国文化，进而实现政治与经济的统一。而且，在当时就提出了如何建立统一的德国文化，特别是统一的德国文学的问题。这是摆在当时德国的一切进步知识分子面前的共同课题。这一课题虽是属于文化的范围，但又不局限于此，而是具有关系到德国民族发展的政治的性质。毫无疑问，莱辛一跨入社会所面临的，也正是这样一个建立统一

①［俄］车尔尼雪夫斯基：《莱辛，他的时代，他的一生与活动》，《车尔尼雪夫斯基论文学》中卷，辛未艾译，上海译文出版社1979年版，第492页。

的德国民族文化与文学的问题。这是时代的要求。任何进步的理论家都直接或间接地被这一时代的要求所制约。因此,建立统一的德国民族的文化和文学就是莱辛美学思想的总的出发点。只有从这样一个总的出发点,才能科学地理解莱辛美学思想和美学论著的内容与意义及其主要局限于具体的文艺美学问题的原因。当然,建立统一的德国民族文学是一切先进的德国知识分子的共同出发点。莱辛是解决这一问题的最优秀的理论家,这就使他成为德国新文学的奠基人。原因在于,莱辛在政治上较突出地反映了德国资产阶级的革新要求,在理论上接受了启蒙运动的先进世界观,在文艺上较彻底地同古典主义划清了界限。在上述总的出发点的前提下,进一步分析一下莱辛的美学思想,还有以下具体的出发点:

第一,莱辛认为文艺应着眼于平民。古典主义文学是着眼于宫廷与贵族的,大多取材于"上流社会",目的在拥护中央王权,歌颂"贤明君主"。法国古典主义理论家布瓦洛在《诗的艺术》中就要求诗人对"贤明君主""发动讴歌吧,缪斯!让诗人齐声赞美",并劝告诗人"少做人民的朋友"①。在艺术形式上,古典主义固守雍容造作的风格和僵硬的"三一律"。莱辛则同其相反。他认为,文艺应着眼于普通的"平民"。他说,一个有才能的作家"总是着眼于他的时代,着眼于他国家的最光辉、最优秀的人"。他接着解释说,这里所说的"最光辉、最优秀的人"即指"平民"②。他还针对古典主义的描写"伟大人物""伟大行动"的要求,主张描写"普通人"的"细微的行动",甚至认为这种"细微的行动"可以使性格

①[法]布瓦洛:《诗的艺术》,任典译,人民文学出版社 2010 年版。
②[德]莱辛:《汉堡剧评》,张黎译,上海译文出版社 1981 年版,第 9 页。

最明确地表现出来,因而从艺术的角度来看也就是"最伟大的行动"。他明确反对文艺着眼于王公与英雄,认为王公和英雄之所以感动人,也是"因为我们把他们当作人,并非当作国王之故"①。事实上,只有普通人的生活和命运才是具体的,所以也才是感人的。这就说明,在文艺题材上,他是多么重视从平民阶级的普通生活中取材。不仅如此,他还对文艺提出了对于平民"必须是为了照亮他们和改善他们"的要求,并要求剧院成为"道德世界的大课堂"②。这就突出地强调了文艺的教育启发作用。正因为如此,莱辛不满歌德的《少年维特之烦恼》的较为低沉的结局。他在给友人文森堡的信中指出,"这部如此温暖的作品不该有一篇简朴而冷静的尾声吗?"其理由在于:"应把诗的美当作道德的美。"③在形式上,正因为从平民出发,莱辛反对古典主义雍容造作的语言风格,主张通俗易懂、浅显明白的语言风格。他还认为,一个艺术家的作品不应该是谜。因为,解谜既费力又不着边际。对一个艺术家的赞扬是随着他作品的明白易懂的程度而增长的;越易懂,越通俗,便越值得人们赞扬。他之所以反对雍容造作的风格,是由于认为感情不能同具有这种风格的语言同时并存,而只能同朴素、通俗、浅显、明白的语言风格相一致。

　　第二,要求文艺描写人的美和塑造有人气的英雄。古典主义是以理性为最高原则的,而将人性放在从属的地位。布瓦洛说:"因此,首先须爱理性,愿你的一切文章永远只凭着理性,获得价

---

① [德]莱辛:《汉堡剧评》,张黎译,上海译文出版社 1981 年版,第 74 页。
② [德]莱辛:《汉堡剧评》,张黎译,上海译文出版社 1981 年版,第 9、10 页。
③ [俄]车尔尼雪夫斯基:《莱辛,他的时代,他的一生与活动》,《车尔尼雪夫斯基论文学》中卷,辛未艾译,上海译文出版社 1979 年版,第 462 页。

值和光芒。"①另一方面,他们又强调在文艺作品中克制个人情欲,要服从国家利益和公民义务。莱辛针对古典主义的这种压制"人性"的理论,继承了人文主义传统,要求在文艺中恢复人的地位。他在《汉堡剧评》第五十九篇中指出:"如果说富贵荣华和宫廷礼仪把人变成机器,那么作家的任务,就在于把这机器变成人。"②他还针对当时德国文坛在古典主义影响下盛行着一种僵硬、静态的物体美,明确地指出"最高的物体美只有在人身上才存在,而在人身上也只有靠理想而存在"③。由此可见,在莱辛看来,人是大自然中美的范本,而人的美又在于其理想的美。那么,什么样的人的理想才能称为美呢? 或者说什么是理想的形象呢?这在当时的德国是一个分歧极大的问题。德国另一位启蒙运动的领袖、著名的艺术史家温克尔曼认为,对于痛苦的忍受就是美的理想或理想的英雄。他在分析著名的拉奥孔雕像群时认为,这个雕像的优点在于成功地表现了拉奥孔对最激烈的痛苦的忍受。本来,拉奥孔从肉体到精神都因毒蛇无情地缠绕和啮咬而痛苦不堪,但画面所表现的不是哀号,而只是一种节制住的焦急的叹息。莱辛明确表示不同意温克尔曼的上述观点。他认为,不应塑造什么忍受激烈痛苦的英雄,而要塑造有"人气的英雄"。他以古希腊的索福克勒斯和荷马的作品为例,认为他们的作品的优点就在于既表现了英雄人物行动上的超凡,又表现了遭逢痛苦时具有一般的人性,即所谓"在行动上他们是超凡的人,在情感上他们是真正的人"①。例如，索福克勒斯在其悲剧《菲罗克忒忒斯》中描写了主人公希腊神箭手菲罗克忒忒斯在出征特洛亚途中被毒蛇咬伤。尽管他具有超凡的英雄气概，但在蛇伤的折磨下也禁不住因痛苦而发出哀怨声、呼喊声和粗野的咒骂声。声音之响震撼了整个希腊军营，扰乱了一切祭祀和宗教典礼，以致人们把他抛弃在荒岛之上。莱辛认为，菲罗克忒忒斯的这种基于理性的英雄气概和基于自然的人的要求的结合，就使他成为理想的"有人气的英雄"。他说：菲罗克忒忒斯的"哀怨是人的哀怨，他的行为是英雄的行为。二者结合在一起，才形成一个有人气的英雄。有人气的英雄既不软弱，也不倔强，但只在服从自然的要求时显得软弱，在服从原则和职责的要求时就显得倔强。这种人是智慧所能造就的最高产品，也是艺术能摹仿的最高对象"②。这就说明，莱辛所理解的"人气"或"人性"即是理性原则与自然要求的统一。这是不同于古典主义的纯以抽象的理性为出发点的理论主张的。温克尔曼在这个问题上实际上还是受到古典主义的影响。莱辛认为，他们的理论根子在于古希腊的禁欲主义的斯多噶派。这是一个盛行于公元前六世纪至公元六世纪的哲学派别，它鼓吹人们盲目地服从命运，认为人生的目的不是快乐，而是恬淡寡欲。古罗马理论家西塞罗就继承了斯多噶派禁欲主义理论，在其《塔斯库伦辩论文集》中写有"论轻视死亡""论忍痛"等章。莱辛认为，其中的原因在于古罗马人大搞残酷的奴隶格斗，因而泯灭了人的自然本性，导致了对死亡和痛苦的轻视。这一番话，实际上从阶级根源上揭露了奴隶主和封建主阶级否定人性的原

---

① [德]莱辛：《拉奥孔》，朱光潜译，人民文学出版社1979年版，第8页。
② [德]莱辛：《拉奥孔》，朱光潜译，人民文学出版社1979年版，第30页。

因,说明严格的等级制度和对奴隶与农奴的非人的残酷压榨是奴隶社会与封建社会抹杀人的价值的重要根源。描写人的美和有人气的英雄是莱辛美学理想的重要根据,贯穿于他的所有著作。

第三,文艺应该摹仿自然,反对宗教对文艺的束缚。古典主义也提出"艺术摹仿自然"的原则,但他们所说的自然是封建化的具有浓厚贵族色彩的自然,是雕琢的、打上"理性"烙印的自然。因而,古典主义专事对古代的摹仿和对庸俗的贵族生活的粉饰,实际上是脱离自然与现实的。莱辛继承亚里士多德的唯物主义"摹仿说",认为"自然在任何地方都不曾放弃过它的权力"①。他这里所说的"自然",同古典主义含义是不同的,是指活生生的现实生活,未经雕琢的朴素的自然。他认为,如果艺术脱离摹仿自然的规则,艺术就不成其为艺术,至少不成为高明的艺术;而艺术中的一切出奇制胜也都不能奇异到不自然的地步。由此,他反对人工雕琢,认为人工雕琢得最细致的反倒是最坏的,而最粗犷的反倒是最好的。他在这里,已经显露出浪漫主义所特有的回到粗野的自然的观点。正因为他将自然抬到文艺源泉的地位,因此必然要将"真实"作为衡量文艺的标准之一,认为不真实的作品不可能是伟大的。法国古典主义作家高乃依的作品就因为不完全真实,因而只能称为是庞大的、巨大的,而不能称作是伟大的。他甚至认为,人的欣赏趣味的形成也应"按照事物的自然本性所要求的规则"②。与此同时,他竭力反对教会对文艺的束缚,反对教会将文艺变成宣传教义的工具。他说:"一切带有明显的宗教祭典痕迹的作品都不配称为'艺术作品',因为艺术在这里不是为它自

①［德］莱辛:《汉堡剧评》,张黎译,上海译文出版社1981年版,第75页。
②［德］莱辛:《汉堡剧评》,张黎译,上海译文出版社1981年版,第100页。

己而创作出来的,而只是宗教的一种工具,它对自己所创造的感性形象更着重的是它所指的意义而不是美。"①这就说明,莱辛认为宗教是对文艺的一种束缚。这种束缚在当时的文艺领域表现得非常突出。一种情形就是在舞台上借助神明庇护产生效果。莱辛认为,这一手法的最大弊病就是违背了自然,在舞台上一切属于人物性格的东西,都必须是从最自然的原因中,按照"严格的真实性"产生出来的,因为人们只会相信"产生自物质世界的奇迹"②。再一种情形就是舞台上鬼魂的出现。他认为,鬼魂完全是文艺家无能的表现,目的在于迷惑和恐吓观众。因此,从总的方面来说,莱辛是不赞成舞台上鬼魂出现的。但对莎士比亚的《哈姆雷特》中的鬼魂,他认为完全是从戏剧环境中产生的,而且也只在哈姆雷特一人身上发挥作用,因而是完全自然的,可以允许的。总之,莱辛的美学思想中较明显地倾向于唯物主义,主张从德国的现实生活出发来形成独立而统一的德意志民族文学。

三

　　莱辛对于统一的德意志民族文学的探讨是沿着这样一条道路前进的:首先在《关于当代文学的通讯》中批判了高特舍特等立足于摹仿的有害倾向,接着在《拉奥孔》中通过对诗画区别的论述阐明了自己的美学理想,继而在《汉堡剧评》中更具体地提出自己关于文学创作的种种理论主张。因此,《拉奥孔》在他的美学理论和文艺理论体系中具有极重要的地位。这部著作表面上看是谈

---

① [德]莱辛:《拉奥孔》,朱光潜译,人民文学出版社 1979 年版,第 57 页。
② [德]莱辛:《拉奥孔》,朱光潜译,人民文学出版社 1979 年版,第 10 页。

具体文体及其特点,但实质上却是对文艺作品提出了种种根本性的要求,从而阐明了自己对艺术美的基本看法。

"拉奥孔"是古希腊一座著名的雕像群,是古代艺术家阿格山大等人在公元前 42 年到公元前 21 年之间创作的。曾长久被埋在罗马废墟里,直到 1506 年才被挖出,但拉奥孔的右手膀已残缺,后请米开朗琪罗和蒙托索理、考提勒修补完整。这座雕像长期以来一直是理论家们研究的一个课题。十八世纪中期,德国著名的启蒙运动领袖、艺术史专家温克尔曼发表了《论希腊绘画和雕刻作品的摹仿》和《古代造形艺术》等著作。温克尔曼在这些著作里通过对拉奥孔雕像的分析,认为拉奥孔及其子被毒蛇缠绕与啮咬,本是痛苦异常,理应发出哀号,但作者却让其强忍住痛苦而仅仅表现出焦急的叹息,这表现了古典艺术的"高贵的单纯和静穆的伟大"①的美学理想。这样一个美学理想正是长期统治着德国文坛并阻碍德国民族文学形成的桎梏。早在古希腊时期,诗人西摩尼德就主张诗歌应像绘画那样静止地描绘,提出"画是一种无声的诗,诗是一种有声的画"。拉丁诗人贺拉斯在《诗艺》里也提出"画如此,诗亦然"的主张。此后,这一主张绵延不断,到古典主义时期更被奉为经典。其原因是绘画的这种静止描绘的风格适合了他们巩固王权、统一国家的政治主张,有利于创作适合其美学要求的风景诗和寓意画。在当时的德国,不仅古典主义的高特舍特派坚持这种描绘式的"单纯""静穆"的美学主张,就是苏黎世派也是同意的。只有莱辛,以敏锐的眼光看到了这一美学主张的严重危害在于将会使其蔓延于整个文艺领域,从而窒息文艺反映现实、推动现实的活的生机。为此,他写作了美学专著《拉奥

---

① [德]莱辛:《拉奥孔》,朱光潜译,人民文学出版社 1979 年版,第 5 页。

孔》,"目的在于反对这种错误的趣味和这些没有根据的论断"①。
他认为,这一错误倾向的理论根源在于将诗画这两种体裁进行了
混淆。因此,他要致力于研究并确定诗画的界限,以便对每一种
体裁的独特功用做出正确判断。这样,他就由诗画的异同开始了
自己的美学探讨。莱辛继承并发展了亚里士多德的文体论,认为
任何文艺种类都是对现实的摹仿,它们之间的区别主要来自摹仿
的对象和手段的不同。他说,诗和画固然都是摹仿的艺术,出于
摹仿概念的一切规律固然同样适用于诗和画,但两者用来摹仿的
媒介或手段却完全不同,这方面的差别就产生出它们各自的规
律②。具体地说,就是绘画运用空间中的形体和颜色,是一种自
然的符号,而诗却运用在时间中发出声音的语言,是一种人为的
符号。从摹仿的对象来说,由于绘画运用形体和颜色,所以适于
表现那些在空间中并列的物体,而诗则因其运用语言,所以适于
表现那些在时间中先后承续的动作。正是从这个意义上,人们把
绘画叫做空间艺术,把诗歌叫做时间艺术。而且,绘画和诗给人
的印象也不同。绘画诉诸人们的视觉,而诗则诉诸人们的听觉并
最后借助于想象。

　　但是,莱辛的意图并不是为了具体地阐述诗画的区别,而是
为了着重论述两者之间由体裁而形成的截然不同的艺术理想(规
律)。他认为,绘画的理想是美,而诗的理想则是动作。他说:"把
绘画的理想移植到诗里是错误的。绘画的理想是一种关于物体
的理想,而诗的理想却必须是一种关于动作(或情节)的理想。"又

---

①[德]莱辛:《拉奥孔》,朱光潜译,人民文学出版社 1979 年版,第 3 页。
②[德]莱辛:《拉奥孔》,朱光潜译,人民文学出版社 1979 年版,第 181 页。

说:"绘画的最高法律是美。"①这就点出了整部《拉奥孔》的要旨,使他关于诗画异同的研究有了更高的理论价值和历史意义。他在《拉奥孔》中以拉奥孔雕像为例,详细地论证了绘画的理想在美的理由。他认为,艺术家为了通过雕像表现出美做了大量的艺术处理。这就是处于极端痛苦之中的拉奥孔为什么没有哀号,而只是叹息的原因。因为,如果处理成哀号,那就要表现形体的激烈扭曲和面部扭曲,并使人物张着大口,那就会在绘画中成为一个大黑点,在雕刻中成为一个大窟窿,而这些都是令人嫌恶的丑的形象,是同造型艺术的美的规律相违背的。其至于连毒蛇缠绕的道数、部位及拉奥孔是否穿衣服等,都要从美的角度出发加以艺术处理。很显然,莱辛在这里所说的美主要是指一种对称、比例、协调之类的形式美。这种形式美当然是静止的。这实际上就是长期在古代欧洲影响颇大的形式主义美学思想的表现,在当时的德国占据了统治的地位,以致在康德美学中都留有明显的痕迹。莱辛尽管没有完全同这种形式主义美学思想划清界限,仍然认为造型艺术还要以这样的美作为最高法律,不过,他断定这样的美不适用于以诗歌为代表的语言艺术。他认为,诗的理想是动作,"动作是诗所特有的题材"②。因此,诗画之间根本的艺术规律、艺术理想都是不同的。原因是绘画所运用的媒介或手段是形体和颜色,只能在空间中配合,所以不能表现时间中前后承续的动作;而诗人凭借语言媒介,只能表现发展中的动作的前后序列,而不能表现空间中排列的物体。不仅如此,莱辛还进一步批判了长

①〔德〕莱辛:《拉奥孔》,朱光潜译,人民文学出版社 1979 年版,第 177、　　206 页。
②〔德〕莱辛:《拉奥孔》,朱光潜译,人民文学出版社 1979 年版,第 83 页。

期流行的"表情必须服从美"的法则。他认为,这条法则是以静止的物体为描绘对象的造型艺术的法则,但不是以诗为代表的语言艺术的法则。因为语言艺术的长处就在于通过动作表达出丰富的情感,收到打动人心的巨大效果。他还将这种"表情服从美"的静止的艺术规则同基督教相联系,认为基督教所要求的性格就是"默默的冷静,不变的温柔",但这样的性格是毫无戏剧性的,是难以收到艺术效果的。

正因为诗以动作为题材,可以表现逐步完成的前后承续的动作,所以同生活较为接近。而绘画则因以物体为题材,只能表现一个已经完成的东西,所以本身就受到极大局限。基于这样的理由,莱辛认为,诗较绘画优越。他说:"生活高出图画有多远,诗人在这里也就高出画家有多远。"①他认为,首先是诗歌的范围超过绘画。因为诗歌的主要优点在于可让读者历览从头到尾的一序列画面,而绘画则只能画出其中最后的一个画面。例如,《荷马史诗》写阿波罗降瘟疫于希腊大军,真是绘声绘色。通过诗人的描写,我们仿佛亲眼看到阿波罗盛怒着从奥林普斯高峰奔下来,听到他背上的箭头哗哗地响。这样一种诗的图画是借助于形体和颜色的绘画所无法翻译的。因为,如果将它画出来的话,就成为"阿波罗大怒,用箭射希腊大军"这样的图画。同原诗相比,那就黯然失色!莱辛认为,这是因为诗的形象纯粹是精神性的,各种特性可以丰富多彩、完美地并存在一起,而诗的作用则在于通过动作唤起想象,想象的领域又是无限广阔的。相反,绘画却直接描绘实物本身,这就要受到空间和时间的局限,因而在对现实生活的表现上大为逊色。他将诗歌这种在表现生活的范围上远胜

①[德]莱辛:《拉奥孔》,朱光潜译,人民文学出版社1979年版,第75页。

于绘画的长处称作诗歌可表现一种"非图画性的美",而这是远远
超过"图画性的美"的。那么,这种"非图画性的美"是什么呢?莱
辛认为,这是一种"潜在的东西",是物体之外通过动作表现出来
的美,人们只有通过猜测才能把握这种潜在的美。绘画只能通过
物体的描绘来暗示这种潜在的美,这就受到了局限,但诗却可将
其直接描写出来而不受局限。他还认为,诗可表现崇高和丑,而
绘画却不能。从崇高来说,由于常常产生于体积的巨大,使人们
头昏目眩,一眼看不到边,从而产生崇高感。但这种巨大的体积
在绘画中就会缩小,使人一眼就可看透,从而产生不了崇高的印
象。而从丑的表现来说,诗作为时间艺术在前后承续的动作中描
写丑,这样,就使丑被冲淡了,不会使人产生嫌恶的感觉,因而丑
可以作为诗的题材。但因绘画作为空间艺术将丑在空间中并列,
不免使人嫌恶,所以丑不能作为绘画的题材。

　　莱辛不仅论述了诗画的区别,批判了以造型艺术"静穆"的理
想取代语言艺术特有规律的倾向,阐述了语言艺术以动作为理想
的特点,而且他还将这一运动、发展的美学观点贯穿于关于诗画
规律可以通用的论述中。作为诗来说,莱辛认为不仅以动作为题
材,而且也可以以物体为题材,途径就是化静为动,通过动作来对
物体的特征进行暗示,这样常常能够收到绘画所无法比拟的效
果。他说:"诗描绘物体,只通过动作去暗示。诗人的妙技在于把
可以眼见的特征化为运动。"①具体地说,他认为有三个途径。一
个是不直接描写事物本身,而是描写它所产生的欢欣、喜爱和迷
恋的效果。例如,《荷马史诗》对海伦的美几乎没有直接描写,但
却描写了海伦走进特洛亚国元老们的会场里的情形。这些冷心

---

① [德]莱辛:《拉奥孔》,朱光潜译,人民文学出版社 1979 年版,第 173 页。

肠的老年人面对着海伦的美都情不自禁地为之震撼,并彼此私语
道,为了这样一位"不朽的女神",即使发动战争也是值得的。这
就一下子将海伦的倾城倾国之貌突现了出来。再一个就是化美
为媚。所谓"媚",就是一种动态中的美。它比单纯的形状和颜色
要生动得多,所产生的效果也强烈得多。例如,文艺复兴时期意
大利诗人阿里奥斯陀在其传奇体叙事诗《疯狂的罗兰》中描写阿
尔契娜美丽的眼睛时,并未描写眼睛的黑或蓝,而是描写它"娴雅
的左顾右盼,秋波流转",这就活灵活现地刻画了她的美目的巨大
的美的魅力。第三个途径就是不直接描写事物本身,而是描写其
制造过程。荷马在描写阿伽门农的朝笏和阿喀琉斯的盾牌时,就
是这样做的。而作为绘画,莱辛认为也可以描写动作,但只能通
过物体,用暗示的方式去描写,具体地说,就是选择动作中"最富
有孕育性的那一顷刻"①。理由就是,由于绘画描写空间并列的
静态的物体,所以作为绘画来说要描写动作就只有选择其中作为
一顷刻的一个场面。同时,作为艺术品的绘画又具有凝定性,需
供人们长期反复的欣赏。这样,就须惜墨如金,选择最能产生艺
术效果的那一顷刻。具体地说,就是要选择"可以让想象自由活
动的那一顷刻"②。莱辛认为,这样的顷刻就是顶点之前的那一
瞬间。因为到了顶点就到了止境,想象就被捆住了翅膀。而顶点
之前的那一顷刻是最富"孕育性"的,可升可降,寓意无穷。因此,
拉奥孔雕像就只能选择他在叹息的那一顷刻。这样,就给欣赏者
留下了想象的余地。人们通过叹息就可想象到拉奥孔的哀号。
如果是直接选择哀号那一顷刻,那就到了顶点,没有任何余地,想

① [德]莱辛:《拉奥孔》,朱光潜译,人民文学出版社 1979 年版,第 83 页。
② [德]莱辛:《拉奥孔》,朱光潜译,人民文学出版社 1979 年版,第 18 页。

象就会处于乏味的状态。莱辛为了深入说明这一观点，又进一步举了希腊著名画家提牟玛琼斯所作的美狄亚杀子一画。画家并没有选择美狄亚发狂地杀害亲生儿子那一顷刻，而是选择杀子前不久处于母爱与嫉妒相冲突的顷刻。这幅画在历史上博得了长期的普遍的赞赏。但另一位不知名的画家却恰恰选择了美狄亚杀子的一顷刻，违背了绘画要选择"最富孕育性的顷刻"的规律，从而被许多艺术家所谴责。诗人斐立普斯在谴责这幅画时说，"你就这样永远渴得要喝自己儿女的血吗？就永远有一位新的伊阿宋，永远有一位新的克瑞乌萨，在不断地惹你苦恼吗？滚到地狱去吧，尽管你是在画里！"①莱辛在《拉奥孔》中所论述的造型艺术要选择"最富孕育性的那一顷刻"的思想是一个极其重要的美学观点，是他把诗以动作为理想的美学思想在造型艺术上的具体运用，充分地说明了他的辩证的发展的美学观对古典主义的"静穆"的美学观的战胜。事实证明，这一美学思想不仅适用于雕塑、绘画等造型艺术，而且也适用于其他一切艺术门类。因为艺术的特点就在于唤起想象，而只有留有余地，才使想象能够在广阔的领域里驰骋。而一旦将动作的发展描写到顶点，那就会大大地束缚想象的能力，甚至会窒息想象，使艺术不成其为艺术。

四

《汉堡剧评》是莱辛的又一部美学巨著。在这部著作中，他运用"诗的理想是运动"的美学思想全面地阐述了自己的戏剧理论和文学理论。从某种意义上来说，《汉堡剧评》是他的美学思想的

---

① [德]莱辛：《拉奥孔》，朱光潜译，人民文学出版社 1979 年版，第 21 页。

具体化与发展。

对于戏剧,莱辛向来是很有感情的。他一踏上社会,就与戏剧和戏剧演员发生了密切的关系。而且,这种关系始终不断。他不仅亲自创作了优秀的戏剧作品,而且潜心研究这种艺术形式。原因是什么呢?有人认为,是由于当时德国政治、经济和文化落后,小说出现的较晚,就使具有口头文学性质的戏剧成为文学正宗,并引起莱辛的重视。这种看法应该说有一定的道理,但并不完全,特别是没有找出莱辛重视戏剧的根本原因。我们认为,根本原因在于戏剧这种艺术形式最符合莱辛的"诗的理想是运动"的美学观点。他继承亚理所多德把情节作为戏剧第一要素的理论,认为戏剧能最好地表现运动,揭示矛盾。他的这一观点是同古典主义的戏剧观截然不同的。古典主义就否定戏剧主要表现动作,而将其归结为静止的"叙述"。莱辛有力地批判了这种重在叙述的静止的戏剧观。当时法国的伏尔泰由于未能完全同古典主义划清界限,因而在《莫里哀传》中评介《太太学堂》一剧时就表现了这种静止的戏剧观。他说:"《太太学堂》是一出新型体裁的喜剧,戏里的一切都只是叙述。"莱辛对此不以为然。他认为,假如新颖表现在这里,最好还是放弃这种新型体裁,不论有多少艺术性,叙述毕竟是叙述,而我们要在舞台上看真实的行动。① 不仅如此,他还进一步将戏剧与小说进行比较,认为由于戏剧重行动而小说重叙述,所以戏剧比小说有更多优点。首先,他认为戏剧的想象远比一部单纯的小说丰富,所以戏剧里的人物比小说里的人物更能引起人们的兴趣。当然,戏剧的这种具有丰富想象的长处也完全是由其重在行动的根本特点所决定的。因为,行动都

---

① [德]莱辛:《汉堡剧评》,张黎译,上海译文出版社1981年版,第279页。

是具体的感性的,排除了一切的抽象性,所以最能唤起想象。其次,他认为戏剧给人一种直接的观感,所以在小说中需要通过猜测来把握的东西,在戏剧里却可以真实地感到。原因仍是在于戏剧通过行动,使一切都真实地发生在人们的面前,活灵活现地作用于人们的感官。再就是,他认为戏剧通过行动更易于表现激情,从而"不论观众愿意与否,须使他产生同感"①。当时,有一位德国年轻的剧作家未能成功地改编文艺复兴时期著名诗人塔索的叙事诗《被解放的耶路撒冷》。莱辛认为,其原因在于未能把握戏剧重在行动的特点,不是将激情通过人物的行动真实地表现出来,而是通过叙述来表现。而这种对激情的叙述所产生的效果,是远逊于通过行动对激情的表现的。

　　当然,莱辛并不是对一切戏剧都感兴趣,他对古典主义的悲剧就是反感的。因为这些悲剧都是从上流社会取材,反映千篇一律的平静乏味的宫廷生活。这样的戏剧显然是同莱辛的重在行动的戏剧理论相违背的。正是从这样的意义上,他断言,在德国人那里没有戏剧,就是自夸有着欧洲最好的戏剧的法国人也没有戏剧。因此,莱辛同法国伟大的现实主义戏剧理论家狄德罗相呼应,对原有的古典主义悲剧进行改造,创造了市民悲剧和悲喜剧的戏剧形式。他说,"我想谈一谈戏剧体诗在我们的时代所发生的变化。无论是喜剧还是悲剧都没有逃脱这种变化。喜剧提高了若干度,悲剧却降低了若干度。就喜剧来说,人们想到对滑稽玩艺的喜笑和对可笑的罪行的讥嘲已经使人腻味了,倒不如让人轮换一下,在喜剧里也哭一哭,从宁静的道德行为里找到一种高尚的娱乐。就悲剧来说,过去认为只有君主和上层人物才能引起

---

① [德]莱辛:《汉堡剧评》,张黎译,上海译文出版社 1981 年版,第 6 页。

我们的哀怜和恐惧,人们也觉得这不合理,所以要找出一些中产阶级的主角,让他们穿上悲剧角色的高底鞋,而在过去,唯一的目的是把这批人描绘得很可笑。喜剧的变化造成提倡者所称的打动情感的喜剧,而反对者则把它称为啼哭的喜剧。悲剧经过变革,成为市民的悲剧"①。这种市民悲剧和悲喜剧的戏剧形式打破了戏剧题材囿于上层贵族的限制,直接从市民阶级中取材。他在《汉堡剧评》第十四篇中说:"王公和英雄人物的名字可以为戏剧带来华丽和威严,却不能令人感动。我们周围人的不幸自然会深深侵入我们的灵魂。"②他还借法国作家马蒙泰尔之口对这种"我们周围的人"作了具体描述,马蒙泰尔认为,悲剧的主人公首先是"人"这个神圣的名字,并且是不必去关心其官价、姓氏和出身的正直的人,甚至是具有某种软弱性的不幸的人。很显然,这样的"人"就是普通的市民。他还进一步结合法国社会现实分析了市民悲剧不能流行的原因,那就是由一种极坏的社会风气所造成,即所谓爱虚荣、醉心于爵位、热衷于同上流社会交往等。我们认为,莱辛在这里表面上说的是法国,实际上却说的是德国。只是由于封建势力的强大,而不得不以隐晦曲折的方式表达。莱辛的一生都是同上述陈腐的社会风气格格不入的,而他的戏剧作品就是同这种社会风气斗争的有力武器,也是实践其市民悲剧理论的范例。而他的悲喜剧混杂的观点也是对古典主义悲喜剧严格区分的传统理论的有力冲击。莱辛在《汉堡剧评》第六十至六十八篇中提出了"俗气的滑稽和最庄重的严肃巨大结合"、喜剧性和

---

① 转引自朱光潜《西方美学史》上卷,人民文学出版社 1963 年版,第 317 页。
② [德]莱辛:《汉堡剧评》,张黎译,上海译文出版社 1981 年版,第 74 页。

悲剧性混杂的思想。① 他认为,这是同古典主义对悲剧提出的
"文雅"的要求相抵触的。这种所谓"文雅",就是娓娓动听的声
音、优美华丽的环境,以及朝仪宫礼等。莱辛认为,这只不过是一
种单调,只能使人们打瞌睡,而上述滑稽和严肃的结合、喜剧和悲
剧的混杂,却是一种多样性的更迭,"比冷冰冰的单调更能讨我喜
欢"②。他还借西班牙戏剧家洛贝之口告诉人们,这种滑稽与严
肃、喜剧与悲剧的结合是自然本身所提供给我们的丰富多彩,而
艺术对自然的这种摹仿当然不是什么缺点。事实上,上述市民悲
剧和悲喜剧的观点正是莱辛"诗的理想在运动"的美学思想的表
现。因为,市民阶级处于社会的低层,最动荡不安,他们又是革命
阶级,具有强烈的变革要求。所以,市民题材本身最能表现运动
和发展,而悲剧与喜剧的结合恰恰是矛盾运动的根源,戏剧冲突
和人物内心冲突的基础。

　　关于悲剧,莱辛继承了亚里士多德的悲剧观,并有所发展。
他在《汉堡剧评》中用了整整十篇,着重探讨了悲剧精神问题。这
主要是针对古典主义对悲剧精神的歪曲。当时的古典主义为了
运用悲剧服务于对王权和贵族的妥协,就有意地篡改了亚里士多
德的悲剧理论,提出了自己的保守的悲剧观。其代表人物就是德
国的高特舍特和法国的高乃依。莱辛认为,高特舍特在这一方面
没有什么独到的见解,只不过是摹仿法国而已。因此,真正的代
表人物是法国的高乃依。莱辛认为,高乃依是造成危害最多的
人,尤其是他的理论被整个民族,乃至整个欧洲都奉为至理名言,
被一切后辈作家奉为金科玉律,但按这种理论进行创作,只能产

① [德]莱辛:《汉堡剧评》,张黎译,上海译文出版社1981年版,第351页。
② [德]莱辛:《汉堡剧评》,张黎译,上海译文出版社1981年版,第74页。

生最空洞、最乏味、最不具有悲剧精神的东西。他同以高乃依为代表的古典主义的分歧集中在对悲剧效果的看法上。莱辛继承亚里士多德的理论,认为悲剧的效果是借引起怜悯与恐惧来净化我们的怜悯与恐惧。但高乃依却将这种对怜悯与恐惧的净化篡改为"悲剧引起我们的怜悯,是为了引起我们的恐惧,为了借这种恐惧来净化我们心中的激情,而被怜悯的人物便是由于这种激情才遭逢厄运的"①。在这里,怜悯与恐惧变成了一般的"激情"。那么,古典主义所说的这种"激情"到底是什么呢?莱辛通过仔细地分析告诉我们,只不过是一些宫廷和贵族生活的陈腐感情,诸如宫廷里男男女女之间风流艳遇的庸俗倾向,以及冗长的政治议论,等等。莱辛认为,这种所谓"激情"是绝对引不起恐惧与怜悯的。因此,他以讽刺的口吻说道:"这就是说,我们什么都有,就是没有应该有的东西,我们的悲剧是出色的,不过它们都不是悲剧。"②无疑,莱辛认为,悲剧所应有的效果就是激发起怜悯与恐惧之情。这是对广大人民进行启蒙教育所必需的。他十分欣赏古希腊时期悲剧的兴盛及其给予观众强烈、不寻常的感情鼓舞,启蒙运动的政治目的和历史的借鉴使他特别重视悲剧及其所产生的引起怜悯与恐惧的效果。他说:"戏剧形式是唯一能引起怜悯与恐惧的形式;至少这种激情在任何别的形式里都不能激发到这样一种高度。"③并且,他还要求悲剧扫荡一切陈腐萎靡的上流社会的感情,充分发挥自己激发恐惧与怜悯之情的作用。

悲剧的效果是同悲剧的主角相联系的。因为,人物是戏剧的

①[德]莱辛:《汉堡剧评》,张黎译,上海译文出版社1981年版,第415页。

②[德]莱辛:《汉堡剧评》,张黎译,上海译文出版社1981年版,第409页。

③[德]莱辛:《汉堡剧评》,张黎译,上海译文出版社1981年版,第407页。

核心,有什么样的人物,就能在观众中起到什么样的作用。因此,悲剧主角问题就牵涉到能不能产生怜悯与恐惧之情以及产生什么样的怜悯与恐惧之情的问题。在古典主义的悲剧理论中,主人公一律是上层人物,国王、王子、贵族、骑士等,并将这些人物一律标榜为"善良"。但这是什么样的一种"善良"呢?高乃依认为,这种"善良"就是既与道德的善相容,也与道德的恶相容。他以自己的悲剧《罗多居娜》中的主角克莱奥帕特拉为例,说明这个女人尽管野心勃勃,不惜采用暗杀手段谋夺王位,但是,她的犯罪行为却是跟灵魂的某种伟大联结在一起,所以人们在诅咒她的行动时,才又赞叹产生这些行动的源泉。这真是对统治阶级中的阴谋家的一种露骨的粉饰。莱辛认为,这是一种卑劣的伎俩,是妄图将邪癖"涂着一层处处令我们眼花缭乱的釉彩",而按照亚里士多德的教导,激情的激化与这种骗人的光辉是完全无关的①。高乃依还认为,可以将"完全正直的人"作为悲剧的主角。既可以写他们逃避了厄运,也可以写他们虽遭迫害但迫害者却是由于懦弱而不是恶行。莱辛也不同意这种观点。他认为,将这种"完全正直的人"作为悲剧主角最主要的弊病是不会引起恐惧的。而恐惧是怜悯的一个必要的组成成分,只有感受到了恐惧,怜悯才能作为一种持续存在的激情被保存下来,否则一俟悲剧结束,我们的怜悯便也停止。对于高乃依所主张的将迫害者描写成懦弱而不是恶行,莱辛认为,这只能调和戏剧冲突,削弱戏剧所应产生的激情,只能给人以冷淡与不愉快之感。对这种抹平戏剧矛盾的冷淡主义的批判,正是莱辛作为启蒙主义者的战斗精神的表现。不仅如此,高乃依甚至认为十分邪恶的人也可以充当悲剧主角,因为这

---

① [德]莱辛:《汉堡剧评》,张黎译,上海译文出版社1981年版,第423页。

样的人虽不能引起怜悯却可以引起恐惧。作为这种理论的实践，就是一个名叫魏塞的人写了一部《理查三世》。这是一部不同于莎士比亚同名剧的作品。这部作品的主角是罪恶的化身、"嗜血的魔鬼"，他以嗜血为荣、杀人为快，不惜用世界上最亲爱的人的尸首来填满他和王位之间的鸿沟。对于这样的人物，莱辛认为只能产生恐怖而不能产生恐惧，但恐怖不等于恐惧。恐怖完全由他人的罪恶引起，而恐惧则是由于我们跟受难的人相似为我们自己而产生。这是我们看见不幸事件落在这个人物身上时，惟恐自己也遭到这种不幸，从而变成怜悯的对象。总之，这种恐惧是我们对自己的怜悯。由此可知，在莱辛看来，像理查三世这类罪恶的人物由于同普通的人完全不同，所以其行为与命运、普通人无关，他的遭遇既不会引起任何怜悯，亦不会引起任何恐惧。莱辛满怀激愤之情说道："他是一个可恶的家伙，他是一个披着人皮的魔鬼，在他身上找不到一丁点儿跟我们自己类似的特征，我甚至认为，我们可以眼巴巴地望着他被打入十八层地狱，而丝毫不同情他。"[①]这正是一个启蒙主义者对封建贵族野心家的强烈憎恨的流露，是他的戏剧理论政治倾向性的表现。通过上述批判，莱辛所主张的悲剧主角就不言而喻了。那就必须是善良的，同时又不是完善的，而是有过错的，因而是同普通人相似的人。这当然是亚里士多德悲剧主角"过失说"的翻版，但莱辛在实际阐述时却明确地将悲剧主角归结为"平民"。他认为，只有以这样的平民作为悲剧主角，才能最大地发挥出悲剧的怜悯与恐惧的效果。莱辛在此借助亚里士多德的理论进一步论证了自己的"平民悲剧"。

那么，怎样才能发挥悲剧唤起怜悯与恐惧的感情效果呢？法

---

① [德]莱辛:《汉堡剧评》，张黎译，上海译文出版社1981年版，第402页。

国《诗学》翻译者达希埃提出了一种悲剧旨在使观众忍受不幸遭遇和勇敢地承担不幸遭遇的理论。这是法国古典主义对悲剧效果的又一歪曲,其结果是完全阉割了悲剧的积极作用,使之成为封建阶级调和社会矛盾的工具。作为启蒙主义者的莱辛是不能容忍这种理论的。他尖锐地指出,这是一种从禁欲主义的斯多噶派贩买来的冷淡无情的理论。莱辛认为,悲剧的净化(或陶冶)决不是"安慰",而是一种使怜悯与恐惧的激情"向道德的完善的转化中"①,也就是要从过多或过少的怜悯与恐惧激情的两个极端中使之适当。这就要使观众既不是对一切的事物都怜悯与恐惧,对封建贵族阶级就不应有此种感情,也不是对一切事物都无动于衷,而要对平民阶级及其反封建斗争的挫折产生强烈的怜悯与恐惧之情。另外,在题材上,古典主义局限于历史的题材,莱辛却要求悲剧着重反映现实的矛盾。他在《汉堡剧评》第七十七篇借亚里士多德之口说道:"怜悯必然要求一种现实存在的灾难;我们对于早已过去的灾难,要么根本不能产生怜悯,要么这种怜悯远远不如对于眼前的灾难那样强烈;所以引起我们怜悯的行动,不能当作过去的行动,即不是用叙述形式进行摹仿,而是当作现实的行动,即用戏剧的形式进行摹仿。"②这种反映现实矛盾的要求是对古典主义悲剧理论的极大冲击,是德国文学史上的伟大转折,是向人们预告了反映德国现实生活的民族文学的诞生。

　　古典主义理论家把文学题材分为"高雅的"和"卑俗的"两种,悲剧属于"高雅的",而喜剧则属于"卑俗的"。在"卑俗的"喜剧里只能出现市民和普通的人,并且是作为嘲笑的对象。莱辛针对古

①[德]莱辛:《汉堡剧评》,张黎译,上海译文出版社1981年版,第400页。
②[德]莱辛:《汉堡剧评》,张黎译,上海译文出版社1981年版,第394页。

典主义的上述喜剧理论,从启蒙主义的立场出发建立了自己的喜剧理论。首先,关于喜剧的主角,他明确提出应该划清颠三倒四的人和心怀不善的小人之间的界限。他认为,喜剧的主角在本性上应该是善良的,但在行为上却是颠三倒四的。因而,这种喜剧丑角所产生的效果就是引起人们发笑,但却不会引起人们的鄙视。因此,他明确提出了喜剧丑角塑造的基本要求和特点:作家必须"赋予他们机智和智慧,以便掩盖他们的愚行的卑贱。作家必须赋予他们荣誉感,以便使之发出光辉"①。这就打破了古典主义从鄙视市民阶级出发将喜剧丑角无限丑化的做法,而赋予他们以人的地位,并提出了寓庄于谐的喜剧理论见解。在喜剧的作用方面,莱辛同传统的看法一样,认为喜剧是通过笑来发挥自己的特有的作用。但他不同意古典主义把喜剧仅仅局限于对市民阶级和下层人民的嘲笑。在他看来,每一种不合理的行为都是可笑的,但笑却不同于嘲笑,"喜剧要通过笑来改善"②。这种"改善"即是劝善惩恶的道德教化作用。莱辛清醒地估计到,喜剧也许并不能真正地改善一个愚汉。例如,《悭吝人》一剧也许从未改善一个吝啬鬼,《赌徒》一剧也许从未改善一个赌徒,等等。但他认为,喜剧却可以训练广大民众发现可笑事物的本领,当然这是一种通过喜剧的笑本身来进行的艺术的训练,而不是理论的训练。经过这样的训练,对任何人都是一帖有益的预防的良药。

　　莱辛还探讨了表演艺术的问题。这在当时的欧洲是一个争论激烈的问题,出现了表演凭借敏感和凭借冷静的理智的两派。法国的狄德罗为此专门写作了《关于演员的是非谈》,主张表演凭

①[德]莱辛:《汉堡剧评》,张黎译,上海译文出版社1981年版,第117页。
②[德]莱辛:《汉堡剧评》,张黎译,上海译文出版社1981年版,第152页。

借冷静的理智,反对凭借敏感。莱辛则是主张两者的结合。他在
《汉堡剧评》第三篇中通过演员的道白来说明这种观点。他认为,
演员必须通过最正确、最可靠的声韵使我们确信他完全理解他的
台词的全部含义。但是,正确的声韵在必要的时候连鹦鹉也可以
教会。可见,一个只是做到了理解的演员距离同时还做到了感受
的演员是多么远啊! 仅仅理解了台词的意思并且印入记忆,仍然
可能没有感情。演员应该在理解的同时将灵魂的注意力专心致
志地倾注在道白里,这才是正确的途径。莱辛的这些理解是符合
表演实际的。他还进一步对表演艺术的性质作了自己的探索。
他认为,表演艺术“是一种处于造型艺术和诗歌之间的艺术”①。
作为造型艺术,应以美为最高原则;而作为诗歌,又具有迅速变化
的特点。因此,表演艺术不同于造型艺术,可以表现村俗粗野的
东西,但时间不可停留的太长,也不能像作家在创作时表现得那
么强烈,而要很快通过前后连续的动作加以转变。莱辛对表演艺
术性质的这种理解,突破了古典主义将表演归结为纯粹的形式
美、禁绝一切粗俗丑陋的形式主义规则,为戏剧表演揭露尖锐的
社会矛盾、表现下层市民阶级开辟了道路。但他仍然保留了“不
应带有令人不悦的东西”的规则,这说明莱辛仍未能完全摆脱古
典主义的束缚。此外,莱辛作为对表演艺术有着丰富经验和深刻
体会的理论家,对表演艺术中的许多具体问题都有着自己独到的
见解。例如,他通过当时的著名女演员亨塞尔夫人在《奥琳特与
索弗洛尼亚》一剧中扮演克洛琳黛这个角色的分析,认为一个出
色的演员不仅要表演作家说过的东西,而且要表演作家“可能说”
的东西。亨塞尔夫人就做到了这一点,她在念台词“我爱你,奥琳

①〔德〕莱辛:《汉堡剧评》,张黎译,上海译文出版社 1981 年版,第 30 页。

特"时，就独具匠心地使用了降调，成功地表现了主人公羞怯的心理。再如，对于演员的手势，他提倡一种"个性化的手势"①，借以运用精炼的表演动作活脱地表现出人物的性格。莱辛本来是打算以较多的篇幅来讨论表演艺术问题的，但由于当时演员们的斤斤计较，使他不得不放弃了自己的计划，逐步转到对于剧本的评价和戏剧理论的探讨。这就使莱辛在表演艺术理论上没有更多的建树。

五

莱辛是伟大的现实主义美学家，在他的艺术理论中不仅渗透着唯物主义精神，而且还具有一定的辩证法因素。在文艺与现实的关系上，他不仅坚持艺术摹仿自然的观点，而且主张艺术不同于自然，艺术的真实不同于生活的真实。他以喜剧为例，认为一切在日常生活中堪称喜剧的事件在喜剧里就不完全像真实的事件。因此，他认为单纯地提忠实地摹仿自然的口号并不完全正确，而是不仅要摹仿自然的现象，还要摹仿自然的精神。这种摹仿不完全拘泥于事实，而要进行"集中"。这样，他就必然要否定完全以生活真实作为评价作品的标准。他在《汉堡剧评》第二十四篇中指出，"手持编年纪事来研究他的作品，把他置于历史的审判台前，来证明他所引用的每个日期，每个偶然提及的事件，甚至在历史上存在与否值得怀疑的人物的真伪，这是对他和他的职业的误解"②。而伏尔泰正是这样纯粹以历史事件的真实与否来评

---

①［德］莱辛：《汉堡剧评》，张黎译，上海译文出版社1981年版，第23页。
②［德］莱辛：《汉堡剧评》，张黎译，上海译文出版社1981年版，第126页。

价高乃依的悲剧《罗多居娜》。莱辛认为，伏尔泰和他的历史考证是非常讨厌的。他极为气愤地说，"让他在自己的'世界通史'里核实年月去吧！"①莱辛的上述关于艺术与生活关系的理论都无疑是正确的，但他认为历史题材的作品基本的历史史实亦可加以改动。例如，马蒙泰尔的小说《苏莱曼二世》中，对女奴罗塞兰的国籍与历史都作了重大改变。但莱辛却认为这些均可忽略不计。这是我们所不敢苟同的，也同他自己的另一些论述相左。例如，他在《汉堡剧评》第五十五篇中，评价了本克斯与高乃依以同一有关艾塞克斯的题材所写的不同的戏剧，认为本克斯的戏剧相当严格地遵守了历史事实，只是把不同的事件加以集中，因而更具有真实性。在这里，莱辛较正确地揭示了文艺来源于生活，但又在生活的基础上加以集中的辩证关系。据此，他具体地论述了戏剧与历史的关系。他说："把纪念大人物当作戏剧的一项使命，是不能令人接受的；这是历史的任务，而不是戏剧的任务。我们不应该在剧院里学习这个人或者那个人做了些什么，而是应该学习具有某种性格的人，在某种特定的环境中做些什么。悲剧的目的远比历史的目的更具有哲理性，如果把悲剧仅仅搞成知名人士的颂辞，或者滥用悲剧来培养民族的骄傲，便是贬低了它的真正尊严。"②这一段话，很深刻地划清了戏剧与历史的界限，揭示了戏剧艺术的本质特征，说明历史应严格地再现历史事件自身，而戏剧则应表现性格及其形成的过程。正是从这个意义上说，戏剧比历史更能揭示生活的规律，因而也就更具哲理性。很显然，这是对亚里士多德《诗学》中诗与历史比较的继承与发展。莱辛还继

① [德]莱辛：《汉堡剧评》，张黎译，上海译文出版社1981年版，第166页。
② [德]莱辛：《汉堡剧评》，张黎译，上海译文出版社1981年版，第101页。

承发展了亚里士多德关于诗中所写的事不必实有但要"可信"的观点。他认为,在艺术创作中可能会出现两种缺点。一种是人物性格同历史上实有的人物有出入,一种是人物性格违背了"内在的可能性"。莱辛认为,前一个缺点是可以谅解的,但后一个缺点就不能谅解。他这里所说的"内在的可能性"就是指"合规律性""合情理性",亦即"可信性"。

众所周知,古典主义文艺是并不重视性格的,在他们的作品中常常只有类型而无性格。亚里士多德在论述戏剧时,是将事件与情节作为第一要素,看得高于一切,而性格只位居第二。但莱辛却既不同于古典主义,也不同于亚里士多德。他明确地将性格看得高于一切。他说:"对于作家来说,只有性格是神圣的,加强性格,鲜明地表现性格,是作家表现在人物特征的过程中最当着力用笔之处。"①为什么这样说呢?他讲了三个理由:第一,性格决定事件,事件是性格的延续;第二,事件是偶然的,而性格是本质的;第三,性格是感动观众的主要手段,"他不是以表现什么的方式,而是以怎样表现的方式来感动观众"②。这后一段话,显然同恩格斯在《致拉萨尔》的信中所说的"我觉得一个人物的性格不仅表现在做什么,而且表现在他怎样做"③是有着内在的联系的。基于上述理由,莱辛对性格是十分重视的,甚至认为事件可任意处理,只要不与性格相矛盾就可,但性格却不能改变,因为微小的改变就会使人感到抵消了个性。他还一反亚里士多德对"惊奇"

①[德]莱辛:《汉堡剧评》,张黎译,上海译文出版社1981年版,第125页。
②[德]莱辛:《汉堡剧评》,张黎译,上海译文出版社1981年版,第254页。
③杨柄编:《马克思恩格斯论文艺和美学》,文化艺术出版社1982年版,第415—416页。

等情节结构方法的肯定,而认为"惊奇""悬念"都是"迎合一种幼稚的好奇心理,是最低劣的手法"①。我们认为,莱辛在这里将性格的核心作用突出地强调出来是难能可贵的,但完全否定了情节的作用则是割裂了性格与情节的辩证关系,也违背了他本人"诗的理想在运动"的基本美学观。事实上,性格尽管是艺术形象的核心,但它根本离不开情节,性格只有在情节之中才得以展开,情节是性格的历史,离开了情节也就没有了性格。

　　莱辛师承于亚里士多德,因而必然要在亚氏初步涉及的典型问题的基础上进一步对这一问题进行探讨。他在《汉堡剧评》第九十一篇中针对狄德罗提出的喜剧的性格具有普遍性、悲剧的性格具有个别性的观点,明确指出狄德罗的观点是错误的,喜剧和悲剧的性格都是具有普遍性的。莱辛同亚氏一样,认为这种普遍性就是诗比历史更富有哲学意味和教益的根据。但莱辛在典型问题上比亚氏有所发展,具体地表现为较明确地涉及典型化的问题。他认为,艺术典型的创造就是"对个别性格的扩展,是把个性提高为普遍性"②。这就说明,艺术典型的普遍性不同于理论的从概念出发的抽象的普遍性,而是从个别出发的形象的普遍性。他以古希腊喜剧家阿里斯多芬所创作的苏格拉底为例,说明艺术中的苏格拉底是以现实生活中个别的苏格拉底为出发点,同时概括了当时诡辩派哲学家的共同特征,从而达到个别与普遍的统一,寓普遍于个别。

　　古典主义对于艺术的理解是侧重于理性的,常常不免丢弃文艺的感性特征,使之成为某种抽象理性的工具。莱辛针对这种唯

---

①［德］莱辛:《汉堡剧评》,张黎译,上海译文出版社 1981 年版,第 254 页。
②［德］莱辛:《汉堡剧评》,张黎译,上海译文出版社 1981 年版,第 460 页。

理派的美学观点,鲜明地提出了自己截然不同的美学见解。他在
《汉堡剧评》第七十篇着重探讨了艺术创造的特征问题。他说:
"艺术的使命就是使我们在这种鉴别美的领域里得到提高,减轻
我们对于自己注意力的控制。我们在自然中从一个事物或一系
列不同的事物,按照时间或空间,运用自己的思想加以鉴别或者
试图鉴别出来的一切,它都如实地鉴别出来,并使我们对这个事
物或一系列不同的事物得到真实而确切的理解,如同它所引起的
感情历来做到的那样。"①这是莱辛极其重要的美学思想,是其美
学理论中最富哲理性的部分之一。其含义有三:第一,莱辛认为,
人类要认识世界必须具备一种鉴别的能力。这种鉴别能力就是
把握事物的联系、转化和本质的能力,即我们通常所说的思维能
力。没有这种能力,我们就无所感受,就要成为表面现象的俘虏。
第二,这种鉴别能力又分两种,一种是凭借思想的注意力,是一种
由个别到一般的抽象思维能力。第三,另一种是美的领域的鉴别
力,凭借的是个别的形象,所引起的是强烈的感情,但却同样能达
到对事物的理解,这就是感性与理性、情感与理智的统一。在这
里,莱辛已初步涉及了形象思维问题。在《汉堡剧评》第三十五篇
中,他还通过论述戏剧与道德小说(哲理故事)的区别,阐明了艺
术的特征。具体言之:第一,目的不同。道德小说是为了用道德
来教训,而戏剧则是为了激起人们的激情,并使人们得到消遣。
第二,作用于读者或观众的侧重点不同。道德小说作用人们的理
智,戏剧则作用于人们的心灵。第三,运用的手段不同。道德小
说主要依靠具有普遍意义的道德性的命题,而戏剧则依靠个别性

---

①[德]莱辛:《汉堡剧评》,伍蠡甫主编《西方文论选》上卷,上海译文出版社
　　1979年版,第433页。

的完整的情节。划清这样的界限是十分重要的。这里所说的道德小说的特征,实际上就是古典主义重在理性的特征。因而,这里实际上是在一定程度上划清了启蒙主义的现实主义文艺与古典主义的僵硬的文艺之间的界限。由于是针对古典主义的僵硬的规则,所以,他更多地强调了文艺的感性特征的一面。这种对于文艺感性特征的强调,在莱辛的著作中是比较多的。例如,他在谈到文艺的技巧时,认为这些技巧是"单凭推理无法理解的",与那些死板的规则相比是能够"产生更多的真实性和更多的生活气息"的①。这里所说的"单凭推理无法了解的技巧",就是文艺的形象思维的技巧、感性特征的技巧。这种技巧常常只能意会,难以言传,是用概念的语言难以表达、抽象的理智的思考所无法把握的。它对于文艺是十分重要的,但恰恰为古典主义所忽视。在语言方面,他也不满于古典主义的空洞乏味、程式化的宫廷语言,主张运用形象化的具有感性特征的语言。他在评价伏尔泰的《扎伊尔》一剧中扎伊尔表白爱情时的语言时,认为这是一种"公文用语",无异于拘谨的女诡辩家和冷冰冰的艺术批评家为自己辩白时采用的那种语言。但是,莱辛决不是感性主义者,他还是十分重视艺术创作中的理性作用的。上面我们在介绍莱辛对"艺术使命"的看法时,已经谈到他主张感性与理性的统一。不仅如此,他还明确地反对单纯的形象的摹仿,认为这是一种低级趣味,而主张有目的的创造。他说:"有目的的行动,使人类超过低级创造物;有目的的写作,目的的摹仿,使天才区别于渺小的艺术家。"②

①[德]莱辛:《汉堡剧评》,张黎译,上海译文出版社 1981 年版,第 175 页。
②[德]莱辛:《汉堡剧评》,张黎译,上海译文出版社 1981 年版,第 181 页。

　　莱辛的理论研究是很广泛的，他还在《汉堡剧评》中以一定的注意力集中在对文艺家素质的探讨上。他的可贵之处就是能够比较辩证地思考问题，在文艺家素质的问题上也是如此。他一方面反对僵硬的规则，但又不否定一切的规则。在当时的德国，有一种"规则窒息天才"的理论，说什么"天才轻视一切规则！天才的所作所为，就是规则"。莱辛十分厌恶这种观点，他以讽刺的口吻说道，提这种观点的人首先充分暴露出在他们身上没有一星儿天才的火花。他认为："天才所理解、所牢记、所遵循的，只是那些用语言表达他的感受的规则。而他这些用语言表达出来的感受，却应该限制他的活动吗？关于这个问题，你们跟他去诡辩吧，爱辩多久就辩多久；一旦他瞬息之间在一个个别的事件里认清了你们的普遍性的命题，他就会理解你们；他在头脑里保留下来的，只有关于这个个别事件的记忆，这种记忆在创作中对他的力量所产生的影响，跟对一个成功的样板的记忆，对一个自己的成功经验的记忆对他的力量所产生的影响是一样的。"①在这里，莱辛比较深刻地论述了文艺天才的特征，就是建立于对个别事物记忆的心理基础之上的感受，这种感受不是同规律性、普遍性对立的；它不同于来自样板的概念的图解，但同样可以符合某种规则，达到普遍性的认识。正是基于这种对文艺天才的认识，他对文艺家的素质、修养提出了自己的看法。概括起来有这样三点：第一，要有丰富的生活感受。他认为，应经历丰富才能感受深刻。由此，他认为一个初出茅庐的青年人既不能了解世界也不可能描写世界，最伟大的艺术天才的青年时代的作品也会显得空洞。第二，要有一

————————

① ［德］莱辛：《汉堡剧评》，张黎译，上海译文出版社1981年版，第483—484页。

定的文化修养，"胸无点墨，作不出文章"。第三，应有一定的哲学思维能力。为此，他要求文艺家和哲学家交朋友，并认为古希腊的欧里庇得斯幸亏与哲学家苏格拉底交朋友才成为悲剧作家。莱辛认为，一个文艺家具备了很高的修养，就会像莎士比亚一样达到独创性的高度，具有自己特有的风格。他在评论魏塞声称自己的《理查三世》没有剽窃莎士比亚的同名剧时，认为莎士比亚的独具风格的作品只能研究不能劫掠。他说："关于荷马的一句话——你能剥夺海格力斯的棍棒，却不能剥夺荷马的一行诗——也完全适用于莎士比亚。他的作品的最小的优点也都打着印记，这印记会立即向全世界呼喊：'我是莎士比亚的!'陌生的优点胆敢与它争雄，一定要一败涂地。"①海格力斯即希腊神话中著名的大力士赫剌克勒斯，他所用的棍棒是连根拔起的巨大的野生橄榄树。赫剌克勒斯正是凭借这根巨棒和一张神弓，上天入地，所向披靡，斩尽妖魔。在这样一位无敌的英雄面前，谁又敢去夺取他的硕大无比的棍棒呢? 但在莱辛看来，即使能夺下赫剌克勒斯的棍棒，也不能剥夺荷马、莎士比亚等天才作家的一行诗。这就是风格，是一个天才艺术家的艺术修养达到炉火纯青的标志。莱辛就以这样的高标准，期望着、要求着，同时也哺育着德国民族自己的文艺天才。历史终于回答了他的呼唤。时隔不久，德国民族出现了自己的天才的荷马与莎士比亚——歌德与席勒。

　　莱辛是一位有着博大胸怀的理论家。一方面，他在斗争中有着决不妥协的坚定立场，但同时他又有着极其谦虚的高尚品格。因此，他十分重视来自各方面的批评，深刻地论述了一个文艺家对批评所应采取的正确态度。他说："要让观众去看和听，去检验

---

① [德]莱辛:《汉堡剧评》，张黎译，上海译文出版社1981年版，第374页。

和裁决。决不能低估他们的声音,切不可忽视他们的评论!"①在这里,他要求文艺家虚心倾听批评,特别是来自观众的批评。这正是他的启蒙主义者的民主精神的表现。而且,当时的戏剧观众多为平民。莱辛不仅主张写平民、演平民,而且主张倾听平民的批评。这就充分证明他是平民阶级的思想代表。不仅如此,他还十分厌恶当时流行的庸俗的捧场,要求文艺家"嘲笑每一个不着边际的赞赏",而"只是暗自欣喜一种人的赞扬,他知道此人有心挑剔他的毛病"②。他甚至断言,宁可听最肤浅、最不着边际、最恶毒的批评,也不愿听冷冰冰的赞扬。因为,对于前者,只要正确对待还可转变为有用的东西,而后者却毫无用处。从莱辛的这些意见中,我们不是可以看到一个伟大人物成功的秘诀吗?除了站在历史潮流的前头和惊人的勤奋之外,就是谦虚。

六

　　莱辛的美学思想在德国乃至整个欧洲都有着巨大的影响。无产阶级的革命导师马克思在青年时期曾经认真地读过《拉奥孔》,后来又在《关于出版自由的辩论》一文中将莱辛称作扭转德国文学与政治风气的代表人物。德国的伟大诗人歌德在谈到莱辛的《拉奥孔》的影响时,曾经描述了在莱辛以前的德国是"平淡无奇、漫长忧闷、无所作为的时代",而《拉奥孔》"这部著作把我们从一种幽暗的静观境界中拖了出来,拖到爽朗自由的思想境界。千年来'Ut picture poesis'(诗即画)这种谬说一举消除,造型艺术

---

①[德]莱辛:《汉堡剧评》,张黎译,上海译文出版社1981年版,第2页。
②[德]莱辛:《汉堡剧评》,张黎译,上海译文出版社1981年版,第134页。

和语言艺术的区别已经明确；两者的峰巅已经分清，虽然两者的根基可能互相连接"。歌德于 1798 年继承并发展莱辛《拉奥孔》中的美学思想，写作了《论拉奥孔》的论文，提出了一个重要的美学观点："艺术所能表现的最大限度的悲怆性往往显示在从一种状态或情况向另一种状态或情况的转变当中。"又说："如果在这转变的过程中，原来的情况还遗留任何痕迹的话，这就为造型艺术提供了最崇高的题材，拉奥孔群像把动作和受痛在同一刹那中表现出来，就属于此种情况。"①席勒在读了《汉堡剧评》后感叹道："毫无疑问，在他那个时代的所有德国人当中，莱辛对于艺术的论述，是最清楚、最尖锐，同时也是最灵活、最本质的东西，他看得也最准确。"德国的辩证法大师黑格尔也在他的《美学》中专门讨论了文体的问题。他是不是也受到莱辛的美学思想的影响呢？钱钟书先生在《读〈拉奥孔〉》一文中认为，黑格尔在论造型艺术时，再三称引莱辛所批驳的温克尔曼，只一笔带过莱辛，甚至讲拉奥孔雕像时还不提莱辛的名字，但却把莱辛的观点悄悄地采纳了。钱先生的分析是十分正确的。因为，尽管黑格尔也曾将温克尔曼和谐的静穆作为自己的美学理想，但他却具体地描述了达到和谐的静穆的正、反、合的途径，并将矛盾冲突作为其关键的环节。所以，从总的方面来说，黑格尔的美学思想并不是静止的，而是在辩证法的指导下运动、发展的。正因为如此，黑格尔在实际上并不同意"诗画同一"的静止的美学观，而是采纳了莱辛的运动的美学观。他在论绘画这一艺术种类时指出："所以我们一开始就向绘画提出一个要求，要它描绘人物性格、灵魂和内心世界，不

---

① ［德］歌德：《论拉奥孔》，《古典文艺理论译丛》第 8 期，人民文学出版社
　　1963 年版，第 110 页。

是要从外在形象就可以直接认出内心世界,而是要通过动作去展现这内心世界的本来面貌。"那么,绘画如何通过动作去展现内心世界呢?黑格尔又说:"绘画不能像诗或音乐那样把一种情境、事件或动作表现为先后承续的变化,而是只能抓住某一顷刻。"①这就充分说明了莱辛对黑格尔的影响也是十分明显的。

正是由于莱辛美学思想的巨大影响,他在德国美学史上,以及整个欧洲美学史上的地位都是极其突出的。首先,他的美学理论开创了德国文学的新时代,因而成为德国新文学之父。俄国伟大的革命民主主义理论家别林斯基指出,德国"文学上的变革思想不是通过伟大的诗人,而是通过睿智和有胆识的批评家莱辛完成的"。历史向我们证明,德国启蒙文学前期以高特舍特为代表,仍然是因袭法国古典主义的原则,被仿制、死气沉沉的空气所笼罩,盛行着各种描绘体的、脱离现实的僵硬的文艺。自从莱辛登上文艺舞台,就一变德国文坛空气。他以空前勇敢的姿态,否定高特舍特派对法国古典主义的摹仿,抨击温克尔曼的静止的美学观,一扫充斥当时文坛的以美为尚的绘画式的风格。这就为德国新文学的发展扫清了道路。更为可贵的是,莱辛以其著名的《拉奥孔》和《汉堡剧评》为德国新文学的发展提供了理论的根据。尤其是他的"诗的理想在运动"的美学理论和平民悲剧的戏剧理论,使德国新文学既以德国的现实生活为立足点,又贯注进蓬勃前进的生气。这就为18世纪80年代的"狂飙突进"运动进行了理论上的准备,也直接哺育了德国民族的伟大作家歌德与席勒的成长。可以毫不夸张地说,整个十八世纪德国一切有成就的文艺家都在不同程度上是莱辛的学生。

---

① [德]黑格尔:《美学》第3卷,商务印书馆1981年版,第289页。

　　其次,莱辛的美学思想也是德国古典美学的重要来源之一。从表面上看,莱辛的理论活动似乎与以康德、黑格尔为代表的德国古典美学没有必然的联系。但从实质上看,德国古典美学正是莱辛美学思想发展的必然结果。众所周知,德国古典美学的特点是建立和发展了辩证的美学思想,并使其具备了完整而严密的体系。但莱辛的"诗的理想在运动"的美学观就蕴含了丰富的运动、发展的辩证精神,同德国古典美学有着必然的内在的联系。大江大河常常源于小泽,因而没有小泽也就没有大江大河。同样,尽管莱辛的辩证美学观还只带有萌芽性质,但没有莱辛,肯定也不会有康德、黑格尔。关于这一点,还有一层很重要的意思。那就是在莱辛的辩证的美学思想的指导下,德国启蒙主义新文学具备了新鲜的前进发展的活力。这样的文学气氛才给辩证的德国古典美学的提出和发展提供了最好的土壤。更何况,莱辛在晚年还亲自写了哲学专著《反葛兹论》和哲理剧《智者纳旦》。因此,车尔尼雪夫斯基认为莱辛既为德国的第一个诗歌时期奠定了基础,又为第二个哲学时期提供了根据。

　　再次,莱辛继承和发展了亚里士多德的现实主义美学理论。车尔尼雪夫斯基认为,"从亚里士多德的时期以来,没有一个人能够像莱辛那么正确深刻地理解诗的本质"[①]。这一评价应该说还是比较公允的。因为,莱辛的美学思想在以亚里士多德为源头的现实主义美学的发展中的确具有十分突出的地位。他继承了亚里士多德的唯物主义摹仿说,并在此基础上更进一步突出地强调了文艺通过感性形象反映生活本质的特点,完善了个别与一般相

---

① [俄]车尔尼雪夫斯基:《莱辛,他的时代,他的一生与活动》,《车尔尼雪夫斯基论文学》中卷,辛未艾译,上海译文出版社1979年版,第425页。

统一的典型化的理论。对于亚里士多德"没有行动就没有悲剧"的理论,莱辛作了充分的阐述与发挥,提出了"诗的理想在运动"的美学观,作为其美学思想的核心内容。这就为黑格尔的矛盾冲突说、车尔尼雪夫斯基的"美在生活"说以及马克思的实践美学提供了理论的先导。当然,他也同时修正了亚氏关于情节是悲剧的第一因素的观点,将性格提到首要的地位。关于悲剧的理论,莱辛对于亚氏通过悲剧净化(或陶冶)怜悯与恐惧的理论作了进一步的解释,批判了古典主义对悲剧精神的歪曲,阐述了怜悯与恐惧互为因果的悲剧观,表现了资产阶级力图通过文艺成为时代的主人的历史要求。莱辛还同狄德罗相呼应,创造了"平民悲剧"和"悲喜剧"的全新体裁,为表现新兴的资产阶级提供了武器。凡此种种,都说明莱辛与狄德罗一起不愧为欧洲现实主义美学的两颗巨星。

另外,需要特别强调的是,莱辛的美学思想的特点是理论与评论、理论与创作的统一。由于历史的原因,莱辛的美学思想没有德国理论家所惯有的思辨哲学的抽象性,而是从具体的文艺实际出发,将理论渗透于评论之中。他在《汉堡剧评》中明确声言,"让我在此提醒读者,这份刊物丝毫不应该涉及戏剧体系问题"①。这样做,尽管使他的理论在系统性上有所欠缺,但却具有极大的现实针对性,因而具有战斗性。而且在文风上夹叙夹议,生动活泼,毫无德国美学著作所惯有的艰涩难懂的特性。这种理论风格,被俄国的革命民主主义理论家别林斯基和杜勃罗留勃夫所继承,对我国的一些革命的理论工作者也颇多影响,对于打破我们今天美学与文艺理论研究中所存在的从概念到概念的倾向

---

① [德]莱辛:《汉堡剧评》,张黎译,上海译文出版社1981年版,第480页。

也应有现实意义。同时，莱辛不仅是理论家，而且也是作家。他的理论同他的文艺作品总是互相呼应，相辅相成。这就使他的理论较为切实，也使他的创作具有了哲理的深度。当然，他的创作是远逊于他的理论的，但这种从两个方面实践的美学研究道路还是值得提倡的。

上面谈到，莱辛的美学思想的长处是从具体的文艺实际出发，将理论渗透于具体的评论之中。但这不仅使他的美学思想缺乏系统性，而且也使他的美学思想缺乏科学性，具体表现为有些概念不够严密。例如，他所说的"画"，实际上是指雕刻。而绘画和雕刻尽管同属造型艺术，但使用的物质手段却不完全相同，各自还有其特有的规律。他的造型艺术要表现动作的顷刻的理论就不适合于风景画。他所说的"诗"，实际是指叙事性的文学。因此，"诗的理想在运动"的观点就不完全适合于抒情诗。当然，他的美学思想的最严重的缺点就是缺乏历史的发展观点。主要表现为在相当大的程度上把诗、画的规律固定化、孤立化，看不到诗、画作为意识形态首先为社会的经济与政治所制约，它们的规律也要随着社会发展变化。这也就证明莱辛的唯物主义美学观是极不彻底的，在社会意识发展的动因问题上终不能免于历史的唯心主义。他在对古典主义、高特舍特和伏尔泰的批判中，也有缺乏历史主义的否定一切的偏激倾向。事实上，古典主义在推动民族文化的形成和促进资产阶级文学的发展上都曾有其积极作用。只有到了十八世纪，封建王朝日趋反动的情况下，古典主义才失去其进步性，必然为启蒙文学所取代。再就是，对于高特舍特来说，他虽是专事对法国古典主义的摹仿，但对促进德国文学的规范化、纯洁化还是有所贡献。至于法国作家伏尔泰，尽管未能完全同古典主义划清界限，但他仍不失为启蒙主义的重要先驱,对启蒙文学的发展有着不可磨灭的功勋。因此,对法国古典主义、高特舍特和伏尔泰都应从历史发展的角度给予应有的历史地位。莱辛缺乏历史的分析,在对伏尔泰的评价上又因私人之间的龃龉而不免感情用事。再从莱辛的美学理论本身来说,他虽然终生着力于向以温克尔曼为代表的静穆的美学思想斗争,但在造型艺术上仍不免让步。他将造型艺术的理想还是归结为美,而这种美其实仍是偏重于形式美。这就说明了莱辛从欧洲美学发展的总的历史阶段来看还是处于由形而上学到辩证法过渡的时期,因而在他的美学思想中形而上学的痕迹还颇为明显。

　　莱辛在《汉堡剧评》中曾经讲过这样一段极富哲理的话:"我走我的路,不必去顾及路旁蟋蟀的鼓噪。离开路一步去踩死它们,也是不值得的。反正它们的夏天已经屈指可数了!"①这段话的确有力地突现了莱辛的斗争精神。正是在这种精神的鼓舞下,他在难以想象的艰难中苦战,终于为德国新文学的发展开辟了道路。其间,他虽备受磨难,乃至不幸早夭,但他从未低下自己高傲的头。他的美学思想就是这种斗争精神的产物,所以不仅具有很高的历史地位,而且有着永不衰竭的生命力。

---

① [德]莱辛:《汉堡剧评》,张黎译,上海译文出版社1981年版,第485页。

康 德 论 美

康德(1724—1804)，德国最著名的理论家之一，德国古典美学的奠基者。他的美学著作《判断力批判》（上卷）在欧洲美学史上具有划时代的意义。因此，不懂得康德美学就不懂得欧洲近代美学和德国古典美学，当然也就无法深入掌握马克思主义美学。康德的美学思想和当前西方各种美学流派有着特别密切的关系。因此，研究康德美学也有利于分析研究西方当代各种美学思潮。特别值得注意的是，由于康德处于欧洲哲学由形而上学到辩证法的转变期。因而，他的美学思想较充分地揭示了审美各个领域中一系列极为繁难的矛盾现象，对我们特别富有启发。也正因为康德勇敢地面对着美学领域中一系列极为繁难的矛盾现象，所以在表述上就极为艰涩。这不免给后人的学习研究带来困难。但一旦迈入康德美学的大门，就一定会耳目一新，惊异地发现无数奇珍异宝，而决不后悔自己在学习中所洒下的辛勤汗水。德国大诗人歌德曾经这样描述过自己学习康德著作的体会：当你阅读完康德的一页著作时，就会有一种仿佛进入了明亮的房间的感觉。

一

康德的美学思想是完全否定客观美的存在的。因此，他的论美实际上是论述的美感，即所谓审美判断力。其所著《判断力批判》就是旨在批判地研究这种审美判断力的方式和限度。不过，通过康德对美感的论述，亦可窥见其对美的基本品格的认识。特别可贵的是，康德打破了长时期以来美学研究中经验派和理念派的形而上学的桎梏，开辟了感性与理性统一的美学研究的新路。他提出了美在无目的的合目的性的形式，认为美是沟通真与善的桥梁，是两者的统一。他还认为，所谓审美判断就是情感判断，是认识与意志的统一。这就论述了真、善、美的关系问题，成为贯穿康德美学思想的中心线索。

审美判断是反思判断。康德认为，判断是人类认识世界的基本形式，可分两种：一种是定性判断，又叫逻辑判断，是由普遍的概念出发，逻辑地去判定个别事物的性质。这是人们在理性认识（知性力）中所常常采用的。另一种是反思判断，是由个别出发，反思其普遍性的判断。康德认为，审美判断就是属于这种反思判断，是对于一个别事物反思其是否具有美的普遍性的判断。

审美判断是情感判断。康德认为，在反思判断中又分两种。一种是审目的判断，亦即由个别对象出发反思其结构与存在是否符合自身完善的概念，而这种符合是先天的合目的的。例如，面对一朵花判断其是否是一朵符合概念的完善的花。这时，主体与客体之间是由概念作为中介。康德认为，审美不是这种审目的判断。这实际上是对鲍姆嘉通的理性派美学思想的否定。因为，鲍姆嘉通将美归结为"感性认识的完善"。康德不同意这种看法，认为审美判断是不同于这种审目的判断的。它不涉及对象的内容，只涉及对象的形式，是由个别对象出发反思其形式对于主体能否引起某种具有普遍性的愉快，而且这是先天的合目的。因此，在审美判断中对象与主体之间的中介是愉快与不愉快的情感。正因为如此,我们将这种审美判断叫做情感判断。这样将审美判断界定为情感判断,将审美领域界定为情感领域,在西方美学史上是第一次,具有划时代的意义。

审美判断是沟通认识与意志之间的桥梁。审美判断在康德的整个哲学体系中具有巨大的"桥梁"和"过渡"的作用。因为,在康德的整个哲学体系中有两个各自封闭的世界,一个是纯粹理性世界(真),属于自然的现象界的领域,感性与知性在其中起作用,以规律性为其原则;另一个是实践理性世界(善),属于自由的物自体的领域,理性在其中起作用,以"绝对命令"的"最后目的"为其原则。这两个世界各成封闭的圆圈,互不相通。但实践理性作为意志目的却具有强烈的实践愿望,要求在现实的纯粹理性的自然世界里实现自己。康德认为,审美判断力就是沟通自然与自由这两个封闭世界的桥梁。从所涉及的领域来说,审美判断涉及的是情感领域,既是对个别对象的感受,涉及自然领域,又是主体的审美愉快,涉及自由的领域。从所凭借的认识能力来说,审美所凭借的是判断力,既包括认识范畴的想象力与知性力的协调,又是一种意志领域的绝对的无条件的普遍性。从所遵循的先天原则来说,审美判断所遵循的是"自然的合目的性",既包含个别对象形式的无目的性,又包含形式唤起主体愉快的先天的合目的性。具体可见下表:

类别／方面	纯粹理性世界 (真)	审美 (美)	实践理性世界 (善)
领域	自然(现象界)	情感(客体的对象·主体的审美愉快)	自由(物自体)

续表

类别／方面	纯粹理性世界（真）	审美（美）	实践理性世界（善）
凭借的能力	感性、知性	判断力(想象力与知性力的协调·主观无条件的普遍性)	理性
遵循的原则	规律性	自然的合目的性（自然的无目的性·主体愉快的目的性）	最后目的(绝对命令)

　　当然,康德这一关于审美判断作为沟通自然与自由的桥梁的理论比较晦涩,其原因在于理论本身不免有牵强之处,同我们所习惯的思维不顺。我们觉得运用康德关于人类认识的通用公式倒可说明这一问题。康德给人类的认识规定了这样一个通用的公式:科学知识＝普遍必然性＋新内容。其中,普遍必然性是先天形式,与经验无关,为人的认识能力所固有;而新内容则是从感觉经验得来的质料。这样,他的公式就是:科学知识＝先天形式＋经验质料。按照这一公式,审美就成为:审美＝主观的合目的性的先天原理＋对于对象形式的感受。这里,"主观的合目的性的先天原理"即指审美感受的合目的性的普遍性,具有"自由"的性质,而"对于对象形式的感受"则涉及对象的形式,带有"自然"的性质。由此,审美就具有了沟通自然与自由的桥梁作用。

　　这样,自然与自由、真与善、感性与理性、规律性与目的性、知与意就通过这特有的审美的情感判断而统一了起来。这一思想在康德的美学理论中是极其重要的,成为其整个美学理论的总的出发点和关键之所在。同时,这一思想也是极其深刻的,可以毫

不夸张地说,在西方美学史上具有里程碑的作用。因为,从公元
十七世纪到康德所生活的十八世纪,整个美学领域尽管观点繁
多、学派林立,但归结起来无非是重自然的感性派和重理念的理
性派。这两派形而上学的理论思潮长期以来争论不休,束缚了美
学的发展。康德则以审美的情感判断为旗帜,迈出了感性与理性
统一的第一步。这在西方美学领域无异于一声惊雷,具有振聋发
聩的作用。当然,康德这种以美作为真与善的桥梁的理论本身则
不免牵强附会,并且是唯心的。因为,他对实践完全作了唯心主
义的歪曲,使其脱离了自然领域和感性经验而仅仅属于主观的意
志领域。事实上,实践本身就是主观见之于客观,人们完全能够
在实践中,并且只有在实践中实行主观与客观、知与行、真与善的
统一。美只不过是人们在实践中所达到的主观与客观、真与善的
直接统一而已。

二

　　康德为了完成他的哲学体系,在纯粹理性与实践理性之外,又
提出了审美判断力,作为以上两者的桥梁,并为此创造了"无目的的
合目的性"的先验原理。这个"无目的的合目的性"的先验原理是贯
穿康德整个美学思想的中心线索。但其具体含义在形式美、壮美和
艺术美中又有所不同。总的来看,是经历了这样一种由美到善,即
由优美到壮美、纯粹美到依存美的过渡。现在,我们先来分析康德
关于形式美的观点。他认为,经验派与理性派的美学思想都被世俗
的观点玷污了,因而他要做一番"净化"。这一"净化"就是将审美对
象的内容全部抽去,而只剩下形式。这种对于对象纯形式的审美就
是所谓纯粹美。他从质、量、关系、方式四个方面来论述,但多所重

复,不免烦琐,我们只抽出其主要论点加以介绍。

审美是一种同对象无任何利害关系的"自由的愉快"。康德针对经验派把美归结为生理快感、理性派把美归结为善等看法,明确指出美是"无利害的"。这里的所谓"无利害"就是指主体对于客体没有上述"快感"和"善"的利害关系。他认为,所谓快感只不过是一种生理的官能满足。这尽管是一种主观的满足,但仍然同对象客观存在的某种自然属性相联系。例如,食欲的满足就同对象的营养素有关。而所谓"善",则是一种在道德上被主体所珍贵和赞许的。这种珍贵和赞许同对象对于社会的"客观价值"直接有关。例如,我们赞扬某位同志的爱国主义行为,而这种赞扬就是因爱国主义行为本身具有有利于祖国的客观社会价值。康德认为,审美同上述快感及善不同。它同对象的自然或社会的客观存在无任何利害关系,而只是对象的形式适应了主体的某种心理活动的能力而引起的愉快。康德认为,这种愉快是一种无"偏爱的""纯然淡漠的""静观的""自由的愉快"。当然,这里所谓的"自由",不是他在《实践理性批判》中所谈到的信仰、意志范畴的"自由",而是指主体不受对象的存在束缚、同对象无任何利害关系。因此,这里的"自由"同后来论艺术美时提出的"游戏说"直接有关,同样带有不受束缚、轻松愉快的性质。这是他为美规定的重要特征。他认为,快感和善都受对象的内容束缚,同对象有利害关系,因而是不自由的。当然,这种毫无内容的纯形式的"静观"是一种露骨的形式主义。但主体与对象的关系在审美中又的确同快感及善不同,它不是一种直接行动性的关系,而是一种间接的"观照"的关系。正是在这个意义上,我们吸取了康德这一观点中的合理因素,把审美叫做"静观"或"自由的观照"。那么,审美为什么会成为同对象无利害关系的"自由的愉快"呢? 康德认为,这主要是由审美主体既是动物性又是理性的人决定的。他把人分成了动物的自然形态的人与理性的道德的人。这两种人各具纯粹理性和实践理性的能力,是互相对立、难以统一的。从同对象的关系来看,动物性自然的人具有本能方面的要求,只能产生快感;理性的道德的人具有超验的理性要求,只能产生道德感。只有既具有动物性又具有理性的人才能一方产生某种非本能的愉快,另方面,这种愉快又具有不凭借对象客观价值的合目的性。这就是现实的理性的人所特具的审美能力。

　　审美是一种具有主观普遍性的愉快。康德认为,审美与快感一样,对象都是单个事物。但快感是纯个人的,无普遍。例如,这个辣椒好吃,只对嗜辣的人才有意义。但审美却要求普遍性。你感到美的事物,别人也必须感到美,否则就不成其为美。例如,这朵花是美的,必须以大家都感到美为前提。那么,审美为什么会具有普遍性呢?康德认为,这种量的普遍性是以质的无利害感为前提的。也就是说,审美之所以具有量的普遍性,是因为在性质上它不基于主体与对象的利害关系,不是从主体纯粹的个人需要出发,不是一种偏爱。而快感却是从个人的主观生理条件出发,基于主体与对象的利害关系,是一种偏爱。因此,在量上也只能是纯个人的,没有普遍性。这就揭示了审美与快感的根本区别,说明了审美具有社会性的根本特征。康德认为,审美与快感在量的问题上发生差异的另一个重要原因,就是快感是完全以主体的感受作为基础,而审美则是以判断作为基础,是判断先于感受。他提醒我们说:"这个问题的解决是鉴赏判断的关键,因此值得十分注意。"①这说明,康德真正从经验派摆脱了出来。因为经

————————

① [德]康德:《判断力批判》上,宗白华译,商务印书馆1964年版,第54页。

验派把美归结为自然物本身的自然属性,因而必然主张快感在先、美感等于快感,这就完全排除了美本身包含的物化了的理性因索。但康德却认为,快感在先与审美的普遍传达性是"自相矛盾"的。因为,快感是一种单纯的官能满足,如果快感在先判断在后,那么,判断就会受到官能快感的束缚而没有普遍性。康德认为,审美不是由对象自然属性决定的官能快感的满足,而是一种对人类具有普遍的社会意义的价值;美感也不是快感,而是包含着理性因素的判断。康德接着指出,审美的这种普遍性不同于概念的普遍性。概念的普遍性是客观的,具有客观可见的规律,可以言传,甚至可以强迫别人接受。例如,对于花是植物的逻辑判断,就可以讲出一番道理,让别人接受这个道理。但审美的普遍性却不是这种客观的概念的普遍性,而是主观的普遍性。它不是凭借概念,而是凭借由对象的形式所引起的主体的共同感受。这种共同感受只是一种共同的心意状态,只可意会不能言传,无明确的规律但却趋向于某种规律。例如,这朵花真美! 就完全是一种发自内心的惊赞。大家面对绚烂芬芳的花朵,不约而同、情不自禁地发出了这一美的赞语,既不需事先约好,也不能用命令的方式强制。这就从量上划清了审美与真、善的界限,说明真、善是客观的凭借概念的普遍性,有可以明确表述的规律,审美则是主观感受的普遍性,难以用客观的概念将其明确地表述。

审美是主观的合目的性。按照马克思主义的哲学理论,所谓"目的性"是指人的行动的有意识性、自觉性。它是建立在对于某种普遍规律性的认识和掌握的基础之上的。但在康德的美学理论中,"目的性"则同上帝的"创世说"联系在一起,即一种唯心主义的因果论。也就是说,按照先天的某种意图(因),必然会出现现实中的某种现象(果)。康德认为,这种目的性有两种。一种是客观的目的性，即事物的内容、存在合乎了某种先天的目的，或者是符合了外在有用的目的，如马可拉车耕地；或者是符合了内在"完善"的目的，如骏马就符合"完善"的马的概念。而审美却既没有这种外在的合目的性，亦无这种内在的合目的性。它是一种不涉及任何概念内容的主观合目的性，或形式的合目的性。它的对象不包含任何内容，仅仅以其形式适合了主体的需要而引起愉快。而这一切是合目的的，"好像是有意的，按照合规律的布置"①。由于这种主观的合目的性只涉及对象的形式，因而实质上是一种主观感受的合目的性。它只使主体获得某种愉快而不提供对于对象的功利方面的评价。例如，人们在对一块草场进行审美时，就仅仅是一种合目的的愉快而已，而不会想到草场可作跳舞场等方面的用途。在这里，康德认为审美不完全等同于功利目的，是正确的。但将审美同功利目的完成割裂，则不免堕入形式主义的泥坑。

审美是范式的必然性。所谓必然性是指事物间一种必然联系的方式，指这一方存在另一方必然存在。审美必然性即主体面对审美对象必然产生审美快感。康德认为，必然性有两种。一种是客观的借助概念的必然性。认识领域的必然性就借助于知性概念。如人们面对着一株花，借助于知性概念就必然地认识到花是植物。作为实践领域的必然性则要借助于理性概念。如人们看到一个儿童落水，凭借着"救助受难者"的道德律令被某种义务驱使而跳入水中救助。但审美却不是这种凭借概念的客观的普遍性，而是借助于主观共同感受的主观的范式必然性。康德认为，所谓范式必然性就是"一切人对于一个判断的赞同的必然性，

---

① [德]康德：《判断力批判》上，宗白华译，商务印书馆1964年版，第146页。

这个判断便被视为我们所不能指明的一个普遍规则的适用例证"①。这就说明,范式必然性的特点是例证性。它是对于一个对象所进行的单称判断,而这个单称判断则包含着某种不能指明的普遍规则。这就是个别中包含着一般,已有艺术典型论的含义。而范式必然性的基础则是一种主观的共通感。康德对于这种主观共通感作了比较深入细致的分析。他认为,这种主观共通感就是审美的社会性。他说,主观共通感"靠拢着全人类理性"②,并指出,一个孤独地居住在荒岛之上的人决不会有对美的追求,不会去修饰自己和自己的茅舍,而"只在社会里他才想到,不仅做一个人,而且按照他的样式做一个文雅的人(文明的开始);因为作为一个文雅的人就是人们评赞一个这样的人,这人倾向于并且善于把他的情感传达于别人,他不满足于独自的欣赏而未能在社会里和别人共同感受"③。这就说明,审美的共通感是社会的产物,而且也只有这种普遍可传达的社会性才使审美愉快成为价值。他说:"诸感觉也只在它们能被普遍传达的范围内被认为有价值。"④

　　审美的心理基础是想象力与知性力的"自由的协调"。审美为什么作为单称判断但却具有普遍性呢?康德将其归结为人们都具有一种想象力与知性力自由协调的共同主观条件。这是一种主观的心理机能。康德认为,这种共同的心理机能就是审美的情感判断的"规定根据"。这种心理根据的探寻是康德论美的特

①[德]康德:《判断力批判》上,宗白华译,商务印书馆 1964 年版,第 75 页。
②[德]康德:《判断力批判》上,宗白华译,商务印书馆 1964 年版,第 138 页。
③[德]康德:《判断力批判》上,宗白华译,商务印书馆 1964 年版,第 141 页。
④[德]康德:《判断力批判》上,宗白华译,商务印书馆 1964 年版,第 142 页。

点之一,是其对于英国经验派美学在这一方面成果的继承和发展。康德在论述纯粹美、壮美(崇高)和艺术美的各个范畴时最后都归结到心理的根据。他将纯粹美的心理根据界定为"想象力与知性力的自由协调"。这里所谓想象力是指对于感觉表象的综合能力,即通常所说的形象思维能力。而知性力则指把想象力中的感性材料进一步综合起来的能力,即通常所说的合规律的思维能力。在通常情况下,二者是通过概念来协调的。也就是知性力通过概念对想象力中的感性表象加以综合。这就是知识认识、逻辑判断。但审美却是不通过概念的主观的协调,也就是通过主体的心理机能来协调。这就是审美不凭借概念但却合规律、具有普遍必然性的根本原因。

那么,主体如何凭借心理机能将想象力与知性力协调起来的呢? 康德认为,这是一种由想象力自由地唤起知性力的"自由的协调"。其具体含义有三:第一,想象力充分自由,处于主动地位,知性力服务于想象力。这就是我们通常所说的在形象思维过程中始终不离开具体可感的形象。第二,想象力不借助概念,但却趋向于某种概念;没有明确的规律,但却"暗合"某种规律,即形象思维中完全依据形象的自由发展而不以概念加以束缚,但形象却有自身发展的逻辑和规律。这一思想在我国古代文论中亦有相似的表述。例如,严羽在《沧浪诗话》中认为,诗歌创作中的理性和规律性是"不涉理路,不落言筌",好像"羚羊挂角,无迹可求"。第三,这种协调由于不凭借概念,因而不是知性认识范畴的作为因果律的"假定""将要",而是属于理性范畴的合目的性的"设想""期待"。这就是所谓"人同此心,心同此理",凡是我认为美的,同我具有相同心理机能的人也"应该"认为是美的。因而,这是一种"合目的性"的"自由的协调"。总之,康德认为,这种想象力与知性力的自由的协调就是产生审美愉快的根本原因。它不同于快感,快感没有知性力参加,因而是无规律性和普遍性的。康德认为,无规律性本身是违反目的的、不愉快的。例如,生理缺陷和不对称的建筑就不会引起人的审美愉快。对于大自然现象,也许刚刚接触会产生赏心悦目之感,但时间一长也会因其缺乏应存的规律而令人厌倦。当然,审美也不同于认识。因为认识运用的是概念手段,以知性力为主,想象力服从知性力并被其所束缚。这样,想象力就是不自由的,因而产生不了愉快的情感。

　　总之,康德在"美的分析"中所探讨的纯粹美就是一种纯形式的美。这种美在现实世界中是极其少见的。康德自己也认为,可以称为纯粹美的自然现象也只不过包括单纯的颜色、音调、建筑物上的框缘、壁纸上的簇叶饰、无标题的幻想曲等。现实世界中绝大多数事物或者以无规则的高大怪异形态出现,或者是同其本身的客观概念密切相联。这样,康德就不得不离开自己纯粹形式主义的道路而面对现实,于是提出了壮美(崇高)和艺术美的问题。

三

　　康德在对纯粹美作了一番分析之后,就过渡到对崇高的分析。他之所以要实行这样的过渡,其主要原因是在对纯粹美的判断中并未完全实现由自由到自然的过渡。因为,在纯粹美中,自然只有形式,毫无内容,重点仍在合目的性的自由。这样,他的哲学天平就未真正摆平。于是,就提出了崇高的判断。尽管在崇高的判断中,对象的内容亦是纯主观的,经过了"偷换"的途径,才由

主观移至客观,但毕竟还是有了内容。康德是在将崇高与审美的
比较中论述崇高的。他首先简要地论述了崇高与审美的相同之
处。他认为,崇高与审美一样都是自身令人愉快的,但又都是主
观的合目的性的愉快,既不同于快感而具有普遍必然性,又不同
于认识而只是形式的合目的性。但他还是把主要的力量放在对
崇高与审美的区别的论述之上。他从对象、种类、心理状态和根
源四个方面论述了这种区别。

　　审美的对象在形式,崇高的对象是"无形式"。康德认为,审
美是一种形式的合目的性,即审美对象的形式符合了想象力与知
性力协调的心理机能从而引起愉快。这就是说,尽管审美的对象
是一种纯形式,但却要符合某种不明确的规律,受到这种不明确
的规律的限制。这就使审美对象都要在不同程度上具有某种对
称、比例、节奏等形式美的规律。因此,审美对象都是有限度的,
人们凭借自然的感官是完全能够把握的,可以通过视觉观其外
形、色彩,通过听觉听其音响、节奏。但崇高的对象却与此不同,
而是一种"无形式"。所谓"无形式",就是一种不符合任何形式美
规律的形式。也就是说,这也是一种形式,而不是实在。既不是
以其物质的实在给人以真正的感性威胁,也不是以其意义的实在
给人以理论的认识。当然,这种"无形式"本身并不符合目的,而
只为唤起某种主观的目的提供一个外在的诱因,康德称之为"机
缘"。他认为,对于这种"无形式",人们凭借着感官是无法把握
的,也不能运用感性的尺度去衡量。它是一种"无限",即所谓"我
们对某物不仅称为大,而全部地,绝对地,在任何角度(超越一切
比较)称为大,这就是崇高"①。因为崇高的对象本身是无目的

---

① [德]康德:《判断力批判》上,宗白华译,商务印书馆 1964 年版,第 89 页。

的,不涉及概念的,所以,这种无限不包括艺术、雕塑、建筑和动物,而只是粗野的自然。其中又分两种情形。一种是数量上的无限。如茫茫星空,无边无际的大海,连绵不绝的崇山峻岭,等等。另一种是力量的无限。如好像要压倒人的悬崖陡壁,密布天空迸射出迅雷疾电的黑云,具有毁灭威力的火山,势可扫空一切的狂风,惊涛骇浪的大海,巨河投下的悬瀑,等等。康德认为,正因为崇高的对象是一种无限,所以对于崇高的判断和审美判断不同,总是和量结合着。也就是在崇高的判断中,着重对于对象进行量的鉴赏和把握。它的愉快产生于面对着无限大的对象而能够把握其整体。审美的判断则和质结合着。也就是说,在审美的判断中,着重对于对象进行性质方面的鉴赏和把握,从对象的形式符合某种不明确的规律而获得愉快。

审美是一种积极的愉快,崇高则是消极的愉快。康德认为,从愉快的种类来说,审美的愉快是一种"积极的愉快",而崇高的愉快则"更多地是惊叹或崇敬,这就可称作消极的快乐"①。所谓"积极的愉快"是一种直接引起的愉快,对人的生命起促进作用。它表现为主体与对象之间的一种吸引,主体的心情舒展愉快,犹如在游戏一般。因此,我们通常将这种美称为"优美"。而"消极的愉快"则是一种间接的愉快,以不愉快为媒介的愉快。它的表现是由于想象力承受不了对象的巨大压力,故而主体对于对象先是取推拒的态度,是一种痛感,生命力受阻。继而,因为借助于理性力量,战胜了对象,主体才对对象变推拒为吸引。从主体本身来说,也才由痛感到快感,从生命力受阻到生命力迸发洋溢。作为主体的状态,由于是由痛感到快感,因而不是轻松,而是严肃认

①[德]康德:《判断力批判》上,宗白华译,商务印书馆1964年版,第84页。

真的。所以,我们通常把崇高称为"壮美"。

审美的心理机能是想象力与知性力的协调,而崇高则是想象力与理性的对立。康德认为,在审美当中的心理状态是想象力与知性力的协调。这是因为,想象力能够把握对象的形式,因而在其自由的活动中同知性力相协调。但在崇高的判断中的心理状态却是想象力与理性的对立。这是由于崇高的对象是一种巨大的"无形式",因而压倒了想象力,使其难以继续,被夺去了自由。因此,所谓"对立"亦可理解成想象力与知性力的不一致,即通过想象力的无能为力而发现理性力量的无限能力。康德指出:"于是那自然对象的'大'——想象力在把它全部总括机能尽用在它上面而无结果——必然把自然概念引导到一个超感性的根基(作为自然和我们思维机能的基础)。这根基是超越一切感性尺度的大,因此它不仅使我们把这个对象,更多的是把那估计它时候的内心的情调评判为崇高。"①正因为在审美判断中是想象力与知性力的协调,所以其心境状态是平静安详,而崇高的判断却因其是想象力与理性的对立,所以其心境状态是一种激动、奋发、高扬。

崇高的愉快的根源完全在于主体的心灵。尽管康德在审美判断中将美的愉快的根源归之于适应主体心理机能的一种合目的性,但对象之中仍然保留着形式的因素。而在崇高的判断中,康德则连对象仅有的形式也完全抛掉,而将崇高的愉快完全归之于主体的心灵。他说:"真正的崇高只能在评判者的心情里寻找,不是在自然对象里。"②这就是,崇高的对象作为巨大的"无

---

① [德]康德:《判断力批判》上,宗白华译,商务印书馆 1964 年版,第 95 页。
② [德]康德:《判断力批判》上,宗白华译,商务印书馆 1964 年版,第 95 页。

形式"，不适合人的认识能力，想象力无法承受，形象思维的活动
被迫中止，而引导到超感性的理性领域。康德举例说，暴风浪中
的大海本身不能说就是崇高，而是可怕的。一个人只有在内心
里先装满大量观念，才能在观照时把内心的崇高激发出来。他
进一步认为，崇高产生于崇敬感对于恐惧感的战胜。所谓"恐惧
感"，它的产生是由于想象力凭借着生理的自然因素，无力适应
巨大的自然对象，也就是在量上较小的人体的自然因素战胜不
了在量上宏大的无限的对象。康德认为，如果老是恐惧就不可
能产生崇高的判断，就好像局限于生理快感的"偏爱"不能进行
美的判断一样。这样就必须借助于崇敬感才能战胜恐惧感。而
所谓崇敬感即是对人的理性力量的崇敬。这是一种以人的尊严
及道德精神力量为武器的自我保存方式，是区别于凭借着本能
的自然因素的另一种自我保存方式。它具有战胜恐惧感的足够
力量。康德认为，这种崇敬感战胜恐惧感的过程是一种净化和
升华的过程。所谓"净化"，是指在崇高的判断中丢弃了平常关
心的各种财产、健康和生命等感性因素的东西，不再受其支配，
因而摆脱了恐惧。而所谓"升华"，则是指崇高的判断将我们的
精神提到了理性的高度，使我们充分地看到人的理性力量是远
远地高出于自然的。康德还认为，这种崇高感产生的途径是一
种"偷换"（Subreption）。也就是将主体内心对人的理性的崇敬
通过"偷换"的途径移到自然对象之上。这样，表面上看是对于
对象的崇敬，而实质上是人对自己理性的崇敬。因此，崇高的
对象本身并不直接蕴含着崇高，反倒是同崇高感相对立，它只
能通过"偷换"，作为对于崇高的一种象征。这也是与审美不
同的。因为，在审美之中，对象本身就是符合形式美的规律。
康德在这里涉及了鉴赏中的"移情"问题，对后世影响很大，应

引起我们的注意。

　　对于崇高，尽管早在康德之前古罗马的朗吉铎斯、法国古典主义理论家布瓦洛和英国经验派美学家博克等人都曾作过论述，但他们或则局限于文章风格，或则只是建基于某些粗浅的感性经验之上。康德则吸收了他们关于崇高理论的合理成分，而将其提到一个新的理论高度，使之更加完备系统。他认为崇高的根源在于人的内在心灵的理性观念，这也说明他已经超脱美在纯形式的观点，而将美同作为善的形态的伦理道德联系了起来。在此，康德的美学思想已经有了发展。

四

　　康德整个美学体系以由美到善的过渡为其中心线索，实现了两个具体的过渡。一个是由美到崇高的过渡，一个是由纯粹美到依存美的过渡。所谓依存美，就是依存于一定的概念、具有内容意义的美。他认为，全部的艺术品和大部分自然美都属于依存美。十分有意思的是，尽管康德认为纯粹美最能体现其"无目的的合目的性"的命题，但他却将理想美归之于依存美。这说明他毕竟不能完全将美从现实世界中"净化"出来，由此出现了上述的两个过渡。在完成了这两个过渡之后，康德断言"美是道德的象征"①。这就真正使美成为真与善的中介。因此，依存美在康德的美学体系中占有重要的位置。而在依存美中，他主要论述的又是艺术美。

　　艺术美包含某种理性观念。康德认为，艺术同自然、艺术美

————————

① ［德］康德：《判断力批判》上，宗白华译，商务印书馆1964年版，第201页。

同自然美的最重要区别,是艺术美包含着某种理性观念。首先,艺术创作是一种以理性观念为基础的创造性活动,是有目的的"制作"。它既要在某种理性观念的指导之下,又要涉及对象的内容。但自然却与此相反,只是一种无目的、无意识的本能性的"动作"。因此,从成品来说,自然物是有果无因(目的)的"效果",而艺术品则是有果有因(目的)的"作品"。他举例说,蜜蜂的蜂巢尽管很合规则,但却只不过是蜜蜂的无目的的本能动作所产生的"效果",而沼泽地里发掘出来的远古人作为工具的削正的木头,看似粗糙,但却是包含着理性观念的艺术作品。另外,康德还划清了艺术美与自然美的界限,认为自然美只是事物本身美,而艺术美则是对事物所作的美的形象描绘。因此,应该将事物自身的性质与对事物的美的形象描绘区别开来,在美的形象描绘中已经包含了文艺家的理性观念,对事物作了某种程度的改造。由此,他认为,艺术显出它的优越性的地方就在于可以把自然中本来是丑或不愉快的事物描写得美。例如,复仇、疾病、战争的毁坏等坏事都可以作为文艺的题材,可对其进行美的形象描绘。但他认为,在变自然丑为艺术美方面有两种例外的情况。一种是令人作呕的现象不能使其由丑变美。因为,这种现象"逼迫着我们来容受"①,所以很难在艺术创作中将美的形象描绘与事物自身的性质分开。再一种情况就是,对于雕塑艺术来说,作为造型艺术很难将艺术与自然加以区别。所以,不能直接地表现丑恶的现象,而只能通过象征性的手法来表现。如古希腊雕塑中的死神、战神就是这样的象征艺术。康德认为,正因为艺术美须包含着理性观念,所以自然只有在像似艺术时才美。也就是说,作为自然美必

① [德]康德:《判断力批判》上,宗白华译,商务印书馆1964年版,第153页。

须在自然中见出艺术的自由,看出它的合规律性好像是在某种理性观念指导之下经过人工创造时,才显得美。康德对自然美的这一看法影响到黑格尔。黑格尔在《美学》中认为,自然美是对人的理性的一种"朦胧预感"。

艺术美是无明确目的的"自由的游戏"。康德认为,艺术美的最本质的特征是一种不受任何束缚的"自由的游戏"。这是康德关于艺术美理论的精髓之所在,贯穿于他的艺术美理论的始终。关于艺术美的这种不受任何束缚的"自由的游戏"的性质,他首先通过艺术创作与手工艺劳动的比较,认为艺术创作不同于手工艺劳动,在内容上不受对象存在的束缚。他认为,手工艺劳动是被迫的,本身是痛苦的,原因在于主体被劳动报酬所束缚。而这劳动报酬是由对象的数量来计算的,因而在手工艺劳动中主体被对象的存在所束缚。艺术创作则是一种"自由的游戏",它本身是愉快的、心情舒展的,犹如在游戏中一般。原因在于主体无任何束缚,对客体无实在的要求,只是一种观照。当然,艺术美与形式美都是对对象无实在要求的观照。但形式美只是对形式的观照,而艺术美不仅对形式而且也对内容,即对整个的形象都进行观照。康德在这里泛用"劳动"的概念,当然是片面的。因为,痛苦的强制的劳动只是剥削社会中"异化"了的劳动,而不是共产主义社会中作为人的第一需要的"劳动"。同时,完全将艺术与劳动对立起来,也就在实际上割裂了艺术与实践的关系。康德在这里强调的重点,是艺术不像劳动那样有明显的外在目的。正是在这个意义上,他将艺术称作"自由的游戏"。他还通过艺术与科学的比较,认为艺术创作不同于科学,在形式上不受对象概念的束缚。当然,康德在论述艺术与科学的区别时,将科学单纯地归结为知(死的书本知识),而将艺术归结为能(技能),这本身并不科学,无可取之处。但他在批判关于"美的科学"的概念时,倒是抓住了艺术与科学在思维形式上的区别,从另一个侧面揭示了艺术是"自由的游戏"的含义。康德说,"没有关于美的科学,只有关于美的评判;也没有美的科学,只有美的艺术。因为关于美的科学,在它里面就须科学地,这就是通过证明来指出,某一物是否可以被认为美。那么,对于美的判断将不是鉴赏判断,如果它隶属于科学的话。至于一个科学,若作为科学而被认为是美的话,它将是一个怪物"。① 这就说明,艺术作为审美的鉴赏判断,是以形象为形式的思维,而科学作为证明,则是以概念为形式的思维。在科学的判断中,主体受到概念的束缚,是有限制的。但在艺术创作的鉴赏判断中,主体不受对象概念的束缚,是自由的。这种自由性表现在形象不是蕴含一个概念内容,而是可以蕴含众多的丰富的内容。康德为了强调艺术创作的这种自由性,甚至断言"没有这自由就没有美的艺术,甚至于不可能有对于它正确评判的鉴赏"②。其理由在于自由是艺术的愉悦性的根源。康德认为,艺术必须产生审美快感和促进身体健康的娱乐性,这种审美快感和娱乐性就是来源于艺术创作中的自由。他说:"一切感觉的变化的自由的游戏(它们没有任何目的做根柢)使人快乐,因它促进着健康的感觉。"③这种审美快感和娱乐性产生的过程就是由精神的自由放松(想象力的自由驰骋)导致肉体的自由放松,推动内脏和横膈膜的和谐活动。他形象地举了一个谐谑的例子。一个印第安人在

---

① [德]康德:《判断力批判》上,宗白华译,商务印书馆1964年版,第150页。

② [德]康德:《判断力批判》上,宗白华译,商务印书馆1964年版,第203—204页。

③ [德]康德:《判断力批判》上,宗白华译,商务印书馆1964年版,第178页。

一个英国人的筵席上看到一个啤酒坛子打开时有许多泡沫喷出，于是惊呼不已。主人问他有何可惊之事，这个印第安人说，我并不是惊讶那些泡沫怎样出来的，而是惊讶它们当初是怎样被搞进去的。于是，人们听了大笑不已。产生这种愉悦的原因并不在人们的知性获得了什么知识，因为谐谑是同知性对立的。其原因是人们由紧张的期待到虚无，从而引起精神的放松（自由），并进而引起肉体的放松（自由）。正是通过这样的由精神到肉体放松的"自由的游戏"，才产生了愉快。康德认为，正因为艺术作为无明确目的的自由的游戏，所以艺术只有在像似自然时才显得美。这就是说，艺术的不受任何束缚的自由的特性，就具体地表现为一种像自然一样的"无目的性"。但艺术本身却又必须包含理性目的。因此，作为艺术来说，就是一种合目的与无目的、有意图与无意图、艺术与自然的不凭借概念的直接统一。正如康德所说，"所以美的艺术作品里的合目的性，尽管它也是有意图的，却须像似无意图的，这就是说，美的艺术须被看做是自然，尽管人们知道它是艺术"。①

艺术美是感性与理性高度统一的审美意象。"审美意象"，是康德关于艺术美的中心概念。所谓"意象"，即德文字"Idee"，又译"观念"。朱光潜先生借用中国古典美学中"意象"的概念翻译，似较贴切。"审美意象"类似于当代美学理论中艺术典型的概念。具体地说，"审美意象"就是理性观念的感性显现。他说："我所说的审美的意象是指想象力所形成的一种形象显现，它能引人想到很多的东西，却又不可能由任何明确的思想或概念把它充分表达出来，因此也没有语言能完全适合它，把它变成可以

---

① [德] 康德：《判断力批判》上，宗白华译，商务印书馆 1964 年版，第152页。

理解的。"①具体言之,其含义就是:第一,从内容上来说,审美意象包含着理性观念,但又不同于一般的理性观念。因为一般的理性观念都可借助概念表达,反而同感性的形象不吻合。而审美意象所包含的理性观念却是任何概念所无法表达、无法解说的。这就是说,它是一种不借助概念的不明确的理性观念。第二,这种不明确的理性观念只有借助于感性的形象来将自己显现出来,使其具有客观现实的外貌。康德认为,审美意象很重要,它能使艺术品具有"精神"与"灵魂",也就是使艺术品具有艺术的魅力、感染力和吸引力。他说,有些艺术品,符合美的规律,找不出什么毛病,但却没有精神,不具备艺术魅力,就好像一个妇女,俊俏、健谈、规矩,但缺乏内在的吸引人的力量。而这种艺术的魅力、感染力和吸引力正是审美意象所特有的。因为,审美意象的理性观念的感性显现,使理性与感性处于自由的和谐统一之中。而这种自由的和谐统一就正是产生审美愉快,即艺术魅力的根源。康德认为,这种具有极大艺术魅力的审美意象就是一种经由理性观念改造的"第二自然"。他说:"想象力(作为创造性的认识功能)有很强大的力量,去根据现实自然所提供的材料,创造出仿佛是一种第二自然。"②这个"第二自然"所依据的是现实自然所提供的材料,其外在形式是保持现实自然的本来面目,看上去似乎同自然一样是无目的、无理性的,而其实质则是使理念"获得在自然中所

---

① 转引自朱光潜《西方美学史》下卷,人民文学出版社 1963 年版,第399 页。

② 转引自朱光潜《西方美学史》下卷,人民文学出版社 1963 年版,第399 页。

找不到的那样完满的感性显现"①。这就在一定程度上揭示了艺术美与自然美的关系,说明自然美是艺术美的根据,艺术美不脱离现实自然的外在形式,但艺术美中渗透着理性观念的内容,同自然相比是"最高度"的范本、理性观念的"完满的感性显现"。虽然康德总的美学思想中形式主义色彩浓厚,但在这个问题上却对其形式主义的弊病有所补救,并在一定程度上纠正了理性派过分重视艺术美、感性派过分重视自然美的偏颇。康德还认为,审美意象具有一种寓无限于有限的特征。他说,"在一个表象里的思想(这本是属于一个对象的概念里的),大大地多过于在这表象里所能把握和明白理解的"。② 这里所说的"思想"是指表象(形象)本身所包含的理性内容,而"所能把握和明白理解的"则指读者或观众在鉴赏中所能把握和明白理解的思想。这就是我们通常所说的"形象大于思想""言有尽而意无穷""意在言外""咫尺之图写千里之景""以一当十"等等。为什么会这样呢? 原因之一是,审美意象作为理性观念与感性形式高度统一的"形象显现"。这实际上就是无限的理性内容与有限的感性形式的高度统一,寓无限于有限。原因之二是,在创作中经过了艺术典型化的提炼过程。也就是运用想象力的自由驰骋,在可能表达某种理性内容的无数杂多形式中选出了一个能够最完满地显现理性观念的形式,从而使人们可从这一个形式"联系到许多不能完全用语言来表达的深广思致"③。当然,康德在这里所说的"选出"并未真正揭示艺术典型化的内在本质。这一任务则将由黑格尔来承担。原因之三

① 转引自朱光潜《西方美学史》下卷,人民文学出版社 1963 年版,第 400 页。
② [德]康德:《判断力批判》上,宗白华译,商务印书馆 1964 年版,第 161 页。
③ 转引自朱光潜《西方美学史》下卷,人民文学出版社 1963 年版,第 401 页。

是，从鉴赏的角度看，由于审美意象是具体、感性的个别形象，这就给人以充分发挥想象力和补充的余地。因为，如果面对着概念，主体的思维就受其局限，没有发挥驰骋的余地。而只有面对着形象，思维才不受束缚，才有可能浮想联翩，并通过自己的想象补充形象间的空白，最后引导到无限广阔的理性领域。为了说明审美意象的这种寓无限于有限的特点，康德举了古代神话中天帝的例子。古代神话中天帝的威严不是通过概念直说，而是通过手中的鸷鸟与其爪上的闪电来显现。这就不仅可使人想到其赫赫威严，亦可使人想到其残暴，以及其他……

　　艺术美所凭借的心理机能是"创造的想象力"。康德认为，艺术美所凭借的心理机能不同于对形式美的鉴赏所凭借的心理机能。形式美的鉴赏所凭借的心理机能是一种"复现的想象力"，这种"复现的想象力"就是想象力与知性力的协调，完全依据经验进行联想、类比，把自然界的外形的印象复现出来，使其同原物类同。例如，我们可用红云比喻盛开的红梅，用伞盖比喻亭亭青松。而"创造的想象力"则是根据理性的更高原则去进行联想、类比，将自然界所给予我们的印象加以改造。例如，我们可用革命者谦逊的品格喻梅、以高洁坚贞的志向喻松等。这种"创造的想象力"就是想象力与理性力的自由协调。它同形式美鉴赏中想象力与知性力的协调一样，是以想象力为主的凭借形象的思维。但它又不同于形式美的鉴赏，而是一种包含着理性观念的"形象显现"。康德认为，艺术创造"不基于概念而基于形象显现，而形象显现的功能就是想象力"①。所谓"形象显现"就是感性与理性、形象与思想的高度融合，而不是简单地相加。我国唐代的司空图在《诗

----

①转引自朱光潜《西方美学史》下卷，人民文学出版社 1963 年版，第 395 页。

品》中将这种形象与思想的融合表述为"不著一字,尽得风流。语
不涉己,若不堪忧",说明"形象显现"完全凭借形象,绝不涉及概
念,丝毫不露痕迹,但却包含了不尽的深意。例如,李白诗《黄鹤
楼送孟浩然之广陵》:"故人西辞黄鹤楼,烟花三月下扬州。孤帆
远影碧空尽,惟见长江天际流。"这首诗为我们勾画了一幅昂首东
望的抒情主人公的图画,整首诗未曾有一个"别"字,但却充满着
依依惜别之情。这个"别情"就是所谓"象外之象""景外之景",正
是创造的想象力的独到之处。

美的艺术必然要作为天才的艺术来考察。康德认为,只有天
才具备创造的想象力。这就必然地由艺术创造问题过渡到天才
问题。在西方美学史上,关于天才的理论始终笼罩着神秘主义
的迷雾。从柏拉图开始,许多理论家都把天才归之于"灵感""神
启"。但康德却与此相反,他认为,天才是文艺家所独具的创造能
力,是一种先天的心灵禀赋。这种先天的心灵禀赋就是创造的想
象力,是与生俱来的,同人的生理因素一样是身体结构的一部分。
因而,是"主体的自然本性",属于"自然"的范畴。苏联的阿斯穆
斯在《康德论艺术中的天才》一文中将此处的"自然"解释为"理性
所认识的世界"[①]。这是不符合康德的原意的,也不符合他对"自
然"的习惯用法。康德甚至进一步认为,通过天才,自然给艺术制
定法规。因为,在他看来,艺术必须具有某种普遍可传达的规则
性,但这种规则性又不能来自客观的概念,所以是一种不凭借概
念的不明确的规则。这种不明确的规则性就只能来自天才所独
具的主体的创造想象力的心理机能。康德认为,这种心理机能是

---

①[苏]B.阿斯穆斯:《康德论艺术创作中的"天才"》,《现代文艺理论译丛》第
　　6辑,人民文学出版社1964年版,第200页。

属于"自然"范畴的。正是在这样的意义上,康德才断言"通过它自然给艺术制定法规"①。通俗地解释,就是艺术的不明确的法规不是来自客观的概念,而是来自主体的创造的想象力的自然本性。关于天才的特征,康德在《判断力批判》的第四十六节和第四十九节中分别归纳为四个规定性。前者侧重于无目的的独创性,后者则侧重于合目的的典范性。但归纳起来却是两者的统一。康德说,"天才就是:一个主体在他的认识诸机能的自由运用里表现着他的天赋才能的典范式的独创性"②。这就是说,他认为,天才是以主体的创造想象力的心理机能为根据的独创性与典范性的统一。首先是天才具备某种无目的的独创性。这是天才的第一特性和构成天才品质的本质部分。这种独创性就意味着,天才所创造出来的作品是独一无二的,不符合任何客观规则的,具有一种不受任何束缚的自由性。具体地来说,艺术天才的这种独创性就和科学家的才能区别了开来。康德认为,艺术天才的这种独创性使其具有一种不能明确传达的特征。天才不能对自己的创作过程进行描述证明,不能提供明确的规范传达给别人。因而常常人亡艺绝,只好让新的天才去重新受之于天。而科学家却可规定自己的创作道路,让别人追随学习。他举例说,大科学家牛顿就可将自己的知识传授给别人,但古希腊诗人荷马却无法为后人提供学习的规范。从学习掌握的角度来说,天才是先天具备的,在诞生时由守护神指导而产生,但科学知识则靠后天学习。从成果来说,天才的产品也不同于科学。科学成果作为范本让人摹

---

① ［德］康德:《判断力批判》上,宗白华译,商务印书馆 1964 年版,第 152—153 页。

② ［德］康德:《判断力批判》上,宗白华译,商务印书馆 1964 年版,第 164 页。

仿,而天才的作品则只是作为导引工具性的范例来唤醒、启发、引导另一天才。其次,天才具备着合目的的典范性。但这只是艺术的典范性,而不是科学的典范性。它只存在于具体的艺术形象之中,而不存在于概念与法规之中,是一种无明确规则的规则。康德认为,这种典范性也是十分重要的,它是对于天才的陶冶和训练。这就好像是驯马和悍马的区别。如果缺乏典范性就不成其为艺术作品,而只能是偶然性的自然事物。正因为艺术天才的典范性是不凭借概念的,因而只能凭借主体的心理机能,也就是凭借创造的想象力。这种"创造的想象力"是艺术天才所共有的,是"大自然给他的心灵能力装备了一个类似的比例"①。因而,艺术创作能够遵循某种普遍的美的规律。

五

　　综上所述,康德的美学理论是系统而深刻的,对整个欧洲美学理论发展的贡献是十分巨大的。

　　首先,他为美学开辟了崭新的"情感领域"。在欧洲美学史上,长期以来美学并未形成自己独立的研究领域。理性派将其同哲学、伦理学混同,而经验派则将其同生理学等自然科学混同。虽然鲍姆嘉登于1750年首次提出"美学"(Aesthetica)的概念,但他只是把美归之于感性认识的完满性,还是属于哲学的领域。只有康德才独辟蹊径,第一次提出"主观的目的性"的概念,明确指出美是不同于真与善的主体的愉快。因为真与善是凭借对象的客观概念,美却凭借对于主体心理机能的适应。而这种因适应主

---

① [德]康德:《判断力批判》上,宗白华译,商务印书馆1964年版,第155页。

体的心理机能引起的愉快就是一种特有的不同于"知"和"意"的"情"。这个"情"是对个别的客观的感性对象的情感评价，因而具有"真"的特点：而这种情感评价是具有社会的伦理意义的，不是个人的偶然的，因而也具有"善"的特点。由此，使美学成为介于科学与伦理学之间的情感的领域，成为沟通两者的桥梁。这样，就将真善美统一了起来，既使康德完成了自己的哲学体系，又在美学史上第一次为美学开辟了独立的研究领域。马克思在《〈政治经济学批判〉导言》中指出，"整体，当它在头脑中作为被思维的整体而出现时，是思维着的头脑的产物，这个头脑用它所专有的方式掌握世界，而这种方式是不同于对世界的艺术的、宗教的、实践—精神的掌握的"。① 我认为，这里所说的艺术的掌握世界的方式就是从情感的角度掌握世界的方式，正是马克思对康德美学批判地继承的成果。

其次，康德还奠定了美学研究中感性与理性统一的正确道路。在欧洲美学史上，长期以来，理性派强调的是"合目的性"的理性，而经验派则强调"无目的性"的感性，各执一端，争论不休。康德则试图对这互相对立而又带有某种合理性的二律背反加以解决，于是提出了"无目的的合目的性"的著名命题。这里所谓的"无目的性"，即指审美的感性特征，而所谓"合目的性"，则指审美的理性因素。这两者的统一才是美学研究的正确道路。这一道路摆脱了过去美学研究中形而上学倾向的束缚，而包含着辩证法的合理内涵，为整个德国古典美学，特别是黑格尔的美学研究指明了正确的方法，也同马克思主义美学理论的辩证方法有直接的渊源关系。

----

① 《马克思恩格斯选集》第 2 卷，人民出版社 1972 年版，第 104 页。

康德美学中关于"美在自由"的观点,不仅具有反映新兴资产阶级政治要求的现实意义,而且具有极高的理论价值。因其揭示了美由不经任何束缚的自由导致情感愉悦的特性。黑格尔关于美在理性与感性直接统一的观点和马克思关于在"异化"的劳动中不可能产生美的观点都同这种美在自由的理论有关。

再就是,康德在其美学理论中赋予了一系列美学概念以比较贴切的含义。康德的美学理论包含着一系列的概念,他对其中的许多概念所赋予的含义较为贴切,成为后世美学家研究同类问题的基础和出发点。例如,康德关于壮美(崇高)的论述,首次将自然现象引入壮美领域,并将其归之于崇敬感对恐惧感的战胜、想象力与理性的对立。这都是十分深刻的。其关于艺术美是理性观念的感性显现的定义,则直接为黑格尔所继承,并同我们今天有关艺术典型的概念相接近。他的关于艺术是"第二自然"、艺术只有在貌似自然而自然只有在貌似艺术时才美的观点,也较准确地揭示了自然美与艺术美的关系。总之,康德所提出的许多美学概念尽管十分晦涩,但的确值得我们反复咀嚼,体会其中的深义。

另外,康德在美学研究中较准确地抓住了艺术思维的心理特征。他的论美有一个特点,就是最后都要探究其心理根源。他的关于纯粹美是想象力与知性力的自由协调、艺术美是想象力与理性的自由协调,以及壮美是想象力与理性的对立、崇敬感对恐惧感的战胜等论述,都较细致深刻地涉及艺术思维的心理特征。这些论述尽管不够全面,带有猜测的性质,但对文艺心理学这一综合学科的发展具有推进作用。

还有一点应该引起我们注意的就是,康德的美学思想较充分地揭露了审美过程中一系列矛盾现象,如无目的与合目的、感性与理性、个别与普遍、无概念与趋向于概念、客观与主观、形象与理念、自然与艺术等。他尽管在最后以无法解决的二律背反作结，但却对后人极富启发，为美学研究中正确地解释各种繁难而复杂的美学现象提供了丰富的思想资料。

当然，康德美学思想也不可避免地有其局限性。最主要的局限就是主观唯心主义的理论内核。康德对于感性与理性、客体与主体、个别与普遍、无目的与合目的等二律背反的解决统统是以其主观唯心主义为出发点，亦即把它们统一于主观，最后归之于信仰领域的理性。这不仅不能给上述矛盾以科学的解决，而且也是完全违背客观现实的极大谬说。另外，康德美学中的形式主义的非理性的倾向也对后世各种颓废反动的美学流派以直接的影响。尽管康德的整个美学理论经历了由美到壮美及由纯粹美到依存美的过渡，他也曾明确认为美是道德的象征。但他对于纯粹美的分析确实具有露骨的形式主义倾向和排斥任何客观规律的非理性的色彩。因而，后来有人把康德美学归之于形式主义美学，这尽管不太全面，但也不无道理。康德在"美的分析"部分论述到真、善、美之间的关系时，尽管较好地阐述了它们的区别，但却相对地抹杀了它们之间的联系，过分地强调纯粹美不涉及任何道德内容和客观存在的内容，这就不免把审美活动与认识活动、道德活动割裂了开来，从而阉割了艺术的认识作用和道德教育作用。虽然他在后面的壮美与艺术美的论述中补救了这一缺陷，终于完成了真、善、美的统一。但上述割裂真、善、美的坏的影响在美学史上也是存在的。这也说明了他的美学体系本身具有极大的矛盾性。例如，前面提到，他在"美的分析"中将真、善、美有所割裂，但在后面的论述中却又将三者统一。再如，他的"无目的的合目的性"的中心命题本身的含义在形式美、壮美和艺术美中均不相同，经历了由纯形式到美是道德的象征的重大变化，而且，在论述上也多有重复。这一切都给后人的学习、研究增加了困难。

尽管如此,康德仍不失为一位极其重要的美学家,将他称作欧洲近代美学的奠基者和开山祖师是一点也不过分的。我国著名美学家李泽厚同志在其《批判哲学的批判》一书中认为,康德的美学著作《判断力批判》在欧洲近代美学史上的显赫地位胜过于黑格尔。李泽厚同志的结论是否正确还可以讨论,但康德美学的极端重要性却是不容怀疑的。因此,对于康德的珍贵的美学遗产进行介绍和研究是我们义不容辞的责任。

黑格尔美学初探

黑格尔(1770—1831)，人类历史上最伟大的理论家之一，德国古典美学的集大成者。他的美学思想是马克思主义之前美学研究的最高成就。其最重要的特点是把辩证法全面地运用于美学研究之中，使康德美学中没有真正得到统一的感性与理性两个方面，通过广泛的联系和深刻的矛盾冲突得到了唯心主义的统一。这就为揭示美与艺术的本质跨出了关键的一步。由于黑格尔的美学思想处处闪耀着辩证法的光辉，具有巨大的逻辑力量，因而在逻辑性、系统性和科学性上也超过了以往任何美学家。正因为如此，马克思主义美学与黑格尔美学在许多方面有着更直接的渊源关系。可以说，马克思主义美学在一定程度上就是对黑格尔美学进行唯物主义根本改造的成果。因此，要研究马克思主义美学，首先必须研究黑格尔美学，舍此别无他途。

一

黑格尔在他的《美学》第一卷，开宗明义地将他的美学叫作"艺术哲学"，并宣称美学是哲学的一个部门。这就说明，黑格尔是从哲学的角度来研究美学的。他研究美学的一个重要目的，就是为了完成自己的哲学体系。因此，要掌握黑格尔的美学思想，首先要掌握他的美学思想的哲学根据。当然,黑格尔美学研究中的哲学思想是极其丰富的,并贯穿于整个的理论体系。这里,我们只能介绍他的美学研究中几个最基本的哲学根据。

黑格尔是一个客观唯心主义的理念论者。他认为,世界上一切的物质现象、精神现象都是绝对理念发展的不同阶段,美就是其中的一个阶段。他认为,绝对理念是世界的本原,是一种外在于人的主观理念的客观的理念。整个世界都是绝对理念自我发展、自我认识的结果。任何事物或现象都是绝对理念在其一定发展阶段的表现,美就是绝对理念在艺术阶段的表现。

在黑格尔看来,绝对理念的自我发展经历了逻辑、自然、精神三大阶段。在逻辑阶段,绝对理念处于纯概念的发展。到自然阶段,绝对理念就异化为外在的自然物,诸如无机物、有机物、植物、动物等等。到精神阶段,绝对理念重又回到精神、意识、思维的状态。在这个阶段,绝对理念又经历了主观精神(个人意识)、客观精神(社会意识)和绝对精神三个阶段。在绝对精神阶段又分艺术、宗教、哲学三个具体阶段。

由上述可知,黑格尔美学思想的出发点不是客观的物质现象与美学现象,而是绝对理念。他的美学研究的主要目的也是为了完成其哲学体系。美在黑格尔包罗万象的哲学体系中只是其无数阶段的一个阶段,无数链条的一个链条。而且,从其哲学体系看,美只是其绝对精神阶段的一个环节,属于精神、意识的范围,因而,只有艺术才是美的,自然界根本不可能有美。

上面,我们简述了黑格尔美学研究的哲学前提,说明了他的美学研究的客观唯心主义的哲学基础,以及美学在其整个哲学体系中的地位。但这只是黑格尔美学研究的主要哲学根据之一,还有另外一方面的哲学根据。那就是前已谈到的,他的美学思想的根本特点是把辩证法全面地运用于美学研究。这是黑格尔美学思想最重要的特色,也是其最主要的成就。为了便于领会黑格尔的构造庞大而严密的美学体系,我们首先必须掌握黑格尔把美看作辩证发展的过程的思想。

首先,他认为,艺术美的发展动力不在外部,而在其自身感性与理性的对立统一。黑格尔认为,任何事物都不是静止的,而是发展的,事物发展的动力不在外部,而在事物自身内部的矛盾性,即"自身分裂""对立面的统一"。正是通过这样的内部的矛盾性,才使事物运动、发展和转化。同样,他认为,艺术美也不是静止的,而是发展的,其动力即在于内部感性与理性的矛盾。因而,艺术美的发展过程即是不断地克服感性与理性的矛盾,使其得到统一的过程。这是黑格尔美学思想的出发点,也是其美学思想的精髓。由这种对立统一的矛盾观出发,就使其美学思想同形而上学的静止论和孤立论划清了界限。这就使其美学思想中的感性不仅是感性,可以同时是理性,形象不仅是形象,可以同时是思维,有限不仅是有限,可以同时是无限。

其次,艺术美发展的途径是正、反、合的辩证的三段式。黑格尔认为,任何事物辩证发展的途径都是由自身肯定的正,到对立面矛盾斗争的反,再到对立面统一的合,这样的正、反、合辩证发展的三段式。这也就是肯定、否定、否定之否定的三段式。黑格尔的美学体系就是按照这样的三段式构造而成。作为美,则是经历了概念、自然美、艺术美的三段式。艺术美则经历了艺术美的概念、艺术形象、艺术家的三段式。艺术形象又经历了一般世界情况、动作、性格的三段式。以上,也就是黑格尔论美的纲要。

最后,艺术美的发展过程在内容上是由抽象到具体的逐步深化。黑格尔这里所说的具体与抽象的概念不是通常意义上的物质与意识,而是指属于意识范畴的概念的规定性不断深化的过程。黑格尔认为,任何概念的发展都经历了由简单到复杂、抽象到具体的过程。因为,任何概念都包含着肯定、否定两个方面,否定克服肯定,进入否定阶段。而否定阶段则是对原有概念的既克服又保留。只有通过否定,旧的概念才能转化为新的概念。而在这新的概念中则包含了前一概念的合理内涵。这样,通过否定阶段,概念才能不断地由浅入深,由抽象到具体地发展。由此说明,概念发展的由抽象到具体的关键在于否定阶段。黑格尔认为,艺术美的发展也是这样经由否定而达到从抽象到具体的过程。其中,关键的环节就是动作(冲突),只有通过动作,性格的内涵才能丰富,才有立体感、层次感,才能成为真正理想(美)的性格。因此,黑格尔的美学思想是十分重视动作的,认为动作就是艺术美发展的否定阶段,是感性与理性统一的关键性环节。我们学习黑格尔的美学思想,要首先抓住他的矛盾冲突说,这样才抓住了他的美学思想的核心内容,才能理解其美学思想的真谛。

二

作为一个空前的大理论家,黑格尔是十分重视研究的方法的。他成功的奥秘也就在于他掌握并运用了辩证发展的方法。在美学研究中,他也是十分重视方法的。他的《美学》的绪论,主要就是讲方法问题。他在总结前人研究方法的基础上,明确地提出了"经验观点和理念观点的统一"的辩证方法。

美学(Aesthetica),这个名称尽管只在1750年由德国美学家鲍姆嘉登首次运用,但美学的研究却古已有之。从古以来,在美学的研究上,黑格尔认为无非有三种方法,他均给予了认真而深刻的总结。

一种是所谓从经验出发的方法。这种方法主张从感性的经验开始，以此为出发点来进行美学的研究。这种方法最早的代表人物是古希腊的亚里士多德，他提出了著名的"摹仿说"。这个"摹仿说"在美学史上影响很大，但黑格尔却对其进行了否定。他认为，"摹仿说"有以下四点弊病：第一，这是一种多余的费力。因为，摹仿要求艺术同现实生活一样，但每个人都亲眼目睹现实生活，所以摹仿就成为不必要。而且，生活是无比丰富多样的，艺术永远不能同生活相比、同生活竞争。如果要同现实生活竞争，就犹如一只小虫爬着去追大象。第二，从摹仿所产生的乐趣来看，因为摹仿是纯然对现实的仿制，所以乐趣有限。只有经过自己创造的事物，才会对人有更大的乐趣。第三，从摹仿所造成的结果看，必然导致否定对象的美。因为它重在摹仿的是否正确，而不重视对象的美。第四，"摹仿说"不是对于每种艺术类型都适用，因而具有极大的片面性。因为，图画和雕刻着重于再现，可以说是对现实的摹仿，但建筑和诗却重在感情的表现，就不能完全说是摹仿。总之，黑格尔认为，"摹仿说"只注重客观感性因素不注意主观理性因素，因而是不全面的。他认为，尽管自然现实的外在形态是艺术的一个基本因素，但决不能忽视主观理性的因素，不能把"逼肖自然"作为艺术的标准，也不能把对于外在现象的单纯摹仿作为艺术创作的目的。

黑格尔认为，这种主张从经验出发进行美学研究的人，在创作上必然主张艺术是天才与灵感的产物，将艺术创作归结到非自觉性，而完全否定艺术创作的自觉性。这种看法也是片面的。因为在艺术创作和艺术才能中尽管包含有自然的因素，但还同时包含着理性的因素，需要思考、创作的技巧和探索内心世界所必须的学习。

第二种是从理念出发的方法。这就是从逻辑或概念的分析出发，着重于理性、普遍性的方面，忽视个别、感性的因素。第一个系统地持有这种看法的，就是古希腊的柏拉图。他主张从美的理念及美本身出发来进行研究。黑格尔认为，这种方法太抽象空洞，一方面不能具体地解决美究竟是什么的基本理论问题，同时也不能适应资本主义时代的人们对美的丰富的哲学要求。

第三种是德国古典美学的方法。黑格尔认为，以康德为开端的德国古典美学打破了美学史上从经验出发或从理念出发的老传统，开创了经验与理念统一的崭新的辩证的研究方法。康德提出了"无目的的合目的性"的命题，首次将感性与理性在美学研究中统一了起来。黑格尔认为，这已经很接近辩证的方法，但康德的问题在于只看到这种统一存在于主观世界之中，而否定其客观性，这是不全面的。而席勒的大功劳就在于克服了感性与理性统一的主观性与抽象性，敢于设法超越这些界限，把统一与和解作为真实来了解，并且在艺术上实现这种统一与和解。黑格尔表示，他要在上述理论的基础上，去探求"对必然与自由、特殊与普遍、感性与理性等对立面的真正统一，得到更高的了解"①。

黑格尔探求的结果就是认为应当继承和发展这一"经验观点与理念观点的统一"的方法。他认为，这是一种辩证的科学的方法，是对艺术创作活动中感性与理性直接统一的特点的深刻概括。首先，从人类通过"实践"自我认识的本性来看，艺术创作是感性与理性的直接统一。黑格尔作为资产阶级的人文主义者，认为既然艺术创作和艺术描写的中心都是人，那么艺术创作中感性

①［德］黑格尔：《美学》第1卷，朱光潜译，商务印书馆1981年版，第76页。

与理性统一就完全是由人的本性决定。他认为，人既同动物一样是自在的，又不同于动物是自为的。所谓"自为"，就是指自觉性，人能够意识到自己的愿望、意志。这种自我认识的方式有两种。一种是通过认识活动，再一种就是通过实践活动达到对自己的认识。他说："有生命的个体一方面固然离开身外世界而独立，另一方面却把外在世界变成为它自己而存在的：它达到这个目的，一部分是通过认识，即通过视觉等，一部分是通过实践，使外在事物服从自己，利用它们，吸收它们来营养自己，因此经常地在它的另一体里再现自己。"①这就是说，人通过实践在外在事物上面刻下自己的烙印，消除同外在事物的隔阂，"人把他的环境人化了"②，这样，就可以在外在事物之上来欣赏自己。为此，他举了著名的小孩投石河中自我欣赏圆圈的例子。这就说明，人在实践中一方面把外在世界化成自己的思想，另一方面又把自己的思想实现于外在世界，于是为自己也为旁人造成了观照和认识的对象，并借以满足心灵自由认识的需要。因此，艺术品作为创作实践的产物就不仅是自然的、感性的、现象的，而且也是人化的、理性的。总之，是感性与理性的统一。

　　其次，从艺术创作中人与对象的关系来看，也要求感性与理性的统一。在艺术创作中，人与对象不是纯粹感性的欲望的关系。因为，在这种感性的欲望关系中，人以感性的个别事物的身份，对待也是感性的个别事物的外在对象，利用它们、吃掉它们、牺牲它们来满足自己。这时，欲望所需要的不仅是对象的外形，而且还有具体存在。因此，欲望的冲动就是要消灭外在事物的自

---

①［德］黑格尔：《美学》第1卷，朱光潜译，商务印书馆1981年版，第159页。
②［德］黑格尔：《美学》第1卷，朱光潜译，商务印书馆1981年版，第326页。

由,而主体由于被欲望束缚,所以也不自由。人在创作中同对象的关系不是这种欲望的关系,人让对象在艺术作品中自由地存在,它尽管是感性的,但只有感性的形式,却没有感性的具体实在,是没有自然生命的。同时,人在创作中对于对象也只是静观,是没有感性的欲望冲动的,因此也是自由的。

同时,在艺术创作中人同对象也不是科学的理智的关系。因为,在艺术活动中,人对对象的个体性感兴趣,不像科学活动那样将个别转化为普遍的思想和概念。

总之,在艺术创作中人与对象的关系既不是感性的欲望关系,又不是科学的理智关系,而是感性与理性的统一。

最后,从艺术家的创作活动来看,也是感性与理性的统一。黑格尔认为,艺术创作活动必须包含心灵的因素,但同时又具有感性和直接性。由于包含心灵的理性的因素,因此不是无意识的机械工作。也由于具有感性和直接性,因此不是抽象的思想。总之,"在艺术创造里,心灵的方面和感性的方面必须统一起来"①。他认为,决不能把这种统一拆散为两种分立的活动。为此,他举例说,在诗的创作中,人们可把所要表现的材料先按散文的方式想好,然后在这上面附加上一些意象和韵脚,结果这些意象就像是挂在抽象思想上的一些装饰品。

以上是从总的方面谈艺术家创作的理性与感性统一的特点。具体地说,艺术创作活动就是艺术想象活动。但艺术的想象不是一般的想象。一般的想象只是对个别事物的追忆,而不能把事物的普遍性显示出来。艺术想象是创造的想象,"它用图画般的明确的感性表象去了解和创造观念和形象,显示出人类的最深刻最

①[德]黑格尔:《美学》第1卷,朱光潜译,商务印书馆1981年版,第49页。

普遍的旨趣"①。因此，艺术的想象也是感性与理性的统一。

三

黑格尔认为："美因此可以下这样的定义：美就是理念的感性显现。"②这一关于"美就是理念的感性显现"的定义就是黑格尔的辩证的美学观的出发点。这个定义看似简单，而其实则含有丰富的哲学内容。

首先，这里所说的"理念"不同于历史上柏拉图的空洞抽象的理念。柏拉图尽管也主张"美即理念"，但他的理念是超验的、静止的，在九天之上的神的境界放着光芒。黑格尔的美的理念也不同于当时《意大利研究》一书的作者吕莫尔所说的"抽象的无个性的理想"。黑格尔的美的理念是具体的、发展的。所谓具体，就是在他的理论中，理念既作为世界的本原，又渗透于具体事物之中，并在不同的事物中有不同的内涵。因为，黑格尔认为，理念就是"概念与实在的统一"，而不同的事物中则有不同的统一。所谓发展，即指他的理念处于由抽象到具体的自发展、自认识之中，因而有不同的阶段。美的理念即属于艺术阶段的理念。他说，"在为艺术美既不是逻辑的理念，即自发展为思维的单纯因素的那种绝对观念，也不是自然的理念，而是属于心灵领域的"，同宗教、哲学属于同一领域的不同阶段③。这时的理念既符合理念的本质又

---

① ［德］黑格尔：《美学》第 1 卷，朱光潜译，商务印书馆 1981 年版，第 50—51 页。
② ［德］黑格尔：《美学》第 1 卷，朱光潜译，商务印书馆 1981 年版，第 142 页。
③ ［德］黑格尔：《美学》第 1 卷，朱光潜译，商务印书馆 1981 年版，第 120—
　　121 页。

表现为具体形象,黑格尔把它叫作"理想"(Ideal)。这里所谓"理想",类似典型,但比典型的含义更宽泛,包括了整个艺术美。由此可知,黑格尔的"美即理念"具体指感性显现阶段的理念。

所谓"显现",从字面上讲同"存在"是对立的,带有"现外形"的意思,是指美的事物只取其外在形象不取其实际存在。例如,图画中的马,只是马的外形,而不是真正能骑的马。我们再进一步看其内在的含义。所谓"理念的感性显现",就是理念与感性的直接统一、互相渗透、融为整体。他说,"艺术的内容就是理念,艺术的形式就是诉诸感官的形象。艺术要把这两方面调和成为一种自由的统一的整体"。① 在这里,黑格尔明确地提出了艺术的"整体说"。这是辩证的艺术思想的集中表现,贯穿于整个美学体系,具有重要的理论价值。而理念与感性直接统一为整体的具体含义,即感性的理性化与理性的感性化的统一。所谓理性的感性化就是理性完全通过感性的形式表现,而不通过概念的形式。这就将艺术与哲学划清了界限。所谓感性的理性化,则是感性只作为理念的外形,成为观念性的因素,完全丢掉其实际存在,进而丢掉一切外在于理性的感性因素,使感性形象的每一部分都成为理念的显现。为此,他借用俗话所说的"眼睛是灵魂的窗户",认为"艺术也可以说是要把每一个形象的看得见的外表上的每一点都化成眼睛或灵魂的住所,使它把心灵显现出来"。他又借用希腊神话中天后指使百眼的阿顾斯监视变成白牛的伊娥的传说,要求"艺术把它的每一个形象都化成千眼的阿顾斯,通过这千眼,内在的灵魂和心灵性在形象的每一点上都可以看得

①[德]黑格尔:《美学》第1卷,朱光潜译,商务印书馆1981年版,第87页。

出"①。这就将艺术同自然划清了界限。

黑格尔提出"美是理念的感性显现"的定义具有极大的意义。它深刻地揭示了美与艺术的本质。黑格尔曾说过这样一段著名的话:"当真在它的这种外在存在中是直接呈现于意识,而且它的概念是直接和它的外在现象处于统一体时,理念就不仅是真的,而且是美的了。"②这里所谓"真",是指真理,即理念,包括哲学、道德等。黑格尔认为,当理念与外在感性形式"直接"处于统一体时,理念就表现为美。因此,理念与感性的"直接统一"就是美的根本特征,是其区别于哲学和道德之处。这就告诉我们,美或艺术与哲学的内容都是理念,但哲学的形式是思想、概念本身,而美或艺术的形式则是感性的形象。黑格尔认为,这种理念与感性的直接统一就是美或艺术的本质。他说:"正是概念在它的客观存在里与它本身的这种协调一致才形成美的本质。"③

同时,这一定义也揭示了美与艺术所具有的无限自由的根本特征。正因为美是理念与感性的直接统一,所以美就有了无限的自由性的特点,这也就是他所说的"理想性"的含义。黑格尔说:"美本身却是无限的、自由的。"④这里所说的"无限",是对"有限"而言的,即指在量上艺术美不受外在个别事物的限定和束缚,在有限的形式中包含着无限的内容。个别不仅是个别,而同时又是一般。一不仅是一,而同时是十、百、千、万。所谓"自由",是对"必然"而言,即指在质上艺术美的自由的理性精神不受外在自然

①〔德〕黑格尔:《美学》第1卷,朱光潜译,商务印书馆1981年版,第198页。
②〔德〕黑格尔:《美学》第1卷,朱光潜译,商务印书馆1981年版,第142页。
③〔德〕黑格尔:《美学》第1卷,朱光潜译,商务印书馆1981年版,第143页。
④〔德〕黑格尔:《美学》第1卷,朱光潜译,商务印书馆1981年版,第143页。

的必然性束缚。在艺术美中,看似感性的自然,而实为人的理性精神。黑格尔认为,理念本身就是无限的自由,美之所以美也是有这种无限自由性。原因有二:一是美的感性形式不脱离理念,同理念融为一体,因而能在有限的感性形式中显现出理念的无限性;二是在理念与感性的统一中,理念是主要的,起决定作用的。因此,在美之中,理念不受感性形式的束缚,表现出自己是充分自由的,像在家里一样。这种"无限的自由"的观点是一种辩证的美学思想,是同形而上学的美学思想水火不容的。因为,在形而上学的理论看来,有限只能是有限,不能同时是无限,无限也只能是无限,不能同时是有限。黑格尔认为,这种形而上学观点有两种。一种是所谓"有限理解力"的观点,即有限感性的感性派观点。它只承认感性客体的自由,而将主体的自由完全建筑在这种客体的自由之上。但实际上,感性客体的具体存在是个别的、有限的、不自由的。这样,主体也不可能自由。这是一种只强调感性、个别而忽视深刻的思想与理性的自然主义倾向。另一种是"有限意志"的观点,即有限理性的理性派的观点。它只承认主体的自由,而将客体的自由建筑在主体的自由之上。但主体的自由受到客体的抗拒,因而也是不自由的。这是一种只强调理性而忽视形象的说教式的倾向。黑格尔认为,美的领域应该带有解放的性质,将主体与对象都从有限与必然的束缚中解放出来,达到无限自由的理想的境界。他认为,这种无限自由性本是理念的最高定性,是人类精神生活所追求的最高目标。在哲学上是一种对真理的领悟,在艺术上则是最高的美学理想,表现为情感上的"享受神福",是一种高尚的精神愉悦。要实现这种无限自由性,在艺术上与在哲学上是不同的。哲学借助于精神概念,不受形式的阻碍。但艺术却要借助于不自由的感性的形式。这就要克服内在的理性自由与外在的感性自然之间的矛盾，而只有以内在的自由克服了外在的不自由，才能实现艺术的自由。这是艺术美的创造中所面临的主要课题。

既然美的本质是理性与感性的直接统一，那么怎样才能做到这一点呢？黑格尔认为，首先应该将人的生命作为艺术美的表现内容。他感到，既然艺术美要求理性或灵魂显现于感性形式的每一点上，那就不是一切事物都能做到这一点的。在无机矿物、有机植物以及动物之中，理性或灵魂都被物质束缚，因而是有限的。只有受到生气灌注的人的生命才是自为的、自由的，因而才充分地显现了理性。人应成为艺术表现的唯一内容和真正中心。再就是艺术创作中应该对一切不符合理念的感性现象进行"清洗"。因为艺术美是一种感性形式的理性化，是显现为整体，那就要求对感性形式中被偶然性与外在性玷污的方面进行"清洗"。所谓"清洗"，就是将上述偶然性与外在性的因素"一齐抛开"。这种"清洗"，又叫"艺术的谄媚"，好像画家对被画者的"谄媚"。具体要求就是，在艺术创作中抛开与理念无关的外在细节，特别是自然方面的，如外形、面貌、瘢点等方面的细节。同时，将足以见出理念的真正的特征表现出来。由此可见，黑格尔这里所说的"清洗"或"艺术的谄媚"就是艺术的提炼和典型化的过程。在艺术创作中所要遵循的另一个原则，就是应停留在理性与感性"中途一个点上"①。这"一个点"，是纯然外在的因素与纯然内在的因素的互相调和，理性与感性的直接统一。这个观点是非常重要的，再次从创作的角度深刻地揭示了艺术创作活动不同于认识活动的特性。尽管它们都是要克服理性与感性的矛盾，但认识却旨在

---

① ［德］黑格尔：《美学》第 1 卷，朱光潜译，商务印书馆 1981 年版，第 201 页。

消灭感性的形式,而成为抽象的概念,艺术创作却仍然保留着感性的形式,是停留在感性与理性的"中途一个点上"。黑格尔所说的这"一个点",作为感性与理性的"中介",具有极其丰富的哲学含义。这个"点"是感性到理性、真到善、自然到自由的"过渡",同时,也就是理想的艺术美。它一身二任,亦此亦彼,既具有理性的特征,又具有感性的特征。它作为理性与感性高度统一的"交叉点",既以个别的感性形式出现,又是完全排除了偶然性,充分地显现了理性的个别,亦即所谓"理想"。诚如黑格尔所说,"理想就是从一大堆个别偶然的东西之中所拣回来的现实"。① 这个作为艺术理想的感性与理性中途的"一个点"就是艺术创作所努力追求的目标。黑格尔作为一个辩证法大师是十分重视文艺家的主观能动作用的。因此,他把艺术理想归结为文艺家的创造性的活动。他说,"艺术家必须是创造者,他必须在他的想象里把感受他的那种意蕴,对适当形式的知识,以及他的深刻的感觉和基本的情感都熔于一炉,从这里塑造他所要塑造的形象"。② 在他看来,文艺的创造性活动是凭借的艺术想象这一文艺家所特有的创造能力,而达到的目标就是使艺术形象具有一种"最高度的生气"。这种"最高度的生气",就是理性与感性直接统一而形成的无限自由性。它可使形象的每一个部分都显现出理性的力量,从而具有极大的艺术感染力量,"特别使人振奋"。反之,仅具形式美而缺乏生气的面孔,却只能是干燥无味、没有表现力的。由此可知,黑格尔所说的"最高度的生气",同康德论述审美意象时所谈到的"精神""灵魂"的含义是一样的。黑格尔认为,在创作中能够达到

①[德]黑格尔:《美学》第 1 卷,朱光潜译,商务印书馆 1981 年版,第 196 页。
②[德]黑格尔:《美学》第 1 卷,朱光潜译,商务印书馆 1981 年版,第 222 页。

这种"最高度的生气"，就是"伟大艺术家的标志"①。他特举伦勃朗等人的荷兰风俗画为例，说明文艺家通过自己的创造性活动所达到的这种"最高度的生气"。他说，伦勃朗等人的风俗画取材平凡，无非是以小酒馆、结婚跳舞场面和宴饮等普通生活为描写对象，但却充分表现了"民族进取心"和"凭仗自己的活动而获得一切的快慰和傲慢"②。因而，这些画都表现了一种特有的感人力量。这就说明，在理性与感性的统一中，黑格尔是特别重视理性的。这尽管表现了他的唯心主义哲学立场，但却也表现了资产阶级启蒙运动以理性衡量一切的进步倾向。在黑格尔看来，无论何种平凡的题材只要被理性的光辉照亮，都能成为理想的美，从而具有"最高度的生气"。

四

按照黑格尔的定义，所谓"美"就是指艺术美。因此，从理论上来说，他是把自然美完全排斥在美的领域之外的。但在实际论述时，他又并未完全否定自然美，并在《美学》第一卷中以整个第二章的篇幅来阐述自己关于自然美的观点。

那么，到底什么是自然美呢？黑格尔关于美，已经提出了"美是理念的感性显现"的定义；关于自然美他则提出，"我们只有在自然形象的符合概念的客观性相之中见出受到生气灌注的互相依存的关系时，才可以见出自然的美"③。很明显，在黑格尔看

---

①［德］黑格尔：《美学》第1卷，朱光潜译，商务印书馆1981年版，第221页。
②［德］黑格尔：《美学》第1卷，朱光潜译，商务印书馆1981年版，第216页。
③［德］黑格尔：《美学》第1卷，朱光潜译，商务印书馆1981年版，第168页。

来,美是理念的感性显现,理念取心灵的形式,而自然美中的理念则是表现于"客观性相",是自然的形式。理念在"客观性相"之中的具体表现,是"见出受到生气灌注的互相依存的关系"。这里所谓"生气"是指体现理念的"生命",而"互相依存的关系"是指理念对各个部分的制约、统率而形成的互相依存一致的"统一性"。按照这一自然美的定义,他认为,在自然的机械性阶段没有生命,因而无所谓美。而在物理性阶段,由于统一性很弱,因而也谈不上美。只在到了有机性阶段,理念才通过实在而较明显地表现出统一性,因而多少地表现出美。他认为,在动物有机体阶段,才更多地表现出统一性,成为"自然美的顶峰"①。

黑格尔认为,自然美是不完满的美,根本的缺陷在于理念被物质的材料束缚。其表现之一就是理念的内在性,亦即不是每一部分都表现出理念。如动物的羽毛、鳞甲、针刺,人的皮肤皱纹、裂纹、汗毛、毫毛等,都不能表现出理念。再就是,理念被物质束缚表现为个别自然事物对外界环境的依赖性。这就是说,自然物能不能表现出生命力而具有美,往往由外在的环境决定。例如,动物的美就由寒冷、干燥、营养决定,而人的美则受到疾病、穷困、法律等的影响。物质束缚理念的另一个表现,是个别自然事物本身也有局限性,主要是受到种族、遗传、家庭、职业等的影响,常常使面貌、外形的统一性受到歪曲和变态。

既然在自然物中理念为物质束缚,因此本身对美的体现不充分,那么人们为什么还会认为自然物美呢?黑格尔认为,自然物是为审美意识而美,也就是为人而美。他说:"有生命的自然事物之所以美,既不是为它本身,也不是由它本身为着要显现美而创

①［德］黑格尔:《美学》第1卷,朱光潜译,商务印书馆1981年版,第170页。

造出来的。自然美只是为其他对象而美，这就是说，为我们，为审美意识而美。"①这已经涉及"移情"作用的问题了，朱光潜先生认为，黑格尔对此并不重视，没有在这上面再做文章。② 这种说法并不太符合实际。事实上，黑格尔以相当的篇幅论述了这一问题。其原因，我认为是由于黑格尔无法处理他的理论体系与现实存在的矛盾。因为，从黑格尔的体系看，美是理念的感性显现，因而自然领域中不可能有美。但事实上，自然领域中却存在着美。黑格尔尽管用"不完满的美"给予解释，但仍未解决这种体系与现实的矛盾。于是，他就提出了"移情"的看法给予解释。黑格尔将此称作是对概念的"朦胧预感"③。所谓"朦胧预感"，即不是具体的概念，而是一种不确定的抽象的领悟，抽象地领悟到人的某种观念和情感。黑格尔分三类情形论述了这种"朦胧预感"的现象。

第一类是根据人的生活观点和习惯来判定一个动物的美与丑。例如，活动和敏捷是人们关于生命的一种观点，而懒散则相反。由此，我们对两栖动物、鳄鱼、癞蛤蟆以及许多昆虫都不起美感。再如，从习惯上看，过渡种和混种使人惊奇但不美，像鸭嘴兽是鸟与四足兽的混合就是这种情形。

第二类是自然对象的形式美引起人的某种愉快。黑格尔认为，还有一些无生命的自然景物，如山峰的轮廓、蜿蜒的河流、树木、草棚、民房、城市、宫殿、道路、船只、天和海、谷和壑等等，"在这种万象纷呈之中却现出一种愉快的动人和外在的和谐，引人入胜"。④ 这就是

①［德］黑格尔：《美学》第1卷，朱光潜译，商务印书馆1981年版，第160页。
②朱光潜：《西方美学史》下卷，人民文学出版社1963年版，第490页。
③［德］黑格尔：《美学》第1卷，朱光潜译，商务印书馆1981年版，第168页。
④［德］黑格尔：《美学》第1卷，朱光潜译，商务印书馆1981年版，第170页。

说,这些自然景物本身是无生命的,但却具有一种整齐、平衡、和谐的形式美,因而使人愉快,引人入胜。黑格尔在第二章自然美中用专门的篇幅探讨了形式美问题,但对形式的整齐、平衡、和谐为什么会引起美却没有进一步论述。从黑格尔关于"朦胧预感"的理论来看,是否可以这样理解,那就是形式美是事物的一种外在统一,观念才是内在的统一,但从无生命的外在统一可使人朦胧地预感到一种内在的统一,从而使人感到愉快、动人。

第三类是自然物对心情的契合。黑格尔认为,某些自然物由于唤醒、感发了人类的某种心情而包含着一种特有的美的意蕴。这种美的意蕴不在自然物本身,而在于它同人类心情的"契合"。这种"契合"就是所谓"移情"。例如,寂静的月夜常常唤起人们乡思的情怀,但月夜本身无乡思之情而是由人的乡思之情的外射。因此,李白的《静夜思》"床前明月光,疑是地上霜。举头望明月,低头思故乡",牵动了万千游子之心,被千古传诵。暗夜中的惊雷闪电能唤起人们勇敢搏击恶势力的斗争精神,也在于人的斗争精神的外射。郭沫若同志《屈原》一剧中的"雷电颂"不仅在黑暗如磐的四十年代的重庆给无数爱国志士以鼓舞,就是今天也仍然给人以战胜困难的勇气。至于其他有些动物,也都因其契合了人的某种感情,由人的勇敢、敏捷、和蔼的感情的外射,而具有某种特殊的美,如虎、猫等。

黑格尔关于自然美的理论在当时是具有进步意义的。因为黑格尔正处于浪漫主义的时代,浪漫主义的特征之一就是崇拜自然,反动的消极浪漫主义对自然的崇拜更含有泛神主义的神秘色彩。黑格尔是反对浪漫主义的,他的美学思想的基本精神是人本主义。他正是从对人及人的精神力量的推崇出发才反对消极浪漫主义绝对化地对自然的推崇,因而相应地轻视自然美。从理论上来说,黑格尔关于自然美的理论也带有集大成的性质。因为,在美学史上,自然美与艺术美的关系,历来是一个核心问题,也是长期争论的焦点之一。一部分倾向于唯物主义的美学家持"摹仿说",认为自然美高于艺术美,如亚里士多德、狄德罗等。有的美学家则认为艺术美高于自然美,美只是主观意识的产物。如康德在《判断力批判》中就根本排斥客观的自然美的存在。总之,他们都把客观的自然与主观的意识割裂了开来,因而都不免堕入绝对化的歧途。只有黑格尔,才第一次将它们统一了起来,提出了自然美是理念在自然的客观性相中的表现的命题,这就为自然美问题的正确解决奠定了基础。当然,黑格尔这个命题本身所归结的自然美的本质还是在于理念。而且,从其体系出发,他最后还是否定了自然美,但为了解释自然领域中的美学现象又提出了"朦胧预感"的理论。这个"朦胧预感"的理论的确有许多独到的见解,但将对自然的审美代替自然现象本身所具有的客观的美,则又不免暴露出他的唯心主义实质。

五

黑格尔美学思想的主要部分是关于体现艺术美的艺术形象的创造问题。对于艺术形象,他叫做"有定性的现实存在"。一切的现实存在都是有限的,因而是非理想的,但艺术美的根本特征则是无限自由的理想性。因此,艺术形象的创造所要解决的中心问题就是怎样从有限的非理想性达到无限的理想性,从而创造出理想的美和理想的性格。这就是通过艺术创造克服感性与理性的矛盾,达到两者的直接统一、高变融合,从而做到在感性的形式中直接、充分地表现人的理性力量。这一切,需要经过由一般世界情况到动作,再到性格的正、反、合的过程。

　　什么是一般世界情况呢? 按照黑格尔的观点,所谓"一般世界情况",即指特定时代借以体现绝对精神的物质生活情况和文化生活情况的总和,是艺术形象形成的一般背景和各个方面统一的依据。在"一般世界情况"之中,绝对理念还处于混沌的状态,但对艺术形象的创造却提供了根本的时代前提。黑格尔在此主要论述了艺术与时代的关系问题,回答了什么是理想艺术的理想时代。他首先提出,对一般世界情况的总的要求,是应成为有利于塑造独立自主的理想性格的背景。所谓独立自主的理想性格,即具有无限自由性的性格,也是理性力量通过感性形式得到充分显现、直接统一的英雄性格。由此,无限自由的艺术需要无限自由的时代土壤,英雄的性格产生于英雄的时代。黑格尔认为,真正的"英雄时代"只在古代,具体指希腊神话与史诗所反映的时代,即是原始社会后期、奴隶社会前期,大约在公元前十二世纪至公元前八世纪。他认为,这是理想性格的理想背景。原因是此时法律尚未制定,因而就没有法律约束个人自由,每个人都凭借自己的意志行事,理性与个性都不受任何阻碍,得以直接地统一。黑格尔以埃斯库罗斯的悲剧《俄瑞斯忒斯的归来》为例说明这一点。剧中描写俄瑞斯忒斯暗暗潜回故国替父王阿伽门农复仇,一举杀死谋害亲夫的母后及其奸夫。这一切行为因是发生在"英雄时代",所以,完全不受法律约束,主人公凭自己理解的道德原则行事。这样,其个别的感性行为本身就能直接地体现其理性意志。另外,由于当时社会分工不发达,劳动同个人的需要完全一致,劳动中充满了创造的欢乐,充分地表现了人的意志、理性、智慧和英勇。黑格尔说:"例如阿伽门农的王杖就是他的祖先亲手雕成的传家宝杖;俄底修斯亲自造成他结婚用的大床;阿喀琉斯的著名的武器虽然不是他自己的作品，但也还是经过许多错综复杂的活动，因为那是火神赫菲斯托斯受特提斯的委托造成的。总之，到处都可见出新发明所产生的最初欢乐，占领事物的新鲜感觉和欣赏事物的胜利感觉，一切都是家常的，在一切上面人都可以看出他的筋力，他的双手的灵巧，他的心灵的智慧或英勇的结果。只有这样，满足人生需要的种种手段才不降为仅是一种外在的事物；我们还看到它们的活的创造过程以及人摆在它们上面的活的价值意识。"①正因为这样，黑格尔得出结论说："从此可以看出，理想的艺术表现为什么在神话时代，一般地说，在较早的过去时代，才找到它的最好的现实土壤。"②黑格尔的这一结论应该说是有道理的。因为，文艺史证明，理想艺术的产生决定于现实生活中人的本质的实现程度。在他所说的"英雄时代"，在人的本质的实现方面至少有这样三大优点：第一，物质生产有所发展，已经逐步摆脱人类更早期茹毛饮血的原始状态，并开始使用金属工具，产品有了富余，不致终日为衣食防御奔忙。这就促进了人的自我认识的发展。第二，当时仍实行原始的民主制。这就使人的本质的实现遇到较少的障碍。第三，当时尚处原始的集体生产状态，奴隶主剥削的生产关系未占统治地位，因而劳动尚未"异化"。这就使劳动本身仍保持着创造性，人们能够在劳动中使自己的本质力量对象化。凡此种种，都使古希腊时期成为人类早期文明的摇篮。马克思据此发展为文艺与社会的发展不平衡的理论。他指出，"关于艺术，大家知道，它的一定的繁盛时期决不是同社会的一般发展成比例的，因而也决不是同仿佛是社会组织的骨骼的

①［德］黑格尔：《美学》第1卷，朱光潜译，商务印书馆1981年版，第332页。
②［德］黑格尔：《美学》第1卷，朱光潜译，商务印书馆1981年版，第242页。

物质基础的一般发展成比例的"。"我们先拿希腊艺术同现代的关系作例子,然后再说莎士比亚同现代的关系。大家知道,希腊神话不只是希腊艺术的武库,而且是它的土壤。成为希腊人的幻想的基础,从而成为希腊神话的基础的那种对自然的观点和对社会关系的观点,能够同自动纺机、铁道、机车和电报并存吗? 在罗伯茨公司面前,武尔坎又在哪里? 在避雷针面前,丘特又在哪里? 在动产信用公司面前,海尔梅斯又在哪里?"①

　　黑格尔认为,资本主义时代是一种不利于艺术发展的"散文气味"的世界情况。所谓"散文气味"的世界情况,即是缺乏艺术性的、不利于艺术形象创造的、导致理性与感性分裂的时代背景。其原因是,在这样的时代,普遍性、理性首先表现为法律,个人必须服从法律,个人的自由是有限的、受到法律束缚的。因此,普遍性、理性就不能直接同感性统一。再就是由于分工精细,每个人只能完成一件事情的某一个方面,这就形成了人们相互之间的依存性,使个人的作用受到局限。因而,人的意志、力量就不能充分地通过感性的行为表现出来。另外,黑格尔认为,在这样的时代,劳动失去了它的创造性和乐趣,变成束缚人的异化的劳动,也就是变成了同人敌对的异己力量。黑格尔全面而深刻地论述了"异化"劳动的内涵。他说:"在这种情况之下,需要与工作以及兴趣与满足之间的宽广的关系已完全发展了,每个人都失去了他的独立自主性而对其他人物发生无数的依存关系。他自己所需要的东西或完全不是他自己工作的产品,或只有极小一部分是他自己工作的产品;还不仅此,他的每种活动并不是活的,不是各人有各人的方式,而是日渐采取按照一般常规的机械方式。在这种工业文化里,人与人互相利用,互相排挤,

---

①《马克思恩格斯选集》第2卷,人民出版社1972年版,第121—122页。

这就一方面产生最酷毒状态的贫穷,一方面就产生一批富人,不受穷困的威胁,无须为自己的需要而工作,可以致力于比较高级的旨趣。"①这就从劳动与需要的关系、劳动中人与人的关系、劳动方式及劳动所产生的结果四个方面深刻地揭示了"异化"劳动的本质。正是根据上述理由,黑格尔断言:"我们现时代的一般情况是不利于艺术的。"②由此,我们可以看到,实际上,黑格尔认为,资本主义时代是人的本质的全面"异化"。在他看来,资本主义时代里,人的本质不仅"异化"为强制性的劳动,而且异化为束缚人的本质的法律与社会分工。这是对资本主义社会少有的深刻揭露。当然,他在另一方面又将德国的资产阶级国家机器吹捧为历史的"顶峰"、地上的"神物"。黑格尔不假分析地反对社会分工和劳动机械化,看不到它们具有进步的一面,也是片面的。不过,黑格尔对资本主义揭露的深刻性却是毋庸讳言的。而且,他不仅深刻地揭露了资本主义社会残害人的本性的本质,还深刻地揭露了它阻碍文艺的本质。因为,在他看来,现实生活中人的本质的异化必然导致艺术表现中人的本质的异化。在此基础上,马克思提出了"资本主义生产就同某些精神生产部门如艺术和诗歌相敌对就是如此"③。

　　总之,黑格尔在此深刻地提出和论述了艺术的繁荣与时代的关系的问题,这是一个有着重要理论价值的问题,是黑格尔在其唯心主义的体系之中对艺术发展规律的可贵猜测。黑格尔还进一步阐明了无限独立自由的新兴资产阶级的美学理想,要求自由

---

①［德］黑格尔:《美学》第1卷,朱光潜译,商务印书馆1981年版,第331页。
②［德］黑格尔:《美学》第1卷,朱光潜译,商务印书馆1981年版,第14页。
③杨柄编:《马克思恩格斯论文艺和美学》,文化艺术出版社1982年版,第512页。

的艺术建基于自由的时代。这在当时有进步意义，对我们今天也有启发作用。此外，黑格尔还论述了人物性格与社会背景的关系，肯定对后世典型环境与典型性格的理论有重要影响。他的异化劳动的理论也为马克思所继承、发展。

六

　　理念在一般世界情况之中尽管是和谐、静穆的，但也是混沌的。因此，理念要在艺术的创造中得到发展，要同感性达到直接的统一，就不能停止在一般世界情况的和谐静穆状态，而必须打破它、破坏它，走向分裂和矛盾。黑格尔指出，"但是内在的心灵性的东西也只有作为积极的运动和发展才能存在，而发展却离不开片面性和分裂对立"。① 他认为，这种艺术创作中理念的分裂和对立就是作为矛盾冲突的动作或情节，这是艺术创作的否定阶段，是理性与感性直接统一的关键的一环。

　　黑格尔认为，艺术形象的动作或情节不是偶然的，而是有其外因和内因。其外因就是所谓"情境"。他说："情境就是更特殊的前提，使本来在普遍世界情况中还未发展的东西得到真正的自我外现和表现。"②这就是说，所谓"情境"是艺术形象的更具体的前提，也就是环境，它是一般世界情况中绝对理念的外现，是使人物成为有具体规定性的艺术形象的重要一环。黑格尔认为，情境有三类。一是"无情境"，即"无定性"的情境，有抽象的外形，但无动作。在这种"无情境"中，绝对理念具体化了，但处于"自禁闭状

①〔德〕黑格尔：《美学》第 1 卷，朱光潜译，商务印书馆 1981 年版，第 227 页。
②〔德〕黑格尔：《美学》第 1 卷，朱光潜译，商务印书馆 1981 年版，第 254 页。

态"，是完全静止的，同外界无关的，直接表现出一种静穆的独立自主性、泰然自若的和谐状态。黑格尔认为，古代庙宇的严肃、肃穆的风格，古代埃及希腊雕刻中无表情的简单人物，基督教造型艺术中的圣母等，都属于"无情境"。再一种是所谓"处于平板状态"的情境。在这种情境中，有外在定性（动作），但无冲突。因而理念不能得到质的纵深发展，而只能得到平面的量的扩大。这就表现不出严肃性、重要性和深刻的意义。黑格尔认为，古希腊早期雕塑中神的坐、站、静观、出浴等简单动作就是属于这种"处于平板状态"的情境。最后是"冲突"。所谓"冲突"，就是绝对理念分裂为本质上的差异面，表现为具有外在规定性的形象之间的矛盾。它在形象的形成中是人物动作的外因和开端。例如，《哈姆雷特》一剧的冲突就是围绕着复仇所展开的哈姆雷特与克劳迪斯之间的矛盾斗争。黑格尔认为，冲突是一种对和谐的破坏和否定，但只有通过这种破坏和否定，"情境才开始见出严肃性和重要性"①，绝对理念才有深化的可能性，才为最后达到更深刻和谐的美创造了最基本的条件。因此，冲突是理想的情境。

　　以上所说的"情境"，是动作或情节的外因，而其内因则是"情致"。所谓"情致"，就是植根于绝对理念的人物内在的动机、思想和情感。例如，上面提到的埃斯库罗斯的悲剧《俄瑞斯忒斯的归来》中俄瑞斯忒斯为父复仇的内在感情就是属于"情致"的范畴。黑格尔认为，"情致"不仅是人物动作的内因，而且是扣动人们心弦、引起强烈共鸣的艺术效果的重要来源，对于自然环境等外在的因素也具有统帅的作用。关于"情致"的表现，黑格尔认为应做到内在的情感与外在形象的高度统一，使内在的情感隐藏于外在

---

① [德]黑格尔：《美学》第1卷，朱光潜译，商务印书馆1981年版，第260页。

的形象之中，做到"含锋不露"。他举歌德和席勒加以比较，说："在这方面歌德和席勒两人现出鲜明的对照。在情致方面歌德比不上席勒，他的表现方式比席勒的表现方式比较含锋不露；特别是在抒情诗里歌德是很含蓄的，他的一些短歌，像歌本来应该那样，只让人约略窥见他所想说的，而不加以反复阐明。席勒却不然，他喜欢尽量流露他的情致，用明晰活泼的词句把它揭示出来。"①他又借德国作家克劳丢斯的话形象地指出，"但是艺术所要表现的正是说的和显得像的，而不是在自然现实中确实是的。如果莎士比亚真哭，而伏尔泰却显得像哭，莎士比亚就会是一个比较差的诗人了"。② 当然，克劳丢斯在这里对莎士比亚的评价并不公允，而且黑格尔也是不同意的，他只是借用了克劳丢斯在情致表现方面的观点。也就是说，黑格尔在情致的表现上主张寓思想于形象。所谓"含锋不露"，即将内在的思想情感隐藏于形象之中。"显得像的"是用形象来显现思想情感，"确实是的"倒是借助于语言直接说出某种思想情感。这一切都同黑格尔所一贯主张的理性与感性直接统一的整体说相一致的。由此，我们可以看到，马克思和恩格斯主张的"莎士比亚化"和反对"席勒式"的许多观点同黑格尔的上述观点有着渊源的关系。

　　在情境（外因）和情致（内因）的基础上，就形成了动作或情节，包括动作、反动作和矛盾的解决的一种本身完整的运动。它是由形象之间的冲突而表现出来的精神对立。因其是一种矛盾的否定的环节。这个否定的环节是性格形成的关键阶段。黑格

①［德］黑格尔：《美学》第 1 卷，朱光潜译，商务印书馆 1981 年版，第 299 页。
②［德］黑格尔：《美学》第 1 卷，朱光潜译，商务印书馆 1981 年版，第 299—
　　300 页。

尔认为,人物性格"借一个情境和动作显现出来,在这个情境和动作的演变中,他就揭露出他究竟是什么样的人,而在这以前,人们只是根据他的名字和外表去认识他"。① 他还认为,矛盾冲突是动作的核心,矛盾愈尖锐,性格就愈鲜明突出。他说:"环境的互相冲突愈众多、愈艰巨,矛盾的破坏力愈大而心灵仍然坚持自己的性格,也就愈显出主体性格的深厚和坚强。"②同时,也只有在冲突中,通过这种对和谐的破坏,才能最后达到真正的和谐,即理性与感性的直接统一。他认为,索福克勒斯的悲剧《安蒂贡涅》就是这种通过尖锐的冲突而达到和谐美的典范作品。因此,他把这部作品誉为"最卓越最令人满意的作品",而将其主人公安蒂贡涅称为"最壮丽的形象"。这就说明,在所有的冲突中,黑格尔是最赞赏悲剧冲突的。他在分析动作与反动作的根源时,认为应是两种同样合理的,但却各具片面性的伦理力量。这就一反当时社会上流行的善恶冲突的"恶的悲剧"的理论。他认为,这种以恶作为动作根源的悲剧会破坏艺术本身应有的"和谐"。他甚至不得不因此而对自己十分喜爱的莎士比亚的某些作品,如《李尔王》等颇有微词。那么,既然动作的双方都是"善",又怎样会引起冲突呢?黑格尔认为,其原因在于它们各有片面性。例如,《安蒂贡涅》一剧中,安蒂贡涅和国王克瑞翁双方就是如此。安蒂贡涅的两位哥哥因争王位而发生争斗,两人同时战死,其中的波吕涅刻斯因勾结外国进攻祖国,被国王克瑞翁下令不准任何人收葬。但在古希腊,人死收葬是一种公认的基于天意的伦理道德,安蒂贡涅出于兄妹之情冒死收葬。这样,爱国之情与兄妹之情、国法与家法,都

---

① [德]黑格尔:《美学》第1卷,朱光潜译,商务印书馆1981年版,第277页。
② [德]黑格尔:《美学》第1卷,朱光潜译,商务印书馆1981年版,第228页。

各有其合理性,但又各有其片面性,因而不可避免地发生了冲突。正因为双方都是片面的,因而在实行自己的伦理力量时必然要侵害对方也具有合理性的权利,毁灭另一种伦理力量。所以,从"伦理的意义"来看,双方又都是有罪的。这样,他们各自的不幸都由本身的因素造成,因此受到惩罚就是必然的,是咎由自取。在《安蒂贡涅》一剧的结尾,安蒂贡涅因违犯国法而自尽,克瑞翁则因失去未婚的儿媳而子死妻亡,各自都受到了惩罚。关于动作的"解决",黑格尔认为是一种永恒正义胜利的"和解"。这就是说,矛盾的双方通过斗争,克服其片面性、不义性,最后达到"永恒正义"的胜利,矛盾得到解决,重新进入理念的和谐统一状态。这种"和解"在内容上是高于矛盾双方的"永恒正义"的胜利。例如,在《安蒂贡涅》一剧的最后,既非家法的胜利,也非国法的胜利,而是克服了它们的片面性的、高于其上的"永恒正义"的胜利。它在艺术效果上不是给人以悲伤、痛苦,而是一种打动高尚心灵的"惊羡"。黑格尔认为,应该划清悲剧与悲惨事件的界限。所谓悲惨事件,只是一种外在的偶然的事件,一般只能引起人们的难过、同情。但悲剧事件则包含着理性、必然性,所以,在效果上就是一种打动高尚心灵的"惊羡"。这是一种由震惊到平静、由悲痛到欣慰、由伤感到振奋的灵魂净化、精神升华的过程。例如,对《安蒂贡涅》一剧中主人公的壮烈的死,我们并不单纯地感到悲伤,而同时产生对这位殉道者的崇敬,感到她虽死犹生,并因而受到教育。动作的"和解"表现在形式上就是由理性与感性的对立而达到两者的高度的和谐、直接的统一。在《安蒂贡涅》一剧中,我们可以看到,主人公的性格随着矛盾冲突一起朝前发展,冲突的深化亦是性格的深化。最后,冲突"和解"了,性格也最后完成。

黑格尔在关于动作或情节的论述中辩证法表现得特别充分。

他的动作是艺术创作的关键环节，冲突是理想的"情境""情致"应做到含锋不露，等等，都深刻地体现了辩证法的精神。

七

在黑格尔的艺术创造的辩证法中，动作是否定阶段，是反，而性格就是肯定阶段，是正，是理念的最后归宿。而所谓"性格"，就是"神们变成了人的情致，而在具体的活动状态中的情致就是人物性格"①。这里所说的"神们"即绝对理念，就是说绝对理念具体化为人物内在思想感情的情致，而情致在具体的活动状态中作为动作的内因，同作为外因的情境结合而引起动作，而性格就在动作中展开。这就是我们通常所说的情节是性格的历史。例如，《哈姆雷特》一剧中，主人公哈姆雷特的性格就不是孤立的、静止的、抽象的，而是同复仇的情节紧密相联，并正是在为报父仇、同克劳迪斯的矛盾斗争中逐步深入地展示了自己的性格。性格在艺术创作中具有极重要的地位，它是"理想艺术表现的真正中心"②。也就是从艺术形象本身来说，一般世界情况、情境、情致都不是独立的因素，只不过是形象整体的一部分，最后都统一到性格之上，为性格的展开服务。而从艺术创作的主要任务来说，目的就是使绝对理念经由从抽象到具体的过程，克服感性与理性的矛盾，创造出具有具体定性的性格。

性格的基本特征是有生命的整体，也就是理性与感性、共性与个性直接统一、互相渗透为充满生气的有生命的整体，黑格尔

---

① [德]黑格尔：《美学》第1卷，朱光潜译，商务印书馆1981年版，第300页。
② [德]黑格尔：《美学》第1卷，朱光潜译，商务印书馆1981年版，第300页。

认为，在生命整体的基本特征的前提下，性格的具体特征有三。第一是丰富性。就是指性格具有活生生的人的特点，其内在的思想情感不只是一个方面，而是多方面的、丰富的。欧洲中世纪以来直到古典主义时期，流行一种"类型说"，常常将一种抽象的品质进行人格化的图解，甚至个个化为一个个抽象的骑士，如圣洁骑士、节制骑士、正义骑士等。黑格尔不同意这种"类型化"的方法，将其称之为"寓言式的抽象品"而加以斥责。他说："每个人都是一个整体，本身就是一个世界，每个人都是一个完满的有生气的人，而不是某种孤立的性格特征的寓言式的抽象品。"①他对于希腊神话中丰富的性格描写倍加赞赏，例如，他认为，希腊大将阿喀琉斯就是这样一种性格丰富的形象。阿喀琉斯具有年轻人的勇敢和力量，热爱自己的母亲，同时也挚爱自己的情人，并满怀着高尚的友谊。黑格尔认为，"这是一个人！高贵的人格的多面性在这个人身上显出了它的全部丰富性"②。第二，明确性。就是在性格的丰富性之中有一个情致作为其主要方面，从而使性格具有确定性。原因是，性格作为一个整体，要求有区别于其他性格的特征。而要做到这一点，就要有一个方面作为性格的主导、统治的方面。这样，又是丰富性，又是明确性，就应做到两者的统一。黑格尔认为，对于这种统一，也应从性格是具有生命的这个根本特点来看，而不能作抽象、孤立、形而上学的理解。例如，对阿喀琉斯这个形象就应如此。一方面，他在战场上十分凶残，杀死特洛亚大将赫克托之后，拖其尸绕城三圈。但另一方面，当赫克托之父来到他的营帐时，他的心肠又软了下来，亲切地接待了

①［德］黑格尔:《美学》第 1 卷,朱光潜译,商务印书馆 1981 年版,第 303 页。
②［德］黑格尔:《美学》第 1 卷,朱光潜译,商务印书馆 1981 年版,第 303 页。

老人,并让他领回赫克托之尸安葬,充分表现了一种人道的精神。对于上述情形,如果从抽象的形而上学的观点看,凶残与人道是不能统一的。但从辩证的生命的观点来看,则是可以统一的。因为,人是有生命的、有意识的,他既能承担矛盾,又能忍受矛盾,这里不是一就是一、二就是二,而是有一个"幅度"。例如,阿喀琉斯,作为英雄,他的性格中占统治地位的是其柔软仁慈的理性力量。他在战场上的凶残,是出于为友复仇,而和蔼地接待赫克托之父则是理性力量的胜利。这种看似矛盾的两极就这样统一于一个有生命的英雄的身上。这就是所谓的寓一致于不一致。黑格尔在这里讲了一段极富启发的话:"从此可知,知解力爱用抽象的方式单把性格的某一方面挑出来,把它标志成为整个人的唯一准绳。凡是跟这种片面的特征相冲突的,凭知解力来看,就是始终不一致的。但是就性格本身是整体因而是具有生气的这个道理来看,这种始终不一致正是始终一致的、正确的。因为人的特点就在于他不仅担负多方面的矛盾,而且还忍受多方面的矛盾,在这种矛盾里仍然保持自己的本色,忠实于自己。"①第三,坚定性。就是要有一个明确的情致贯穿到底,不要动摇。黑格尔认为,这也是由性格的整体性的根本特征决定的。因为,作为性格整体来说,必须有一个主要的思想情感贯穿到底,才能始终把不同的方面统一起来,否则就是一盘散沙,毫无生气。为此,他要求一个性格中不能有两个根本对立的矛盾方面。他对高乃依的悲剧《熙德》中主人公罗德利克身上荣誉与爱情的尖锐矛盾就极不满意,认为违背了性格坚定性的原则。另外,他还反对感伤主义的性格的软弱性。为此,他不赞赏歌德的

---

① [德]黑格尔:《美学》第1卷,朱光潜译,商务印书馆1981年版,第306页。

名著《少年维特之烦恼》，认为主人公是一种病态的性格。黑格尔认为，在人物性格的坚定性方面，莎士比亚倒是一个范例。他的特点"正在于他把人物性格描绘得果断而坚强，纵然写的是些坏人物，他们单在形式方面也是伟大而坚定的。哈姆雷特固然没有决断，但是他所犹疑的不是应该做什么，而是应该怎样去做"①。

　　黑格尔在关于性格特征的论述中，提出了性格是理性与感性直接统一的整体、性格在情节中展开、性格是多样化的统一，以及这种统一是寓不一致于一致等重要的美学思想。这些思想都是其辩证的艺术观的体现，具有重要的理论价值与启示作用。尤其是对于现实主义的典型理论具有更直接的渊源关系。马克思主义经典作家关于"莎士比亚化"和典型应"是一个'这个'"的论述就受到上述思想的极大启发。有的同志认为，恩格斯在《致敏·考茨基》的信中所说，"每个人都是典型，但同时又是一定的单个人，正如老黑格尔所说的，是个'这个'"②，其中"这个"的含义就是黑格尔《美学》论述阿喀琉斯性格丰富性时所说的"这是一个人！"但有的同志不同意，认为"这个"根源于《精神现象学》。我认为不能单一地理解，因为《精神现象学》中的"这个"和《美学》中的"这是一个人"的哲学根源是一致的。因此，恩格斯所说的"这个"的含义应包括上述两者。

---

①〔德〕黑格尔:《美学》第 1 卷，朱光潜译，商务印书馆 1981 年版，第 310—311 页。
②杨柄编:《马克思恩格斯论文艺和美学》，文化艺术出版社 1982 年版，第796 页。

八

黑格尔认为,在探讨了艺术美的概念及其表现形式之后,作为一种主体的创造活动,还应从主观方面对艺术家的活动进行探讨。在对艺术家的活动的探讨中,中心的问题是艺术家凭借什么能力以及怎样克服理性与感性、主观与客观的矛盾而使两者达到统一。

黑格尔首先论述了主体所独具的艺术创造能力,即想象、天才、才能与灵感等。所谓"想象",黑格尔认为是艺术家最杰出的本领,主体的一种创造性的活动,是一种先天禀赋的能力,所运用的材料是现实世界丰富多彩的图形,主体所使用的是听觉、视觉等感觉器官。他说,"在艺术里不像在哲学里,创造的材料不是思想而是现实的外在形象"。① 正因为想象所运用的材料是现实世界丰富多彩的图形,所以想象的基础是现实的生活而不是抽象的理想。黑格尔说,想象"所依靠的是生活的富裕,而不是抽象的普泛观念的富裕",并要求艺术家"必须置身于这种材料里,跟它建立亲切的关系;他应该看得多、听得多,而且记得多"。② 这就说明,尽管从总的理论体系来说,黑格尔是客观唯心主义理论家,但在接触到具体的艺术创作问题时,他却不免在思想中闪出唯物主义的火花。这正是黑格尔的可贵之处。他还进一步论述了想象的过程中感性与理性的关系这一艺术创作的核心问题。他认为,

---

① [德]黑格尔:《美学》第1卷,朱光潜译,商务印书馆1981年版,第357—358页。
② [德]黑格尔:《美学》第1卷,朱光潜译,商务印书馆1981年版,第357、358页。

想象的根本特点是"理性内容和现实形象互相渗透融会"①。为此,他特别强调艺术想象凭借着具体的、个别的形象"去认识"的特点,而反对将其同哲学的思考混同。他说:"想象的任务只在于把上述内在的理性化为具体形象和个别现实事物去认识,而不是把它放在普泛命题和观念的形式去认识。"又说:"哲学对于艺术家是不必要的,如果艺术家按照哲学方式去思考,就知识的形式来说,他就是干预到一种正与艺术相对立的事情。"②这就较明确地论证了艺术想象是借助于形象来思维,而不同于哲学借助于概念来思维。在艺术想象中所凭借的形象,并不单纯是现实生活中的形象,而既是形象又是思维。这是辩证法在艺术构思中的运用,又是同有限知解力的形而上学根本对立的。因为,在形而上学看来,形象只能是形象,而不可能同时又是思维。但在辩证的观点看来,就是完全可能的、合情合理的。黑格尔的这些论述,就接近于我们现在所说的形象思维的含义。但他决不排斥理性因素在想象中的作用,而是强调想象中必须依靠理性的思维能力来驾驭所要表现的内容。他明确指出,没有深思熟虑就不能揭示对象本质的真实的东西,而"轻浮的想象决不能产生有价值的作品"③。那么,怎样才能在想象中将理性与感性统一起来呢?黑格尔提出:"只有情感才能使这种图形与内在自我处于主体的统一。"④这里所谓的"情感"就是主体通过对对象的玩

---

① [德]黑格尔:《美学》第 1 卷,朱光潜译,商务印书馆 1981 年版,第 359 页。
② [德]黑格尔:《美学》第 1 卷,朱光潜译,商务印书馆 1981 年版,第 358、358—359 页。
③ [德]黑格尔:《美学》第 1 卷,朱光潜译,商务印书馆 1981 年版,第 358 页。
④ [德]黑格尔:《美学》第 1 卷,朱光潜译,商务印书馆 1981 年版,第 359 页。

味、深刻地被其感动。黑格尔认为，只有被对象感动了，才能把对它的理性认识外射（或外化）为图形（形象）。在这里，黑格尔提出了情感是艺术想象中联结理性与感性的中介的观点，这是十分深刻的。

关于天才与才能，黑格尔认为同想象活动是一致的，是在艺术的想象活动中所表现出来的能力。但"才能"只是将理念转化为形象的"特殊的本领"。即艺术技巧，诸如演奏、歌唱、绘画的技巧等。而"天才"却是一种创造性的活动，它能使艺术创造"达到本身的完备"，即使理性与感性达到完满的直接的统一。在天才与才能形成的问题上，黑格尔一方面承认天才与才能"需要一种特殊的资禀"，但也强调后天的学习，认为艺术表现"这种天生本领当然还要经过充分的练习，才能达到高度的熟练"①。

对于"灵感"，许多美学家都感到神秘莫测，但黑格尔却提出了自己独到的见解。他说，灵感就是"完全沉浸在主题里，不到把它表现为完满的艺术形象时决不肯罢休的那种情况"②。这样，在黑格尔看来，灵感就是一种在艺术想象中所表现的强烈的创作欲望和高度集中的精神状态。关于灵感的起源，既不是什么"感官刺激"，也不是什么"创作愿望"，而是形成于理性内容感性化的过程中，亦即主题提炼的过程中。这样，在"灵感"的问题上，黑格尔倒是多少排除了神秘的迷雾，接近于揭示其本质。

但是，上述想象、天才、灵感等都只是主体性的能力，它们还须有客观的依据，否则就会成为理性派的脱离客观的主观随意性。当然，黑格尔也同时反对感性派的纯粹外在的客观性。这种

---

① ［德］黑格尔：《美学》第1卷，朱光潜译，商务印书馆1981年版，第363页。
② ［德］黑格尔：《美学》第1卷，朱光潜译，商务印书馆1981年版，第365页。

所谓"客观性"完全脱离主体,只强调形式的逼真,而成为琐屑的客观细节的堆砌。黑格尔认为,应该做到主体性与客观性的高度统一。这种统一的结果就是物我一致的独创性。他说,"独创性是和真正的客观性统一的,它把艺术表现里的主体和对象两方面融合在一起,使得这两方面不再互相外在和对立"。① 这就是通过创造性的艺术劳动使主体和对象两方面融合,达到物我一致,物中有我,我中有物。例如,宋代诗人秦观的《初见嵩山》:"年来鞍马困尘埃,赖有青山豁我怀。日暮北风吹雨去,数峰清瘦出云来。"这日暮北风中出云的清瘦的数峰,既是自然景物,又是怀才不遇、数遭贬斥、穷愁潦倒的作者,物我统一,融为一体。这就是独创性的表现。黑格尔的"独创性"的含义接近我们现在所说创作中充分表现了作者个性的"风格"。而他所说的"风格",却只是某种艺术形式特有的规律。黑格尔进一步指出,独创性的根本要求是整一性。他说,艺术创作"要表现出真正的独创性,它就得显现为整一的心灵所创造的整一的亲切的作品"。② 这就要求作品内在的内容和外在的形式均要做到和谐统一。当然,最重要的还是要求首先做到内在的统一,因为外在的统一根源于内在的统一。这样的作品才是真正的理性与感性、主观与客观的直接统一,才能达到理想的艺术美的高度。这种内在的整一性的动力又在于艺术家在创作中抓住艺术形象自身内在的矛盾性。通过矛盾冲突的充分展开而使艺术形象达到和谐统一的境界。这就是整一性的内在必然性。他说,"如果作品中情景和动作的推动力

① [德]黑格尔:《美学》第 1 卷,朱光潜译,商务印书馆 1981 年版,第 373 页。
② [德]黑格尔:《美学》第 1 卷,朱光潜译,商务印书馆 1981 年版,第 375— 376 页。

不是由自身生发的，而只是从外面拼凑的，它们的协调一致就没有内在的必然性，它们就显得是偶然的，由一种第三因素，即外在于它们的主体性，把它们联系在一起"。① 这种"由自身生发"的内在必然性是感性与理性由矛盾对立而达到统一，也即是艺术美创造的客观规律。这就告诉我们，艺术的整一性是艺术家的艺术想象等主体性能力得到符合艺术规律的充分发挥的必然结果，违反艺术规律就不能达到整一性。他认为，歌德的《葛兹·封·伯利兴根》尽管是一部优秀作品，但其中的许多情节就是违背艺术规律的由外面机械地凑合在一起的，因而是缺乏整一性的。例如，该剧所写的修道士马丁·路得对世俗生活的羡慕就是缺乏内在根据的败笔。黑格尔的这段论述说明他始终将矛盾冲突作为艺术美的关键环节，要求艺术创造中抓住这一环节，才能使作品达到独创性的高度。

　　综上所述，黑格尔深刻地论述了艺术家创作活动中的一系列根本问题。他揭示了艺术想象所运用的手段是外在形象，主张艺术想象从生活出发，要求艺术家置身于生活之中，并强调了理性在艺术想象中的驾驭作用。这就涉及了艺术思维的根本特征问题，划清了艺术与哲学的界限，并同时打破了消极浪漫主义与神秘主义的反动文艺思想。在天才问题上，他以承认先天资禀为前提，同时也注意到了后天的训练。这同康德仅仅承认先天的自然禀赋相比，是一个明显的进步。关于灵感的来源，他将其归之于理性内容感性化的过程，既不在单纯的主体，也不在单纯的客体。这对进一步排除灵感问题上的神秘主义迷雾、揭示其本质具有重要的价值。他还将艺术创作的根本特征归之于"独创性"，所谓"独创性"，在他看来就是

---

① ［德］黑格尔：《美学》第 1 卷，朱光潜译，商务印书馆 1981 年版，第 376 页。

感性与理性、内容与形式及整个形象总体的高度整一性。这是其无限自由的美学理想的体现，涉及了艺术创作和评论的总要求、总标准的根本问题。当然，黑格尔在艺术家的创作的问题上仍不可能真正摆脱其客观唯心主义的束缚。例如，他过分地强调了想象、天才和灵感中的先天因素，将其作为主要成分；在艺术创作真实性的问题上不恰当地突出了主体性的作用，而相对地忽略了外在的客观存在；在艺术创作中感性与理性的关系上，将理性抬到决定一切的位置，而仅仅将感性作为理性外射的工具。

九

我们在介绍康德美学思想时已经谈到，李泽厚同志认为，康德的《判断力批判》在美学史上的显赫地位超过了黑格尔。在哲学界长期以来亦有"康德对黑格尔"（两者处于同一逻辑层次）和"从康德到黑格尔"（黑格尔高于康德）两种不同的看法。我们认为，看这个问题不能脱离具体的历史时代作抽象的比较，而应取马克思主义的历史主义的态度。从马克思主义的历史主义观点来看，康德首次开辟了美学研究的崭新领域，奠定了理性与感性、主观与客观统一的研究道路。从这个意义上说，在美学史上是没有第二个人能代替康德的。他不愧是欧洲近代美学的奠基者。但由于时代的前进，美学是要发展的。因此，从深刻性、完备性和科学性的角度来说，黑格尔当然超过了康德，黑格尔的《美学》也超过了康德的《判断力批判》。

我们认为，可以毫不夸张地说，黑格尔是西方美学史上最重要的一位美学家。他不仅是德国古典美学的集大成者，也是马克思主义以前整个西方美学的集大成者。他的辉煌的贡献与成就在西方美学史上是独一无二的。

首先,在西方美学史上第一次建立了一整套严密而完备的辩证的艺术理论体系。正如黑格尔在哲学领域上的最大功绩是提出了一整套完备的辩证法思想一样,在美学上黑格尔的最主要贡献亦是建立了一整套严密而完备的辩证的艺术理论体系,亦即艺术辩证法。他同传统的形而上学美学理论根本对立,从辩证的联系与发展的角度来研究艺术。从联系的观点看,他把艺术与时代结合,提出了一定的时代是一定的艺术的基础与土壤的基本观点。还把性格与环境统一,认为环境是性格的更具体的前提。从发展的观点看,他把理性与感性的矛盾作为艺术发展的出发点和关键,并深刻地论述了由抽象到具体的正、反、合三段式的过程。他还提出了生命整体说、独创说、无限自由说等著名的理论。尤其可贵的是,他打破了形而上学"是就是,不是就不是"的孤立而绝对的形式逻辑认识方式,第一次提出了形象可以同时是思想、感性可以同时是理性、客体可以同时是主体、有限可以同时是无限的辩证的美学思想。上述理论观点都成为建立马克思主义美学的重要思想资料,对于我们今天彻底打破美学与文艺研究上的形而上学倾向、发展马克思主义文艺理论与美学理论也具有重要的借鉴作用。

其次,从美学理论本身来说,黑格尔的美学思想在美学史上具有集大成的地位。他科学地综合了前人的成果,比较深刻地揭示了艺术美的理性与感性直接统一的本质,并逻辑地论证了克服理性与感性矛盾的具体过程。这就较准确地划清了艺术与理论及科学的界限。尤其值得我们注意的是,黑格尔的美学思想虽是从理念出发,但处处将逻辑的论证与历史的论证结合,包含着丰富而深刻的艺术史的资料,对于我们从论与史的结合上更深入地理解艺术有很大的启发。

再次，黑格尔提出了通过实践达到主客观统一、人的本质对象化等一系列重要观点。当然，他所说的"实践"是指精神的实践，他的实践观是唯心主义的实践观。但是，这种唯心主义的实践观对马克思主义的唯物主义的实践美学观有着重要影响，两者之间有着直接的渊源关系。

最后，在黑格尔的美学思想中贯穿着启蒙运动哲学家惯有的清醒的理性主义精神，既反对非理性主义、感伤主义等颓废文艺流派，也反对自然主义倾向。这在当时是具有一定的进步意义的。

但是，黑格尔的客观唯心主义的哲学世界观使其将绝对理念作为其美学理论的出发点，而在理性与感性的对立统一之中，理性又占据了统治的地位。这就从根本上使其美学思想成为一种头足倒置的理论。在他的美学思想中也渗透着德国资产阶级的妥协精神。这突出地表现在他在美学理想上只强调和谐静穆的中和之美，而在冲突论上将冲突的原因归之于双方的合理而片面，最后的解决是一种调和性的"和解"。这一切都表现了德国资产阶级的妥协性，说明其仍未摆脱德国庸人的气味。而且，黑格尔基本上抹杀了自然美的存在，否定了自然美是艺术美的源泉及其生动性、丰富性。这正如匈牙利著名美学家卢卡契所说，是"重蹈唯心主义所固有的蔑视自然的覆辙"①。另外，黑格尔将理想的艺术时代放在古代，明显地流露了向后看的悲观主义情绪。

---

①《卢卡契文学论文集》一，中国社会科学出版社1980年版，第426页。

试论黑格尔的艺术典型论

正如马克思主义哲学同黑格尔的辩证法有着直接的渊源关系一样,马克思主义的艺术典型论同黑格尔的艺术典型论也有着直接的渊源关系。因为,马克思、恩格斯尽管给予黑格尔的艺术典型论以唯物主义的改造,但他们还是从其中直接接受了一系列思想资料,并在基本观点上同黑格尔有一致之处。那么,马克思、恩格斯以及黑格尔在艺术典型问题上的基本观点是什么呢? 多年以来,真是众说纷纭。学术界有的同志将其概括为"共性说",有的则将其概括为"统一说"。最近一段时间,又有的同志将其概括为"个性说"。1978 年 12 月在上海召开的典型问题讨论会上,有些同志明确提出"个性出典型"的理论主张。《西北大学学报》1981 年第 2 期刊登的薛瑞生同志的文章《论典型的个性化道路及其他》,进一步阐述了"个性说"的观点。薛文认为:"艺术家只有在创作过程中紧紧抓住个性不放,时时排除共性的干扰,才能塑造出来真正独特的艺术典型,才有强大的生命力。"为此,他举出了马克思、恩格斯和黑格尔的有关论述作为其提出"个性说"的根据。关于黑格尔,他是这样说的:"十分清楚,黑格尔并没有将哲学上共性与个性的统一简单搬到美学上来,而他在美学上所强调的却是个性化。"我认为,这一将马克思、恩格斯与黑格尔的艺术典型论统统归结为"个性说"的理论是不符合实际的,而且在实践中也是有害的。因此,本文拟着重探讨黑格尔艺术典型论的基本内容,并简要论及它与马克思主义典型论的关系,以就正于薛瑞生及其他有兴趣的同志。

一

在西方美学史上,典型问题与其他问题一样,长期交织着理性派与感性派的斗争。理性派强调理性、普遍性,将典型归之于类型。感性派则从"纯然的感性"出发而强调个性。这当然都是形而上学的理论。德国古典美学一反上述形而上学观点,逐步形成了感性与理性、个性与共性融合的"整体说"。这种"整体说"的首创者是康德,完善者则是黑格尔。"典型"在德国古典美学中通常是被称作"理想"(ldeal)的。康德给"理想"所界定的含义是:"把个别事物作为适合于表现某一观念的形象显观。"①这里所说的"形象显观",就包含着不借助概念但却涉及概念的个别与观念相融合的意思。歌德在此基础上明确地提出了"整体说",他说:"艺术作品必须向人的这个整体说话,必须适应人的这种丰富的统一整体,这种单一的杂多。"②黑格尔则将这一"整体说"进一步丰富、完善,他将整个的艺术美都归之为"理想",并提出了著名的"美就是理念的感性显观"的定义。这里所说的"理念"包含有"普遍性""共性"的意思,所谓"感性"则包含"个别性"的意思,而"显观"则是两者的直接统一、互相渗透、融为一体。黑格尔说:"艺术的内容就是理念,艺术的形式就是诉诸感官的形象。艺术要把这

①朱光潜:《西方美学史》下卷,人民文学出版社1963年版,第395页。
②朱光潜:《西方美学史》下卷,人民文学出版社1963年版,第431页。

两方面调和成为一种自由的统一的整体。"①这种理性与感性、共性与个性的直接统一、融为一体就是德国古典美学的"整体说"的浅近含义。马克思、恩格斯虽然没有直接运用"整体说"的概念，但在实际上，他们对于"整体说"也是赞成的、接受的。我们可以举出下列论述加以证明：恩格斯在给拉萨尔的信中提出"较大的思想深度和意识到的历史内容，同莎士比亚剧作的情节的生动性和丰富性的完美的融合"②；马克思、恩格斯关于人物塑造应"更加莎士比亚化"而不要"席勒式地把个人变成时代精神的单纯的传声筒"③的论述，恩格斯关于"倾向应当从场面和情节中自然而然地流露出来""作者的见解愈隐蔽，对艺术作品来说就愈好"④等，这些观点都同"整体说"在实质上完全一致，都是要求在典型塑造中做到理性与感性、共性与个性融合渗透、直接统一为整体。

黑格尔认为，"正是概念在它的客观存在里与它本身的这种协调一致才组成美的本质"。⑤这就是说，在黑格尔看来，这种理性与感性、共性与个性直接统一的"整体说"揭示了艺术美的本质。既然是揭示了艺术美的本质，当然也就是揭示了艺术典型的本质。首先，"整体说"将艺术典型与哲学及科学区别了开来。黑格尔说："当真在它的这种外在存在中是直接呈现于意识，而且它

---

①[德]黑格尔：《美学》第 1 卷，朱光潜译，商务印书馆 1981 年版，第 87 页。

②杨柄编：《马克思恩格斯论文艺和美学》，文化艺术出版社 1982 年版，第 415 页。

③杨柄编：《马克思恩格斯论文艺和美学》，文化艺术出版社 1982 年版，第 412 页。

④杨柄编：《马克思恩格斯论文艺和美学》，文化艺术出版社 1982 年版，第 797、802 页。

⑤[德]黑格尔：《美学》第 1 卷，朱光潜译，商务印书馆 1981 年版，第 143 页。

的概念是直接和它的外在现象处于统一体时,理念就不仅是真的,而且是美的了。"①这里所说的"真",即"绝对理念"。哲学与科学都是对理念的认识,以抽象概念的形式出现。只有在理念不是以概念的形式出现而是与其个体的外在现象直接处于统一体时,才成为艺术美或艺术典型。这就告诉我们,在艺术典型中,理念或共性不是以其本来的概念的形式出现而是直接借助感性或个性的形式出现,是理性与感性、共性与个性的直接统一,即理念的感性化、共性的个性化。这就将"整体说"同目前我国理论界流行的"统一说"划清了界线。因为"统一说"所主张的不是理性与感性、共性与个性的直接统一,而是简单相加。其结果就不是使艺术典型成为通体和谐的"整体",而是将理性与感性、共性与个性拆散为两种分立的活动,使形象成为"挂在抽象思想上的一些装饰品"②。其次,黑格尔的"整体说"也将艺术典型同现实的生活现象与一般的艺术形象划清了界线。在黑格尔看来,艺术典型作为理性与感性、共性与个性直接统一的"整体",不仅是理性的感性化、共性的个性化,同时也是感性的理性化、个性的共性化。艺术典型中的感性与个别已不是具有现实价值的有生命的存在,而是属于观念范畴的心灵的产品。而且,"整体说"还要求这种经由心灵创造的个别的感性形式充分地表现出理性或共性,"把每一个形象的看得见的外表上的每一点都化成眼睛或灵魂的住所,使它把心灵显现出来"③。现实生活与一般艺术形象就做不到这一点,因为它们总不免在其个别的感性中掺杂着一些外在于理性

①[德]黑格尔:《美学》第 1 卷,朱光潜译,商务印书馆 1981 年版,第 142 页。
②[德]黑格尔:《美学》第 1 卷,朱光潜译,商务印书馆 1981 年版,第 50 页。
③[德]黑格尔:《美学》第 1 卷,朱光潜译,商务印书馆 1981 年版,第 198 页。

与共性的因素。

二

　　"整体说"在黑格尔的美学体系中占有极重要的位置,体现了他的最高的美学理想。他把艺术典型的整体性称作"和悦的静穆和福气",将其"作为理想的基本特征而摆在最高峰"①,并将达到这种整体性的要求作为伟大艺术家的标志。他还认为,只有通过独特性的创作活动,"从一个熔炉,采取一个调子",才能产生这种由"整一的心灵所创造的整一的亲切的作品"②。

　　黑格尔的"整体说"的提出不是偶然的。上面已经谈到,这是他对整个德国古典美学,乃至整个西方美学进行深刻总结的结果。他吸收了西方美学史上有关艺术美及艺术典型理论的一切积极成果,克服了其中种种形而上学的谬误,在辩证的理论基础上加以创造性发展而得出来的结论。同时,"整体说"的提出也是他的资产阶级人本主义思想的表现。欧洲资产阶级从文艺复兴到启蒙运动,经历了同封建的神学思想的长期斗争,从而发展了资产阶级的人本主义思想。这种人本主义思想表现在美学上,就是将人作为审美的对象、艺术表现的中心。康德早就指出,"所以只有'人'才独能具有美的理想"。③ 黑格尔的美学本身就是一曲关于人的颂歌。他认为,人是自在自为的、受到生气灌注而高度统一的整体,这就决定了以人为唯一表现对象的艺术美也必然是

---

①［德］黑格尔:《美学》第1卷,朱光潜译,商务印书馆1981年版,第202页。
②［德］黑格尔:《美学》第1卷,朱光潜译,商务印书馆1981年版,第376页。
③［德］康德:《判断力批判》上卷,宗白华译,商务印书馆1964年版,第71页。

充满生气的整体。

当然,这种"整体说"的提出还同黑格尔整个的哲学体系密切相关。因为,黑格尔把整个世界都看成是绝对理念自我认识、不断发展的结果,而艺术则是绝对理念经由逻辑、自然以及主观精神、客观精神等阶段之后,到了绝对精神阶段的表现之一。在艺术阶段,绝对理念尽管已开始认识自己,但与宗教、哲学相比还只是初级的,只是绝对理念的自身的一种感性直观的认识。在黑格尔看来,这时绝对理念尽管已经进入精神阶段,但还未能完全摆脱客观物质世界的束缚,而必须借助客观物质现象的形式来表现自己。但是,这种客观物质现象的形式本身已无实际价值,只不过是为了表现绝对理念而同其处于直接的统一之中。很明显,黑格尔的这种关于绝对理念演绎的哲学体系本身是唯心的、荒谬的,但其中所渗透的辩证法思想则是可贵的"合理内核",他的关于艺术典型的"整体说"就是其"合理内核"之一。

三

恩格斯指出,黑格尔的"最大功绩,就是恢复了辩证法这一最高的思维形式"①。同样,在黑格尔的艺术典型"整体说"中,最突出的贡献也在于集中地体现了辩证法的思想。因此,"整体说"不像"共性说""统一说""个性说"那样简单贫乏,其中包含着极其丰富的内容。

黑格尔"整体说"中辩证思想的表现,首先在于将艺术典型看作一个不断发展的过程,而不是将其看成静止的、僵化的。他在

①《马克思恩格斯选集》第3卷,人民出版社1972年版,第416页。

《美学》中为艺术典型的形成勾画了一个以否定为其中心环节的由抽象到具体的发展途径。由其客观唯心主义的体系决定,他认为艺术典型的形成是以绝对理念为其出发点的,开始是"一般世界情况",即处于背景性的和谐状态。这时,没有矛盾,因此,绝对理念还是抽象的。继之,发展打破了上述和谐状态,进入否定的环节,出现了分裂:一是分裂为情境,这是人物之间的关系,性格形成的外因;一是分裂为情致,这是人物的主要思想情感,性格形成的内因。内因和外因结合,促使人物行动,于是产生了尖锐矛盾冲突的情节,而性格就在情节中展开和形成。他认为,性格是普遍的理念在具体的个人身上融合成的"整体和个性",是"理想艺术表现的真正中心"。这样的"整体"和"中心"只有经历了从抽象到具体的矛盾发展过程才得以实现。正因为如此,理性与感性、共性与个性才不是互相分立或简单相加,而成为对立统一的互相融合。黑格尔认为,莎士比亚的《哈姆雷特》中的主人公哈姆雷特就是这样的共性与个性直接统一,融为整体的成功典型。原因就是,它以文艺复兴时代为其背景,以克劳迪斯的杀兄娶嫂为其情境,以人文主义思想为其情致,并在此前提下经历了尖锐而曲折的矛盾冲突,从而使其性格逐步由抽象到具体,最后成为理性与感性、共性与个性高度融合、密不可分的整体。在这个整体中,共性不仅是其本身,而且同时也是个性。同样,个性不仅是其本身,而且同时也是共性。例如,第三幕第四场哈姆雷特对母后葛忒露德的谴责,就既是其嫉恶如仇的个性特征,又表现了他的人文主义理想。这一点,是任何以形而上学观点为指导的人所不能理解的。因为正如恩格斯所说,形而上学家们是"在绝对不相容的对立中思维;他们的说法是:'是就是,不是就不是;除此以外,都是鬼话。'在他们看来,一个事物要么存在,要么就不存在;

同样，一个事物不能同时是自己又是别的东西"。① 所以，在形而上学的理论之中，共性只能是共性，个性只能是个性，而不能同时可以是其他。目前流行的"共性说""个性说"，乃至于"统一说"等，不就多少带有这种形而上学的味道吗？

此外，艺术典型经历了这样的由抽象到具体的矛盾发展过程，从而使其具有了极其丰富的内容。正如黑格尔所说，"每个人都是一个整体，本身就是一个世界，每个人都是一个完满的有生气的人，而不是某种孤立的性格特征的寓言式的抽象品"。② 因为，性格在经历了作为否定阶段的尖锐曲折的矛盾冲突之后，包含了前此一切环节所带来的特征，从而具有了极其丰富的规定性，成为活生生的有血有肉的人。黑格尔认为，荷马所塑造的希腊英雄阿喀琉斯就是这样的性格。他热爱自己的母亲、朋友，尊敬老人，有极强的荣誉感，也挚爱自己的情人。但他对敌人却异常凶恶，在特洛亚大将赫克托战死后，他愤怒地将尸体绑在车后，绕城拖了三圈。但当赫克托之父哭泣着来到他的营帐，他的心肠又软了下来，并亲切地握着老人的手。多么丰富而又复杂的性格啊！表面上看，甚至是充满着矛盾的、不可理解的。但黑格尔认为，"就性格本身是整体因而是具有生气的这个道理来看，这种始终不一致正是始终一致的"。③ 可见，如此纷纭复杂的美学现象只有运用"整体说"才能给以科学的解释。因为，艺术典型不是有限的某些性格特征的机械相加物，而是共性与个性直接统一的有生命的整体。这种有生命的整体既是统一的，有其内在的一致

①《马克思恩格斯选集》第3卷，人民出版社1972年版，第61页。
②［德］黑格尔：《美学》第1卷，朱光潜译，商务印书馆1981年版，第303页。
③［德］黑格尔：《美学》第1卷，朱光潜译，商务印书馆1981年版，第312页。

性，又是复杂的、矛盾的，可以在一定限度内承受各个矛盾的侧面
而保持自己的本色。例如，阿喀琉斯对赫克托的凶恶与对其父的
友善。这样对立的侧面在其性格的总倾向中是大致统一的。这
就正如黑格尔自己所说，作为有生命的整体的人，"不仅担负多方
面的矛盾，而且还忍受多方面的矛盾"。① 面对这样复杂的美学
现象，不论是"典性说""个性说"，还是"统一说"，都只能感到迷惑
不解。

　　黑格尔还进一步认为，正是由于艺术典型是理性与感性、共
性与个性直接统一的整体，因而具有寓无限于有限的根本特性。
关于这一点，康德早就有过论述。他在其《判断力批判》中认为，
艺术典型可以使人"联系到许多不能完全用语言来表达的深广思
致"②。他并以天帝宙斯手中的鸷鸟及其闪电为例，因为，这既可
象征天帝的赫赫威严，又可象征天帝的残暴无情。黑格尔继承并
发展了这一观点，明确指出艺术典型具有寓无限于有限的根本特
性。他说："美本身却是无限的、自由的。美的内容固然可以是特
殊的，因而是局限的。但是这种内容在它的客观存在中却必须显
现为无限的整体，为自由……"③其原因就在于艺术典型是理性
与感性、共性与个性直接统一的整体。他认为，在艺术创造中，理
性是无限的、自由的。感性或个别性则是同理性直接统一结成一
体的，亦即理性化了的。这样，这种量的直接统一就使产生出来
的成品发生了一个质的突变，使有限的感性和个别不仅是其自
身，而且具有了理性的性质，具有了无限的自由性。这就揭示了

---

①［德］黑格尔：《美学》第1卷，朱光潜译，商务印书馆1981年版，第312页。
②朱光潜：《西方美学史》下卷，人民文学出版社1963年版，第401页。
③［德］黑格尔：《美学》第1卷，朱光潜译，商务印书馆1981年版，第143页。

艺术典型的"以一当十""言有尽而意无穷"的特殊作用。对于这种无限自由的特殊作用,高尔基用艺术典型"远远的走出时代的范围之外,同时一直活到我们的今日"来加以概括,何其芳则借鉴别林斯基的论述提出了著名的"共名说"。总之,不管怎么说,艺术典型的作用都应该远远超出本身的个别形象的范围,而具有更广泛的,甚至是超越时代的概括意义。如果要拿出一个衡量艺术典型的标准的话,这就应该是重要的标准之一。要做到这一点,片面的"共性说""个性说"和机械的"统一说",都是不可能的。因为它们都没有完全摆脱形而上学的束缚。黑格尔在论述艺术典型的根本特性时就曾指出了两种代表性的形而上学的观点,一种是所谓有限知解力的观点,一种是所谓有限意志的观点。前者只注意感性、客体、个别,但因忽略了理性、主体和共性而不能获得艺术表现的自由。后者只注意理性、主体和共性,却因忽略了感性、客体和个别,同样也不能获得艺术表现的自由。其原因就在于片面地将感性与理性、个性与共性、客体与主体割裂了开来。黑格尔坚决反对这种孤立片面的美学观点,认为"如果把对象作为美的对象来看待,就要把上述两种观点统一起来,就要把主体和对象两方面的片面性取消掉,因而也就是把它们的有限性和不自由性取消掉"①。重温黑格尔的这些话,对于扭转我们文艺研究,特别是典型研究中的形而上学倾向是很有助益的。

四

那么,怎样才能使艺术典型成为理性与感性、共性与个性直

---

① [德]黑格尔:《美学》第1卷,朱光潜译,商务印书馆1981年版,第145页。

接统一的"有生命"的整体呢？那就要依靠艺术创造的特殊过程。
这种艺术创造的特殊过程,在德国古典美学中叫做创造性的想
象。黑格尔也是这样沿用的。这种创造性的想象就是我们通常
所说的形象思维过程,也就是典型化的过程。现在,我们需要进
一步弄清楚形象思维或典型化的特点。我们还是先来看黑格尔
的论述,他说:"在这种使理性内容和现实形象互相渗透融合的过
程中,艺术家一方面要求助于常醒的理解力,另一方面也要求助
于深厚的心胸和灌注生气的情感。"①可见,在黑格尔看来,形象
思维或典型化是思维的理性内容和感性的现实形象的直接统一,
是基于理性的理解力和基于感性的情感的高度结合。总之,形象
思维或典型化是思维与形象的直接统一,形象的思维化和思维的
形象化的统一。它们借助的手段是形象,而达到的目的却是思
维,既是形象又是思维,既是感性又是理性。或者,用黑格尔本人
的话来说,艺术创造对理性与感性来说是"停留在中途一个点上,
在这个点上纯然外在的因素与纯然内在的因素能互相调和"②。

　　首先,形象思维或典型化的过程是思维的形象化的过程。黑
格尔认为,"想象的任务只在于把上述内在的理性化为具体形象
和个别现实事物去认识,而不是把它放在普泛命题和观念的形式
去认识"。③ 这就是说,艺术的想象同哲学思考完全不同,艺术想
象是思维的形象化、理性的感性化,而在哲学思考中,思维与理性
则仍是以抽象的观念的形式出现。因而,这种思维的形象化就是
形象思维或典型化的最主要的特点,是其区别于其他思维形式之

---

①[德]黑格尔:《美学》第1卷,朱光潜译,商务印书馆1981年版,第359页。
②[德]黑格尔:《美学》第1卷,朱光潜译,商务印书馆1981年版,第201页。
③[德]黑格尔:《美学》第1卷,朱光潜译,商务印书馆1981年版,第359页。

处。黑格尔认为,在艺术里不像在哲学里,创造的材料不是抽象的思想而是丰富多彩的图形、现实的外在形象。从创造过程来说,艺术想象则是从对现实图形的记忆开始。由此可见,尽管黑格尔是客观的唯心主义者,但在具体的美学问题研究中却又常常十分注重现实,这正是他的可贵之处。

其次,形象思维或典型化的过程也是形象的思维化的过程。众所周知,黑格尔尽管非常重视思维的形象化、个性化,但他毕竟是个理性主义者,在形象思维或典型化的问题上,他更为重视理性、共性的作用。他十分不满当时十分流行的以"妙肖自然"为口号的自然主义理论,反对排斥理性的神秘主义倾向。他认为,在形象思维或典型化的过程中,理性具有驾御感性的作用。他说:"没有思考和分辨,艺术家就无法驾御他所要表现的内容(意蕴)。"①他甚至认为,艺术典型的创造从本质上来说是感性对理性的"还原"。他说:"艺术理想的本质就在于这样使外在的事物还原到具有心灵性的事物。"②这种所谓"还原"就是对于感性现象中不符合理性内容、个性中不符合共性的污点的一种"清洗",也叫做"艺术的谄媚"。正是通过这种"清洗"和"谄媚",达到形象的思维化、感性的理性化、个性的共性化。因此,黑格尔认为,形象思维或典型化不是对理性或共性的排斥,而倒是对纯然外在的偶然的个别的舍弃。他说,"理想就是从一大堆个别偶然的东西之中所拣回来的现实"。③ 可见,在对理性和共性的强调上,黑格尔倒的确是有些过分了,但薛瑞生同志却

---

① [德]黑格尔:《美学》第 1 卷,朱光潜译,商务印书馆 1981 年版,第 359 页。
② [德]黑格尔:《美学》第 1 卷,朱光潜译,商务印书馆 1981 年版,第 201 页。
③ [德]黑格尔:《美学》第 1 卷,朱光潜译,商务印书馆 1981 年版,第 201 页。

要把他归之为"个性说"的倡导者,这对黑格尔来说不真是一种冤枉吗?!

马克思曾经对黑格尔的哲学思想作过这样的概括:"在黑格尔看来,思维过程,即他称为观念而甚至把它变成独立主体的思维过程,是现实事物的创造主,而现实事物只是思维过程的外部表现。"①因此,马克思和恩格斯一致认为,黑格尔哲学最根本的弱点是:头足倒置。同样,黑格尔美学思想中的"整体说"也是头足倒置的。因为,在黑格尔看来,典型化亦是以绝对理念为其根源和出发点的,而在整个典型化过程中绝对理念和共性则占据了统治的地位。他所说的"还原"即是感性对理性的"还原"、个性对共性的"还原"。这些观点应该说都是唯心的、错误的,对后世某些艺术教条主义和唯心主义观点是有其坏的影响的。他的"整体说"的贡献仍是基本的,最主要的就是其中贯穿着辩证的思想,因此,马克思、恩格斯关于艺术典型的理论同其有着直接的继承关系。甚至连薛瑞生同志文中一再提到的卢那察尔斯基关于艺术典型的理论,也同黑格尔的艺术典型论一脉相承。例如,卢那察尔斯基在《萨姆金》一文中一再强调典型是"活生生的人",是"最普遍的典型特点","在纯个人的特点中得到自然的补充和充分的完成"。这里所说的就是共性与个性高度融合成为直接统一的"整体"。因此,我们一方面应该继承黑格尔"整体说"中的辩证思想,同时也应对其进行唯物主义的改造。具体说来,我们应该继承其艺术典型是共性与个性直接统一的整体,是一个辩证发展的过程,是丰富多样性与明确坚定性的统一等辩证的思想。同时,我们也要抛弃其以绝对理念为出发点的唯心主义观点,坚持在共性与个性直接统一的整体中个性是出

---

① 《马克思恩格斯选集》第 2 卷,人民出版社 1972 年版,第 217 页。

发点,个性制约共性的唯物主义思想。这样,我们就将真正清除艺术典型理论中的唯心主义和形而上学的影响,逐步做到以马克思主义的唯物辩证的观点给艺术典型这一美学和文艺理论中的基本问题以一个比较科学的解决。

车尔尼雪夫斯基与毛泽东
美学观之比较

　　1982 年是毛泽东同志的《在延安文艺座谈会上的讲话》(以下简称《讲话》)发表四十周年。在重新学习《讲话》时,将毛泽东同志所阐述的文艺与生活关系的理论与车尔尼雪夫斯基在同一问题上的成果加以比较,就能够更清楚地看到毛泽东同志在这一问题上的主要贡献,从而进一步认识到《讲话》的理论价值。车尔尼雪夫斯基是俄国十九世纪伟大的革命民主主义者,他的美学思想是马克思主义以前唯物主义美学的最高成就。他的杰出贡献是发表了著名的学位论文《论艺术与现实的审美关系》,在文艺与生活关系问题上批判了黑格尔的唯心主义观点,提出了著名的"美是生活"的命题。但由于历史条件和阶级局限,车尔尼雪夫斯基的美学思想仍是属于形而上学的机械直观的唯物主义。因此,普列汉诺夫正确地指出,"车尔尼雪夫斯基的美学见解仅仅只是正确的艺术观的萌芽"①。这里所说的"正确的艺术观",就是指马克思主义的艺术观。毛泽东同志是一位对马克思主义的美学和文艺理论,作了较为系统的阐述和发挥的重要理论家。特别是

---

① [俄]普列汉诺夫:《车尔尼雪夫斯基的美学理论》,吕荧译,《文艺理论译丛》第 1 期,人民文学出版社 1958 年版,第 139 页。

他的《讲话》,更是马克思美学与文艺理论宝库中的一篇极其重要的论著。它全面而深刻地论述了文艺的方向、作用和党的文艺工作方针。其中关于文艺与生活关系的论述,不仅吸收了车尔尼雪夫斯基的唯物主义思想,而且以马克思主义的革命的能动的反映论克服了车氏的直观的形而上学的弊病,从而闪烁着不灭的马克思主义的理论光辉。因此,将毛泽东同志关于文艺与生活关系的理论与车氏的同一理论加以比较,对于进一步深入研究毛泽东文艺思想就是十分必要的了。同时,目前研究这一问题也有着现实的意义。最近几年,文艺界发生了文艺是否高于生活与真实性问题的讨论。讨论中,有的同志撰文批判"文艺高于生活"的观点,就直接引用车氏关于"真正的最高的美正是人在现实世界中所遇到的美,而不是艺术所创造的美"的观点作为根据之一。① 有的同志则认为,艺术真实"必须以逼真作为根本前提",而艺术概括则会"失真"②。总之,不少同志将艺术的真实与生活的真实等同,并将这种生活的真实作为文艺的"生命"或"最高原则"。凡此种种,都说明车氏的机械直观的形而上学的美学思想在目前仍被一些同志所接受。但是,历史毕竟已经跨过了机械唯物论的阶段,而马克思主义的辩证唯物主义与历史唯物主义的出现也已有一百余年。因此,在文艺与生活问题上划清马克思主义与机械唯物主义的界限就十分必要了。纪念《讲话》发表四十周年,进一步学习和研究毛泽东文艺思想就是一个极好的机会。

---

①《人民日报》1979 年 4 月 12 日。
②《文艺理论研究》1980 年第 1 期。

一

在文艺与生活的关系问题上，毛泽东同志与车尔尼雪夫斯基的主要区别在于前者以实践的观点作为研究问题的根据，而后者则不是从实践的观点出发。这种离开人的社会实践来考察人的认识是一切旧唯物主义的通病。正如马克思所说，"从前的一切唯物主义，包括费尔巴哈的唯物主义的主要缺点是：对事物、现实、感性，只是从客体的或者直观的形式去理解，而不是把它们当作人的感性活动，当作实践去理解，不是从主观方面去理解"。① 根据这一段话的基本观点，我们先大体剖析一下车尔尼雪夫斯基的美学观和艺术观是如何缺乏实践的观点的，并同时对照地看一下毛泽东同志的有关观点。首先，我们来看一看车氏所说的"生活"的含义。车尔尼雪夫斯基认为，"美是生活"。那么，他对于"生活"是怎样解释的呢？翻开他的美学论著，我们就会发现，他是把生活看作作为人的生理本能的"生命"的。他在《现代美学批判》中说，"凡是我们可以找到使人想起生活的一切，尤其是我们可以看到生命表现的一切，都使我们感到惊叹，把我们引入一种欢乐的、充满无私享受的精神境界，这种境界我们就叫做审美享受"。② 很明显，他是把"生活"和"生命表现"同等看待的。在另外的地方，他又把"生活"说成是"活着""吃饱、住得好、睡眠充足"等。这些都是属于生理方面的内容。总之，在他看来，所谓"生

①《马克思恩格斯选集》第 1 卷，人民出版社 1972 年版，第 16 页。
②［俄］车尔尼雪夫斯基：《车尔尼雪夫斯基论文学》中卷，辛未艾译，上海译文出版社 1979 年版，第 23 页。

活"就是自然形态的"生命",因而是永恒的,既无历史的发展,又无阶级的社会的斗争。但这是对"生活"的曲解。普列汉诺夫曾用一个极好的例子驳斥了车氏的观点。因为车氏认为,花显示蓬勃的生命,引起人们的爱好。于是普列汉诺夫就反驳说,原始的狩猎部落尽管住在花卉繁多的地方,但却绝不用花来装饰自己。这就是说,"生活"不是什么永恒的生命及其显现,而是社会的历史的。按照马克思主义的观点,生活就是社会的实践。毛泽东同志在《讲话》中就曾明确指出,我们应从客观实践出发。在著名的《实践论》中,他将实践界定为以生产活动为基本内容,但又包括阶级斗争、政治生活、科学和艺术的活动等。后来,他更明确地将社会实践归之于生产斗争、阶级斗争和科学实验。不仅如此,毛泽东同志还在《讲话》中将社会实践归之为阶级的实践、群众的斗争,并提出了社会实践的时代性问题。这就将实践的观点同阶级观点、群众观点及历史观点统一了起来。这是毛泽东同志对于马克思主义"实践"含义的创造性发挥。其次,看一看车氏对文艺本质的理解。文艺的本质是什么呢?他认为,就是对现实的"再现",犹如印画和原画的关系。他说:"所以,艺术的第一个作用,一切艺术作品毫无例外的一个作用,就是再现自然和生活。艺术作品对现实中相应的方面和现象的关系,正如印画对它所复制的原画的关系,画像对它所描绘的人的关系。"①很明显,这种再现是一种刻板的原样复制,好似印画对原画的复制、镜子对物象的映照。这样,文艺创作就是一种直观的反映、纯客观的活动。对于这种直观的唯物主义文艺观,唯心主义者黑格尔倒作了十分

①[俄]车尔尼雪夫斯基:《艺术与现实的审美关系》,周扬译,人民文学出版
　社 1979 年版,第 86 页。

生动的批判。黑格尔认为,如果把文艺看作是一种对现实的复制,那么这种复制就完全是多余的。因为文艺用以复制的东西在现实中原已存在,而且以有限的艺术手段去复制繁复的现实生活也是白费气力,就像一只小虫爬着去追大象。黑格尔尽管是个唯心主义者,但他的上述分析应该说还是十分有道理的。最根本的问题还在于车氏没把文艺创作看成一种实践活动。这样就完全排除了创作中的主观作用,从而使文艺创作成为一种纯客观的复制。毛泽东同志向来是反对这种直观的唯物主义的。在哲学上,他一贯把"做或行动"(即实践)看作是主观见之于客观的东西,人类特有的能动性。运用于文艺创作,他则将其看作一种在社会生活的文艺原料的基础上的"创造性的劳动"。因而,他一方面强调社会生活是文艺的唯一源泉,同时又从深入生活、艺术创造、文艺的作用等各个方面十分强调作家的主观因素。这就全面而深刻地阐述了文艺与生活的关系,揭示了文艺作为一种实践活动的产品既源于生活又高于生活的本质。

二

　　车尔尼雪夫斯基由于离开了社会实践来考察文艺,这就不可避免地要在各个方面对文艺有所曲解。在文艺的作用上,车尔尼雪夫斯基把文艺看作现实的简单的"代替物",而将它的作用仅仅看作是借以唤起人们的"回忆"。他认为,尽管现实本身就是最完全的美,但是它并不总是呈现在人们面前。因此,"当一个人得不到最好的东西的时候,就会以较差的为满足,得不到原物的时候,就以代替物为满足"。① 这种"代替物"的作用就是"使那些没有机会直接欣赏现实中的美的人也能略窥门径；提示那些亲身领略过现实中的美而又喜欢回忆它的人，唤起并且加强他们对这种美的回忆"②。当然，作为一个试图改革黑暗现实的革命民主主义者，车氏也曾提到过文艺"说明生活""判断生活"，成为"生活的教科书"的问题。但后者显然是同文艺是现实的"代替物"和"回忆"相矛盾的。这当然反映了他的革命民主主义的政治立场同形而上学的唯物主义的哲学观的不一致之处，说明了他对旧唯物主义还是有所突破。但究其思想实质，他仍是一个旧唯物主义者，因而所谓"代替说"和"回忆说"乃是他对文艺作用的最基本的意见。这个意见实质上是将文艺看成照相式的纯客观的复写。这显然是对文艺作用的贬低。尽管这一理论的产生是一百多年以前的事情，但在今天却仍有其影响。近年，我国文艺界在"真实性"问题的讨论中，有的同志将"生活真实"作为文艺创作的最重要的目的就是例证。他们借用俄国十九世纪著名的批判现实主义作家契诃夫的话，将文艺的任务归结为"无条件的、直率的真实"。在文艺创作上，也出现了个别对罪恶和丑行展览的作品。

但是，文艺的作用难道真的就是提供这种纯客观的"代替物"，从而引起人们的"回忆"吗？难道它的任务真的是什么"无条件的、直率的真实"吗？如果真的是这样的话，那么摄影术的发明就完全可以取消一切文艺，因为它倒真的能提供各种"真实"的

---

① ［俄］车尔尼雪夫斯基：《艺术与现实的审美关系》，周扬译，人民文学出版社 1979 年版，第 84 页。

② ［俄］车尔尼雪夫斯基：《艺术与现实的审美关系》，周扬译，人民文学出版社 1979 年版，第 86 页。

"代替物"。怪不得当这种技术出现时，曾经遭到画家们的联名抗议。但这只不过是由于前人的无知而留给我们的一个笑话。事实上，摄影术的出现和发展并没有对艺术的发展有丝毫的影响。因此，马克思主义的以实践为指导的文艺观是根本排斥车氏的这种"代替说"和"回忆说"的。毛泽东同志在《讲话》中旗帜鲜明地将文艺作为改造世界、推动革命实践发展的一种武器。他指出，革命文艺应"作为团结人民、教育人民、打击敌人、消灭敌人的有力的武器"，并认为文艺是"对于整个革命事业不可缺少的一部分。如果连最广义最普通的文学艺术也没有，那革命运动就不能进行，就不能胜利"。① 事实上，毛泽东同志亲自召开延安文艺座谈会，目的就是为了研究革命文艺同整个革命工作的关系问题，以便更好地发挥革命文艺推动实践发展的作用。因此，他在这个会议上的整个讲话都是由此出发的。毛泽东同志的上述观点是将马克思主义的实践观点在文艺作用问题上的具体发挥和运用。因为，马克思主义告诉我们，旧唯物主义只是消极地把认识看作对世界的解释，而马克思主义则主张人们认识世界不只是为了解释世界，而且更重要的是为了改造世界。这正是人类的主观能动性的表现之一，是人类的根本特性，是其区别于动物之处。因为，动物只能被动地适应现实，而人却能能动地改造现实。人们在改造现实的实践中要借助于各种各样的手段，文艺就是其重要手段之一。因此，文艺创作如果仅仅是提供纯客观的"代替物"或"无条件的、直率的真实"，那就决不能起到改造世界的作用。车氏的"代替说"恰恰就是抹杀了文艺的改造世界的根本目的。

　　车氏的这种"代替说"由于主张一种纯客观的刻板的复制，因而

---

① 《毛泽东选集》第三卷，人民出版社1969年版，第805、823页。

也排斥了文艺诉诸形象、以情感人、鼓舞人们去改造世界的根本特征。十分难能可贵的是，毛泽东同志在以主要笔墨论证文艺推动革命实践的作用时并没有忘记以简洁而准确的语言指出文艺作用的重要特征。他说："革命的文艺，应当根据实际生活创造出各种各样的人物来，帮助群众推动历史的前进。"又认为文艺的作用是"使人民群众惊醒起来，感奋起来，推动人民群众走向团结和斗争，实行改造自己的环境"①。这里，已经涉及文艺发挥推动现实作用的特殊性问题。因为，人类改造现实的手段多种多样，文艺只是其中的一种。同其他的手段相比，同是推动现实前进，但文艺却有自己的特殊性，那就是通过自己特有的人物、形象，着重对人们进行感情上的熏陶感染，使之惊醒感奋，从而更加信心百倍地投入改造现实的斗争。文艺的这种通过形象以情感人的作用就是一种特有的美感教育作用。文艺的这种特有的美感教育作用说明，文艺作品决不是现实的纯客观的"代替物"，而是糅合着作者的浓厚的主观情感的"艺术品"。古往今来的文艺作品都充分证明了这一点。例如，杜甫诗《春望》诗，劈头四句："国破山河在，城春草木深。感时花溅泪，恨别鸟惊心。"这是杜甫在安史之乱时陷身长安对长安景物的描写。很明显，这里既不是纯客观的"代替物"，也不是"无条件的、直率的真实"。因为，草木之深尽管是实写，但山河之破却是作者的主观感受，而溅泪的花、发出惊心啼鸣的鸟则更是因作者的感时恨别而产生的主观感受了。"溅泪"是对花上朝露的比喻，既可喻为珍珠，亦可喻为明眸，但作者却喻为"溅泪"。"惊心"则是对鸟鸣的形容，既可形容为婉转，亦可形容为清脆，但作者却形容为"惊心"。这样的比喻和形容就渗透了作者有感于国家破败亲人离散的悲愤之情。

---

①《毛泽东选集》第三卷，人民出版社 1969 年版，第 818 页。

毛泽东同志的《娄山关》中"苍山如海，残阳如血"，以海喻山，血喻阳，就突出地表明了作者遵义会议后面对艰巨斗争而又满怀必胜信念的悲壮之情。

三

车尔尼雪夫斯基之所以将文艺的作用贬低为现实的"代替物"而只能引起人们的"回忆"，其原因是断定现实美高于艺术美。他的学位论文的主旨就是论证"艺术在艺术的完美上低于现实生活"①。他几乎是在反复论证这一观点。在谈到雕塑和绘画时，他认为这两种艺术在许多最重要的因素方面"都远远不及自然的生活"。音乐也"只是生活现象的可怜的再现"。诗同现实相比"显然是无力的，不完全、不明确的"②。他坚持上述现实美高于艺术美的理由，认为现实美是最高的真正的美，而艺术美则不是。为此，他以大量的篇幅驳斥了黑格尔关于艺术美产生于填补现实美缺陷的观点，从各个方面阐明了现实美是没有什么缺陷的，而艺术美倒有很多缺陷。就像有意识地针对车氏的上述观点，毛泽东同志在《讲话》中明确指出："人类的社会生活虽是文学艺术的唯一源泉，虽是较之后者有不可比拟的生动丰富的内容，但是人民还是不满足于前者而要求后者。"③不仅如此，毛泽东同志还具

①［俄］车尔尼雪夫斯基：《艺术与现实的审美关系》，周扬译，人民文学出版社 1979 年版，第 100 页。

②［俄］车尔尼雪夫斯基：《艺术与现实的审美关系》，周扬译，人民文学出版社 1979 年版，第 70、71、100 页。

③《毛泽东选集》第三卷，人民出版社 1969 年版，第 818 页。

体地分析了现实美与艺术美的优劣。按照毛泽东同志的观点,现实美的优点是最生动、最丰富、最基本,因而在这一点上说,"它们使一切文学艺术相形见绌"。但其缺点则是"自然形态的东西,是粗糙的东西"①。这就说明,作为以物质形式出现的自然形态的现实美,尽管有其丰富性、生动性,但却不免庞杂、琐细、混乱。这就是人民对它不满的原因。因为,人民对美的基本要求是能起到使人"惊醒""感奋"的美感教育作用。是否能起这种美感教育作用才应是"真正美"的标准。现实美因其具有庞杂、琐细、混乱、粗糙的缺陷,因而难以很好地发挥美感教育作用。但车氏却正是离开了人们对美应具有美感教育作用的基本要求,而以现实美的物质的自然属性作为"真正美"的标准。他说,"真正美"就是"能使一个健康的人完全满意的"②。这里所谓的"满意",即包括吃、穿、住在内的生理满足。在攻击艺术美时,他指责艺术"到现在还没有造出甚至像一个橙子或苹果那样的东西来"③。这种纯粹从对象的物质自然属性出发所提出的"真正美"的标准显然是离开了美的作用的基本范围,因而是荒唐的。因此,具体剖析一下车氏的"真正的最高的美正是人在现实世界中所遇到的美,而不是艺术所创造的美"④的命题,我们就会发现,这其实是建筑在人本主义的理论基础之上的、错误的。因此,车氏对现实美的缺陷的

①《毛泽东选集》第三卷,人民出版社 1969 年版,第 817 页。
②[俄]车尔尼雪夫斯基:《艺术与现实的审美关系》,周扬译,人民文学出版社 1979 年版,第 39 页。
③[俄]车尔尼雪夫斯基:《艺术与现实的审美关系》,周扬译,人民文学出版社 1979 年版,第 42 页。
④[俄]车尔尼雪夫斯基:《艺术与现实的审美关系》,周扬译,人民文学出版社 1979 年版,第 11 页。

辩护也就很难成立了。对于艺术美，毛泽东同志虽然认为在生动性、丰富性上远远不如现实美，但在发挥使人"惊醒""感奋"的美感教育作用方面却远远地高于现实美。这就是我们通常所说的六个"更"字，所谓"文艺作品中反映出来的生活却可以而且应该比普通的实际生活更高，更强烈，更有集中性，更典型，更理想，因此就更带普遍性"①。有的同志分别地解释了这六个"更"字的不同含义。我倒认为这样做不免烦琐，难以做到确切。因此，还是看其总的精神为宜。从总的方面理解，这六个"更"字正是针对现实美的作为自然形态的东西不免粗糙的缺陷提出来的。它正是文艺这一精神产品的特点，说明经过艺术的创造清除了物质形态所必不可免的各种杂质，从而使其能更好地发挥"惊醒""感奋"群众的美感教育作用，这正是对现实美的缺陷的一种弥补。因此，从这个意义上说，黑格尔将艺术归之于对现实美缺陷的弥补是没有什么错的。但他所说的美无非是绝对理念的体现，这就完全是唯心的了。毛泽东同志以"社会生活是文艺的唯一源泉"这一命题将黑格尔头足倒置的理论正了过来，从而同其唯心主义划清了界限。那么，艺术美高于现实美的命题有没有普遍性呢？有的同志反复强调《讲话》中关于文艺"比普通的实际生活"更高的提法，似乎在特殊的情况下现实美还可以高于艺术美。当然，任何比较都有前提，那就是得在两者性质相当的情况下，亦即两者都应是美。如果是一篇低劣的歪曲生活的文艺作品，那当然不能同生活中的典型人物比较。但如果具有了这样的前提，那艺术美高于现实美则是具有普遍意义的。《讲话》的最初版本，在谈到现实美与艺术美的关系时，还记载了毛泽东同志的

①《毛泽东选集》第三卷，人民出版社 1969 年版，第 818 页。

这样一段话,"活的列宁比小说戏剧电影里的列宁不知生动丰富得多少倍,但是活的列宁一天到晚做的事情太多,还要做许多完全和旁人一样的事……在这些方面,小说戏剧电影里的列宁就比活的列宁强"。这段话,十分形象地说明了艺术美高于现实美的普遍性。至于毛泽东同志所说的"普通的实际生活",只不过是以"普通"二字来形容现实美中包含着大量的平凡而芜杂的生活琐事,并不意味着某种特殊的现实美倒可以在其集中性和普遍性上高于艺术美。

那么,车尔尼雪夫斯基为什么会断言现实美高于艺术美呢?原来,他是根据对于艺术想象作用的贬低。他说:"'创造的想象'的力量是很有限的:它只能融合从经验中得来的印象;想象只是丰富和扩大对象,但是我们不能想象一件东西比我们所曾观察或经验的还要强烈。"[1]在他看来,艺术想象只能对对象进行量的"融合""丰富和扩大",而不能通过对对象进行质的创造使其比现实更"强烈"。当然,他曾谈到艺术想象具有借取、填补、改变等作用。但所谓借取只是场景的借取,填补则是个别空白的填补,改变也只是细节的改变,都还是属于量的范围。总之,在车氏看来,艺术想象只能对对象进行量的增加而不能进行质的改造,否认艺术想象是一种创造性的劳动。他曾明确表示,应以"独出心裁"或"虚构""来代替那过于夸耀的常用名词'创造'"。这种对艺术想象作用的贬低是贯穿全篇的要旨之一。与此相联系的,他还对艺术典型化进行了否定。当然,在艺术典型问题上他曾正确地反对过抽象概括的非艺术倾向,提出了"精华不是事物本身,茶素不是

---

①[俄]车尔尼雪夫斯基:《艺术与现实的审美关系》,周扬译,人民文学出版社 1979 年版,第 62 页。

茶，酒精不是酒"的名言。但他却完全否定了艺术的概括，并将个性化强调到不适当的程度。他认为一切个别都不会减损一般而只能增强其意义。现实生活中就存在着真正的典型人物，文艺家只需要对其进行摹拟，而不需要将其提高，因为"这提高通常是多余的"。说起来很有意思，那就是一百多年前车尔尼雪夫斯基讲过的话，我们在最近的关于文艺与生活关系的讨论中重又看见。例如，有的同志将艺术比作"淘金"，认为"金子原来是自然界里固有的，人们只能去发现它、提炼它，而不能脱离自然界去创造"（《人民日报》1979 年 4 月 12 日）。还有的同志则反对高度的艺术概括，认为"高度概括，会导致对生活的高度净化，使艺术图画失真，高度概括，又会导致对生活的高度浓缩，使艺术形象丧失自然形态的生活现象的真实感"（《文艺理论研究》1980 年 1 月）。总之上述种种充分说明在车氏及与其观点相同的人看来，艺术创作完全是一种机械的活动，而艺术的想象倒反而会歪曲现实。但毛泽东同志却站在革命的能动的反映论的高度，对艺术创作活动的想象能力作了充分的肯定。他不仅将它称作是一种"创造性的劳动"，而且进一步对这种"创造性的劳动"作了具体的阐述。他说，"例如一方面是人们受饿、受冻、受压迫，一方面是人剥削人、压迫人，这个事实到处存在着，人们也看得很平淡，文艺就把这种日常的现象集中起米，把其中的矛盾和斗争典型化，造成文学作品和艺术作品"，这样的作品就能充分发挥美感教育作用，推动人民群众实行改造自己的环境。当然，由于《讲话》的着重点在于阐述党的文艺方针而不是文艺创作的专论，因而上述观点并未展开，但对于艺术创作问题已给了我们一个总的理论上的纲要。这就是说，在毛泽东同志看来，艺术的创作或想象是一种实践性的"创造性的劳动"，是在现实生活基础上的一种艺术典型化的过程。毛泽东同志的这些观点揭示了艺术劳动的本质,是马克思主义的实践理论在艺术创造中的运用,说明了艺术创作不是什么刻板的"摹拟"或机械的"沙里金",从而同机械直观的艺术理论划清了界限。众所周知,马克思主义的实践理论认为,人类的一切实践活动都是具有相当大的主观能动性的,一种创造性的活动,是对对象的一种本质上的改造。这种能动性着重表现在人类的实践活动具有某种明确的意图性和目的,是使自然适应人的需要,而不是使人去适应自然的需要。马克思为了说明人类实践活动的这一特点,曾形象地将蜜蜂的活动和建筑师的活动加以比较。他说:"蜘蛛的活动与织工的活动相似,蜜蜂建筑蜂房的本领使人间的许多建筑师感到惭愧。但是,最蹩脚的建筑师从一开始就比最灵巧的蜜蜂高明的地方,是他在用蜂蜡筑蜂房以前,已经在自己的头脑中把它建成了。劳动过程结束时得到的结果,在这个过程开始时就已经在劳动者的表象中存在着,即已经观念地存在着。他不仅使自然物发生形式变化,同时他还在自然物中实现自己的目的,这个目的是他所知道的,是作为规律决定着他的活动的方式和方法的,他必须使他的意志服从这个目的"(《资本论》第 1 卷第 202 页)。这就深刻地揭示了人类实践活动的主客观统一的根本特点,说明实践的结果不仅使对象发生形式的量变,而且按照人的目的使其发生质变。由此可知,人类的艺术劳动作为一种实践活动当然也是一种主客观的统一,是按照人类的某种目的对现实的一种本质的改造。但是,艺术实践又是一种不同于其他实践的特殊的实践活动。它的特殊性就集中地表现在不是凭借抽象思维的手段,而是凭借艺术的想象来实现对现实的改造。这里所说的艺术想象也即艺术典型化的过程。它不同于抽象思维由生动的直观到抽象的概念的抽象概括,而是个性化与概括化,感性化与理性化同时进行的艺术概括,因为,所谓"想象"就是一种在已有形象基础之上的新的形象的创造,在其整个过程中始终不离开具体可感的形象。而形象却是个别与一般、感性与理性的统一。但对于现实生活中的感性事物,这种统一是低级的。个别常常不免外在于一般,而感性则同理性相游离。而艺术的想象或典型化就是借助于人的主观能动性,在现实的基础上创造出新的形象,使这种统一的程度不断提高,达到个别与一般、感性与理性、客观与主观的高度的直接统一为整体,即在个别中直接渗透着一般,在感性形式中溶化着理性的内容,在客观的事件与人物中激荡着作者强烈的爱憎褒贬的生观情感评价。这样的艺术形象就是通常所说的典型形象。这种艺术想象或典型化的过程不是什么抛开个别抽象地"浓缩"精华的过程,而是一种始终以个别为基础对其进行艺术的提炼、加工、改造而使其直接、集中地体现一般的过程。因而,艺术想象或典型化的结果不是"失真",而是更具有了艺术的真实。这种艺术的真实决不单纯是什么"无条件的、直率的真实",或是什么"真实地反映了客观实际",而是真、善、美的统一。只有这样的艺术真实才是艺术的生命,也才能发挥文艺特有的美感教育作用。

在古今中外的文艺史上,这种通过艺术想象或典型化对生活素材进行质的改造从而提高了素材美学价值的例子几乎俯拾皆是。举世闻名的列夫·托尔斯泰晚年所创作的长篇小说《复活》就是根据作者听到的一个真实的故事创作的。原来的故事中玛斯洛娃同意与聂赫留道夫结婚,但作者从真善美统一的艺术真实的角度断定这一切都是"不真实的、虚构的、软弱的"。因而他毅然把这一结尾一笔勾掉而改成玛斯洛娃拒绝结婚并被错判罚为苦役,这就大大地增强了作品的悲剧效果和在更大的范围内对黑暗社会的控诉力量。这样的改造和提高乃是十分必要的,正是伟大的艺术家的创造能力的表现。我国当代著名的女作家杨沫在谈到她的长篇小说《青春之歌》时,就一方面承认自己作品中的主人公"基本都是真实的",但接着作者又指出,"但是这种真实只是生活的真实,它是不够全面的,现在,我要告诉读者另外的一种真实——这就是艺术的真实。一部文艺作品,要想说服人、感动人,要想有较高的典型意义,根据完全的真人真事常常是不易写好的,因为即使长英雄人物,他一个人所经历的生活和斗争不见得都够典型,都是那么曲折动人,所以文学作品常常要讲究集中和概括"。例如,主人公林道静,其中就表现了作者本人的一部分生活事实,但又集中了许多女革命知识分子的生活和斗争,是经艺术加工、提炼而成的。这些事实都雄辩地证明了毛泽东同志关于艺术创造论述的正确性。

四

车尔尼雪夫斯基不仅否定了艺术想象和典型化,而且否定了艺术创作中一切主观的因素,最主要的就是对浪漫主义创作方法的否定。他对浪漫主义简直到了深恶痛绝的地步,在《俄国文学果戈里时期概观》一文中认为,浪漫主义"是对生活的做作、狂热、虚伪见解的表现","要把人引导到空想和庸俗、自耀和自夸里","歪曲了人的智慧和道德力量"[1]。进而,他表示了自己同浪漫主义斗争的决心,要做到"文学上的浪漫主义这个名字完

---

[1]《车尔尼雪夫斯基论文学》上卷,辛未艾译,上海译文出版社 1978 年版,第 345 页。

全被人忘却"①。也就是说,他发誓将浪漫主义从文艺领域中一笔勾销。对于车氏的这种决心和义愤,联系到他所处的特定时代,我们是可以理解的。原来在十九世纪初期的俄国,消极浪漫主义在文艺领域占据着统治地位。它粉饰黑暗的现实,鼓吹空幻的"理想",引导人们逃避现实的斗争。这就使消极浪漫主义在某种程度上起到了帮助沙俄统治维护现有秩序、麻痹人民革命斗志和反对革命的反动作用。车氏面对这样的现实,在机械唯物论的指导下,从革命民主主义的立场出发,必不可免地要怀着满腔的愤怒起而反对消极浪漫主义,乃至反对一切浪漫主义。

　　历史证明,某种社会现象常常会在不同的时代重演。在打倒"四人帮"之后的中国,人们面对着"四人帮"以及极"左"思潮统治文艺领域时期所充斥于文坛的大量"假、大、空"的所谓"浪漫主义文艺",面对着一系列虚伪的"高大完美的英雄人物",于是以抑制不住的嫌恶之情将这些东西抛弃。但同时,有些人也在抛弃这些"假、大、空"文艺的同时,抛弃了浪漫主义和"革命现实主义与革命浪漫主义相结合"的创作方法。有人认为,"两革结合"的创作方法在理论上是错误的、实践中是有害的,所以,只应采用写"客观真实"的现实主义的一种创作方法。

　　但是,愤怒不能代替科学。事实证明,车尔尼雪夫斯基对"浪漫主义"的彻底否定正是其机械的直观的唯物主义世界观的反映。因为,这种世界观完全否定了人的主观能动性和认识对现实的反作用,由此也必然连带地否定了文艺所应包含的反映主观理想和愿望的浪漫成分。事实上,车氏作为一个革命民主主义者也

①《车尔尼雪夫斯基论文学》上卷,辛未艾译,上海译文出版社1978年版,第347页。

不得不在自己关于美的定义中将"应该如此的生活"包含于其中。所谓"应该如此的生活"就是"理想的生活",在文艺中就是浪漫主义的因素。这本身就雄辩地证明了他对浪漫主义的完全否定是偏颇的。

　　毛泽东同志与周恩来同志是一直既重视革命的现实主义,又重视革命的浪漫主义的。他们充分地肯定了斯大林与高尔基提出并倡导的社会主义现实主义创作方法。因为,这个创作方法"要求艺术家从现实的革命发展中真实地、历史地和具体地去描写现实。同时艺术描写的真实性和历史具体性必须与用社会主义精神从思想上改造和教育劳动人民的任务结合起来"①。这就不仅突出地强调了革命的现实主义,而且将革命浪漫主义作为社会主义现实主义创作方法的一个不可或缺的有机组成部分。毛泽东同志进一步发展了社会主义现实主义的创作方法,经过前后二十余年的酝酿提出了"两革结合"的创作方法。早在抗日战争时期,毛泽东同志就提出了"抗日的现实主义,革命的浪漫主义"。1938 年,周恩来同志在鲁迅逝世两周年纪念会上的讲话中论述鲁迅作品的精神时,说道:"一般常常争论的现实主义与浪漫主义的问题,在鲁迅作品中可得到正确的解答。一种写实的作品,没有不受环境的影响和加以主观见解的。只有主观上抓住最现实的生动材料,起了极深刻的反映,能产生出成功的作品。现实离不开环境及物质的支配,而同时又须有主观的选择,包含了理想的见解,并暗示着光明——奋斗目标,这必然是个好作品,正是鲁迅作品的精神。"由此可见,在周恩来同志看来,鲁迅作品的精神就是现实与理想的结合。1958 年,毛泽东同志提出,应把革命干劲

①《苏联文学艺术问题》,曹葆华等译,人民文学出版社 1953 年版,第 13 页。

与求实精神统一，"这在文学上叫做革命的现实主义和革命的浪漫主义的统一"。周恩来同志于1959年5月3日在《关于文化艺术工作两条腿走路的问题》的讲话中更为明确地对"两革结合"创作方法进行了阐述。他说，"既要浪漫主义，又要现实主义，即革命的现实主义与革命的浪漫主义的结合。就是说，既要有理想，又要结合现实。没有理想的艺术作品，干巴巴的，和照相一样。况且照相也还要有艺术性。主导方面是理想，是浪漫主义。我们要提高我们的生活，使我们的生活和情操更美化、高化"。

毛泽东同志和周恩来同志对"两革结合"创作方法的论述是完全符合文艺创作的客观规律的。因为，文艺创作作为社会生活在文艺家头脑中的能动的反映，既包括客观方面，也包括主观方面。这就使文艺本身既包含着现实主义因素，又包含着浪漫主义因素，纯客观的文艺是根本不存在的。而且，马克思主义的唯物论的反映论对文艺所提出的改造现实、推动历史的要求，就更突出了文艺应包含着理想的浪漫主义的因素，以便使文艺成为促进革命实践的巨大精神力量。当然，脱离现实的空幻的浪漫主义是不会起到这样的作用的，只能将理想植根于革命的现实，将浪漫主义建立于现实主义的基础之上，做到革命现实主义与革命浪漫主义的有机结合。这是新的时代的要求，也是马克思主义的建立促使文艺创作方法所发生的质的巨变。如果说，十九世纪中期车尔尼夫斯基曾经在创作方法上陷入了无可解决的矛盾，那么，我们今天完全应该从这种矛盾中走出来，既要坚持革命的现实主义，又要坚持革命的浪漫主义。当然，也为两者的高度统一而继续努力，以便在文艺领域高高地举起共产主义的旗帜，使我们的文艺成为推动"两个文明"建设和实现共产主义理想的号角。

五

机械的直观的唯物主义既然完全否定主观在文艺创作中的作用,那就必然会否定世界观在文艺反映生活中的极重要的作用。车尔尼雪夫斯基作为一个人本主义者,就曾经把文艺作为人的本性的追求之一种。他说:"在人的每一种行动中都贯穿着人的本性底一切追求,虽然其中之一,在这方面也许特别使人感到兴味。因此连艺术也不是因为对美的(美的观念)抽象底追求而产生的,而是活跃的人底一切力量和才能底共同行动。"①这段话告诉我们,由于车尔尼雪夫斯基把文艺创作看作是一种"人的本性"的追求,那就必然否定作家的立场和观点在文艺反映生活中的作用。当然,车氏作为一个革命家,他的激进的民主主义革命观点又常常不免同他的人本主义有抵触,因而对其有所突破。例如,他就曾要求文艺家认识自己的使命,"不是诗人个人幻想底消闲玩乐,而是人民自觉底表达者,并且是推动人民顺着历史发展道路前进的强大动力之一"。②但车氏终究没有完全摆脱机械唯物论和人本主义的束缚,因而没有给予文艺家的世界观在文艺反映生活中的作用以明确的论述和强调。此后,一些后继者们则更为明确地否定了世界观在文艺反映生活中的作用,将真实性问题同世界观脱离开来。这就出现了长期以来关于反动的世界观和

①《车尔尼雪夫斯基论文学》上卷,辛未艾译,上海译文出版社 1978 年版,第423 页。
②《车尔尼雪夫斯基论文学》上卷,辛未艾译,上海译文出版社 1978 年版,第328 页。

先进的创作方法的不一致的讨论。前些时候,王若望同志重又提出现实主义原则在作品里表现了和自己原来的政治观念相反的问题。①

　　对于上述问题,毛泽东同志在《讲话》中早就进行了马克思主义的正确论述。作为一个马克思主义的实践论者,毛泽东同志是十分重视世界观在文艺反映生活中的重要制约作用的。因此,他在《讲话》中把文艺创作的中心问题归到"为什么人服务"这一世界观的核心问题之上,认为"为什么人的问题,是一个根本的问题,原则的问题"②。这一论断集中地体现了马克思主义实践论关于"必须在改造客观世界的同时改造主观世界"的观点。作为文艺创作,它对客观世界的改造是通过文艺作品的手段来实现的,因而首先必须改造文艺家的作品,使其在对生活的反映上具有更高的艺术真实性。要做到这一点,非常重要的条件就是必须使文艺家通过革命的实践树立正确的世界观。鉴于当时的多数文艺工作者是从国统区刚到根据地,世界观基本上是小资产阶级的,因此,毛泽东同志特别着重地强调了世界观的转变问题,并以实践的观点从源泉、创作和作品等各个方面阐述了世界观对反映生活的重要制约作用。

　　在源泉问题上,毛泽东同志在马克思主义的文艺理论史上首次提出了"人民生活"的概念。他说:"作为观念形态的文艺作品,都是一定的社会生活在人类头脑中的反映的产物。革命的文艺,则是人民生活在革命作家头脑中的反映的产物。"③这就告诉我

---

① 《文艺研究》1981 年第 1 期。
② 《毛泽东选集》第三卷,人民出版社 1966 年版,第 814 页。
③ 《毛泽东选集》第三卷,人民出版社 1966 年版,第 817 页。

们,即使在获取创作源泉时,文艺家也决不是纯客观的,而是要受着立场、世界观制约的,他总是在一定的立场和世界观的指导下选择自己作品所反映的生活范围和角度。革命或进步的文艺则是革命或进步的文艺家在革命或进步的世界观的指导下对人民斗争实践的反映,即使表现反动黑暗的生活现实,也是从人民斗争的角度。例如,同是描写封建恶霸西门庆,《水浒传》就着重反映武松为兄报仇、铲除邪恶,而《金瓶梅》则侧重于反映西门庆罪恶生活的种种细节。两相对照,应该显示了两位作者在世界观上的差距。

在创作问题上,毛泽东同志提出了态度的问题,也就是歌颂谁暴露谁的问题。他鲜明地指出,"你是资产阶级文艺家,你就不歌颂无产阶级而歌颂资产阶级;你是无产阶级文艺家,你就不歌颂资产阶级而歌颂无产阶级和劳动人民:二者必居其一"①。这里所说的歌颂与暴露,即文艺家对描写对象的爱憎褒贬的感情评价。这种主观的感情评价是任何文艺家都必然会有的,即便是以客观主义标榜的文艺家也不能例外,只不过有明显与不明显之分罢了。这种爱憎褒贬的感情评价属于情感的范畴,主要由文艺家的立场、观点决定。

对于文艺创作的成果——作品,毛泽东同志则提出了政治性与真实性的关系问题。这里所说的政治性,是指作品中通过艺术形象流露出来的政治倾向性,而真实性则是指作品的艺术真实的程度。在马克思主义看来,政治倾向性对于艺术真实性具有极为重要的制约作用。政治倾向反动的作品,也许有某种单纯史料或艺术的价值,但却决不能真正达到艺术的真实,即实现真善美的

① 《毛泽东选集》第三卷,人民出版社 1966 年版,第 829 页。

统一。某些文艺家政治观点中包含落后反动的因素,但却创作出具有相当艺术真实的作品。这不是世界观和创作尖锐矛盾的表现,而只是证明在创作的实践中文艺家已对某些政治观点作了修正。我们革命文艺家世界观上的先进性则为我们创作的文艺作品达到真善美的统一提供了最重要的条件。正因为如此,毛泽东同志断言,"我们的文艺的政治性和真实性才能够完全一致"①。当然,毛泽东同志关于世界观和创作的关系还讲了另外一段话。他说,"马克思主义只能包括而不能代替文艺创作中的现实主义"。② 这就告诉我们,世界观虽然对文艺反映生活有重大的制约作用,但文艺还有自己的相对独立性和反作用,世界观与文艺创作、政治性与真实性之间不平衡的现象是大量存在的。因此,一个革命的文艺工作者不仅要通过革命实践树立马克思主义的世界观,而且还要努力学习艺术创作的方法,这样才能真正地在正确世界观的指导之下,做到政治性与真实性的完全一致。

　　总之,正是基于对世界观在文艺反映生活中的重要制约作用的充分认识,毛泽东同志才在《讲话》中反复号召广大革命的文艺工作者积极投身到革命的实践中去,投身到广大工农兵群众中去,树立正确的世界观,创作出真实地反映三大革命斗争实践的优秀作品。毛泽东同志说:"中国的革命的文学家艺术家,有出息的文学家艺术家,必须到群众中去,必须长期地无条件地全心全意地到工农兵群众中去,到火热的斗争中去,到唯一的最广大最丰富的源泉中去,观察、体验、研究、分析一切人,一切阶级,一切群众,一切生动的生活形式和斗争形式,一切文学和艺术的原始

---

① 《毛泽东选集》第三卷,人民出版社 1966 年版,第 823 页。
② 《毛泽东选集》第三卷,人民出版社 1966 年版,第 831 页。

材料,然后才有可能进入创作过程。"①实践证明,这段闪耀着马克思主义实践论光辉的话虽然是四十年前说的,但仍是至理名言,并应作为一切革命文艺工作者的座右铭。我们今天面临的是更加繁复的四个现代化的伟大现实,一切革命文艺工作者肩负为人民和社会主义服务的重任。因此,为了更好地反映现实,创作出促进四化、振奋群众的文艺作品,我们应沿着老一代革命文艺工作者的脚印,投身到四化的建设者与保卫者的斗争行列中去,在实践中和群众中树立正确的世界观,坚持四项基本原则,创作出无愧于我们伟大时代的、具有高度艺术真实的优秀作品。这就是一个马克思主义者在回顾历史、重温毛泽东同志的遗训时所应得出的正确结论。

在结束本文之前,我们要特别说明一下,尽管在这篇文章里,我们对车尔尼雪夫斯基颇多微词,但这只不过是站在今天的时代的角度,只在将他的文艺思想同毛泽东同志的成果相比较时才这样做。实际上,车氏在他所生活的时代仍不失为最伟大的理论家之一。他虽然只在自己革命活动的初期以短暂的时间从事美学与文艺的研究,但无论在理论的勇气上和所取得的成果上都为后人树立了光辉的榜样。因此,毛泽东同志和车尔尼雪夫斯基都不愧是历史的巨人,他们之间的差距也完全是历史的。此外,本文还涉及我国文艺界近年来在真实性问题讨论中的一些观点。对此需要说明的是,这些观点的出现不是偶然的,而是有其历史原因的。那就是我国1957年以后,受到极"左"思潮的干扰,特别是经历了十年浩劫中"四人帮"的破坏,文艺的真实性问题被完全颠倒,出现了大量的美化现实、掩盖矛盾、鼓吹空幻的理想的作品。

①《毛泽东选集》第三卷,人民出版社1966年版,第817页。

面对这样的现状，在拨乱反正中人们对真实性问题重新提出来讨论、研究，从不同的角度探讨，乃至美学史上已被淘汰的观点重又出现。这是毫不奇怪的。一方面说明探讨者正本清源，总结历史经验的积极态度，另一方面也说明理论的途程同任何事物一样，不是笔直的，而是曲折的。面对这样的情况，我们坚信，一切探讨者都会始终坚持在马克思主义的指导下，通过对文艺现实的正确总结而得出结论。因为，我们的文艺理论工作同任何工作一样，应在原有的基础上前进。马克思主义的经典作家们已经在文艺理论的一系列基本问题上批判唯心主义和旧唯物主义，取得了巨大的成绩。他们的理论成果同其前人相比已经高出了一个或几个逻辑层次。这就包括毛泽东同志四十年前发表的《讲话》。实践证明，这是一篇远远高出唯心主义和旧唯物主义的马克思主义的文艺理论巨著。当然，它也不可避免地有其时代特点。但其中的许多基本观点，特别是关于工农兵方向和文艺与生活的理论都已被历史证明是完全正确的。对此，我们一定要很好地研究和继承，并在新的历史条件下进一步丰富发展。

车尔尼雪夫斯基美学思想评述

马克思在《资本论》中将车尔尼雪夫斯基评价为"俄国的伟大学者和批评家"①。列宁则将他称之为"彻底得多的、更有战斗性的民主主义者"②。这些话，非常准确地概括了车尔尼雪夫斯基战斗的一生。他作为一个革命民主主义者和战斗的唯物论者，为推翻沙俄统治，为俄国人民的解放献出了自己的一生。早在1848年，他就曾说过："只要我确信我的这些信念是正义的，确信它们会取得胜利；只要我将来仍坚信它们会取得胜利，即使我（不能）看到它们胜利和取得统治地位，我也不会感到惋惜，并且我会含笑而死，瞑目而逝。"他正是凭借着这样的信念，并从革命的需要出发，开始自己的哲学、经济学和美学研究。在美学研究方面，他于1855年发表了他的主要美学著作《艺术与现实的审美关系》，并于同年发表了《俄国文学果戈里时期概观》，从文学史的角度论证了自己的现实主义美学观点。1856年发表了《莱辛，他的时代，他的一生与活动》。这是一部作家评传，通过全面评述德国伟大的启蒙主义戏剧家、美学家莱辛来阐述自己的革命的美学理论。此外，他还于1854年前后写作了《现代美学概念批判》《论滑稽与

---

① 马克思：《资本论》第1卷，人民出版社1975年版，第17页。
② 《列宁论文学与艺术》，人民文学出版社1983年版，第161页。

崇高》等论文。

车尔尼雪夫斯基美学思想的基本之点可用他在《艺术与现实的审美关系》的最后所说的一段话来加以表述。他说:"这篇论文的实质,是在将现实和想象互相比较而为现实辩护。"①这一观点是贯穿于其他一系列美学观点的。那么,车尔尼雪夫斯基为什么要以这样的观点作为其美学思想的基本之点呢? 他的根据和出发点是什么呢?

从政治上看,他的美学思想的基本之点是建立在反对封建专制、要求彻底解放农奴的民主主义思想之上的。车尔尼雪夫斯基首先不是作为一个学者,而是作为一个革命家来研究美学的。他站在革命民主主义的立场之上,充分意识到反对封建专制的革命重任。并且,鉴于十二月党人起义失败的教训,他还认识到要完成这一重任必须开展广泛的启蒙运动,以唤起广大民众。在当时俄国,启蒙运动的主要表现不在哲学和其他社会科学方面,而在文艺方面。这是由于文艺本身是一种宣传革命思想的比较方便的手段。同时也由于当时俄国的现实主义文艺运动已由普希金、果戈里和别林斯基等人开创和总结,而有相当的水平和影响。因此,车尔尼雪夫斯基毅然投入文艺运动,致力于美学的研究。正是因为从这种启蒙主义的革命要求出发,所以他主张文艺应当摆脱幻想而面对现实,也就是要求文艺反映生活、对现实生活起到推动、促进的作用。他十分赞赏别林斯基的这样一种观点:"文学得认识本身的使命——它不是诗人个人幻想的消闲玩乐,而是人民自觉的表达者,并且是推动人民顺着历史发展道路前进的强大

---

① [俄]车尔尼雪夫斯基:《艺术与现实的审美关系》,周扬译,人民文学出版社 1979 年版,第 100 页。

功力之一。"①他还极力推崇普希金的这样几句诗："因为我用竖琴唤醒了善良的感情，因为依仗诗句的美我是有益的，为了没落的人呼求过怜悯，我就永远能够和民众接近。"②他还在总结果戈里的创作道路时说，"他直率地认为自己是一个他的使命不是为了艺术，而是为了祖国而服务的人；他对自己这样想过：我不是诗人，我是公民"③。在这里，车尔尼雪夫斯基表面上说的是果戈里，实际上讲的是自己。他就正是首先从祖国和人民的需要出发，从当时的革命任务出发，才勇敢地站出来"为现实辩护"，提出了"生活即美"的响亮口号。

从理论上看，他的美学思想的基本之点是建立在直观的唯物主义和人本主义世界观之上的。任何理论家都是以哲学思想作为他的世界观的核心，作为其他思想观点的基础和理论出发点。车尔尼雪夫斯基也是如此。他之所以会认为现实高于想象而为现实辩护，就是由其直观的唯物论世界观决定的。在车尔尼雪夫斯基时期的俄国，思想领域占统治地位的仍然是黑格尔的客观唯心主义。但车氏却不随时俗，而是师承于同黑格尔对立的费尔巴哈唯物主义。关于车氏与费尔巴哈的继承关系问题，在俄国和后来的苏联是一直有争论的。普列汉诺夫、卢那察尔斯基等认为车氏是费尔巴哈的信奉者。但另有一部分人则认为费尔巴哈对车氏的影响是次要的，对他影响最大的是当时俄国的革命民主主义

①［俄］车尔尼雪夫斯基：《俄国文学果戈理时期概观》，《车尔尼雪夫斯基论文学》上卷，辛未艾译，上海译文出版社 1978 年版，第 328 页。
②［俄］车尔尼雪夫斯基：《俄国文学果戈理时期概观》，《车尔尼雪夫斯基论文学》上卷，辛未艾译，上海译文出版社 1978 年版，第 248 页。
③［俄］车尔尼雪夫斯基：《俄国文学果戈理时期概观》，《车尔尼雪夫斯基论文学》上卷，辛未艾译，上海译文出版社 1978 年版，第 248—249 页。

者赫尔岑、别林斯基。关于这个问题的争论,其意义不是太大。因为费尔巴哈同赫尔岑、别林斯基等人在思想的发展上遵循着同一的由唯心到唯物的道路。车氏本人对他与费尔巴哈的师承关系也直承不讳。1877 年 4 月 11 日,车氏在给儿子们的信中谈到费尔巴哈时明确地说:"根据我对他的已逐渐衰退的记忆,可以断定我是他的忠实信徒。"①1888 年,他逝世的前一年,为《艺术与现实的审美关系》所写的三版序言中公开宣布,自己的论文"就是一个应用费尔巴哈的思想来解决美学的基本问题的尝试"②。正因为如此,列宁也把车氏称作"费尔巴哈的学生",并说:"早在上一世纪五十年代,车尔尼雪夫斯基就作为费尔巴哈的信徒出现在俄国文坛上了。"③与此有联系的是,车氏对黑格尔的客观唯心主义哲学采取了批判的态度。他认为,黑格尔哲学的致命弱点是原则与结论的矛盾。他说:"黑格尔的原则是非常有力、非常宽广的,可是结论却狭窄而渺小。"④这里所说的"原则"是指辩证法的原则,而"结论"却是指由其客观唯心主义体系而形成的对现实世界的颠倒的看法。由此可见,车氏对黑格尔的辩证法原则是肯定的、赞赏的,但对其唯心主义理论体系则是批判的。这也可反证在哲学的基本路线上车氏是站在唯物主义之上的。这种唯物论

---

① 转引自汝信、夏森《西方美学史论丛》,上海人民出版社 1963 年版,第 234 页。
② [俄]车尔尼雪夫斯基:《艺术与现实的审美关系》,周扬译,人民文学出版社 1979 年版,"第三版译文"第 4 页。
③ 列宁:《唯物主义与经验批判主义》,曹葆华译,人民出版社 1950 年版,第 361 页。
④ [俄]车尔尼雪夫斯基:《俄国文学果戈理时期概观》,《车尔尼雪夫斯基论文学》上卷,辛未艾译,上海译文出版社 1978 年版,第 381 页。

的哲学思想对车氏美学的最重要的影响,就是在其美学研究及其所建立的美学体系中始终将现实生活放在首要的地位。用车氏自己的话来说,就是"尊重现实生活,不信先验的假设,不论那些假设如何为想象所喜欢"①。这是车氏美学研究的基本原则,也是他的美学思想的基本原则。这就是说,他的美学研究方法及其所建立的整个美学理论都是以现实生活作为出发点,而不像当时占统治地位的黑格尔唯心主义美学那样,以抽象的"绝对精神"作为出发点。按照这种唯心主义观点,美的根源就在于抽象的"绝对精神"。车氏与之相反,他在《艺术与现实的审美关系》的三版序言中指出,他的美学研究所遵循的是费尔巴哈的这样一种观点:"想象世界仅仅是我们对现实世界的认识的改造物,而这种改造物是我们的幻想按照我们的愿望而产生的,改造物同现实世界事物在我们心中所引起的印象比较起来,在强度上是微弱的,在内容上是贫乏的。"②这里所说的"想象世界"是指精神世界,"现实世界"即物质世界。其意是精神世界只不过是人们在认识中对物质世界改造的结果,物质世界是第一性的,精神世界是第二性的,物质世界决定着精神世界。按照这样一种哲学观点,必然会得出同唯心主义截然不同的美学结论:美的根源在于生活,现实美高于艺术美。车氏在评述别林斯基等人的美学观时,就曾明确地指出,"很明显,现实生活在他们说来,是站在第一位的,抽象的

---

① ［俄］车尔尼雪夫斯基:《艺术与现实的审美关系》,周扬译,人民文学出版社1979年版,第2页。

② ［俄］车尔尼雪夫斯基:《艺术与现实的审美关系》,周扬译,人民文学出版社1979年版,"第三版译文"第9页。

知识只有第二等的重要性"①。当然,车氏所遵循的费尔巴哈唯物论是一种机械直观的唯物论。它的机械性与直观性表现在把人的认识看成是一种对客观存在的消极的直观,否定了人们只有通过积极的实践才能由直观到抽象,由现象到本质。这种机械直观的唯物论用于对人及人类社会的认识,就是离开具体的社会关系而把人看成生物学上的自然人。这就是哲学上的人本主义。列宁认为,人本主义是"关于唯物主义的不确切的肤浅的表述"②。费尔巴哈是尊崇人本主义的,车氏亦接受了他的人本主义理论。他一生中唯一的一部哲学著作就名曰《哲学中的人本主义原理》(1860)。他的这种人本主义思想表现在一个突出的例子上,那就是他认为:"牛顿在发现引力定律时神经系统内所发生的过程和鸡在垃圾尘土里找谷粒时神经系统内所发生的过程是同一的。"③他的人本主义理论也直接导致了他为现实辩护,并得出"美即生活"的命题。因为,他认为,人对美的感受是一种"本能"的行为。他说,"人到底是本能地还是自觉地看出美与生活的关系呢? 不言而喻,这多半是出于本能的。"④这里所谓"本能"主要是指人的器官的感觉。他认为,在感觉上引起人的愉悦的并具有普遍性的,就是美。在《艺术与现实的审美关系》中,车氏在提出"美即生活"的命题时说了这样一段极其重要的话:"美的事物在人心中所唤起的感觉,是类似我们当着亲爱的人面前时洋溢于我

---

① [俄]车尔尼雪夫斯基:《俄国文学果戈理时期概观》,《车尔尼雪夫斯基论文学》上卷,辛未艾译,上海译文出版社 1978 年版,第 398 页。
② 《列宁全集》第 38 卷,人民出版社 1959 年版,第 78 页。
③ 转引自朱自清《西方美学史》下卷,人民文学出版社 1963 年版,第 562 页。
④ 转引自朱自清《西方美学史》下卷,人民文学出版社 1963 年版,第 564 页。

们心中的那种愉悦。我们无私地爱美，我们欣赏它，喜欢它，如同喜欢我们亲爱的人一样。由此可知，美包含着一种可爱的、为我们的心所宝贵的东西。但是这个'东西'一定是一个无所不包、能够采取最多种多样的形式、最富于一般性的东西；……在人觉得可爱的一切东西中最有一般性的，他觉得世界上最可爱的，就是生活，首先是他所愿意过的、他所喜欢的那种生活；其次是任何一种生活，因为活着到底比不活好：但凡活的东西在本性上就恐惧死亡，惧怕不活，而爱活。所以，这样一个定义：'美是生活。'"①这里，他把美的起源归结为人的器官感觉所引起的既多样而又带一般性的愉悦，而这种既多样又带一般性的愉悦，在他看来就是生活，生活即"活着"，也就是生命。最后美成了生命，还是归到了人本主义之上。可见，直观的唯物论和人本主义哲学观，一方面是其唯物主义美学思想的理论根据，同时也给他的美学思想带来了不可克服的缺点。

　　从文艺上看，他的美学思想的基本之点是继承别林斯基的战斗传统、保卫现实主义文艺、反对消极浪漫主义文艺的必然结果。十九世纪的俄国，经历了消极浪漫主义与现实主义的剧烈斗争。当时，占统治地位的贵族文人与资产阶级"自由派"试图掩盖黑暗现实，引导人们逃避业已存在的围绕农奴制问题所展开的激烈现实斗争，使之沉溺于虚无的幻想和艺术的象牙之塔当中。于是，大肆鼓吹消极浪漫主义艺术和"纯艺术"的理论。这就是在十九世纪初期占统治地位的"浪漫派"。以茹科夫斯基和波列伏依为其代表。但在尖锐的现实斗争之中，产生了与之对立的"自然

---

① [俄]车尔尼雪夫斯基：《艺术与现实的审美关系》，周扬译，人民文学出版社 1979 年版，第 5—6 页。

派"。其代表人物是果戈里。所谓"自然派"即现实主义流派。车尔尼雪夫斯基将它概括为"按照现实生活的真实样子来描写它，不是叙述世界中所没有的恶人和英雄以及自然中从来没有见过的美"①。伟大的革命民主主义者别林斯基从现实的斗争需要出发，以勇敢的战斗姿态领导了这场自然派对浪漫派的斗争，写下了一系列闪烁着战斗的光辉和具有相当理论深度的现实主义文艺理论论著，迫使"浪漫派"不得不收敛其活动。但 1848 年，别林斯基不幸早逝。在此前一年，另一位著名的革命民主主义者赫尔岑又离开了俄国。于是，"自由派"逐步控制了出版界和文艺界，这就使"浪漫派"和"纯艺术"的理论又开始泛滥起来。车氏对这一情况描述说，"浪漫主义还只做了一些表面上的让步，至多不过放弃它的名义，可是根本没有销声匿迹，很长时间还是苦苦要跟新的倾向一决胜负；它在文学中还有许多继承者，在公众中间还有不少信徒"②。十九世纪五十年代初，车尔尼雪夫斯基走上了政治与文艺的斗争舞台。他的民主主义的力图改造黑暗现实的政治观和唯物主义的哲学观决定了他必然是现实主义文艺理论的积极赞助者，是别林斯基战斗传统的继承人。他接过了别林斯基高弟的现实主义的理论旗帜，投入了保卫现实主义、反对消极浪漫主义的战斗。他的斗争决心是很强烈的，曾明确表示："反对生活中病态的浪漫主义倾向，是一直到现在为止都是必要的，甚至一直到文学上的浪漫主义这个名字完全被人忘却的时候，还是必要的。这个斗争，要一直持续到人们在生

① ［俄］车尔尼雪夫斯基：《俄国文学果戈理时期概观》，《车尔尼雪夫斯基论文学》上卷，辛未艾译，上海译文出版社 1978 年版，第 344 页。
② ［俄］车尔尼雪夫斯基：《俄国文学果戈理时期概观》，《车尔尼雪夫斯基论文学》上卷，辛未艾译，上海译文出版社 1978 年版，第 342—343 页。

活中完全放弃沉湎于矫揉造作的习惯,持续到人们习惯于嘲笑一切不自然的东西,不论它用怎样合适的美辞和形式来掩盖内在的庸俗,都能嘲笑其鄙俗的时候。"①正因为如此,所以车尔尼雪夫斯基特别地强调现实而反对幻想,甚至在这一方面过了分,连文艺创作必不可少的想象,他也加以贬斥。

二

车尔尼雪夫斯基给自己确定的研究题目是"艺术与现实的审美关系",也就是要研究艺术美与现实美谁决定谁、谁高于谁的问题。这是美学的中心问题之一。但要解决这一问题,首先要解决美学的基本问题——美的本质问题。对美的本质的回答是任何美学体系的哲学前提。

对于美的本质问题,车尔尼雪夫斯基首先从破入手,也就是从批判入手。因为正如车氏所说,在四十年代末和五十年代初,黑格尔哲学"支配着我们的文学界"②。所以,车氏踏上美学研究道路的第一步就面临着对黑格尔派美学思想的批判问题。这就是车氏所一再声言的对"流行的美学体系"的批判。所谓"流行的美学体系",即黑格尔派的美学思想,并不仅只是黑格尔本人的美学观。因为,黑格尔的名字同费尔巴哈的名字一样在当时的俄国都是不允许在书中引用的。尽管车氏曾经摘录过黑格尔的门徒

---

① [俄]车尔尼雪夫斯基:《俄国文学果戈理时期概观》,《车尔尼雪夫斯基论文学》上卷,辛未艾译,上海译文出版社 1978 年版,第 347 页。
② [俄]车尔尼雪夫斯基:《艺术与现实的审美关系》,周扬译,人民文学出版社 1979 年版,"第三版序言"第 1 页。

费肖尔《美学》一书中的一些观点，但同原著略有出入，而是经过某种俄国化的改造的。不过，从总的意思来说，还是符合黑格尔美学体系的精神实质。因此，我们将车氏所批判的"流行的美学体系"称之为黑格尔派美学思想。车氏将黑格尔派美学思想概括为一个基本观点和两个相关的定义。一个基本观点就是："一切精神活动领域都受从直接上升到间接这条规律的支配"，以及由此得出的"观念完全显现在个别事物上的、本身包含着真实的假象，就是美"①。所谓"一切精神领域都受从直接上升到间接这条规排的支配"，即指黑格尔派认为绝对理念是宇宙的出发点，它遵循着由自然的物质领域到人的精神领域的规律发展。这是宇宙发展的根本规律，一切精神领域都要受到这一规律的支配。所谓"观念完全显现在个别事物上的、本身包含着真实的假象，就是美"，即在黑格尔派看来美只是绝对观念在精神阶段中的感性显现。此时，尽管绝对观念以个别的感性形式表现出来，但却已是精神、观念，因而这个个别的事物只不过是包含着绝对观念（即真实）的假象。应该说，对黑格尔派美学思想的基本观点的这样一种概括，基本上是确切的。当然，"完全显现"一词并不完全符合黑格尔派美学思想的原意，我们留待以后再作分析。关于黑格尔派美学思想的两个定义，车氏是这样概括的：一个是"一件事物如果能够完全表现出该事物的观念来，它就是美的"，另一个是"美是观念与形象的统一，观念与形象的完全融合"②。这两个定义

---

① ［俄］车尔尼雪夫斯基：《艺术与现实的审美关系》，周扬译，人民文学出版社 1979 年版，第 2 页。

② ［俄］车尔尼雪夫斯基：《艺术与现实的审美关系》，周扬译，人民文学出版社 1979 年版，第 3、5 页。

的概括应该说是十分不确切的。因为，"美是个别完全表现出观念"与"美是观念与形象的完全融合"是一回事，所以这两个定义其实是一个意思。同时，"美是个别完全表现出观念"中的"完全表现"不符合黑格尔派的原意。因为，在黑格尔派看来，"完全表现"或"完全显现"并不是指一切的美的范畴，而是指理想美的范畴，而理想美只在古希腊才存在。尽管如此，从总的方面来说，车氏还是在定义中概括了"观念在个别上的显现"这样的基本意思，这就在主要的方面表述了黑格尔派美学思想。

车尔尼雪夫斯基对黑格尔派美学思想的批判是从两个方面进行的。一个是从理论方面，一个是从事实方面。在理论方面的批判简直是简略得惊人。主要有这样两层意思：一层是认为上述黑格尔派美学思想的基本概念，"公认是经不起批评的"，因而不必去说。另一层是对黑格尔派关于观念发展得愈高美就消失得愈多的观点，车氏认为"实际上人的思想的发展毫不破坏他的美的感觉"，因而也"不想用事实去推翻这一点"。总之，他认为，从理论上来说，"作为形而上学体系的结果和一部分，上述的美的概念随那体系一同崩溃"①。这些批判，他是在《艺术与现实的审美关系》中进行的。在同时完成的《现代美学概念批判》中，他对黑格尔派美学思想从理论上作了更为明确的批判。他说，"这些通常的概念就是唯心主义以及片面的唯灵主义的结果"。又说："首先我们要指出产生了所谓'美是观念的体现'这一概念的那个奇怪的哲学的起源，我们现在可以把它

①［俄］车尔尼雪夫斯基：《艺术与现实的审美关系》，周扬译，人民文学出版社 1979 年版，第 3 页。

叫做唯心主义哲学。"①车氏对黑格尔派美学思想的批判主要是从事实的角度，而不是从理论的角度。他表示，要离开"体系"独立地来看黑格尔派美学思想是否正确，也就是不从理论上而是从事实上来对黑格尔美学思想进行批判。这是车氏方法论的具体表现。他在《艺术与现实的审美关系》的开篇告诉人们："这篇论文只限于述说根据事实推断出来的一般的结论，这些结论又仅仅依靠事实的一般的引证来加以证实。"②这里需要说明的是，这种"仅仅依靠事实"的研究方法尽管表现了车氏的唯物主义的重事实的基本哲学立场，但毕竟是忽略了在此基础上的归纳、综合和间接的思维概括。这实际上还是一种直观的机械的唯物主义。同时，车氏试图脱离黑格尔派的美学理论体系，单独从事实的角度来批判，也是极不科学的。因为，黑格尔的关于美的概念是完全以其唯心主义的哲学体系为理论基础的，所以，哲学体系与美的概念之间是互为因果、密不可分的。如果离开黑格尔的哲学体系来单独分析其关于美的概念，势必歪曲其原意。

　　车氏从事实的角度对黑格尔派美学思想的批判包含三层意思。首先，认为黑格尔美学思想"太空泛"。也就是说，"它只说明在那类能够达到美的事物和现象中间，只有其中最好的事物和现象才似乎是美的；但是它并没有说明为什么事物和现象的类别本身分成两种，一种是美的，另一种在我们看来一点也不美"③。这

---

①［俄］车尔尼雪夫斯基：《现代美学概念批判》，《车尔尼雪夫斯基论文学》中卷，辛未艾译，上海译文出版社 1979 年版，第 27，38 页。

②［俄］车尔尼雪夫斯基：《艺术与现实的审美关系》，周扬译，人民文学出版社 1979 年版，第 1 页。

③［俄］车尔尼雪夫斯基：《艺术与现实的审美关系》，周扬译，人民文学出版社 1979 年版，第 4 页。

就是说,在车氏看来,黑格尔派美学思想只说明了某种事物中只有最好的才美,而没有说明该事物本身美与不美以及为何美与不美。他举田鼠与沼泽为例说明,按照黑格尔派美学思想,最好的田鼠与沼泽应该也是美的,但其实任何田鼠与沼泽本身都是不美的。这样的批判是不符合黑格尔的原意的。因为,按照黑格尔的美学体系,美与不美的问题已经解决了。在黑格尔看来,美与不美及美的程度完全由事物所体现的绝对精神的多少来决定。绝对精神的感性表现按照无机—有机—植物—动物—人的次序顺序递增,在人的精神阶段,绝对精神得到了"感性显现"成为艺术,才是真正的美。其次,是认为黑格尔派美学思想"太狭隘"。所谓"太狭隘",就是指按照黑格尔的观点在同类事物中只有最好的才堪称为美,这就不能包含美的多样性,特别是对于动物和人。这也是对黑格尔派美学思想的曲解。因为,黑格尔美学的"感性显现"不是简单的同类事物中堪称为好的东西,而是指理念的"现外形""放光辉",即理念与形象的高度统一、互相渗透、融为一体,是个别与一般、感性与理性、有限与无限的直接统一。这样的美的事物与类型化的形而上学的美学观是完全对立的。它的有限不仅是有限,而是寓无限于丰富多彩、千变万化的有限之中。再就是,认为黑格尔派关于美的概念只概括了艺术美的特征而没有概括一般的美的特征。车氏认为,黑格尔关于美的定义,"所注意的不是活生生的自然美,而是美的艺术作品,在这个定义里,已经包含了通常视艺术美胜于活生生的现实中的美的那种美学倾向的萌芽或结果"①。这个批评是符合黑格尔的原意的。因为,按照

①［俄］车尔尼雪夫斯基:《艺术与现实的审美关系》,周扬译,人民文学出版社 1979 年版,第 5 页。

黑格尔"美是理念的感性显现"的定义,美都是精神产品,自然美都是不完善的美。另外,车氏认为,黑格尔派美学也有其正确的一面,即所谓"美是在个别的、活生生的事物,而不在抽象的思想"①。这其实也是不符合黑格尔的原意的。因为,黑格尔尽管没有完全否定个别,有时甚至还十分重视个别,但总的来说,他更重视一般而将美归之于绝对理念。由此可知,车尔尼雪夫斯基对黑格尔美学的批判是不太确切的,不完全符合原意的。特别是对黑格尔美的定义的分析,更是如此。因此,对黑格尔美学思想的批判不是车氏对美学史的主要贡献,他的主要贡献是在美学史上首次旗帜鲜明地提出了"美即生活"的口号。

为了同"美即观念"的流行的美学定义对抗,车尔尼雪夫斯基在《艺术与现实的审美关系》中提出了"美即生活"的定义。具体表述是这样的:"'美是生活。'任何事物,凡是我们在那里面看得见依照我们的理解应当如此的生活,那就是美的;任何东西,凡是显示出生活或使我们想起生活的,那就是美的。"②这段话包含着极其丰富的含义。首先是提出了"美是生活"这一关于美的基本定义或总纲。在这个基本定义中,车氏同传统的唯心主义关于"美是理念的感性显现"的定义针锋相对,明确宣布"美是生活"。要正确认识这一基本定义,关键在于对"生活"概念的理解。统观车氏的全部美学论著,他给"生活"概念所规定的基本含义是"生命"。在《艺术与现实的审美关系》中,他将"生活"的基本含义归

---

① [俄]车尔尼雪夫斯基:《艺术与现实的审美关系》,周扬译,人民文学出版社1979年版,第4页。
② [俄]车尔尼雪夫斯基:《艺术与现实的审美关系》,周扬译,人民文学出版社1979年版,第6页。

结为"活着",也就是"吃得饱,住得好,睡眠充足"①等生命的基本要求。在《现代美学概念批判》一文中,他更明确地表示:"凡是我们可以找到使人想起生活的一切,尤其是我们可以看到生命表现的一切,都使我们感到惊叹,把我们引入一种欢乐的、充满无私享受的精神境界,这种境界我们就叫做审美享受。"②很明显,车氏在这里是把"生活"界定为"生命表现"的。这虽然是一种人本主义的观点,但作为"生命"要则首先是一个具体、活生生的存在。仅在这一点上,他就与"美即理念"的理论相对,提出了一个全新的美学纲领。当然,车氏关于"生活"的概念不仅仅是"生命",还包含"劳动""思想和心灵的生活""应当如此的生活"等。但这些都不是主要的,只说明其思想的混乱。其次,是提出了关于社会美的定义,即"依照我们的理解应当如此的生活,那就是美的"。这里,所谓"应当如此的生活",就是理想的生活,而且,这种理想的生活是人们所理解的。车氏认为,人们在对"理想"的生活的理解上有共同之处,那就是健康。他说:"不错,健康在人的心目中永远不会失去它的价值,因为如果不健康,就是大富大贵,穷奢极侈,也生活得不好受——所以红润的脸色和饱满的精神对于上流社会的人仍旧是有魅力的。"③又说:"一种身体健康的生活本也是上层阶级的人的生

①[俄]车尔尼雪夫斯基:《艺术与现实的审美关系》,周扬译,人民文学出版社1979年版,第6页。

②[俄]车尔尼雪夫斯基:《现代美学概念批判》,《车尔尼雪夫斯基论文学》中卷,辛未艾译,上海译文出版社1979年版,第23页。

③[俄]车尔尼雪夫斯基:《艺术与现实的审美关系》,周扬译,人民文学出版社1979年版,第7页。

活的理想。"①另外,车氏还认为,在自然美的欣赏上人类也是共同的。他说:"说到他们对自然美的理解,双方却都是一模一样的,你无法找出一种风景,有教养的人感到喜欢了,普通的人却不觉得好。"②但是,车氏认为,在对理想生活的理解上,各个不同的阶级也是有差别的。他说:"他们之间的差别只在对人的美的理解上;这种分歧的原因完全在于这一点:普通人和社会上层阶级成员对生活与幸福的理解并不一致;因此他们对人的美、对外表所表现的生活的丰富、满足、自由自在的理解也是各有千秋的。"③他进一步具体地阐明了不同的阶级对理想的生活的不同理解。一种是农民所理解的理想的生活,包括劳动的概念在内。这就是"丰衣足食而又辛勤劳动",是一种"旺盛健康的生活",其结果是"使青年农民或农家少女都有非常鲜嫩红润的面色——这照普通人民的理解,就是美的第一个条件"④。再一种是商人贩夫所理解的理想生活,是光吃不做的懒散的生活,其结果就是使其妻女胖得怪形怪状、臃肿不堪,但"也会得到把这种生活奉为理想的人们所宠爱的"⑤。另一种就是上流社会所谓的理想生活。

①[俄]车尔尼雪夫斯基:《现代美学概念批判》,《车尔尼雪夫斯基论文学》中卷,辛未艾译,上海译文出版社1979年版,第27页。
②[俄]车尔尼雪夫斯基:《现代美学概念批判》,《车尔尼雪夫斯基论文学》中卷,辛未艾译,上海译文出版社1979年版,第24页。
③[俄]车尔尼雪夫斯基:《现代美学概念批判》,《车尔尼雪夫斯基论文学》中卷,辛未艾译,上海译文出版社1979年版,第24页。
④[俄]车尔尼雪夫斯基:《艺术与现实的审美关系》,周扬译,人民文学出版社1979年版,第6页。
⑤[俄]车尔尼雪夫斯基:《现代美学概念批判》,《车尔尼雪夫斯基论文学》中卷,辛未艾译,上海译文出版社1979年版,第26页。

这是一种没有物质的匮乏和生活的不舒服,但却精神空虚、神经衰弱的所谓灵智和内心的生活。其结果是造成了一批"脸色苍白、唇无血色、眼神困倦、瘦削孱弱的年轻太太和姑娘"①。车氏认为,对于这些年轻的太太和姑娘,普通老百姓简直不会去瞧她们一眼。最后,是提出了关于自然美的定义,就是"凡是显示出生活或使我们想起生活的,那就是美的"。这里所谓"显示出生活"或"使我们想起生活"都是指自然物对生活的暗示。车尔尼雪夫斯基说:"自然界的美的事物,只有作为人的一种暗示才有美的意义。所以,既经指出人身上的美也是生活,那就无须再来证明在现实的一切其他领域内的美也是生活,那些领域内的美只是因为当作人和人的生活中的美的一种暗示,这才在人看来是美的。"②这里所说的"暗示",有两方面的含义。一方面是从中"显示出生活"。这是指动物的美,可以从中直接同人的生活进行某种联系。车氏说:"总之,在动物中间我们喜欢的是适度的丰满以及形态的端正;为什么? 因为在这里我们找到了一种跟人的正常健康的生活相接近的东西,人的正常健康生活也表现为丰满和形态的匀称。"③他举例说,诸如生命力沸腾的马、柔和匀称的猫等等。但青蛙却不使我们感到美,因其形态可憎,而且其外表冰冷,并覆盖着一层尸体般的黏液,使人一经触摸,嫌恶异常。再一方面是"使我们想起生活的"。这是指植物的美,可以使其间接地同人的生

①[俄]车尔尼雪夫斯基:《现代美学概念批判》,《车尔尼雪夫斯基论文学》中卷,辛未艾译,上海译文出版社1979年版,第28页。

②[俄]车尔尼雪夫斯基:《艺术与现实的审美关系》,周扬译,人民文学出版社1979年版,第10页。

③[俄]车尔尼雪夫斯基:《现代美学概念批判》,《车尔尼雪夫斯基论文学》中卷,辛未艾译,上海译文出版社1979年版,第30页。

活具有某种联系。在车氏看来,人们对于植物喜欢其色彩的新鲜、枝叶的茂盛和形状的多样。"因为那显示着力量横溢的蓬勃的生命。"①他举例说,人们喜欢森林,因为森林中有更多的生活,其中不但植物长得茂盛蓬勃,而且树木的喧闹也使人想到人类生活中的喧闹以及谈话,而鸟儿的叽叽喳喳就更是比较接近我们的生活了。至于远方打猎的喧闹,则进一步使整幅画面充满了生气。"于是森林和它的所有居民对我们来说变成图画的框子;而图画则是人。"甚至连无生命的事物,也只有使人联想到人的生活才会是美的。例如,太阳和光明,它们之所以美就因其"是大地上一切生命的主要条件"②。车尔尼雪夫斯基认为,"美即生活"的定义与"美即理念"的定义是有着本质的区别的,以它们为不同的出发点,会构成完全不同的美学体系。他说,"所以,应该说,关于美的本质的新的概念——那是从和以前科学界流行的观点完全不同的、对现实世界和想象世界的关系的一般观点中得出的结论——会达到一个也和近来流行的体系根本不同的美学体系,并且它本身和以前关于美的本质的概念根本不同"③。具体地说,它们之间的区别有这样三个方面。首先,"美即理念"的定义将观念作为美的本质,而"美即生活"的定义则认为"生活却是美的本质"④。其次,"在通常的概念

①[俄]车尔尼雪夫斯基:《艺术与现实的审美关系》,周扬译,人民文学出版社 1979 年版,第 9 页。

②[俄]车尔尼雪夫斯基:《现代美学概念批判》,《车尔尼雪夫斯基论文学》中卷,辛未艾译,上海译文出版社 1979 年版,第 34 页。

③[俄]车尔尼雪夫斯基:《艺术与现实的审美关系》,周扬译,人民文学出版社 1979 年版,第 11 页。

④[俄]车尔尼雪夫斯基:《现代美学概念批判》,《车尔尼雪夫斯基论文学》中卷,辛未艾译,上海译文出版社 1979 年版,第 34 页。

中,最主要的是观念;而在我们的概念中,最主要的却是生活"①。最后,"我们以为,自然美的确是美的,而且彻头彻尾都是美的;通常的概念认为,自然美并非真正是美的,并且完全是美的,它只不过是依靠我们的幻想才使我们觉得它是十分美的而已"②。总之,这两个美的定义一个认为美在观念,一个认为美在生活,这就明确地划清了唯心主义美学体系与唯物主义美学体系的根本界限。

"美即生活"定义的提出,是车尔尼雪夫斯基对美学史的主要贡献。他以唯物主义的美学理论较有力地批驳了长期占统治地位的唯心主义美学理论。从某种意义上讲,在美学史上起到了拨乱反正的战斗作用。美学史上有一个奇怪的现象,那就是唯心主义美学体系始终具有重大影响,而且长期占据统治地位。尤其是德国古典美学,特别是黑格尔美学兴盛之后,更是如此。黑格尔美学理论对西方各国有着广泛而深远的影响。"美即理念"的观点到处盛行,充斥于文学艺术的各个领域,致使文艺长期脱离现实生活,并成为各种消极颓废文艺的理论支柱之一。在这种情况下,车尔尼雪夫斯基提出"美即生活"的口号,用以批驳"美即理念"的定义。这就给予唯心主义美学思想以有力的打击,使之濒临崩溃的境地,从而使革命民主主义的现实主义文艺将"美即生活"作为自己的战斗旗帜。同时,"美即生活"的定义具有朦胧的阶级观点,这在西方美学史上具有开创的意义。列宁在《俄国工

---

① [俄]车尔尼雪夫斯基:《现代美学概念批判》,《车尔尼雪夫斯基论文学》中卷,辛未艾译,上海译文出版社 1979 年版,第 34 页。

② [俄]车尔尼雪夫斯基:《现代美学概念批判》,《车尔尼雪夫斯基论文学》中卷,辛未艾译,上海译文出版社 1979 年版,第 35 页。

人报刊的历史》一文中认为,车尔尼雪夫斯基的著作"散发着阶级斗争的气息"①。车氏的美学著作及其"美即生活"的定义也是散发着阶级斗争气息的,具体表现为具有朦胧的阶级观点。他曾表示:"在普通人头脑中的关于美的概念,和有教养的社会阶级的概念有很多不同。"②他认为,这种不同主要是基于对生活与美的理解不同。如上所述,他具体地分析了劳动农民、商人贩夫与上流社会的不同的美的概念。这种分析尽管是粗浅的、不太科学的,但在美学史上却是第一次,因而是可贵的。而且,"美即生活"的定义并没有排斥美的理想性,这就在一定程度上同低劣的自然主义划清了界限。车尔尼雪夫斯基尽管基本上是机械直观的唯物主义哲学观,受到人本主义思想的极大影响,但他并未完全堕入自然主义的泥淖。他的"美即生活"的定义并未完全排斥美的理想性,其中包含的"应当如此的生活"就是"理想的生活"。这就在一定程度上具有号召和鼓舞人民去建设新的理想生活的积极的战斗意义。他所说的"理想生活",就是他在小说《怎么办》中所描述的没有剥削和压迫的空想社会主义。他在《怎么办》中满腔热情地号召人们热爱这个"理想的生活",并努力为之奋斗。他说,"这个将来是光明和美丽的。爱它吧,倾向它吧,为它工作吧,接近它吧,把可能带的都带给它吧"。这就说明,小说《怎么办》就是他的"美即生活"定义的艺术实践,并为这一定义增添了革命的战斗光彩。另外,"美即生活"的定义尽管在内涵上不见得在一切方面都高于狄德罗的"美在关系"的定义,但其中却包含有劳动创造

---

① 《列宁论文学与艺术》,人民文学出版社1983年版,第161页。
② ［俄］车尔尼雪夫斯基:《现代美学概念批判》,《车尔尼雪夫斯基论文学》中卷,辛未艾译,上海译文出版社1979年版,第23页。

美的内容。如前所说,他不仅在论述农民的美学理想时将"辛勤劳动"包含于其中。而且,在《怎么办》中他还明确地将劳动作为"生活"的主要因素。他借小说中的人物阿列克赛·彼得罗维奇的口说,"然而生活的主要因素是劳动,因此现实的主要因素也是劳动"。当然,这一观点未免同他将"生活"归之于"生命"有所抵牾,但却也说明他的美学观点中包含着生产劳动的因素。这都是狄德罗所不及的,而且在西方唯物主义美学史上,乃至整个西方美学史上都是难能可贵的。

当然,"美即生活"的定义也有着明显的不足之处。具体地分析一下这个定义,就会发现它本身带有不可调和的矛盾性。车氏在这个定义中一方面强调美的客观性,美在事物"本身"。同时,又强调所谓生活乃是按照人的理解"应当如此的生活",所谓自然美则是使人"想起"生活的。很明显,不论是"应当如此的生活"或使人"想起"的生活,都是属于主观的、第二性的。这样,如果上述两方面都成立的话,那就是一个不可调和的矛盾,而车氏却并未将它们统一起来。正如普列汉诺夫所说,"他的创作将要只是再现按照他自己的阶级的概念看来是美好的生活,美好的现实","这就是说,如果车尔尼雪夫斯基是对的,那么他所反驳的唯心论的学派也不是完全不对"。① 正因为这种理论本身的矛盾性,所以造成了一定的混乱,使得一些人误认为车氏的美学理论是属于唯心主义的范畴,甚至在美学史上闹出了一场误会。俄国著名的进步批评家皮萨列夫在其《美学的毁灭》一文中得出了车氏写作《艺术与现实的审美关系》是出于看似阐述美学而实质旨在毁灭

———————

① ［俄］普列汉诺夫:《车尔尼雪夫斯基的美学理论》,吕荧译,《文艺理论译丛》第1期,人民文学出版社1958年版,第138页。

美学的"诡谲的"目的。皮萨列夫说："美学或关于美的科学,只有在美具有不以无限多样化的个人趣味为转移的独立意义的情况下,才有合理的存在权利。假如美只是我们所喜爱的东西,假如由于这个缘故,所有关于美的形形色色的概念原来都是同样合理的,那么美学就化为灰烬了。每一个人都建立他自己的美学,因此,把各种个人趣味强制地统一起来的那种普遍的美学,是不可能存在的。《艺术与现实的审美关系》的作者正是要把自己的读者引向这个结论,虽然他并没有十分坦白地说出这个结论。"这当然是对车氏美学理论的误解。因为车氏所说人所喜欢的才美,并不是指纯粹的个人喜爱,而是强调审美是一种"无私的欢乐以及赞美的特殊感情"①。同时,车氏的目的也并非是表面肯定实质是否定的"诡谲的",而是真正在捍卫唯物主义的美学原则。总之,尽管皮萨列夫站在车氏对美学的所谓毁灭一边,但的确是曲解了车氏的观点。不过,这也同车氏本人的美的定义中包含着某种唯心主义成分不无关系。车氏"美即生活"的定义所存在的另一方面的缺陷是具有浓厚的形而上学的味道。普列汉诺夫说,车尔尼雪夫斯基"跟纯艺术的拥护者们的争论中,他为了启蒙者的观点抛弃了辩证论者的观点"②。普列汉诺夫的这句话是说得十分正确的。他告诉我们,车氏尽管是采取了革命的政治立场和唯物的哲学立场,但却基本上抛弃了黑格尔派辩证的观点,从而使自己成为一个形而上学论者。这恐怕是一切直观、机械的唯物主

---

① [俄]车尔尼雪夫斯基:《现代美学概念批判》,《车尔尼雪夫斯基论文学》中卷,辛未艾译,上海译文出版社 1979 年版,第 22 页。
② [俄]普列汉诺夫:《车尔尼雪夫斯基的美学理论》,吕荧译,《文艺理论译丛》第 1 期,人民文学出版社 1958 年版,第 106 页。

义的通病。在车氏"美即生活"的定义中,这种形而上学的气味亦是十分浓厚的,突出地表现在车氏所说的"生活"从总的方面来说是抽象的、平板的、没有发展的。在车氏看来,似乎任何时候"生活"的含义和"美"的含义都是固定不变的。例如,他认为绚烂多彩的花朵在任何时候都表现了生活,因而也都是美的。但其实,生活是随社会的发展而发展的,美的含义也是随着生活的发展而发展的。绚烂花朵的植物在人类尚处以畜牧为主的时代就并不显得美。普列汉诺夫说:"我们都知道,原始的种族,例如薄墟曼人,澳洲土人,和其他的跟他们处于同一发展阶段上的'野蛮人',虽然住在花卉很为丰富的土地上,却决不用花来装饰自己。现代的人种学巩固地确立了这个事实:上述的这些种族都只从动物界采取自己的装饰的主题。"①另一个形而上学的突出表现是车氏将"生活"归之于"生命",归之于人的本性的要求和表现。这是人本主义思想影响的明显结果。但这种人本主义却混淆了动物与人的界限。人与动物的根本区别就在于动物只是被动地适应自然,人却以能动的有组织的实践来改造自然。因而,人类生活的含义首先就应是社会实践。人类正是通过社会实践创造了世界,也创造了美。但车氏却看不到人类的能动的社会实践,而只看到死板的自然、一成不变的生命。这样,他尽管强调了美的客观性,但却忽略了美的社会性和人类在美的创造中的能动作用。车氏"美即生活"的定义还有一个缺陷,就是仍然保留着明显的唯心主义痕迹,因而就未能完全同唯心主义划清界限。从哲学史来看,直观的机械的唯物主义都是不彻底的,因而都不可能同

---

① [俄]普列汉诺夫:《车尔尼雪夫斯基的美学理论》,吕荧译,《文艺理论译丛》第1期,人民文学出版社1958年版,第136页。

唯心主义划清界限。车尔尼雪夫斯基当然也是如此。他的关于"美即生活"的定义中所说的"生活",是同一定的社会的政治与经济完全无关的,只为人的本性所决定。但实际上,马克思主义的历史唯物主义认为,社会存在决定社会意识。这样,美就不是为人的抽象本性决定,而是被一定时代的经济与政治所决定。因此,车氏"美即生活"的定义就带有了历史唯心主义的色彩。同时,车氏提出自然美是"显示出生活或使我们想起生活的",这实际上就是美学史上的唯心主义的"暗示说"。例如,黑格尔提出自然美不在自然本身,而在于"感发心情和契合心情",费肖尔父子则以著名的"移情说"来解释自然美。车尔尼雪夫斯基在自然美上的"暗示说"明显地受到了他们的影响。

三

车尔尼雪夫斯基论述美的本质的目的,是为了论证现实美与艺术美的关系问题。他认为前者是后者的理论根据,由此推论出真正的美是在现实还是在艺术,从而提出现实美与艺术美谁更高的问题。他说,美的存在有现实美、想象中的美以及艺术美三种形式,"这里,第一个基本问题,就是现实中的美对艺术中的美和想象中的美的关系问题"①。他的结论是现实美、真正的美,因而现实美高于艺术美。他说:"现实比起想象来不但更生动,而且更完美。想象的形象只是现实的一种苍白的,而且几乎总是不成功的改作。"又说,诗歌"无非是对现实的一种苍白的、一般的、不明

---

① [俄]车尔尼雪夫斯基:《艺术与现实的审美关系》,周扬译,人民文学出版社1979年版,第32页。

确的暗示罢了"①。

车氏对这一现实美高于艺术美的基本观点的阐述是从对黑格尔派关于艺术美高于现实美的观点的批驳入手的。黑格尔派对现实美进行了多方面的责难,车氏的批驳就是循着这种责难进行的,先是批驳其对现实美的攻击,接着阐述艺术美在这些方面的不足。这种批驳本来应该是有意义的,但因车氏采取的是观点罗列的方法,缺乏归纳,重复烦琐之处甚多。这就不免减损其理论意义,同时也给我们的阐述带来了困难,因而不得不略加归并。首先,他驳斥了"'自然中的美是无意图的。'艺术中的美是有意图的"②。车氏认为,尽管艺术美是人创造的、有意图性的,但人的力量却远弱于自然的力量。他说,"我们的艺术直到现在还没有造出甚至像一个橙子和苹果那样的东西来,更不必说热带甜美的果子了"。而且,艺术品"比之自然的作品粗糙、拙劣、呆笨得多"③。他为了替现实美辩护,甚至断言现实也有一种产生美的意向。也就是说,他认为,现实中有一种不太明朗的、朦胧的产生美的意图性。他说:"不能不承认美是自然所奋力以求的一个重要的结果。"④为此,他以鸟兽的爱整洁、人的注意外表、蜂房的正六角形和树叶的两半对称为例加以说明。他还认为,艺术美中的意图性也是相对的。因为,"艺术家活动

① [俄]车尔尼雪夫斯基:《艺术与现实的审美关系》,周扬译,人民文学出版社1979年版,第102、71页。
② [俄]车尔尼雪夫斯基:《艺术与现实的审美关系》,周扬译,人民文学出版社1979年版,第52页。
③ [俄]车尔尼雪夫斯基:《艺术与现实的审美关系》,周扬译,人民文学出版社1979年版,第42页。
④ [俄]车尔尼雪夫斯基:《艺术与现实的审美关系》,周扬译,人民文学出版社1979年版,第43页。

的无意识性早已成为一个被讨论得很多的问题"①。在一部作品中，不仅有意图性而且还有其他方面的内容，诸如"思想、见解、情感"等。其次，车氏驳斥了"在现实中美是少见的""在艺术中美就更常见"的观点。他认为，现实中的美即便是稀少也并不减损其美，鸽蛋大小的钻石难得看到，但一致公认这稀有的钻石是美的。他认为，现实中的美并不稀少，尽管"最"美的事物只有一个，但"十分"美的事物却是很多，不仅美丽的风景随处可见，就是人生中美丽动人的瞬间也到处都有。相反，他认为艺术中的美倒是并不常见。由于伟大艺术天才生长和顺利发展的有利机会极少，因而真正美的悲剧或戏剧在整个欧洲文学中仅有三四十篇，而在俄国只不过有普希金的一两篇。再次，车氏驳斥了"'自然中的美是瞬息即逝的。'在艺术中，美常常是永久的"②。他承认，现实美具有瞬息万变的特点，但却认为这种瞬息万变的特点正是现实能够保持其美的重要原因。为此，提出了美是发展的、具有时代性的重要观点。他说："每一代的美都是而且也应该是为那一代而存在：它毫不破坏和谐，毫不违反那一代的美的要求；当美与那一代一同消逝的时候，再下一代就将会有它自己的美、新的美，谁也不会有所抱怨的。"③正因为如此，现实中的美才与时更始、新陈代谢，并以其多样性而令人神往。他说，"活着的人不喜欢生活中固定不移的东西；所以他永远看不厌活生生的美"。又说："自然不会变得陈腐，它总是与

---

① ［俄］车尔尼雪夫斯基：《艺术与现实的审美关系》，周扬译，人民文学出版社 1979 年版，第 52 页。

② ［俄］车尔尼雪夫斯基：《艺术与现实的审美关系》，周扬译，人民文学出版社 1979 年版，第 54 页。

③ ［俄］车尔尼雪夫斯基：《艺术与现实的审美关系》，周扬译，人民文学出版社 1979 年版，第 45 页。

时更始、新陈代谢。"因此,"生活、活的面孔和现实的事件,却总是以它们的多样性而令人神往"①。另一方面,"艺术却没有这种再生更新的能力,而岁月又不免要在艺术作品上留下印迹"②。这就常常不免使艺术失去美的魅力。例如,随着时间的流逝,诗歌中的许多东西会不为我们所理解,古乐曲因现代乐曲中乐队的完善而大大减色,绘画中颜色的消退,等等。尤其是由于时代趣味和风尚的变化,使得任何一种艺术品在一百多年以后都会使人觉得老旧、可笑。最后,批驳了"现实美的相对性,艺术美的绝对性"。流行的美学观点认为,"自然中的美只有从一定的观点来看才是美的"③。车氏不同意这种观点,认为美的事物从任何角度看都是美的,但只有从一个角度看才最美。不仅现实美是这样,艺术美也是这样的。还有一种观点认为,"现实中的美包含着许多不美的部分或细节"④。车氏认为,这实际上是混淆了美与完美的界限,以完美来代替美。"在生活的任何领域寻求完美,都不过是抽象的、病态的或无聊的幻想而已。"⑤因为,这只是一种"数学式的完美",所以是与美感无关的。他说,"我们不应忘记,美感

---

① [俄]车尔尼雪夫斯基:《艺术与现实的审美关系》,周扬译,人民文学出版社 1979 年版,第 46、54、55 页。
② [俄]车尔尼雪夫斯基:《艺术与现实的审美关系》,周扬译,人民文学出版社 1979 年版,第 54 页。
③ [俄]车尔尼雪夫斯基:《艺术与现实的审美关系》,周扬译,人民文学出版社 1979 年版,第 56 页。
④ [俄]车尔尼雪夫斯基:《艺术与现实的审美关系》,周扬译,人民文学出版社 1979 年版,第 56 页。
⑤ [俄]车尔尼雪夫斯基:《艺术与现实的审美关系》,周扬译,人民文学出版社 1979 年版,第 48 页。

与感官有关，而与科学无关；凡是感受不到的东西，对美感来说就不存在"①。再就是流行的美学观点认为，"活的事物不可能是美的，因为它身上体现着一个艰苦粗糙的生活过程"②。例如，人脸上的汗渍、树叶上的小虫等。车氏认为，这种观点的根源在于"美在形式"理论的影响。他没有具体点名，实际上说的是德国的康德。他认为，这种将美仅仅归结为外在形式的光滑、平整和对称的观点是不正确的。从主体的审美能力来看，他认为尽管美感依靠听觉和视觉等感觉进行，但"理智的记忆和思考总是伴随着视觉，而思考则总是以实体来填补呈现在眼前的空洞的形式。人看见运动的事物，虽则眼睛本身是看不见运动的；人看见远处的事物，虽则眼睛本身看不见远处；同样，人看见实体的事物，而眼睛看到的只是事物空洞的、非实体的、抽象的外表"③。从对象本身来说，之所以会美也决不仅仅是因其形式，而必然要涉及其实际存在。他说："美的享受虽和事物的物质利益或实际效用有区别，却也不是与之对立的。"④另外，他认为，即便是艺术品也会留下艰苦劳动的痕迹。车氏对于"个别的事物不可能是美的，原因就在于它不是绝对的"⑤观

---

① ［俄］车尔尼雪夫斯基：《艺术与现实的审美关系》，周扬译，人民文学出版社 1979 年版，第 49 页。

② ［俄］车尔尼雪夫斯基：《艺术与现实的审美关系》，周扬译，人民文学出版社 1979 年版，第 57 页。

③ ［俄］车尔尼雪夫斯基：《艺术与现实的审美关系》，周扬译，人民文学出版社 1979 年版，第 50 页。

④ ［俄］车尔尼雪夫斯基：《艺术与现实的审美关系》，周扬译，人民文学出版社 1979 年版，第 50 页。

⑤ ［俄］车尔尼雪夫斯基：《艺术与现实的审美关系》，周扬译，人民文学出版社 1979 年版，第 51 页。

点也是不同意的。他首先从哲学理论上进行批驳,认为"我们在现实中没有遇见过任何绝对的东西;因此,我们无法根据经验说明绝对的美会给予我们什么样的印象"①。相反,"个体性是美的最根本的特征"②。因为,现实美作为个体美是不能越出个体性范围的。

车尔尼雪夫斯基一方面批驳黑格尔派对现实美的责难,另一方面则正面论述了现实中的美不管有多大缺点总是真正的美,并高于艺术创作。他首先探讨了什么是真正美的问题,为"真正美"这个概念立了一个标准,就是"能使一个健康的人完全满意的"。根据这样的标准,现实美就是真正的美。因为,"现实中的美,不管它的一切缺点,也不管那些缺点有多么大,总是真正美而且能使一个健康的人完全满意的"③。车氏认为,实际并不像流行的美学观点所认为的那样,艺术美比现实美"更富于诗意"。恰恰相反,在现实中每分钟都有富于诗意的事件,这些事件就是从严格的诗的观点来看也找不出在艺术方面的任何缺陷。它们都具有艺术作品所不可缺少的"一般",甚至不加任何改变就可在"艺术"的名目下加以重述。由此,他认为,"现实中有许多的事件,人只须去认识、理解它们而且善于加以叙述就行"④。又说,"总括起来可以说,在情节、典型性和

①〔俄〕车尔尼雪夫斯基:《艺术与现实的审美关系》,周扬译,人民文学出版社 1979 年版,第 51 页。
②〔俄〕车尔尼雪夫斯基:《艺术与现实的审美关系》,周扬译,人民文学出版社 1979 年版,第 52 页。
③〔俄〕车尔尼雪夫斯基:《艺术与现实的审美关系》,周扬译,人民文学出版社 1979 年版,第 39 页。
④〔俄〕车尔尼雪夫斯基:《艺术与现实的审美关系》,周扬译,人民文学出版社 1979 年版,第 75 页。

性格化的完美上，诗歌作品远不如现实"①。当然，他认为，可能在"修辞点缀"和人物与事件的结合方面，艺术美较现实美为好，但这只是一种"虚假"的"矫饰"，会使艺术作品的价值大大贬低。所谓人物与事件结合得好，则常常不免使人物与事件单调重复、千篇一律。他说："因为由于人物性格的多样，本质上相同的事件会获得一种色度上的差异，正如在永远多样化、永远新鲜的生活中所常见的情形一样，可是，在诗歌作品中，人却常常碰到重复。"②车尔尼雪夫斯基认为，对现实与艺术的"总的批评"，即理论上的批评还不能彻底解决问题。他还要从事实上来验证这种理论的批评，因而要深入到各个艺术门类考察，进一步将这些艺术门类与现实进行比较。当然，比较的结果仍然是现实美是真正的美并高于艺术美。他认为，建筑根本不是艺术品，只是人类实际活动的一种，因此用不着比较。雕塑和绘画都有一个共同的缺点，就是它们是死的、不动的。因此，"这两种艺术作品在许多最重要的因素方面（如轮廓的美、制作的绝对的完善、表情的丰富等）都远远不及自然和生活"③。由于人工歌唱同自然的歌唱相对照不能补偿真挚情感的欠缺，因此，"在音乐中，艺术只是生活现象的可怜的再现"④。至于诗的形象，"无非是对现实的一种苍白的、一般的、不明

---

① [俄]车尔尼雪夫斯基：《艺术与现实的审美关系》，周扬译，人民文学出版社 1979 年版，第 76 页。

② [俄]车尔尼雪夫斯基：《艺术与现实的审美关系》，周扬译，人民文学出版社 1979 年版，第 77 页。

③ [俄]车尔尼雪夫斯基：《艺术与现实的审美关系》，周扬译，人民文学出版社 1979 年版，第 67 页。

④ [俄]车尔尼雪夫斯基：《艺术与现实的审美关系》，周扬译，人民文学出版社 1979 年版，第 70 页。

确的暗示罢了",所以,诗的形象和现实的形象比较起来,"显然是无力的、不完全的、不明确的"①。

车尔尼雪夫斯基之所以得出现实美高于艺术美的结论,其理论根据就是对艺术想象和典型的否定,认为现实高于想象。他首先对于想象的起源和性质进行了探讨,认为现实本来是美好的、能够满足健康人的要求的,想象只是现实生活贫乏的产物。他说:"一个人的心空虚的时候,他能任他的想象奔驰;但是一旦有了稍能令人满意的现实,想象便敛翼了。一般地说,幻想只有在我们的现实生活太贫乏的时候,才能支配我们。"②他举例说,一个人睡在光板上才会幻想富丽的床铺,诸如,珍贵的木床、鸭绒被、花边枕头、高级料子的帐子等,一旦有了柔软舒适的床铺,就不会作这样的幻想了。因此,他断言:"现实生活的贫困是幻想中的生活的根源。"③不仅如此,他还认为,对幻想的追求是一种"病态的现象"。他说:"但是这种没有什么东西可以满足的幻想的苛求,我们必须承认是病态的现象。"④车氏还进一步探讨了艺术想象的能力,认为创造的想象的力量是十分有限的,它的产品比现实要低得多。他说:"如所周知,在艺术中,完成的作品总是比艺术家想象中的理想不知低多少倍。但是这个理想又决不能超过

①［俄］车尔尼雪夫斯基:《艺术与现实的审美关系》,周扬译,人民文学出版社 1979 年版,第 71 页。

②［俄］车尔尼雪夫斯基:《艺术与现实的审美关系》,周扬译,人民文学出版社 1979 年版,第 39 页。

③［俄］车尔尼雪夫斯基:《艺术与现实的审美关系》,周扬译,人民文学出版社 1979 年版,第 40 页。

④［俄］车尔尼雪夫斯基:《艺术与现实的审美关系》,周扬译,人民文学出版社 1979 年版,第 39 页。

艺术家所偶然遇见的活人的美。"又说："想象决不能想出任何一朵比真的玫瑰更好的玫瑰；而描绘又总是不及想象中的理想。"①那么，为什么想象的产物这样不如现实呢？车氏认为，原因在于想象只能对对象进行量的增加而不能进行质的改造，而量的增加只能使其离开原型，质的改造才能使其提高。他说，想象"只能融合从经验中得来的印象；想象只是丰富和扩大对象，但是我们不能想象一件东西比我们所曾观察或经验的还要强烈"②。这里所说的"融合""丰富""扩大"，都是指量的增加。他还认为，艺术家所能做的一件事就是"凑合"，就是将这个人美的前额、那个人美的鼻子、第三个人美的嘴和下腭凑成一想的美人，而这样做是要破坏面孔的和谐的。他说："人体是一个整体；它不能被支解开来，我们不能说：这一部分美，那一部分不美。在这里，正如在许多其他情形下一样，选配、镶嵌、折衷，会招致荒谬的结果。"③车氏还讲过想象具有借取、填补、改变等作用。所谓借取是因对完整的事件记忆不全而从别的场景借取，而填补则是对于一事件同另一事件分开时造成的空白的填补，改变也只是涉及细节。因此，这些还是无碍本质，属于量变的范围。

由于艺术典型化是通过艺术想象来实现的。因此，车尔尼雪夫斯基否定艺术想象必将导致对艺术典型化的否定。艺术典型问题集中于"一般"与"个别"的关系问题，黑格尔派认为，艺术典

---

① ［俄］车尔尼雪夫斯基：《艺术与现实的审美关系》，周扬译，人民文学出版社 1979 年版，第 62、65 页。

② ［俄］车尔尼雪夫斯基：《艺术与现实的审美关系》，周扬译，人民文学出版社 1979 年版，第 62 页。

③ ［俄］车尔尼雪夫斯基：《艺术与现实的审美关系》，周扬译，人民文学出版社 1979 年版，第 63 页。

型同现实生活相比就是更多地体现了一般,艺术典型化就是清洗不体现一般的个别使之"重新升到一般"的过程。车氏对于这种"重新升到一般"的过程是否定的。他认为,"对于人来说,一般不过是个别的一种苍白的、僵死的抽象"①。其理由是"抽象的一般"已不是事物本身,所谓"事物的精华通常并不像事物的本身:茶素不是茶,酒精不是酒;那些'杜撰家'确实就是照上面所说的法则来写作的,他们给我们写出的不是活生生的人,而是以缺德的怪物和石头般的英雄姿态出现的、英勇与邪恶的精华"②。这里需要说明的是,尽管车氏对上述抽象的"概括化"的批判本身是正确的,但一方面曲解了黑格尔派美学典型化理论本身的含义,另一方面则因一概反对概括而不免失之偏颇。因为,艺术创作中的由个别上升到一般的概括,途径有二。一种是车氏所批判的,"把一切个别的东西抛弃,把分散在各式各样的人身上的特征结合成为一个""精华的人物"③的概括方法。这是一种无异于逻辑思维的抽象概括的方法,是完全同艺术创作的本质相敌对的,理应受到批判。但黑格尔美学的"概括化"并不舍弃个别的因素,而只是对不包含一般的个别进行"清洗",使保留下来的"个别"能更好地体现"一般",达到两者的高度统一、直接融合。这是一种"艺术的概括",是典型化的正确道路。正因为车氏将这两种概括混淆了起来,所以才会反对一切概括。相反,他却十分重视艺术创作中个别性的

①[俄]车尔尼雪夫斯基:《艺术与现实的审美关系》,周扬译,人民文学出版社 1979 年版,第 71 页。

②[俄]车尔尼雪夫斯基:《艺术与现实的审美关系》,周扬译,人民文学出版社 1979 年版,第 72 页。

③[俄]车尔尼雪夫斯基:《艺术与现实的审美关系》,周扬译,人民文学出版社 1979 年版,第 72 页。

因素。他说:"实际上,个别的细节毫不减损事物的一般意义,相反,却使它的一般意义更活跃和扩大。"①不仅如此,他还把"个性化"提高到艺术创作的首要地位。他认为,在艺术创作中是无论如何都不可能达到真正的个性化的,只能稍稍地接近它,"诗的形象的价值就取决于这种接近的程度如何"②。在此,车氏将形象的价值完全归诸个性化了,这倒是一种十分崭新的观点,应该引起我们的重视。正因为车氏认为个别能充分地表现一般,而一般只不过是苍白的抽象,所以,他必然得出真正的典型只有在现实中才能找到的结论。车氏问道:"人能够在现实中找到真正的典型人物吗?"③接着,他自我答道,这个问题的明确已是不需要回答的。它犹如在生活中去寻找好人、坏人、守财奴、败家子及冰是冷的、面包有滋养一样。由于真正的典型人物就在现实之中,因而他认为作家的创作只要"再现"现实中的典型人物就可以了。他说:"诗人'创造'性格时,在他的想象面前通常总是浮现出一个真实人物的形象,他有时是有意识地,有时是无意识地在他的典型人物身上'再现'这个人。"④他举例说,许多作品中的主要人物都是作者自己的真实画像,如歌德的浮士德、席勒的堂·卡罗斯与波查侯爵、拜伦与乔治桑作品中的男女主人公、普希金的奥涅金与连斯基、莱蒙托夫的

①［俄］车尔尼雪夫斯基:《艺术与现实的审美关系》,周扬译,人民文学出版社 1979 年版,第 71 页。
②［俄］车尔尼雪夫斯基:《艺术与现实的审美关系》,周扬译,人民文学出版社 1979 年版,第 71 页。
③［俄］车尔尼雪夫斯基:《艺术与现实的审美关系》,周扬译,人民文学出版社 1979 年版,第 71 页。
④［俄］车尔尼雪夫斯基:《艺术与现实的审美关系》,周扬译,人民文学出版社 1979 年版,第 72 页。

皮巧林等。因此,车氏认为,艺术创作就是一种对真人的"模拟",而不是创造。如果有谁违背这一"再现""模拟"的原则,而是按照典型化的原则,以真人为蓝本,将其提高到一般的意义,车氏认为,"这提高通常是多余的,因为那原来之物在个性上已具有一般的意义"①。作家只要发现和理解,并加以表现就可以了。另外,车氏还分析了人们为什么会认为艺术美高于现实美。他归纳为三点原因。第一是出于非常重视困难的事情和稀有事物的人之常情。艺术美是稀有的,并且是经过多年劳作的结果,所以被重视,而自然的产物则是不费力的,因而被贬损。第二是出于对人类的劳动智慧和力量的珍视。艺术是人的劳动的产物,是人的智慧和力量的结晶,因而人们引为骄傲。第三是为了迎合人类爱矫饰的趣味。为此,他把艺术比作很少内在价值的钞票,而将自然比作没有戳记的金条。他说:"生活现象如同没有戳记的金条;许多人就因为它没有戳记而不肯要它,许多人不能辨出它和一块黄铜的区别;艺术作品像是钞票,很少内在的价值,但是整个社会保证着它的假定的价值,结果大家都宝贵它,很少人能够清楚地认识,它的全部价值是由它代表着若干金子这个事实而来的。"②车氏的上述意见价值不大,所以我们在此不详加论述。

　　车尔尼雪夫斯基关于现实美与艺术美关系的理论在美学史上是有其贡献的。最主要的是有力地批驳了黑格尔派对现实美的否定,恢复了现实美的应有地位。长期以来,黑格尔派对现实

---

① [俄]车尔尼雪夫斯基:《艺术与现实的审美关系》,周扬译,人民文学出版社 1979 年版,第 73 页。
② [俄]车尔尼雪夫斯基:《艺术与现实的审美关系》,周扬译,人民文学出版社 1979 年版,第 83 页。

美一直是大加否定的，认为现实美是无意识的、自在的、相对的，因而是不完全的美。黑格尔在其《美学》中所论的美，即理想，其实就是艺术美，而将现实美排斥在外。这就完全否定了美的现实性与客观性，是黑格尔派美学唯心主义实质的必然表现。车氏与之针锋相对，全面地批驳了黑格尔派否定现实美的种种观点，并明确提出现实美是真正的美。这在扭转黑格尔派唯心主义美学的不良影响、恢复现实美的应有地位方面的作用是十分巨大的。实际上，这是对唯心主义美学观的批驳，对唯物主义美学观的坚持。车氏还提出事物的精华不是事物本身、共性不能代替典型的著名观点，从而否定了典型创作中的唯心主义的抽象概括化。当时，唯心主义发展到极端，出现一种抽象概括的唯心主义创作方法，即是完全抛弃个别，只剩下抽象的概念，使人物成为某种概念的图解或传声筒。车氏对于这种唯心主义的抽象概括化进行了较深入的批判，认为事物的精华不是事物本身、茶素不是茶、酒精不是酒。因为抽象的、苍白的一般不能代替活生生的人，共性不能代替典型。这是十分正确、深刻的，对我们今天批判所谓“主题先行”的错误观点都有重要的借鉴作用。再就是，车氏提出了现实美的发展与时更始的重要观点，说明在他的美学观中包含着某种发展观点。车氏在批驳黑格尔派认为“现实美是瞬息即逝”的观点时，提出了现实美的时代性的重要观点。他认为，“每一代的美都是而且也应该是为那一代而存在”，“再下一代就将会有它自己的美，新的美”。总之，他断言现实美是“与时更始、新陈代谢”的。这完全是一种科学的发展的观点，是十分正确的，说明车氏的美学思想中包含着某种辩证的成分，在某些方面已对形而上学的哲学体系有所突破。这一点应该引起我们的注意。第四是对康德的形式主义美学观进行了批判，较正确地阐明了感性与理性、美与善的关系。车氏在批驳黑格尔派认为现实美因生活痕迹而使某些细节不美的观点时，认为这是康德形式主义美学观影响的结果。他认为，美感尽管依靠听觉和视觉等感觉来进行的，但理智的思考也起着作用，"总是以实体来填补呈现在眼前的空洞的形式"。这就将感性与理性在一定程度上统一了起来。至于美与善的关系，形式主义美学是完全排除善的，认为美与对象的任何效用甚至存在都无关。车氏则认为，美同效用有区别，但也有联系。他说，"美的享受虽和事物的物质利益或实际效用有区别，却也不是与之对立的"。这当然过分简单，但总是重视了美与善的联系。他在谈到艺术的"生活教科书"的作用时，更全面地阐明了这个问题。第五是在一定程度上批驳了寻求"数学式完美"的机械论倾向。在批驳唯心主义美学认为现实美包含着不美的细节时，车氏认为这是寻求一种"数学式的完美"。但这种"完美"却是不存在的，对它的寻求"都不过是抽象的、病态的或无聊的幻想而已"。他认为，只有近似的完美，而没有"数学式的完美"，但这种近似的完美严格地说只能叫作美，而不能叫作完美。关于这种"数学式完美"的批判，车氏在好几个地方谈到。这是一种对所谓"绝对的"、形而上学的美学思想的批判，是车氏美学中包含着辩证法思想的又一证据。第六是坚持人物性格的多样性，批判了创作中脱离现实的理想化的唯心主义倾向。脱离实际的理想化是当时流行的一种唯心主义创作倾向，是黑格尔派从理念出发的美学研究方法必然导致的结果。这种创作倾向要求人物性格适合某种先验的精神，诸如坏事必然是坏人所为、好事则必然是好人所做。其结果就形成了千篇一律、公式化、看到开头就知结尾等现象。车氏反对这种脱离实际的"理想化"，认为在现实中决不是如此的。他说，在现实生活中"性格渺小的人物往往是悲剧、喜剧等事件的推动者;一个微不足道的浪子,本质上甚至完全不算是坏人,可以引起许多可怕的事件;一个决不能叫做坏蛋的人,可以毁坏许多人的幸福,他所引起的不幸事件,可能比埃古或靡非斯特所引起的更多得多"①。他认为,还是应该从现实出发,摆脱脱离实际的唯心主义理想化的创作倾向,否则就会"形成了千篇一律,人物,甚至于事件本身都变得单调了;因为由于人物性格的多样,本质上相同的事件会获得一种色度上的差异,正如在永远多样化、永远新鲜的生活中所常见的情形一样,可是,在诗歌作品中,人却常常碰到重复"②。

当然,车尔尼雪夫斯基在现实美与艺术美关系的理论中也不可避免地有其局限性。首先是具有浓厚的形而上学、机械论的色彩。如前所说,尽管车氏在现实美与艺术美关系的理论中包含某些辩证发展的观点,但这毕竟是次要的。从总的方面来说,在这一理论中,形而上学的机械论是主要的,并且是其在这一理论问题上所存在的主要局限。这种机械论集中地表现为在论述现实美无条件地高于艺术美时不能正确地处理客观与主观、个别与一般、感性与理性等辩证的关系,走上了片面强调客观、个别与感性、忽视主观、一般与理性的绝对化的地步。在客观与主观的关系上,车氏强调了客观的、现实的美,这应该是对的,但却抹杀了经过人的主观创造的艺术美,否定了人的主观能动性。这主要表现在他对艺术想象的否定。他认为,想象是一种病态的幻想、机

①［俄］车尔尼雪夫斯基:《艺术与现实的审美关系》,周扬译,人民文学出版社1979年版,第76页。

②［俄］车尔尼雪夫斯基:《艺术与现实的审美关系》,周扬译,人民文学出版社1979年版,第77页。

械的凑合，只能对事物进行量的丰富和扩大，而不能使之有质的改变。他说，想象就不能想出任何一朵比真的玫瑰更好的玫瑰，这是完全错误的。因为，艺术想象是一种创造性的劳动，它不是简单的机械凑合，而是在原有形象基础之上的新的形象的创造。这种创造的形象不仅在量上比原有形象丰富扩大，而且在质上也比原有形象强烈、提高。总之，艺术想象的产物既不是脱离现实的幻想，同时又高于现实而不是什么凑合。在个别与一般的关系上，车氏特别地强调了美的个别性特点。他认为，"个别性是美的最根本的特征"，"个别的细节毫不减损事物的一般意义"，诗的形象的价值就取决于讨个性化接近的程度等等。相反，他对一般却大加否定。他认为，一般是对个别的一种苍白、僵死的抽象，从个别到一般的"提高"纯粹是多余的等等。这些观点应该说都是偏颇的。因为，美的根本特征是个别与一般的有机地统一为整体，单纯的个别性并不能构成美的根本特征，作品的价值也不完全在于其个别性。事实上，并非一切的个别都是美的。许多个别的事物乃至事物中的个别细节是同事物的一般背道而驰的。这就要在艺术创作中加以舍弃，经过艺术的概括使个别与一般得到更好的统一。这就是艺术的"提高"，它在典型创造中是完全必要的，而不是多余的。感性与理性的关系是美学史上的老问题，感性派和理性派作了长期的斗争，到德国古典美学才开始将两者统一。在这一方面，康德提出了"无目的的合目的性"的命题，黑格尔则提出了"美是理念的感性显现"的基本定义。当然，作为德国古典美学来说，主要的方面则是强调的理性。特别是黑格尔，更是以理念作为美的出发点与归宿。车氏在这个问题上尽管偶有辩证思想的萌芽，例如在他对康德形式主义美学的批判上就是如此，但从总的方面来说，他是片面地强调了感性，退到了感性派的立场。他说："我们不应忘记，美感与感官有关，而与科学无关；凡是感受不到的东西，对美感来说就不存在。"这样，美感中的理性因素就被完全排除了，乃至于断言美感与科学根本无关。这很容易导致感觉主义与自然主义的错误倾向。其次，在对唯心主义的批判中并未真正同唯心主义划清界限，有时不免受到唯心主义影响。具体表现在，车氏在批判黑格尔派对现实美无意图性的指责时，竟强辩说什么现实美也有某种意图性，即所谓意向性。他举例说，如鸟兽的爱整洁、人的关心外表等。这实际上还是承认所谓意图性，即观念是美的必要因素，没有真正同这种唯心主义美学思想划清界限。再次是在现实美与艺术美的关系问题上同样表现出浓厚的人本主义思想的影响。车氏的人本主义思想作为其美学思想的哲学基础是贯彻在各个方面的，在"美即生活"的定义中就有人本主义的影响，在关于现实美与艺术美关系的理论中同样也有人本主义的影响。其表现就是他所提出的"真正美"的标准就是"能使一个健康的人完全满意的"。从其具体阐述的吃、住等内容来看，所谓"满意"即指感官欲望的满足。这就完全是一种生理的满足了。最后，在论证的方法上，随着论敌转，不免烦琐重复。由于车氏缺乏辩证的观点，在论证的方法上过分拘泥于事实，因而不免跟着论敌转，特别在批驳黑格尔派对现实美的攻击时更是如此。先是批驳黑格尔派对现实美的攻击，后又阐述在同样的问题上的艺术美的缺陷，均为七八条之多，重复烦琐，但又并未完全抓住要害。

四

　　在艺术的作用问题上，车尔尼雪夫斯基首先是提出了著名的"再现说"和"代替说"。他说，"艺术的第一个作用，一切艺术作品毫无例外的一个作用,就是再现自然和生活"。"艺术作品的目的和作用也是这样:它并不修正现实,并不粉饰现实,而是再现它,充作它的代替物。"①他对"再现说"与"代替说"的论述是从对旧的艺术起源于对美的渴望的理论的批判开始的。车氏认为,流行的美学观点关于艺术起源和作用的理论可以概括如下:"人有一种不可克制的对美的渴望,但又不能够在客观现实中寻找出真正的美来;于是他不得不亲自去创造符合他的要求的事物或作品,即真正美的事物和现象。"②总之,在流行的黑格尔派美学观点看来,因为现实中的美有缺陷,才要求创造出艺术,所以艺术起源于对美的渴望,艺术的作用即是对美的追求。车氏对这一观点进行了批判。他是从美的定义入手来批判的。他认为,如果按照流行的黑格尔派的观点,把美界定为"观念与形式的完全吻合",就是要求事物的外形符合某种先验的观念,那任何产品的制作都是这样要求的,这就把美与一般的技能、艺术与其他的产品相混淆。这当然是对黑格尔派关于"美是理念的感性显现"的理论的曲解。前已谈到,不再赘述。他又认为,如果把美界定为"对一切有生之物的喜悦的爱",那活生生的现实就能满足这种美的渴望而无须艺术。因此,如果认为艺术是对美的渴望,那就要放弃一切艺术的追求。因为,如果连现实中的美都不满意,那就会更加不满意低于现实美的艺术美。这样,对美的追求就是徒劳无益的事了。艺术既然不是由于现实美的缺陷而起源于对美的渴望,那么,起

①［俄］车尔尼雪夫斯基:《艺术与现实的审美关系》,周扬译,人民文学出版
　社 1979 年版,第 86 页。
②［俄］车尔尼雪夫斯基:《艺术与现实的审美关系》,周扬译,人民文学出版
　社 1979 年版,第 84 页。

源于什么呢,它的作用又是什么呢? 车氏认为,艺术起源于对现实的"代替"和"再现"。他说:"我们的想象的活动不是由生活中美的缺陷所唤起的,却是由于它的不在而唤起的。"①具体地说,就是尽管现实美是完全的美,但却并不总是呈现在我们面前,因此,"当一个人得不到最好的东西的时候,就会以较差的为满足,得不到原物的时候,就以代替物为满足"②。他认为,这种代替物并不修正、粉饰现实,而是对自然和生活的一种"再现",犹如印画和原画、画像和本人的关系。尽管印画不如原画,"艺术作品任何时候都不及现实的美或伟大",但作为现实的代替物,却可以"使那些没有机会直接欣赏现实中美的人也能略窥门径;提示那些亲身领略过现实中的美而又喜欢回忆它的人,唤起并且加强他们对这种美的回忆"③。车氏认为,他的"再现说"和欧洲十七、十八世纪流行的伪古典主义的"自然模拟说"是大不相同的。他认为,他的"再现说"与"自然模拟说"有这样两个方面的区别。一是"自然模拟说"局限于"外形的仿造",而"再现说"则是注意"内容的表达"。他说,"只有值得有思想的人注意的内容才能使艺术不致被斥为无聊的娱乐"。"人的工作却应当以人类的需要为目的,而不是以自身为目的。"④二是"自然模拟说"局限于一切细微末节,而

---

① [俄]车尔尼雪夫斯基:《艺术与现实的审美关系》,周扬译,人民文学出版社 1979 年版,第 85 页。
② [俄]车尔尼雪夫斯基:《艺术与现实的审美关系》,周扬译,人民文学出版社 1979 年版,第 85 页。
③ [俄]车尔尼雪夫斯基:《艺术与现实的审美关系》,周扬译,人民文学出版社 1979 年版,第 86 页。
④ [俄]车尔尼雪夫斯基:《艺术与现实的审美关系》,周扬译,人民文学出版社 1979 年版,第 88、89 页。

"再现说"则着重于"主要的、最富于表现力的特征"①。他认为，前者是一种"照相式的模拟""死板的模拟"，是不真实的，后者才是真实的。而要做到这一点，就要求作者具有一种"辨别主要的和非主要的特征的能力"②，而"自然模拟说"则不需要。车氏认为，艺术与历史一样都是对生活的再现，但也有不同。那就是，"历史叙述人类的生活，艺术则叙述人的生活，历史叙述社会生活，艺术则叙述个人生活"③。这里所说的"人类的生活"和"社会生活"，即历史对生活的"再现"，侧重于揭示群体性、社会性的生活规律，而所谓"人的生活""个人生活"则指个别的、具体的人的生活特征，也就是艺术的形象特征。这里涉及了艺术的特征问题，但不免过于简略。

车氏认为，"艺术除了再现生活以外还有另外的作用——那就是说明生活"④。如何理解艺术说明生活的含义呢？首先，"必须用鲜明清晰的形象来表现事物的主要特征"⑤。车氏认为，这就要求"必然要省略许多，使我们的注意集中在剩下的特征上"⑥。在作

---

① [俄]车尔尼雪夫斯基:《艺术与现实的审美关系》，周扬译，人民文学出版社 1979 年版，第 89 页。
② [俄]车尔尼雪夫斯基:《艺术与现实的审美关系》，周扬译，人民文学出版社 1979 年版，第 89 页。
③ [俄]车尔尼雪夫斯基:《艺术与现实的审美关系》，周扬译，人民文学出版社 1979 年版，第 98 页。
④ [俄]车尔尼雪夫斯基:《艺术与现实的审美关系》，周扬译，人民文学出版社 1979 年版，第 95 页。
⑤ [俄]车尔尼雪夫斯基:《艺术与现实的审美关系》，周扬译，人民文学出版社 1979 年版，第 95 页。
⑥ [俄]车尔尼雪夫斯基:《艺术与现实的审美关系》，周扬译，人民文学出版社 1979 年版，第 95 页。

了这一番解释之后,他马上接着说道:"但是我们只能承认诗的价值在于它生动鲜明地表现现实,而不在它具有什么可以和现实本身相对抗的独立意义。"①其次,所谓"说明生活"是一种对生活进行判断。他说:"诗人或艺术家不能不是一般的人,因此对于他所描写的事物,他不能(即使他希望这样做)不作出判断;这种判断在他的作品中表现出来,就是艺术作品的新的作用。"②他接着又对这种"判断"作了进一步的解释。他认为,如果一个艺术家智力活动强烈并赋有艺术才能的话,那么,他的判断"就会为有思想的人提出或解决生活中所产生的问题;他的作品可以说是描写生活所提出的主题的著作"③。因为,作为一个真正赋有才华的文艺家,他所感兴趣的事物一定也是同时代人感兴趣的,他所思考的也一定是同时代人都在思考的问题。正因为艺术具有说明生活和判断生活的作用,所以它就成为了"生活的教科书"。车氏认为,生活尽管比艺术"更完全、更真实,甚至更艺术。不过生活并不想对我们说明它的现象,也不关心如何求得原理的结论:这完全是科学和艺术作品的事;不错,比之生活所呈现的,这结论并不完全,思想也片面,但是它们是天才人物为我们探求出来的,没有他们的帮助,我们的结论会更片面、更贫弱。科学和艺术(诗)是开始研究生活的人的'教科书',其作用是准备我们去读原始材

①[俄]车尔尼雪夫斯基:《艺术与现实的审美关系》,周扬译,人民文学出版社 1979 年版,第 96 页。
②[俄]车尔尼雪夫斯基:《艺术与现实的审美关系》,周扬译,人民文学出版社 1979 年版,第 96 页。
③[俄]车尔尼雪夫斯基:《艺术与现实的审美关系》,周扬译,人民文学出版社 1979 年版,第 96 页。

料,然后偶尔供查考之用"①。由于艺术要对生活进行说明、判断,要成为生活的教科书,提出和解决生活中所产生的问题,这就必然要求艺术家成为思想家,要求他思考对象的意义和时代的问题,并提出解决的方案。总之,要求文艺家不仅客观地描写生活,而且要凭借主观的思维去评价生活、说明生活,要求其作品不仅包含客观感性因素,而且包含主观的理性因素。他说,由于要求艺术去表现一定的思想,"于是艺术家就成了思想家,艺术作品虽然仍旧属于艺术领域,却获得了科学的意义"②。这里所说的"艺术领域"即客观生活的再现,而"科学意义"即指主观的判断、说明,对规律的揭示、论证。接着,他进一步认为,艺术与历史一样,第一个任务是再现生活,第二个任务是说明生活;一个艺术家或历史家只有既担任第一个任务又担起第二个任务,"才成为思想家,他们著作然后才有科学价值"③。

车尔尼雪夫斯基不仅论述了艺术的作用,而且论述了艺术的内容和形式。他着重批判了当时流行的唯美主义的为艺术而艺术的理论。这种理论将艺术的内容完全归结为美。车氏不同意这种看法。他认为,即使把崇高和滑稽都包括在美的范围内,艺术的内容也不仅仅是美。为此,他举了绘画、音乐、诗歌等各个艺术部门中的实例加以说明。他说,诸如描写家庭生活的图画、忧愁的曲子、正剧等等,从内容来讲都不能算到美的范畴之内。因

①［俄］车尔尼雪夫斯基:《艺术与现实的审美关系》,周扬译,人民文学出版社 1979 年版,第 97 页。
②［俄］车尔尼雪夫斯基:《艺术与现实的审美关系》,周扬译,人民文学出版社 1979 年版,第 97 页。
③［俄］车尔尼雪夫斯基:《艺术与现实的审美关系》,周扬译,人民文学出版社 1979 年版,第 98 页。

而，他断言，"艺术的范围并不限于美和所谓美的因素，而是包括现实（自然和生活）中一切能使人——不是作为科学家，而只是作为一个人——发生兴趣的事物；生活中普遍引人兴趣的事物就是艺术的内容"。又说，"诗的范围是全部的生活和自然"①。车氏认为，流行的美学观之所以把艺术的内容归结为美，"那真正的原因就在于：没有把作为艺术对象的美和那确实构成一切艺术作品的必要属性的美的形式明确区别开来"②。这就是说，在车氏看来，艺术的形式是美，而内容则应是生活，不能将两者混淆。在这里，有两点要加以说明。第一点是他的关于美的含义是混乱的。从他把崇高、滑稽包括在内来看，似乎是指内容方面的美，但总的来说，他在这里所说的美是指形式美。第二点是他所说的艺术的内容包括全部自然和生活是指素材。但素材并不是艺术内容的因素，作为艺术的内容因素应是题材。车氏在这里混淆了素材与题材的界限。既然车氏在这里所说的艺术的美是指形式美，那么，艺术的形式美的含义又是什么呢？他认为，形式美是观念与形象的统一，也就是使形象去符合某种观念。他说："作为观念与形象的统一的形式的美是人类一切活动的共同属性。"③这就恰如皮鞋业、首饰业、书法、工程技术、道德活动等的产物一样。总之，他认为，这就是一种形象性，而所谓形象即"不是用抽象的概念而是用活生生的个别的事实去表现思想；当我们说'艺术是自

---

①［俄］车尔尼雪夫斯基：《艺术与现实的审美关系》，周扬译，人民文学出版社 1979 年版，第 91 页。

②［俄］车尔尼雪夫斯基：《艺术与现实的审美关系》，周扬译，人民文学出版社 1979 年版，第 91 页。

③［俄］车尔尼雪夫斯基：《艺术与现实的审美关系》，周扬译，人民文学出版社 1979 年版，第 92 页。

然和生活的再现'的时候,我们正是说的同样的事,因为在自然和生活中没有任何抽象地存在的东西;那里的一切都是具体的;再现应当尽可能保存被再现事物的本质;因此艺术的创造应当尽可能减少抽象的东西,尽可能在生动的图画和个别的形象中具体地表现一切"①。在这里,他把形象性界定为通过具体生动的图画表现现实生活的本质。这是十分可贵的。但他却又把形象性作为人类一切活动的特点,这就完全抹杀了艺术区别于其他活动的本质特征。因而是十分令人费解的。车氏还严峻地指出把艺术的内容界定为美所造成的危害。其一是不管适当不适当都写恋爱。他认为,由于将艺术的内容界定为美,因而老是描写恋爱,忘记了还有更使一般人发生兴趣的其他方面。他说,"我们丝毫没有意思要禁止诗人写恋爱;不过美学应当要求诗人只在需要写恋爱的时候才写它:当问题实际上完全与恋爱无关,而在生活的其他方面的时候,为什么把恋爱摆在首要地位?"②第二个危害就是矫揉造作,简单地把人物分成英雄与恶汉,并且对英雄进行超现实的"理想化","描写了在实际生活中几乎从来没有人作过的那样深谋远虑的行动计划"③。其结果是作品单调,"人物是一个类型,事件照一定的方向发展,从最初几页,人就可以看出往后会发生什么,并且不但是会发生什么,甚至连怎样发

---

① [俄]车尔尼雪夫斯基:《艺术与现实的审美关系》,周扬译,人民文学出版社 1979 年版,第 92 页。

② [俄]车尔尼雪夫斯基:《艺术与现实的审美关系》,周扬译,人民文学出版社 1979 年版,第 93 页。

③ [俄]车尔尼雪夫斯基:《艺术与现实的审美关系》,周扬译,人民文学出版社 1979 年版,第 94 页。

生都可以看出来"①。

　　车尔尼雪夫斯基在艺术理论方面最主要的贡献就是提出并论证了艺术的三大作用,即再现生活、说明生活和判断生活,并提出了艺术是生活教科书的至理名言。尤为可贵的是,他还明确要求文艺家提出并解决同时代人共同感兴趣的主要问题,从而成为思想家。同时,车氏还有力地批判了为艺术而艺术的理论。这是对别林斯基现实主义文艺思想的继承和发展,充分地表现了车氏作为一个唯物主义者和革命民主主义者对文艺社会作用的正确意见,以及试图运用文艺为武器去改造社会的革命精神。"文艺是生活的教科书"的战斗口号在美学史上是第一次出现的。它标志着文艺摆脱有闲阶级束缚的不可阻挡的趋势,并预示着新的革命阶级的文艺思想不可避免地即将诞生。

　　当然,车氏的艺术理论中也有一些缺陷。他将艺术的起源归结为对现实事物的"代替"。这不仅搞错了艺术起源的真正原因,而且也否定了艺术所特有的主客观统一的审美价值。车氏认为,艺术与历史都是对生活的"再现",而艺术与人类的一切活动一样,都具有使观念与形象统一的形式方的共同属性。这就混淆了艺术与历史及现实的界限,抹杀了艺术以形象反映生活的本质特征。再就是,在艺术的内容与形式问题上,将艺术的内容归结为生活,而将形式归结为美。这不仅从概念本身来说同他的"美即生活"的基本定义相矛盾,而且也割裂了内容与形式的关系。

---

①〔俄〕车尔尼雪夫斯基:《艺术与现实的审美关系》,周扬译,人民文学出版社 1979 年版,第 94 页。

五

在美学领域中,车尔尼雪夫斯基还对崇高、悲剧和滑稽等美学范畴进行了研究。在"崇高"的问题上,他首先对关于崇高的旧的概念进行了批判。他认为,旧的流行的美学体系关于崇高的概念有两个。其中的一个就是所谓"崇高是观念压倒形式"。其意为"对象中自己暴露出来的力量压倒了所有限制它的力量"①。车氏认为,按照这样的思想得出的不一定是崇高的东西,而只是丑或模糊的东西,"并不是每一种崇高的东西都具有丑或朦胧模糊的特点;丑的或模糊的东西也不一定带有崇高的性质"②。他说,丑而成为可怕或朦胧,可加强可怕与巨大时才能变成崇高,否则就不会。车氏认为,观念压倒形式只是一种消极的崇高,它并不能包括崇高的一切方面。还有一种积极的崇高,也就是压倒与之相比的事物的崇高。例如,空旷草原上的金字塔比在许多宏大建筑中的金字塔要雄伟得多。流行的美学体系关于"崇高"的第二个概念就是"崇高是'无限'的观念的显现",或是"凡能在我们内心唤起'无限'的观念的,便是崇高"③。车氏认为,"这一个崇高的定义是流行的崇高的概念的精髓"④。他从两个

---

① [俄]车尔尼雪夫斯基:《艺术与现实的审美关系》,周扬译,人民文学出版社 1979 年版,第 12 页。
② [俄]车尔尼雪夫斯基:《艺术与现实的审美关系》,周扬译,人民文学出版社 1979 年版,第 12 页。
③ [俄]车尔尼雪夫斯基:《艺术与现实的审美关系》,周扬译,人民文学出版社 1979 年版,第 13 页。
④ [俄]车尔尼雪夫斯基:《艺术与现实的审美关系》,周扬译,人民文学出版社 1979 年版,第 13 页。

方面来批判这一概念。首先,认为"无限"的观念不是引起崇高的原因,而是由崇高的事物产生的结果。他说:"当然,在观察一个崇高的对象时,各种思想会在我们脑子里发生,加强我们所得到的印象;但这些思想发生与否都是偶然的事情,而那对象却不管怎样仍然是崇高的:加强我们的感觉的那些思想和回忆,是我们有了任何感觉时都会产生的;可是它们只是那些最初的感觉的结果,而不是原因。"①这就是说,无限的观念固然会加深崇高的印象,但它是由崇高的感觉产生的,崇高的感觉则是由对象本身的崇高产生的。无限的观念是结果,原因是崇高的事物本身。其次,车氏认为,崇高的事物常常不是无限的,而是和无限的观念相反的。他说,看见海岸时比起没看见海岸时,大海看起来更雄伟得多。大风暴的威力看起来显得是不可制胜的,但一座座小山丘就会遏止住它的力量,因而它在大地上终究是无力的。总之,他认为,自然界没有任何东西是可以称为无限的。那么,人本身是否有无限的东西呢? 有人说,无限的爱和毁灭一切的愤怒具有一种"不可制服的力量",而正是这种"不可制服的力量"可以唤起无限的观念。车氏认为,这也不符合事实,因为眨眼和饮食的"不可制服的力量"更是超过了爱和愤怒。但睡眠和饮食的观念却不能称之为崇高。由此可见崇高既不在观念对形式的压倒,也不在无限观念的唤起,也就是说,崇高不在观念。那么,崇高在哪里呢? 车氏认为,上述关于崇高的流行的理论是想象干预的结果,而事实上崇高在于事物本身,崇高是具有实际现实性的。他说:"我们对于崇高的本质的看法是承认它的实际

①[俄]车尔尼雪夫斯基:《艺术与现实的审美关系》,周扬译,人民文学出版社 1979 年版,第 14 页。

现实性。"①这里所谓的"实际现实性"是针对"观念性"而来的,即崇高的本质不在观念性而在现实性,也就是不是观念使事物崇高而是事物本身崇高。他在批判"观念压倒形式"的崇高概念时指出,"在这里,崇高的秘密不在于'观念压倒现象',而在于现象本身的性质;只有那被毁灭的现象本身的伟大,才能使它的毁灭成为崇高"②。他说,北美的尼亚加拉瀑布、马其顿王亚历山大都是由其本身而崇高。在批判"崇高是'无限'观念的显现"时,他又说:"我们觉得崇高的是事物本身,而不是这事物所唤起的任何思想。"③他举例说,高加索的卡兹别克山、大海、罗马政治家凯撒和伽图等之所以崇高都是因其"本身是雄伟的"。车氏正是以这种崇高在于事物本身的基本观点为根据提出了关于崇高的定义。这个定义就是:"一件事物较之与它相比的一切事物要巨大得多,那便是崇高。"又说:"一件东西在量上大大超过我们拿来和它相比的东西,那便是崇高的东西;一种现象较之我们拿来和它相比的其他现象都强有力得多,那便是崇高的现象。"他认为,这个定义"似乎能完全包括而且充分说明一切属于这个领域内的现象"④。关于这个定义,车氏有这样一个评价。他认为,他在给崇高下定义的时候,数量的比较和优越应该从崇高的次要的特殊的标志提升到主要的

①〔俄〕车尔尼雪夫斯基:《艺术与现实的审美关系》,周扬译,人民文学出版社1979年版,第19页。
②〔俄〕车尔尼雪夫斯基:《艺术与现实的审美关系》,周扬译,人民文学出版社1979年版,第13页。
③〔俄〕车尔尼雪夫斯基:《艺术与现实的审美关系》,周扬译,人民文学出版社1979年版,第14页。
④〔俄〕车尔尼雪夫斯基:《艺术与现实的审美关系》,周扬译,人民文学出版社1979年版,第17页。

和一般的标志。这种由观念转换到数量相比的结果就使崇高和美一样，"在我们看来是比以前更加离开人而独立，但也更加接近于人了"①。这里，车氏认为，他在给崇高下定义时将数量的比较提到主要地位是符合实际情形的。但正因为他将崇高建立在数量的"相比"之上，就突出了主体的人的作用，因而相比之下崇高反倒不在对象本身，而在于人了。这就并未使崇高更加离开人而独立，并仍然带有主观意志的色彩。车氏认为，由于将美界定为生活，而将崇高界定为同别的事物相比巨大得多，这样，"美与崇高是完全不同的两个概念，彼此互不从属"②。首先是这两类现象在本质上就有区别，两者之间无内在联系，崇高的事物可能是美的，也可能是丑。其次是美感与崇高感也有区别。前者是温柔的喜悦，后者则是恐怖、惊奇、自豪等。"因此，人们把崇高当作美的变态，我们就觉得是一种错误。"③那么，崇高是否包括在美学的范围之内呢？车尔尼雪夫斯基认为，如果把美学界定为关于美的科学，那就不包括崇高，但如果将美学界定为关于艺术的科学，那就包括崇高，因为崇高是艺术领域的一部分。看来车氏是倾向于后者的，因为他的美学专著中还是论及了崇高。

在悲剧理论方面，车氏探讨了欧洲美学史上长期流行的"命运说"和"过失说"，并提出了自己关于悲剧的定义。"命运说"在

①［俄］车尔尼雪夫斯基：《艺术与现实的审美关系》，周扬译，人民文学出版社 1979 年版，第 19 页。
②［俄］车尔尼雪夫斯基：《艺术与现实的审美关系》，周扬译，人民文学出版社 1979 年版，第 20 页。
③［俄］车尔尼雪夫斯基：《论崇高与滑稽》，《车尔尼雪夫斯基论文学》中卷，上海译文出版社 1979 年版，第 72 页。

欧洲是自古希腊以来就存在的一种悲剧理论,在德国古典美学中仍有一定的影响。主要表现于黑格尔的门徒费肖尔的悲剧理论偶尔涉及到这一概念。但黑格尔在其《美学》中是没有采用这一概念的。因此,车氏断言:"在德国美学中,悲剧的概念是和命运的概念联结在一起的"①,就是不确切的。"命运说"是一种典型的宿命论,所谓"命运"就是一种以神为根源的、盲目的、人类无法掌握的必然性。正如车氏所说,命运,"好像是一种要致人死命的不可克服的力量"②。他说,犹如《一千零一夜》中卡琳黛尔的奇妙故事及著名古希腊悲剧《俄狄浦斯王》,都是"人跟命运的冲突",最后不可免地导致人的悲剧。车氏认为,"今天凡是有教养的人都会承认这个关于命运的概念是幼稚的,是和我们的思想方式不相称的"③。他的批判分两个方面。首先是探讨了"命运说"产生的原因。他认为,"命运说"产生于人的落后愚昧,因而将意外之事的力量人格化。他说,野蛮人或半野蛮人除知道人的直接生活之外,不知道其他领域的情况,因而只能将一切对象都拟人化,包括动物、植物、无机物,也包括各种意外事件,以为意外事件是一个同人一样的不可违抗的神或上帝同人作对的结果。这种将"命运说"归之于同科学对立的迷信的理论,应该说是比较正确的。其次是批判了"命运"的概念本身。他将"命运"的概念概括为这样一段话,"人的自由行动扰乱了自然的正常进程;自然和自

①[俄]车尔尼雪夫斯基:《艺术与现实的审美关系》,周扬译,人民文学出版社1979年版,第23页。
②[俄]车尔尼雪夫斯基:《论崇高与滑稽》,《车尔尼雪夫斯基论文学》中卷,上海译文出版社1979年版,第75页。
③[俄]车尔尼雪夫斯基:《论崇高与滑稽》,《车尔尼雪夫斯基论文学》中卷,上海译文出版社1979年版,第76页。

然规律于是起而反对那侵犯它们权利的人；结果，苦难与死加于那行动的人，而且行动愈强，它所引起的反作用也愈剧烈；因为凡是伟大的人物都注定要遭到悲剧的命运"①。车氏对上述理论的各层意思都进行了批判。第一，他认为，自然和自然规律是无意志的、非人格化的。但是，按照"命运说"的观点，自然和自然规律是有生命的、有意志的，要有意同人作对，加害于人。这显然是一种愚昧的唯心主义观点。车氏站在唯物主义立场上给予批判，认为自然和自然规律是客观存在的、不以人的意志为转移的。他说："自然永远照它自己的规律继续运行着，不知有人和人的事情、人的幸福和死亡；自然规律可能而且确实常常对人和他的事业起危害作用；但是人类的一切行动却正要以自然规律为依据。"②第二，他认为，自然并非必然地同人对立与斗争。他说："自然对人是冷淡的；它不是人的朋友，也不是人的仇敌；它对于人是一个有时有利、有时又不利的活动场所。"③第三，他认为，即便存在着人同自然的斗争，但这个斗争也不一定注定是悲剧结局。相反地，在历史上遭到悲剧结局的伟大人物是少数。在多数情况下，成功、顺利、幸福倒常在他们一边。由此，他得出结论："伟大人物的命运是悲剧的吗？有时候是，有时候不是，正和渺小人物的命运一样；这里并没有任何的必然性。"又说："悲剧并不一定在我们心中唤起必然性的观念，必然性的观念决不是悲剧使人

①［俄］车尔尼雪夫斯基：《艺术与现实的审美关系》，周扬译，人民文学出版社1979年版，第26页。
②［俄］车尔尼雪夫斯基：《艺术与现实的审美关系》，周扬译，人民文学出版社1979年版，第26页。
③［俄］车尔尼雪夫斯基：《艺术与现实的审美关系》，周扬译，人民文学出版社1979年版，第26页。

感动的基础,也不是悲剧的本质。""在现实中,在大多数情形之下,可怕的事物完全不是不可避免的,而纯粹是偶然的。"①在他看来,悲剧的结局只不过是一种偶然性的"意外之灾"。由上述可见,他从唯物主义立场批评了"命运说"中自然有意志的观点,这是十分正确可贵的。但他却完全否定了悲剧的必然性,而将其归之于偶然性,这就是十分错误的了。因为悲剧的冲突还是植根于社会必然的矛盾冲突之中,悲剧中的偶然性正是借以表现出这种必然性,否则就毫无意义。如《红楼梦》中黛玉恰好死于宝玉和宝钗的新婚之夜,这可能是偶然的,但作为既叛逆而又弱小的女子,其被封建正统势力压榨而死则又是必然的。车氏还对欧洲美学史上流行的悲剧主角"过失说"进行了批判。所谓"过失说"就是主张伟大人物的悲剧结局恰由其本身的"过失"所致。他对这种"过失说"进行了概括。他说,这种理论主张"伟大人物的性格里总有弱点;在杰出人物的行动当中,总有某些错误或罪过。这弱点、错误或罪过就毁灭了他。但是这些必然存在他性格的深处,使得这伟大人物正好死在造成他的伟大的同一根源上"②。车氏对这一理论进行了有力的批驳。他认为,许多悲剧人物的毁灭并非由于自己的过失,在许多情况下他们是清白无瑕的,如果将其毁灭归罪于本人就是太不近情理。为此,他十分激动地说道,"当然,如果我们一定要认为每个人死亡都是由于犯了什么罪过,那么,我们可以责备他们:苔丝德梦娜的罪过是太天真,以致预料不

①〔俄〕车尔尼雪夫斯基:《艺术与现实的审美关系》,周扬译,人民文学出版社1979年版,第27、30、31页。
②〔俄〕车尔尼雪夫斯基:《艺术与现实的审美关系》,周扬译,人民文学出版社1979年版,第28—29页。

到有人中伤她；罗密欧和朱丽叶也有罪过，因为他们彼此相爱。然而认为每个死者都有罪过这个思想，是一个残酷而不近情理的思想"①。另外，他认为，这种"过失说"同"命运说"之间有着必然的联系。因为"过失说"主张主人公的过失招致自己的惩罚或毁灭。车氏认为，"这个思想显然是起源于处罚犯罪者的复仇之神的传说"②。这是古希腊的神话传说，复仇女神代表天意惩罚犯了罪过的人。但车氏认为，这种"德性结果总是胜利，邪恶总是受到惩处"的"善有善报，恶有恶报"的观点是完全不符合实际的。因为，"世界并不是裁判所，而是生活的地方"③。所以，邪恶与罪过并不一定受到舆论和良心的惩罚。因而，车氏认为，用这种古希腊人的眼光来看世界是十分好笑的。在这里，车氏将"过失说"与"命运说"归之于同一的古代宿命论的根源，是十分精辟、深刻的。既然悲剧与命运、过失等均无关系，那么其含义到底是什么呢？车氏给悲剧概括了这样一个定义："悲剧是人生中可怕的事物"，并认为："这个定义似乎把生活和艺术中一切悲剧都包括无遗了。"④他认为，只要是可怕的事物就足以引起恐怖和同情的悲剧效果，而不管其原因是偶然还是必然。很显然，这样一个关于悲剧的定义是一般化的、不确切的，它并没有真正

①［俄］车尔尼雪夫斯基：《艺术与现实的审美关系》，周扬译，人民文学出版社 1979 年版，第 29 页。
②［俄］车尔尼雪夫斯基：《艺术与现实的审美关系》，周扬译，人民文学出版社 1979 年版，第 30 页。
③［俄］车尔尼雪夫斯基：《艺术与现实的审美关系》，周扬译，人民文学出版社 1979 年版，第 30 页。
④［俄］车尔尼雪夫斯基：《艺术与现实的审美关系》，周扬译，人民文学出版社 1979 年版，第 31 页。

概括出悲剧的本质。

　　对滑稽这一美学范畴,车氏在《艺术与现实的审美关系》中只以极少的篇幅涉及,而主要在《论崇高与滑稽》一文中论述。滑稽的本质是什么呢?车氏认为,丑就是滑稽的本质。他说:"丑,这是滑稽的基础、本质。"①丑是什么呢?丑是美的反面,美是生活,丑就是生活的例外。在崇高中,丑以恐怖的面目出现,而"只有到了丑强把自己装成美的时候这才是滑稽"②。这就是说,在车氏看来,在滑稽中丑不安其位,要显出自己不丑,这时就弄巧成拙,显得荒唐,于是引起我们的嘲笑。车氏说,"丑在滑稽中我们是感到不快的;我们所感到愉快的是,我们能够这样洞察一切,从而理解,丑就是丑。既然嘲笑了丑,我们就超过它了"。又说:"滑稽在人们心中所产生的印象,总是快感和不快之感的混合,不过在这种混合中,快感通常总是占优势,有时这种优势是这样强烈,那种不快之感几乎完全给压下去了。这种感觉总是通过笑而表现的。"③关于滑稽的范围,车氏认为在无机界和植物世界不可能有滑稽的位置,因为在这个自然界的发展阶段中,事物还没有独立性,还没有意志,也不可能有什么要求。例如,植物就既不会炫耀,也不会自我欣赏。在动物身上,倒可以看到一种类似滑稽的行为。我们所以觉得动物可笑,只是因为把它和人作了对比。例如,鸭子的走法所以可笑,是因为它使人想起一个胖子的走路姿

①[俄]车尔尼雪夫斯基:《论崇高与滑稽》,《车尔尼雪夫斯基论文学》中卷,上海译文出版社 1979 年版,第 89 页。
②[俄]车尔尼雪夫斯基:《论崇高与滑稽》,《车尔尼雪夫斯基论文学》中卷,上海译文出版社 1979 年版,第 89 页。
③[俄]车尔尼雪夫斯基:《论崇高与滑稽》,《车尔尼雪夫斯基论文学》中卷,上海译文出版社 1979 年版,第 97 页。

势,它由于腿短,走起路来就摇来摆去。车氏说,"但是滑稽的真正领域,却是人、是人类社会、是人类生活,因为只有在人的身上,那种不安本分的想望才会得到发展,那种不合时宜、不会成功以及笨拙的要求才会得到发展。凡是在人的身上以及在人类生活中结果是失败的、不合时宜的一切,只要它们不是恐怖的、致命的,这就是滑稽。"①例如,一个大发雷霆的人,如果其愤怒完全因琐碎小事而引起,而且不会带来什么严重危害,那就变得非常可笑了。再如,一个人爱上了一个上了年纪的涂脂抹粉的老妖怪,也是滑稽可笑的。车氏认为,还应将可笑与可怜、可恶区别开来。只有在这种可笑的现象没有给自己或别人带来严重损害之前才是可笑的,如果因此而把自己毁了就变成可怜而不可笑,而如果因其愚蠢的行为而害了别人,那就变得令人憎恶和痛恨了。车氏还具体地将滑稽分为三种类型。第一种是滑稽戏。它"只局限于一种外部的行动和一种表面上的丑"②。也就是一个人成为愚蠢而又无害的场合中的玩具,或者成为其他人们的嘲笑对象。滑稽只限于外部的丑恶,首先破坏的是礼貌,因而是一种冷嘲。第二种是谐谑。这就是两种本质上完全属于不同概念范围的事物突然而迅速的接触,可分成谐谑和嘲笑。简单的谐谑目的在于炫耀,更多的是愉快和机智的放肆,像通常所见的文字游戏之类。特点是笑别人却尊崇和原谅自己。嘲笑则是讽刺、挖疮疤,有时甚至变成挖苦。第三种是幽默,也就是自我嘲

① ［俄］车尔尼雪夫斯基:《论崇高与滑稽》,《车尔尼雪夫斯基论文学》中卷,上海译文出版社 1979 年版,第 90 页。
② ［俄］车尔尼雪夫斯基:《论崇高与滑稽》,《车尔尼雪夫斯基论文学》中卷,上海译文出版社 1979 年版,第 92 页。

笑。车氏说,"一个爱好幽默的人,他就自以为道德上的伟大与道德上的渺小和弱点,自己都兼而有之,他自以为因为各种各样的缺点而变丑了。"①这就是说,幽默是自尊、自嘲和自鄙的混合,包含着笑和悲哀。如果只看到崇高与渺小的矛盾,但不了解其深度,此时笑超过了哀,就可叫作"愉快的或者天真的幽默"②。莎士比亚剧中的小丑,就是这种愉快的幽默的代表。还有一种幽默达到无耻的地步,亦即一个人嘲笑自己的放荡行为并同其保持和解。如莎士比亚的《亨利四世》和《温莎的风流娘儿》中的福斯泰夫。还有一种是只看到荒唐与渺小中道德的阴暗沉重方面,在其幽默中对自己与人世的不满超过愉快,这种幽默就是悲哀的。

现在,我们来看一下车尔尼雪夫斯基在崇高、悲剧与滑稽等美学问题上的贡献与局限性。他在崇高问题上的贡献是批判了黑格尔派崇高在于观念的唯心主义理论,明确指出崇高在于对象本身,坚持了唯物主义立场。但却将其崇高的定义界定为"一件事物较之与它相比的一切事物要巨大得多"。这就将崇高归之于主观的"相比",表现出明显的唯心色彩,说明其未能真正同唯心主义划清界限。在悲剧问题上,他批判了唯心主义的"命运说"和调和主义的"过失说",正确地把"命运"观念归之于落后愚昧的表现。他还反对伟大人物悲剧命运必然性的说法。普列汉诺夫说,这是由其"有条件的乐观主义的观点"③所决定。这就表现了他

---

①[俄]车尔尼雪夫斯基:《论崇高与滑稽》,《车尔尼雪夫斯基论文学》中卷,上海译文出版社 1979 年版,第 94 页。

②[俄]车尔尼雪夫斯基:《论崇高与滑稽》,《车尔尼雪夫斯基论文学》中卷,上海译文出版社 1979 年版,第 96 页。

③[俄]普列汉诺夫:《尼·加·车尔尼雪夫斯基的美学理论》,《普列汉诺夫美学论文集》,曹葆华译,人民出版社 1983 年版,第 289 页。

的革命乐观主义精神。他认为,所谓"过失"乃是一种"残酷而不近情理的思想",充分表现了革命民主主义者否定黑暗现实的革命立场与情感。但他完全否定悲剧冲突及其结局的必然性,而强调其偶然性。这是一种形而上学的观点。事实证明,悲剧的真正价值就在于其所揭示的历史必然性。诚如普列汉诺夫所说,"真正的悲剧以历史必然性的观念作基础"①。他的悲剧是"人生中可怕的事物"的定义则显得过于空洞、一般,并不能揭示悲剧的本质。普列汉诺夫曾以一个形象的例子对这一定义加以批评,他说:"被正在建筑的房屋的墙壁塌下来压死的人,他的命运是可怕的;但这种命运也许只对其中的某些人来说才是悲剧性的。"②在丑与滑稽的问题上,他提出了滑稽的本质在于丑,丑是生活的例外的唯物主义思想,并较为全面地研究了滑稽的范围和形态等问题。但他关于丑的本质只谈到是生活的例外,诸如所谓畸形之类,还是限于人本主义的解释。而实际上,丑的本质乃是一种与历史规律相违背的旧事物。这就说明,车氏的喜剧理论仍是建立在人本主义的哲学基础之上的。

六

车尔尼雪夫斯基的美学思想是马克思主义以前唯物主义美学的最高成就。他在美学史上完成了第一部系统的唯物主义美

---

① [俄]普列汉诺夫:《尼·加·车尔尼雪夫斯基》,《普列汉诺夫哲学著作选集》第 4 卷,三联书店 1974 年版,第 67 页。
② [俄]普列汉诺夫:《尼·加·车尔尼雪夫斯基》,《普列汉诺夫哲学著作选集》第 4 卷,三联书店 1974 年版,第 67 页。

学论著《艺术与现实的审美关系》,首次明确提出了关于美的三大命题和关于艺术的三大命题,将美学奠定在唯物主义的基础之上。尽管关于"生活"的问题,歌德、席勒、黑格尔也都涉及了,但将生活提到首要的地位,则以车氏为首创。这就继别林斯基之后,为现实主义文学奠定了强有力的基础。车氏继承别林斯基战斗传统,对当时占统治地位的黑格尔美学以及"为艺术而艺术"的反动文艺思潮进行了不屈不挠的斗争。从斗争的彻底性来看,他比别林斯基更进一步同黑格尔体系划清了界限,而他的批判也更全面、更具战斗性。他提出了"文艺是生活的教科书"和"表现应当如此的生活"的战斗口号,批判了同现实调和及悲剧人物咎由自取的谬说,表现了革命民主主义的政治立场和革命乐观主义的精神。这就使他的美学思想走出了象牙之塔,成为现实政治斗争的有力武器。这就在以美学参加现实政治斗争方面为我们树立了范例。另外,他的美学思想中还包含着可贵的阶级观点和实践观点,诚如普列汉诺夫所说,这些都是"正确的艺术观的萌芽"。①

　车氏美学思想的最大局限是对于"生活"的理解上所持的旧唯物主义的人本主义观点。他以人本主义为依据,将"生活"归结为抽象而不变的生命。尽管在对"生活"的理解中有些微"阶级""实践"的正确思想的闪光,但随之即淹没于形而上学的"生命说"之中。事实上,按照马克思主义的观点,应该把"生活"理解成实践。既然是实践,就既包括实践的客体,也包括能动的实践着的主体。只有从这样的实践的角度,才能对美的本质作出真正科学的探讨。普列汉诺夫说:"车尔尼雪夫斯基正确的称艺术为'生

①〔俄〕普列汉诺夫:《车尔尼雪夫斯基的美学理论》,《文艺理论译丛》第1期,吕荧译,人民文学出版社1958年版,第139页。

活'的再现。但是，正是因为艺术再现'生活'，所以科学的美学——更正确些说，关于艺术的正确的学说——只有当关于'生活'的正确的学说产生了的时候，才能够站在坚固的基础上面。"①车氏的美学观还具浓厚的形而上学色彩。他尽管将其批判的锋芒指向唯心主义的黑格尔派美学，表现一个唯物主义者的斗争精神。但是，他的批判从总的方面来说同费尔巴哈对黑格尔的批判一样，采取的是简单的"否定"的方法，而不是辩证的"扬弃"的方法。也就是说，他在批判黑格尔派美学的唯心主义理论之时，连同其中十分可贵的辩证思想也一块抛弃了。因而，从这个意义上说，他并未真正完成批判黑格尔的任务。也正因为如此，在他的美学思想中处处表现出形而上学的缺陷。突出的表现就是，由于将生活理解为生命，这就在客观与主观、现实与想象、个别与一般、感性与理性的关系中，将两者割裂并对立了起来，走上了纯粹强调客观、现实、个别与感性的极端，从而完全脱离了正确的实践观点。其结果必然导致完全否定了主观的想象的创造性作用，也否定了艺术美在其典型性上有高于现实美的一面，从而走上了片面强调现实美的地步。车氏的美学思想作为形而上学的唯物主义理论体系不可能同唯心主义划清界限，因而其唯物主义是不彻底的。他的美学中的"应当如此说""暗示说""相比说"等，都还是强调了主观的意识的作用，因而同自己的唯物主义前提相矛盾。在历史领域中，形而上学的唯物主义更不能同唯心主义划清界限。车氏美学中浓厚的人本主义、人性论的思想，他的缺乏彻底而完备的阶级观点就证明了这一点。另外，在研究方

---

① [俄]普列汉诺夫：《车尔尼雪夫斯基的美学理论》，《文艺理论译丛》第1期，吕荧译，人民文学出版社1958年版，第139—140页。

法上,车氏没有按照历史与逻辑统一的科学方法,泛论较多,缺乏在艺术史的基础上的由抽象到具体的辩证的论述。

毫无疑问,站在马克思主义的历史主义的立场之上来评价车尔尼雪夫斯基的美学思想,当然应该充分认识到它的极高的历史地位。诚如普列汉诺夫所说,"对于他自己的时代来说,我们的作者的学位论文毕竟是非常严肃和卓越的著作"①。

---

① [俄]普列汉诺夫:《尼·加·车尔尼雪夫斯基的美学理论》,《普列汉诺夫美学论文集》,人民出版社 1983 年版,第 306 页。

漫议人类对美的哲学思考

美的本质是什么？这是新中国成立以来学术界长期争论、悬而未决的问题。围绕这一问题发表的许多意见，多有重复。因此，要进一步推动这一问题讨论的深入，不妨可考虑从更多的新角度入手。其中之一就是认真地研究一下历史上人类对美的哲学思考。因为，历史是现实的一面镜子。总结与回顾历史上人类对美的哲学思考，就可弄清楚今天研究问题的历史起点，批判地吸取前人的有益成果，避免重复历史争论的无效劳动，从而推动讨论的进一步深入。由此出发，我想，从西方美学的角度对这一问题作一点粗浅的漫议，并顺便做一点极不成熟的评述。同时，也对马克思主义实践美学观的历史渊源作一初步探讨。

一

在人类的童年时期，由于客观的美的形态与主观的智力都极不发达，因而对美的认识仅仅局限于具体的美的事物。一谈到美就是具体地指一个美的汤罐、一个美的姑娘、一个美的母马或一个美的竖琴等等。这种对美的认识完全是经验性的，还达不到哲学思考的高度。到了公元前五世纪和前四世纪，古希腊的苏格拉底和柏拉图才第一次将"美"作为一个独立的概念提了出来。这就是他们所谓的"美本身"。柏拉图在他早期所写的对话《大希庇阿斯篇》中,借他的老师苏格拉底和辩士希庇阿斯的对话,从各个不同的角度探讨了"凡是美的那些东西真正是美,是否有一个美本身存在,才叫那些东西美呢"[①]的问题。他认为,不能把"美本身"与美的东西(如美的汤罐、姑娘、母马、竖琴等)相混淆,也不能把"美本身"同美的具体品质(如有用、视觉与听觉的快感等)相混淆。"美本身"是不同于这些具体的对象与品质的,是"把它的特质传给一件东西,才使那件东西成其为美"[②]。不管他对"美本身"的具体解释是正确还是荒谬,但已经是对一个美的事物为什么会美的哲学思考,是对美的本质的理论探索。从此以后,"一个美的事物为什么会美",也就是"美的本质到底是什么"的问题,两千多年来一直成为人类反复探讨的一个课题。在欧洲历史的希腊罗马时期,美学同哲学一样都还处于素朴的唯物论和素朴的辩证法的状态,思想活跃,颇多建树。但系统性与科学性较差,大多带有猜测的性质。在漫长的欧洲中世纪,宗教神学取代了哲学,也取代了美学,甚至公然宣称上帝就是最高的美。因此,美学谈不到发展。在欧洲资本主义发展的近代历史开始之后,由于实验科学和机械力学的影响,使形而上学在哲学领域占了上风,形成了唯理派与经验派的长期斗争,在美学领域也同样形成了唯理派与经验派的斗争。它们就是黑格尔所说的理念的观点与经验的观点。

　　所谓理念的观点,就是一种将美归结为先验的理念的唯心主义观点。这种观点在西方最早的代表人物就是柏拉图。柏拉图

①柏拉图:《文艺对话集》,朱光潜译,人民文学出版社 1963 年版,第 181 页。
②柏拉图:《文艺对话集》,朱光潜译,人民文学出版社 1963 年版,第 184 页。

早年提出的"美本身"的概念已具理念论的端倪。因为在他看来,这个"美本身"是完全游离于具体的美的事物之外的、决定其是否为美的。而在其中年所写的对话《理想国》中,"美即理念"的观点就十分明显。他在《理想国》卷六中说:"一方面我们说有多个的东西存在,并且说这些东西是美的、是善的等等。另一方面,我们又说有一个美本身、善本身等等,相应于每一组这些多个的东西,我们都假定一个单一的理念,假定它是一个统一体,而称他为真正的实在。"①很清楚,在这里,他已经把"美本身"归结为"单一的理念"了,"美即理念"的观点已经成熟。而且,在他看来,这种美的理念并不在现实世界,而存在于神的境界,现实世界中的事物因为"分有"了这种美的理念才具有美的特质。他在《斐多篇》中说:"我要简单明了地、或者简直愚蠢地坚持这一点,那就是说,一个东西之所以是美的,乃是因为美本身出现于它之上或者为它所'分有'。"②这就说明,柏拉图的"理念论"是同宗教神学的"目的论"紧密相联的。这种"理念论"对欧洲美学史有着极其深远的影响。发展到后来就是十七世纪到十八世纪的大陆理性主义的"美即完善"的美学思想。主要以德国的莱布尼茨、沃尔夫和鲍姆嘉通为代表。他们完全继承了目的论的唯心主义观点,将美的根源归之于上帝或天意。莱布尼茨认为,世界好比一架钟,其中各个部分都安排的妥妥帖帖,成为和谐的整体,而上帝就是作出这种安排的钟表匠。他认为,从美学的观点看,这种经由上帝安排的

①北京大学哲学系外国哲学史教研室编译:《古希腊罗马哲学》,生活·读书·新知三联书店 1961 年版,第 178—179 页。
②北京大学哲学系外国哲学史教研室编译:《古希腊罗马哲学》,生活·读书·新知三联书店 1961 年版,第 177 页。

"预定和谐"就是美。鲍姆嘉通进一步将这种"预定和谐"发展为感性认识的"完善"。他在 1750 年出版了一部专门研究这种"感性认识的完善"的专著——《美学》(Aesthetica)。他在这部书中指出:"美学的对象就是感性认识的完善(单就它本身来看),这就是美;与此相反的就是感性认识的不完善,这就是丑。正确,指教导怎样以正确的方式去思维,是作为研究高级认识方式的科学,即作为高级认识论的逻辑学的任务;美,指教导怎样以美的方式去思维,是作为研究低级认识方式的科学,即作为低级认识论的美学的任务。"①这种美学中的"理念论"有两个方面的可取之处。一是充分注意到了美的共同性特点,也就是说,认识到美不是一种个人的感受或偏爱,而是人类的一种共同感受。这就初步涉及了美的社会性的特性问题。当然,理念派将这种美的共同性的根源归结为上帝或"天意",这完全是唯心的。再就是,他们充分注意到,美不能离开人,而是同人的活动紧密相联。这就说明了,没有人也就没有美。不过,这种"理念论"也有其致命的弱点。最重要的就是其唯心主义的"目的论"的实质,将美完全归结为精神的产物、"上帝的目的",而完全否定了美的客观性。同时,这种理论将美归结为某种抽象的"理念""预定的和谐",或是"感性认识的完善",都还只是属于科学或道德伦理理论领域方面的内容,而脱离了美的特质,亦即脱离了美本身个体性、独特性、在作用上唤起情感愉悦的特质。这样,就仍是没有抓住美的根本特性。

　　所谓经验的观点基本上是一种素朴的唯物主义或形而上学唯物主义的观点。这种观点将美的本质归结为自然物的属性。早在古希腊时期,德谟克利特学派就提出了著名的原子论,认为

①转引自朱光潜《西方美学史》上卷,人民文学出版社 1963 年版,第 297 页。

物体本身能直接影响人的感官。后来的亚里士多德在《诗学》和《形而上学》中继承了这一观点，认为美就是一种"整一性"。所谓"整一性"具体地说就是"体积与安排""秩序、匀称与明确"。他认为，具有这种"整一性"的自然物之所以会美是因其能"给我们一种它特别能给的快感"。由此可见，这种关于美的"经验论"的观点，强调美是客观事物的属性，强调美的事物所能给予人们的快感。但在古希腊时期，这种"经验论"的美学思想还属于朴素的唯物主义，较为简单。到了十七世纪到十八世纪的英国"经验派"，因为当时自然科学的蓬勃发展，特别是实验科学和机械力学的发展，就给这种"经验论"的观点注入了新的内容。例如，英国著名的经验主义美学家博克就明确地把美的本质局限于事物的感性特质。他在美学著作《论崇高与美两种观念的根源》中指出："我们所谓美，是指物体中能引起爱或类似情感的某一性质或某些性质。我把这个定义只限于事物的单凭感官去接受的一些性质。"[①]他还具体地把这种"单凭感官去接受的一些性质"归之为"小""柔滑""娇弱""明亮"等。这些特性之所以会使人感到美，原因在于"他们都在我们心中引起对他们身体的温柔友爱的情绪，我们愿他们接近我们"。

可见，在"经验派"看来，美就是客观事物的自然属性，而美感即是快感。这种"经验论"的美学观的最主要的贡献就是其中的许多论者坚持了美的客观性的唯物主义前提。这是非常重要的。因为，不论是自然美还是社会美，都是自然现象和社会现象的美，是客观的、不以人的意志为转移的。另外，这种"经验论"正确地

---

① 北京大学哲学系美学教研室编：《西方美学家论美和美感》，商务印书馆1981年版，第118页。

揭示了美感的生理和心理基础,并在这一方面多所探索,对后人启发颇大。但是,它的最重要的弱点在于抹杀了美的社会性。因为,事物的自然属性,在人类社会出现以前也是存在,但它们对于动物来说为什么就不成其为美呢？甚至在人类社会的初期,人类对某些"美的"自然属性也仍然不感兴趣。例如,普列汉诺夫就曾雄辩地举出了狩猎时期的人类即便在花卉繁多、万紫千红的环境中也决不欣赏这花团锦簇的花朵。这就说明,自然属性本身并不能成为美,这是一方面。另一方面,这种作为自然属性的美的特质只能引起人们的生理快感。但一切生理快感都是纯个人的,而决不具任何社会性。康德曾经正确地将这种生理的快感称之为"偏爱"(又译"偏私")。也就是说,这种"偏爱"属于人的个人嗜好,犹如嗜辣、嗜酸等。其结果只能是"人各有美",实际上也就没有了美。"经验派"也看到了这一弊端,于是提出了一种"同情说"。也就是说,设身处地地站在旁人的地位,同旁人一起感同身受。这样,旁人感到美的事物,你也就会感到美了。但这种"同情说"显然与"经验论"的美学理论体系并无内在的有机联系,而是外在的、附加的,并不能正确地解释美的社会性问题。

　　总之,尽管"理念论"和"经验论"在对美的本质的思考上都作出了自己的重要贡献,但它们都还停留在美的大门之外,未能真正把握美的本质,不能科学地解释现实生活中万千繁复的美的现象。其原因就在于它们都是片面的、形而上学的美学理论,或则单纯地从精神的理念出发,或则单纯从客观的感性对象出发。其结果是连真正的美的研究的出发点都没有找到。因而,只能徘徊于美的大门之外。因此,"美学"并没有形成自己独立的领域。作为"理念论"来说,不免同哲学与伦理学混同,作为"经验论"则又不免同自然科学,如生理学混同。由此可见,人类对美的探索是多么艰难，道路又是多么漫长曲折啊！

二

　　从上述人类对美的探讨的简况可知，要取得真正的突破，就要摆脱"理念论"与"经验论"的桎梏，开辟新的研究途径。这样，才能真正地把握住美的研究的科学起点和美的独特领域。这是历史向理论家们提出的艰难而繁重的任务。这个历史的重任由以康德、黑格尔为代表的德国古典美学的理论家们担当了起来。他们科学地总结了历史上美的探讨的积极成果，打破了"理念论"与"经验论"形而上学的桎梏，另辟了感性与理性统一的崭新的研究道路，初步把握感性与理性自由统一的美的研究起点和美的独特的情感领域。他们的成果是马克思主义以前人类对美的哲学思考的最高成就，充分显示了人的思维的把握世界的伟大能力，为唯物辩证的马克思主义美学的建立提供了极其丰富、十分重要、必不可少的思想资料。对于这份宝贵的精神财富，我们应该给予更多的重视和研究。

　　康德是西方美学史上第一个试图打破形而上学美学研究的理论家。他在 1790 年发表了著名的美学论著《判断力批判》。在这部极其重要的美学论著中，他提出了一个著名的"美在无目的性的合目的性的形式"的命题。这个命题看似晦涩、令人费解，但其中却包含着极其丰富深刻的内容，是人类在"美在感性"和"美在理念"两个命题之间探寻一种新的合题的初步尝试。这里所谓的"无目的性"，是针对"理念论"说的。因为，"理念论"断言，美的"完善""和谐"等属性完全由某种精神性的"理念""目的"决定。康德则认为，这样势必涉及各种概念，成为逻辑判断，而美也必然要混同于道德伦理，美的特性就将丧失殆尽。他断言，美的对象只有某种"形式"，而没有任何实在，因而不涉及任何"概念"、无任何明确的伦理道德的目的。"合目的性"是针对"经验派"说的。因为，"经验派"认为美在事物的某种自然属性，同主体无关。康德认为，美的对象的"形式"并非同主体完全无关，而是要符合主体的想象力与知性力自由协调的心理机能，这样才能引起审美愉快。这种审美愉快是一种具有"共通性"的愉快，也就是全社会的人都会感到的愉快。如果对象的"形式"并不是"合目的性"的，那就只能刺激人们的感官，产生某种快感。这种快感纯粹是一种个人的生理"偏爱"，而没有任何的共通性。

总结康德的美学思想，起码有这样五点可给我们对美的本质的探讨以重要启示：第一，美不在纯然的感性，也不在纯然的理性，而在于两者的统一。这就为我们探讨美的本质初步确定了科学的起点。第二，康德认为，美既不是一种主体与客体之间的认识关系（知），也不是主体与客体之间的伦理道德关系（意），这些都是借助于概念的逻辑判断。美却是一种特有的情感判断（情）。这就指明了美必须引起主体情感愉悦的特点，为美学确定了独特的情感领域。第三，明确地说明了美是判断在先，具有某种"共通性"的特点，而不是纯然快感的"个人偏爱"。这就划清了美同生理快感的原则区别，揭示了美具有社会性的根本特点。第四，美的愉悦的根源是一种感性与理性的"自由的协调"。这种"自由的协调"即是感性本身看似没有理性规律，但却在实际上"暗合"了某种理性规律，而表现出一种"自由的协调"。这就揭示了美的根本属性是一种感性与理性的"自由的协调"。这一观点一直影响到黑格尔，并被马克思所继承。第五，康德在论述崇高时提出了"偷换"（Sabreption）的概念。也就是说，康德认为，作为自然物本

身并无所谓崇高,它的崇高是由主体对人的理性的崇高感经由
"偷换"的途径而移到对象之上,对象才引起人们的崇敬。这实际
上已经是一种主观唯心主义的"对象化"理论,它的提出对于后来
黑格尔与马克思的对象化的理论肯定具有一定的影响。

　　总之,我们认为,康德美学思想的最大特点是充分地揭示了
美学领域的各种矛盾,这就特别富有启发性。但是,由于历史的
局限,康德不可能真正解决美学领域中的理性与感性的统一。他
是试图解决这一统一,但在实际上,却又将美学领域中感性与理
性、客观与主观、自然与自由、无目的与合目的、个别与一般等矛
盾看成各自合理而互相对立的二律背反。因为,他认为,这些矛
盾在现实中不可能统一,而只能借助于主观的能力将其"调和"。
例如,在个别和一般的关系上,他认为,美的对象是个别的不涉及
概念的,但又是一般的、普遍的、人人都会共通感到美的。但这二
者如何统一呢? 他于是发明了一种"主观共通感"的说法,认为反
是心理正常的人都"应该"对个别的美的对象感到美。但这只不
过是一种纯主观的愿望罢了。正如黑格尔所说,"康德的学说确
是一个出发点,但是只有把康德的缺点克服了,我们才能凭借这
种概念去对必然与自由、特殊与普遍、感性与理性等对立面的真
正统一,得到更高的了解"。① 因此,我们必须在康德的感性与理
性主观统一的出发点上,继续向美的探索的顶峰攀登。德国古典
美学的一系列大家们都在这一方面作出了自己的贡献,而贡献最
大的应首推德国古典美学的集大成者黑格尔。

　　黑格尔是举世公认的辩证法大师,他第一个全面、有意识地
叙述了辩证法的一般运动形式,并且创造性地将其运用于许多领

――――――――――

① [德]黑格尔:《美学》第 1 卷,朱光潜译,商务印书馆 1981 年版,第 76 页。

域,其中就包括美学研究的领域。他以康德的理性与感性统一的美学思想为基本的出发点。正如他对一切领域的研究都要首先抓住其基本矛盾一样,他极为深刻地以理性与感性的矛盾作为美学研究的基本矛盾。他还以"正""反""合"的发展的具体途径雄辩地揭示了这一矛盾通过否定而达到统一的具体过程。虽然黑格尔的主要笔墨用于艺术美的探讨,对艺术美的概念、历史形态及种类作了极富启发的研究,但因不在本文研讨的范围之内,故而对上述内容不赘述。但是,不仅如此,黑格尔还以其深邃的辩证思想,将人类对美的本质的探讨提到了以对立统一的辩证法为理论基础的完全崭新的哲学高度。尤为可贵的是,他独具慧眼地首次以实践的观点来理解美的本质,以实践作为美的创造中理性与感性、主观与客观联结的纽带。这无疑对于马克思的美学思想中实践观的形成具有重要的启示作用。

关于黑格尔对美的本质探讨的贡献,我认为主要有以下四个方面:

第一,他明确地将理性与感性的"自由的"统一确定为美的属性。黑格尔的美学体系是以关于"美是理念的感性显现"的基本概念为其论述的起点的。这里的所谓"显现",就是理性与感性都不受任何束缚的、"自由的"直接统一。当然,按照黑格尔的观点,只有在艺术美中才能真正达到这种"自由的"统一。但作为美的根本属性,却也可用来作为衡量一切美的现象的尺度。他在谈到自然现象时,运用了"朦胧预感"的概念来解释基本上不是属于人类直接实践对象的自然现象与人的理性的统一而具有美的属性的问题。① 所谓"朦胧预感"就是人们从自然现象之上不确定、抽

---

① [德]黑格尔:《美学》第1卷,朱光潜译,商务印书馆1981年版,第168页。

象地领悟到某种理性观念。例如，由于各种爬行的懒虫违背了人的敏捷的主命观点，因而其感性形态就不能显示出理性而被人类看作丑。而山峰、河流、树木、大海的外在形式的统一常常使人联想到人的生命的内在的生气灌注的统一。这就使其同理性紧密相联而被人类认为是美。至于寂静的月夜、平静的山谷、波涛汹涌的海洋、肃穆庄严的星空以及某些动物，也因契合了人类的某种心情而被认为是美。对于黄金、宝石、珍珠、象牙等自然物，他认为，这些东西之所以美，完全是由于它们的"稀奇灿烂"，可以显示人的华丽、富有，达到一种"纯粹认识性的满足"。他说："并不是因为它们本身而引起兴趣，不是作为自然物而显得有价值，而是要借它们显出他自己来，显出它们配得上他的环境，配得上他所爱所敬的，例如，他的君主、庙宇和神。"①这些解释，不尽科学，其中不免带有唯心的因素，但却对我们还是深有启发。

　　第二，人类对美的追求是一种理性的需要。黑格尔认为，人类之所以要通过创造艺术作品去实现对美的追求，完全是一种理性的需要。他说，自然只是自在的、直接的、一次的，是不能复现自己认识自己的，而人却是自为的，不仅作为自然物而存在，而且能够观照自己、认识自己、思考自己。他认为，人的自我认识有两种方式，一种是认识方式，在认识中形成关于自己的观念；再一种是实践方式，通过改变感性对象，在对象之上打上自己的烙印来认识自己。他说："通过实践的活动来达到为自己（认识自己），因为人有一种冲动，要在直接呈现于他面前的外在事物之中实现自己，而且就在这实践过程中认识他自己。人通过改变外在事物来达到这个目的，在这些外在事物上面刻下他自己内心生活的烙

①［德］黑格尔：《美学》第1卷，朱光潜译，商务印书馆1981年版，第328页。

印,而且发现他自己的性格在这些外在事物中复现了。人这样做,目的在于要以自由人的身份,去消除外在世界的那种顽强的疏远性,在事物的形状中他欣赏的只是他自己的外在现实。"①在这里,黑格尔尽管将认识与实践分了开来,是极不科学的、错误的,但整个这一段话的内容却极其丰富深刻。他深刻地揭示了美的产生的理性需要的社会根源,而且科学地将实践作为理性的人与纯感性的动物的根本区别,指出了实践的主观见之于客观的主客观统一的特点。更重要的是,指出了只有通过实践才能产生供人欣赏的感性与理性统一的美——"他自己的外在现实"。

第三,进一步论证了通过实践使"环境人化",从而创造美的过程。黑格尔辩证法的核心就是通过否定(即矛盾斗争)促进矛盾的解决和事物的发展。在艺术美的创造中,他认为,通过"冲突",打破混沌状态的一般世界情况,使理性在具体的人物身上得以对象化而达到统一。在整个美的创造中,如前所说,他认为通过实践(主客观之间的矛盾),使理性得以在感性对象之上对象化,感性则得以"理性化"(人化),从而达到两者的统一。他在论述艺术创作中人与环境的关系时,曾经讲了这样一段极富启发的话:"只有在人把他的心灵的定性纳入自然事物里,把他的意志贯彻到外在世界里的时候,自然事物才达到一种较大的单整性。因此,人把他的环境人化了,他显出那环境可以使他得到满足,对他不能保持任何独立自在的力量。"②这里所说的"人把他的环境人化了",按照黑格尔的意思,即指通过实践,改造了对象,在对象之上实现自己的目的,因而在对象之上就凝结了人的筋力、双手的

①[德]黑格尔:《美学》第1卷,朱光潜译,商务印书馆1981年版,第39页。
②[德]黑格尔:《美学》第1卷,朱光潜译,商务印书馆1981年版,第326页。

灵巧、心灵的智慧和英勇。由此说明，在实践中实现理性力量的对象化和环境的人化，不是什么歪曲马克思思想的错误的命题，而是人类对美的长期探讨的结晶。它先为黑格尔所提出，后为费尔巴哈和马克思所继承发展。问题在于，我们如何给予科学的理解和运用？

第四，首次提出了美的创造的"异化"的概念。在黑格尔的哲学中，的确常常将"异化"与"对象化"相混淆。但在论及美的创造时，他所提出的"异化"概念则明确地是带有贬义的。他认为，只有古希腊的"英雄时代"才是适合艺术创造的现实土壤。因为在那时的现实生活中人同环境的关系是和谐的，没有出现"异化"。他说："在这种情况之下，人见到他所利用的摆在自己周围的一切东西，就感觉到它们都是由他自己创造的，因而感觉到所要应付的这些外在事物就是他自己的事物，而不是在他主宰范围之外的异化了的事物"①。相反，黑格尔认为，在现代工业化的资本主义社会中，人与环境的关系却真正发生了"异化"，亦即人们的产品不是归己所有，生产不是出于自身的需要，而生产本身也是一种受束缚的机械方式，生产中人与人之间则是一种排挤、利用的关系，其结果就是贫富悬殊。总之，环境对于人、感性对于理性是疏远的、异己的、陌生的、敌对的。黑格尔认为，这样的时代不利于美的创造和欣赏。由此可见，黑格尔的这一番描述是极其形象而深刻的。这肯定对马克思的"异化"理论的提出有重要的影响。

总之，理性与感性在黑格尔的美学体系中终于得到了辩证的统一，而且是通过实践得到统一。这的确是十分宝贵的。但黑格

---

① ［德］黑格尔：《美学》第 1 卷，朱光潜译，商务印书馆 1981 年版，第 332 页。

尔作为一个客观唯心主义者,他的这种统一是唯心的统一,是以理性为出发点的统一,统一于理性。甚至他所说的实践也始终是一种精神的实践。因此,我们在漫游于黑格尔宏伟、富丽的美学殿堂时,不要忘记凌驾于其上的是一个超然物外的理性的尊神,美只不过是这个尊神佛法无边的万千变化之一种形态。因而,马克思和恩格斯都断言,黑格尔的整个哲学都是"头足倒置"的。美学当然也不会例外。这时,人类已经迈入了美学的大门,但所看到的仍然只是迷雾缭绕的"太虚幻境",而要真正把握到"美",就要拨开重重唯心的迷雾。

三

马克思主义的诞生为揭示自然和社会的本质提供了无比锐利的武器,也为人类对美的哲学思考开辟了通往真理的道路。在这里,我们不能不提到一部马克思早期的,但也是唯一的直接涉及美的本质问题的专著——《1844 年经济学哲学手稿》。这是马克思于 1844 年 4—8 月在巴黎写的一部手稿。其时,正值马克思主义形成之时,而且,这又是一部未经修订的手稿。因此,不免有杂乱和不成熟之处。但也正因为如此,其内容的丰富又是别的著作所难以比拟。鉴于此,对于这部著作一方面应将其同《关于费尔巴哈的提纲》之后的著作有所区别,对其中的许多观点、名词应有所辨别,但另一方面也不能否定其基本上属于马克思主义理论体系的范围。因为,历史已经证明,这部著作所贯穿的基本思想——异化劳动理论、实践理论和唯物主义对象化理论,正是后来的马克思的经济学说和实践理论的萌芽。如果否定了这部著作的理论价值就犹如肯定一株植物所结的果但却否定了栽种时的幼芽。这难道不也是一种形而上学吗？当然，这里还需要说明的是，这部著作主要是一部经济学、哲学论著，而不是美学论著。它只在对于人类解放的"历史之谜"的总的探讨中才稍稍涉及"美学之谜"。因而，决不是在这部论著中已经包含了一切美学问题的现有答案。甚至，就连其中涉及的一些美学观点也只不过是在以主要笔墨论述别的问题时附带提到的。但是，这部论著对于马克思主义美学的意义又非同一般。原因在于，这部著作极深刻地回答了人类解放的"历史之谜"。而"美"从来都同人与人的解放紧密相联，是其总课题之中的一个不可分割的方面。总的"历史之谜"的解决必然有利于"美学之谜"的解决。

关于对这部论著的美学思想的理解，我认为首先应该认识到马克思是在论述唯物主义实践观和对象化的理论时才涉及美学问题的。应该从这样的哲学高度来看待《手稿》中的美学思想，理解其中具体论美的文字，而不能完全拘泥于个别词句的解释。

马克思在《手稿》中直接谈到美的只有两段。一段是在"异化劳动"的部分谈到"人也按照美的规律来建造"的问题。再一段就是"共产主义"那一部分中关于人的感受的丰富性（包括美感）由人的本质的客观展开的丰富性决定的论述。历来对这两段的解释分歧颇多，有的不免曲解附会，其原因之一就是没有从全文总体上而是割裂开来理解的结果。我们试图从全文的总体的角度谈一点自己学习的体会。

现在我们来看关于"美的规律"的那段论述。对于这段论述，我认为包含这样几个观点：第一，美的规律是人类社会特有的规律。马克思在这里并非专门论述美的规律，而是在谈到劳动异化时涉及的。关于劳动异化，马克思认为有这样四个方面，一是产品的异化，二是劳动过程的异化，三是人的本质的异化，四是人与人之间关系的异化。马克思是在谈到人的本质的异化、论述人的本质到底是什么时，谈到了"美的规律"的问题。他认为，有意识的劳动实践是人与动物的本质区别，劳动实践是人的本质特征。人在劳动实践中要遵照一系列的客观规律，如自然的规律、主体的规律，还有就是"美的规律"。"美的规律"是劳动实践所要遵照的规律之一。正如马克思所说，"人也按照美的规律来建造"。这里用了一个"也"字，就说明了这一点。因此，可以说明，在马克思看来，美的规律就是劳动实践的规律之一，是人类社会特有的规律。

第二，美的规律就是通过劳动实践，主体的目的、意志、理性与客体的感性特征达到自由的统一。既然美的规律是人类劳动实践的规律之一，那么，什么是美的规律呢？马克思提出了这样的解释，"动物只是按照它所属的那个种的尺度和需要来建造，而人却懂得按照任何一个种的尺度来进行生产，并且懂得怎样处处都把内在的尺度运用到对象上去"。①这里，所谓"任何一个种的尺度"，说明人不同于动物的一个方面是动物不能认识世界，而人却能认识世界，能掌握客观自然对象的规律。这一点在讨论中分歧不大。分歧最大的就是所谓"内在的尺度"。许多同志认为，这种"内在的尺度"还是指自然对象而言，是指其内在的本质的尺度。这种看法未免曲解本意。因为，这里明明论述的是人的不同于动物的劳动实践的本质，指出人的劳动与动物的"生产"的根本区别在于"人是有意识的类存在物"。这种意识性、目的性是人类劳动实践中最重要的因素之一。马克思在《资本论》中再次论述到人类的劳动与动物的"生产"的区别时，仍然坚持了这一观点。

①《马克思恩格斯全集》第42卷，人民出版社1979年版，第97页。

他认为,人类的劳动"不仅使自然物发生形式变化,同时他还在自然物中实现自己的目的,这个目的是他所知道的,是作为规律决定着他的活动的方式和方法的,他必须使他的意志服从这个目的"①。由此证明,所谓"内在的尺度"即主体的目的、意志、理性。劳动实践由于使人的理性目的与对象的感性特征达到统一,就使人"自由地对待自己的产品",因而在劳动实践中可从产品之上获得美的享受。很明显,马克思在这里进一步改造了黑格尔"美是理念的感性显现"的观点,批判了黑格尔将理性与感性统一于绝对理念的唯心主义糟粕,而将两者统一于劳动实践。这就第一次将美学奠定在辩证唯物主义的理论基础之上,是马克思对美学的创造性贡献。有的同志认为,劳动创造美的观点忽视了自然对象,同拉萨尔的"劳动创造财富"的修正主义观点类似。其实,问题不在于是否运用"劳动"的概念,而在于对这一概念的理解。我们所说的"劳动",不仅是主体的活动,而且包括劳动工具和对象。正如马克思所说,"劳动过程的简单要素是:有目的的活动或劳动本身,劳动对象和劳动资料"②。

　　第三,这种美的规律也是人的本质的对象化的规律之一。就在上述谈到劳动实践是人与动物的本质区别、在劳动中也按照美的规律生产之后,马克思紧接着着重从主体的角度、从人的能动性的角度谈到劳动实践实际上也是人的本质的对象化。他说:"因此,劳动的对象是人的类生活的对象化:人不仅像在意识中那样理智地复现自己,而且能动、现实地复现自己,从而在他所创造

①《资本论》第1卷,人民出版社1975年版,第202页。
②《资本论》第1卷,人民出版社1975年版,第202页。

的世界中直观自身。"①这就说明，劳动实践是主体的能动性的表现，主体通过劳动实践改造自然、改造对象世界，在对象之上实现自己的目的，打上自己的印记。这是劳动实践的过程，也是人的有意识、有目的的本质对象化的过程。这种对象化的结果就使人可以"在他所创造的世界中直观自身"。这里的所谓"直观"，即从感性中看到理性，从客体的个别中看到主体的一般。如果主体处于不受束缚的"自由的"状态，那么，这种"直观"就将成为一种自我鉴赏，从而产生美感。由此可见，美的规律也是人的本质对象化的规律之一。我们认为，这是符合马克思的原意的。但这里所说的"对象化"，是不是一种以主观为出发点的唯心主义呢？回答也是否定的。马克思认为，人的劳动实践本身就是主体的一种不以人的意志为转移的客观的活动。这就是马克思在《手稿》中提出的"自然主义"观点的含义之一，也就是说，人类劳动、人类世界都以客观的自然为其前提，即以唯物主义为其前提。这正是马克思主义的对象化理论与实践理论同黑格尔、费尔巴哈的对象化理论与实践理论的原则区别之一。马克思在《手稿》中明确指出，主体虽是有意识的，但不是抽象的意识存在物，而是首先同客观的自然对象一样，"本来就是自然界"，因此，所谓对象化和劳动实践就是"对象性的存在物客观地活动着"②。为了进一步说明这一问题，马克思在著名的《关于费尔巴哈的提纲》中再一次强调："费尔巴哈想要研究跟思想客体确实不同的感性客体，但是他没有把人的活动本身理解为客观的活动。"③这就是说，马克思认为费尔

---

①《马克思恩格斯全集》第42卷，人民出版社1979年版，第97页。
②《马克思恩格斯全集》第42卷，人民出版社1979年版，第168页。
③《马克思恩格斯选集》第1卷，人民出版社1972年版，第16页。

巴哈把人和自然都作为第一性的、客观的感性存在,这是唯物主义的,但他却没有看到人的实践活动本身也是一种改造世界的客观的活动,这是十分错误的。由此说明,费尔巴哈的唯物主义还是不彻底的,只有不仅承认人和自然的客观性,而且承认人的实践活动本身的客观性,才是真正坚持了唯物主义。

马克思好像意识到自己还没有完全把问题讲清楚,因此在第三手稿"共产主义"部分中进一步从审美对象与审美主体关系的角度论证了美与美感。当然,这一段也不是专门论美的,而主要是论述人的感觉如何从异化的前提下解放出来,由此而涉及人的美感及其形成。对于这一段论述,我们可以看作是关于"美的规律"论述的补充,主要是通过论述人的感觉从异化的情况下解放而提出了"人化的自然界"的概念。原话是这样说的:"只是由于人的本质的客观地展开的丰富性,主体的、人的感性的丰富性,如有音乐感的耳朵、能感受形式美的眼睛,总之,那些能成为人的享受的感觉,即确证自己是人的本质力量的感觉,才一部分发展起来,一部分产生出来。因为,不仅五官感觉,而且所谓精神感觉、实践感觉(意志、爱等),一句话,人的感觉、感觉的人性,都只是由于它的对象的存在,由于人化的自然界,才产生出来的。五官感觉的形成是以往全部世界历史的产物。"①这一段话,的确如有的同志所说,并不是直接论美的,而是论述人的感觉解放的客体方面的条件,但却包含着明显的美学因素。这也是不容忽视的。马克思在这里所提出的中心观点是,人的感觉的形成和发生首先取决于人的本质是否在客观对象之上得到丰富的展开。所谓"人的感觉",即指体现了人的理性目的等本质力量的感觉。马克思主

①《马克思恩格斯全集》第42卷,人民出版社1979年版,第126页。

要从美学的角度,将音乐感的耳朵和享受形式美的眼睛作为这种理性的人的感觉的例证。这就说明他主要是以美感为例的。他站在唯物辩证的角度认为,这种"人的感觉"的产生和发展,必须首先依赖"人的本质的客观地展开的丰富性"。对于这一句话,他又在后面紧接着解释说,就是"人化的自然界"。"人化的自然界"就是通过劳动实践,改造了对象,使人的目的、理性在对象之上实现,达到人的本质的对象化。这时作为劳动产品的对象,表面上看来是客体,但已打上了主体的烙印,因而是"人化"了。这就是所谓"人化的自然界"。这种"人化的自然界"是一切劳动产品的共同的性质,本身首先是劳动的成果,但也同时具有不同程度的美。只有面对这种凝聚着不同程度美的"人化的自然界",才能培养训练包括美感在内的主体的"人的感觉"。因此,"人化的自然界"的概念是对"人的本质对象化"的概念的进一步具体化。这些概念虽然并不能完全断言就是关于美的定义,但却从大的方面揭示了美的本质。因此,作为美来说,首先应该是"人的本质的对象化"和"人化的自然界"。

　　总之,马克思在《手稿》中论述到美时所运用的"感性与理性的统一""对象化""人化"等概念都并不是马克思的创造,而是从黑格尔、费尔巴哈的理论中借鉴而来。但《手稿》最重要的贡献却在于:在美学史上第一次将感性与理性统一于客观的劳动实践,将"对象化""人化"作为劳动实践的客观过程。这就既同黑格尔、费尔巴哈的精神异化的唯心理论划清了界限,同时又继承发展了费尔巴哈从人与自然的客观性出发的唯物主义,从而将美的探讨奠定在现实、能动的实践观的基础之上。当然,《手稿》本身正处在马克思主义的形成时期,其中不免渗透着费尔巴哈的某些直观的形而上学和人本主义观点。例如,在谈"美的规律"时将人在

"意识中理智地复现自己"和"在他所创造的世界中直观自身"并列，这就不免将认识与实践割裂。此外，过多地使用"类"的概念，并将这种"类本质"较多地归结为某种抽象而共同的"人的感觉"等，就说明这时他关于阶级与阶级斗争的理论还没有完全成熟。而且，作为一部经济学哲学论著，马克思也只不过是作为例证较多地涉及到了美学问题，因而不免语焉不详。从马克思在这部著作中所流露的对美学的兴趣来看，以后他一定会以成熟的无产阶级世界观为指导写出一部美学专著。但战斗繁忙的革命时代，还有比美学更重要的工作需要马克思及其战友恩格斯去承担，因而我们终于未能看到一部出自经典作家之手的马克思主义美学专著。因而，《手稿》就越发显出了自己特有的价值。而且，它的深刻性与丰富性也的确可以作为我们进一步探索美的奥秘的理论指导。

四

现在，我试图沿着马克思开辟的现实、能动的实践观点的道路来进一步对美的本质问题作一个简要的概括。这个简要的概括可以归结为美在感性与理性的对立统一的和谐关系。许多同志一看就知道，这是借用了法国著名的启蒙运动理论家狄德罗"美在关系"的命题，只不过是加上了某种充实和改善。我的这样做的理由在于，长期以来老是争论美是客观的、主观的，还是主客观统一的，但在美到底是什么的问题上各派却都无简洁明了的看法，这就必然造成对美的本质的把握的困难。同时，狄德罗"美在关系"的命题本身尽管还十分抽象，甚至不完善，但却既是唯物的，又包含着某种辩证的因素，而且具有简洁明了的特点。我认为,它在对美的本质概括的深刻性上超过了车尔尼雪夫斯基"美是生活"的命题。当然,狄德罗的"美在关系"的命题的确是极不成熟的。他所说的构成美的"关系"有两种,一种是实在美所反映的事物本身的自然关系,另一种是相对美所反映的对象与事物之间的关系。我们所肯定的只是相对美中关于对象与社会现象之间的关系。在这一方面,狄德罗举了高乃依的悲剧《荷拉士》为例。老荷拉士在其三子与库里亚斯三兄弟作战时二死一逃的情况下对其女气愤地说了"他就死"这句话,狄德罗认为,如果脱离了这句话的环境,它就无所谓美丑。但假如将老荷拉士的这句话同其环境联系起来,知道这场战争关系到国家的荣誉,逃跑的战士是被询问者所剩的唯一的儿子。"于是原来不美不丑的答话'他就死',以我逐步揭露其与环境的关系而更美,终于成为绝妙好词。"①这是关于社会美的本质的极深刻的阐述。它告诉我们,社会美的根源不在社会行为本身,而在于该行为与对象的关系。"他就死"这句话本身无所谓美丑,但放在特定的关系中,却渗透了老荷拉士的爱国之情因而变美。总之,所谓"美在关系",表面上是对象与社会现象之间的关系,而实质上则是感性的现象与理性的内容的关系。两者达到和谐统一的,就构成为美。由此,我们提出美在感性与理性和谐统一的关系的命题。而且,我们认为,这一命题的适应范围较为广泛。作为社会美、艺术美,理性内容方面可以占更多的比重,而作为自然美、形式美,感性形式的方面则可占更大的比重。

　　当然,决不是一切的感性与理性的关系都是美的,而只有在

----

①［法］狄德罗:《美之根源及性质的研究》,杨一之译,《文艺理论译丛》第1
　　期,人民文学出版社1958年版,第21—22页。

两者达到和谐统一的情况下才是美的。因为,美是特有的情感的领域,它必须要唤起主体的某种具有社会共同性的高尚的愉悦之情。只有在感性与理性处于和谐统一的关系之时,在感性的客体之上才能凝结着对主体的肯定,因而才能引起主体的自我欣赏的愉悦之情。马克思在《手稿》中将这种和谐统一称作"一种特殊、现实的肯定方式",能使人得到一种不同于动物的"享受"。因此,只有感性和理性的和谐统一才能形成对象与人之间特有的美学关系。正因为如此,就产生凡是我们亲自实践过的对象,我们就特别感到美。例如,工人、农民对自己生产的产品特别欣赏喜爱,而在一切爱国者的眼中养育自己及其祖先的祖国的土地和山水就更能唤起美好的眷恋之情。这是因为,在劳动产品与祖国的土地上凝聚了人们更多的理性内容,理性与对象之间达到了水乳交融的地步。人们从中看到了自己的力量,对自己进行了肯定,因而不免拨动某种高尚感情的琴弦。

那么,感性与理性和谐统一的关系是怎样实现的呢?我们认为,感性与理性两者不是一种精神的统一,而是通过唯物的劳动实践实现两者的和谐统一。本来,在人类还不成其为人类、处于类人猿的动物状态时,类人猿与自然同一,因而一切的自然对象在类人猿的眼中无所谓美丑。近代动物学的研究证明,即便是处于高级的灵长类状态的猩猩也绝无美丑之感。只有在类人猿进化为人,有了理性观念,才能通过劳动实践实现理性与感性的统一,才与对象建立了美学关系。这里所谓的实践,就是人在某种目的的指导下,通过实际的行动改造对象,从而在对象之上实现自己的目的,打上主体的印记。这样,实践的产品就不仅是客体、感性,而且同时是主体、理性。如果两者达到和谐统一,那就在这个产品之上凝结了人与对象之间的客观的美学关系。因此,人与对象的美学关系首先是一种实践关系。这种通过实践而产生的美学关系对于劳动生产的产品、社会斗争的产品及艺术产品都好理解,就是对于人们直接的实践手段所没有达到或达不到的自然现象不好理解。有的同志问,如果美的对象是"人化的自然界",那么,那些未经实践改造的自然又是如何"人化"的呢? 这确是一个比较繁难的问题。但是,只要从总体上,而不是死板地去理解就可得到大致正确的结论。因为,人与自然的关系自从有了劳动实践之后就发生了一个根本的变化,那就是从总体上来说,自然已不是与人同一,而是成为了人的实践对象,进入了人的实践范围。正因为如此,从总体上来说,自然都已具备了某种社会性,都不同程度地成为人类实践的对象,也都不同程度地"人化"了。人类眼里的自然早已不是那种借以维持自己及后代生命的自然,而是人们实现自己的创造能力的无限广阔的天地。从这样一个角度出发,我们就比较好理解"人化的自然界"的概念。从整个自然界都进入人类实践范围的角度来看,人与自然之间的关系有这样两种情形:一种是自然直接成为人的实践对象,这就是劳动的产品;再一种是自然间接成为人的实践对象。也就是以自己特有的感性自然因素为条件,同人类的劳动实践或社会实践发生某种必然的联系,从而同人类建立起某种美学关系。例如,月亮柔和皎洁的光辉常同人类宁静和平的生活相联系,太阳则以强烈而灼热的光芒同人的某种热烈的生活气氛相联系。这也是一种在实践中的"人化的自然界",但只不过是一种间接的"人化"。

这里需要再次强调一下,人与对象之间这种通过实践而达到的感性与理性和谐统一的美学关系,是一种不以人的意志为转移的客观的关系。它之所以是客观的,就是因为实践本身就是一种客观的活动,而实践的产品则是人的本质力量的物化形态。马克思在论述产品中物化劳动的客观性时指出:"在劳动者方面曾以动的形式表现出来的东西,现在在产品方面作为静的属性,以存在的形式表现出来。"①同样,作为人与对象之间感性与理性和谐统一的美学关系也在实践的过程中化动为静,凝结于具体的产品之上,成为不以人的意志为转移的客观的形态。

有的同志认为,美的客观性不包括物化了的主体的理性因素,而只是对象的自然属性,并认为马克思所说的金银的"美学属性"完全在于金银本身的"天然的光芒"。应该肯定,金银的美当然应以其自然属性为必要条件。例如,同金银本身特有的天然光芒直接有关。但金银之具有美学价值却是在人类社会实践中这种客体的自然属性同主体的理性观念发生了某种固有的客观联系。前文所引黑格尔的话应该是有说服力的。马克思也曾明确地讲过同样的意思。他说:"最后要指出的一个主要因素是金银的美学属性,这种属性使它们成为显示富裕、装饰、奢侈、满足自发的节日需要的直接表现,成为财富本身的直接表现。华丽,有延展性,可以加工为器具,也可以用于颂扬和其它目的。金银可以说表现为从地下世界本身发掘出来的天然的光芒。"②很明显,这里所谓的"美学属性"当然是指金银具有"天然的光芒"等自然属性。但事物的"美学属性"是多方面的,既包含感性的自然因素,也包含物化的理性内容。只有在两者和谐统一时,事物才具有美学价值,才成为美。诚如马克思所说,金银的"天然的光芒"只不过是使它成为显示富裕、装饰、奢侈,满足自发的节日需要的直接表现。也就是说,只有在这时金银才具有美学价值。而单纯

---

① 《资本论》第一卷,人民出版社1975年版,第205页。
② 《马克思恩格斯全集》第46卷下册,人民出版社1979年版,第458页。

的自然方面的美学属性只不过是构成美的因素之一，它本身并不就是美。例如，铜几乎同金一样具有某种"天然的光芒"，但因为铜不是稀有的贵金属，它同人类的财富、装饰等生活实践内容的联系远没有金子密切，因而其美学价值也不同于金。当然，也不能机械地将金银的美学价值同主体的实践相联系，以金银是从"地下世界本身发掘出来的"作为其具有美学价值的唯一理由。而应从更广阔的背景上，在总体上理解金银的美学价值同人类实践的客观联系。

在这里还要说明一下，应该区别主体与对象之间的美学关系与审美关系。首先，美学关系中的主体不是指具体的个人，而是指整个的人类，它表现了对象与人类之间的某种关系。而审美关系则是指具体的个人同对象之间的关系。其次，美学关系是客观的、不以人的意志为转移的，是人的理性通过实践在对象之上的物化形态。而审美关系却反映了主客观之间的关系，常常受到主体的思想状况的影响。面对着客观对象的美学关系（美的事物），审美主体常因某种特有的心境而不能同对象发生审美关系，从而产生不了美感。这就是马克思在《手稿》中所说的："对于一个忍饥挨饿的人说来并不存在人的食物形式，而只有作为食物的抽象存在；食物同样也可能具有最粗糙的形式，而且不能说，这种饮食与动物的饮食有什么不同。忧心忡忡的穷人甚至对最美丽的景色都没有什么感觉；贩卖矿物的商人只看到矿物的商业价值，而看不到矿物的美和特性；他没有矿物学的感觉。"①划清这两者的界限是十分必要的，这就进一步划清了美与美感的关系，肯定了美的不以人的意志为转移的客观性。

_____

①《马克思恩格斯全集》第42卷，人民出版社1972年版，第126页。

总之，人类在对美的探索中走过了漫长而曲折的道路，我们的先辈在美学研究中给我们留下了极丰富的宝贵财富。对于这样一笔丰富的遗产，我们应从哲学的高度加以认真地整理，去芜存菁，准确地勾画出人类在美的探索中所走过的哲学思维的轨迹，所经历的不同的哲学思维的逻辑层次。这种历史的研究实际上也就是逻辑的研究，并定将会为在更高的水平上对美的哲学探讨打下坚实的科学基础。

后　记

马克思主义的美学思想是总结人类几千年来文艺与美学成果的科学结晶。它产生于欧洲，因而同西方文艺、西方美学，特别是德国古典美学更有着直接的渊源关系。因此，不了解西方美学就不会很好地了解马克思主义的美学思想。而且，学习西方美学还可以发展和锻炼我们的理论思维能力。恩格斯指出，理论思维"这种能力必须加以发展和锻炼，而为了进行这种锻炼，除了学习以往的哲学，直到现在还没有别的手段"（《自然辩证法》）。

正是基于以上的理由，近几年来我承担了教研室安排的"西方美学专题"课的教学任务。这本书就是几年教学工作的一点成果，基本上属于评述、介绍的性质。其中的部分篇章曾在刊物发表，但这次结集时大多经过较大的修改和补充。

由于自己研究西方美学的哲学和文艺的准备都很不够，所以这本书是很粗浅的，其中的错误和偏颇也在所难免。而且，又因这几年教学工作和行政工作的双重任务、时间的紧迫，使写作显得仓促，因而更不免于疏漏。那么，对于这样一个不太成熟的东西，我为什么还敢于呈献给读者呢？主要是看到这几年"美学"尽管逐渐成为热门，但对于"西方美学"的涉猎者仍少。我想，在"西方美学"的园地里，自己的这本书即使作为一株小草，也许多少能装点一下春色。

　　这本书并非我一人的劳动,而是凝聚着许多同志的劳绩。首先是在写作过程中,曾经参阅了朱光潜、汝信、李泽厚、宗白华、罗念生、蒋孔阳等同志的论著,并运用了一些同志的译著。书中的部分内容曾经我校中文系文艺理论教研室和哲学系欧洲哲学史教研室有关同志的指教。对于以上同志,在此谨表示衷心的感谢。

　　最后,热切期望同行专家和一切爱好美学的同志的批评、指教。

著者

1983 年 2 月 8 日

美 育 十 讲

绪　论

美育,是一个非常重要但又长期被忽视的课题。在许多人的眼里,"德、智、体"三育不可须臾离开,但美育却似乎可有可无。黑白颠倒的十年动乱,更是以美为耻的愚昧时期。党的十一届三中全会以来,随着对极"左"思潮批判的深入和两个文明建设的不断发展,广大人民长期被压抑的审美天性得到解放,对美的追求成为广大人民特别是青年一代的强烈要求。在这种情况下,通过加强审美教育,对广大人民的审美活动进行科学的指导,使之沿着健康的轨道发展,已成为关系到国家前途和民族素质的大事。本书着重论述有关美育的基本问题,在此,先作一点概要的介绍。

一、什么是美育及其研究范围

所谓美育,即是审美教育,任务是培养起广大人民、特别是青年一代的审美能力,其内容在于运用自然美、社会美与艺术美的手段给人们以情感的熏陶,根本目的是按照美的规律塑造广大人民特别是青年一代的美好心灵,培养社会主义新人。

美育的研究范围是对审美教育的性质、任务、特点、途径与审美力的培养等进行系统的探讨,以从理论与实践的结合上给现实的审美教育工作以必要的指导。

二、美育与其他学科的关系

"美育"并不是一门新兴学科,它早在十八世纪末就已形成,但人类对它的认识和研究却还很不够,在我国更是如此。因此,可以说,"美育"是一门薄弱学科。同时,它也是一门边缘性的学科,涉及教育学、美学、心理学、哲学和社会学等诸多方面。因此,美育同其他学科的关系特别密切。从这个意义上说,"美育"的研究是一种综合的研究。由于美育介于教育学和美学之间,成为二者的中介学科,因此,有的同志将其归结为教育学,有的同志则将其归结为美学。从科学的意义上说,美育还是应属于教育学,是教育科学中具有独立意义的一个重要分支,同时也是我们社会主义教育的根本指导思想之一和不可缺少的方面。因为美育的根本任务和目的都在于培养社会主义新人。这样,教育科学中教与学及人才培养的基本规律都适用于"美育"。但这些基本规律却只能给美育以指导,而不能代替它自身的特殊规律。因为美育是以培养审美力为其根本宗旨的,这就使它不同于一般的教育而具有自己的特殊性,需要人们作为一个特殊的领域对其性质、规律和特点进行专门的研究。美育虽是教育学的一个分支,但同美学的关系特别密切。因为审美力的培养就正是它的特殊性之所在。这样,就需深入研究审美力的特点及其发展规律。也正因此决定了美育不同于其他教育的特殊性质。这就说明,对美育的研究必须借助于美学理论,特别是审美的理论。而且,美育的发展也将从实践的角度对美学提出一系列崭新的课题,促使美学不断地随着时代与社会朝前发展。美育同心理学和社会学的关系也很密切。心理学是以人的心理现象为其研究对象的,而审美力及其发展过程就是一种特殊的心理现象。只有从心理学的角度深刻地研究审美力的根本特点及其同感知、联想、想象与思维等心理过程的关系,才能真正把握美育的本质,认识其重要性。长期以来,我国轻视美育的倾向,就同极"左"思潮影响下错误地把心理学打成唯心主义而加以批判直接有关。任何教育都是社会的,美育当然也不例外。因此,美育又同以社会现象为研究对象的社会学紧密相联。社会学要求美育从时代与社会的广阔背景上来探讨审美力的特点及培养问题,而决不能将其孤立于社会与时代之外。另外,马克思主义的哲学作为一切科学最根本的理论指导对美育也有着指导的作用。我们应以辩证唯物主义与历史唯物主义为根本的指导思想来研究美育,运用社会存在决定社会意识与对立统一的规律来探讨审美力的培养过程。

三、美育研究的方法

毋庸置疑,科学研究的基本方法应是马克思主义的辩证的对立统一方法。对于美育的研究当然也不例外。但是,在辩证的对立统一方法的指导下还是应该吸收当代从自然科学引出的系统论、信息论和控制论的方法。这将使辩证的对立统一方法更加丰富。方法论的发展和变革也必然会使各个学科(包括美育)发生突变。对于这些新的方法,笔者刚刚开始学习,对于如何将其运用于美育之中,还没有把握,但有以下几点值得注意:

第一,应以有机整体的观点看待美育问题

这就要破除长期有影响的机械整体的观点。机械整体论也承认事物的整体性,但却从机械力学的观点出发,将各个部分看

成是机械的组合，可随意地增加一部分或减少一部分。建立在现代生物学与现代物理学的基础之上的系统论则认为，任何事物的各个要素之间构成紧密联系的有机整体；这个有机整体不是各个要素的简单相加，而是相互间有机联系，构成不可分割的整体；整体具有不同于各个要素的特殊功能。运用这一观点，我们就会进一步认识到美育的重要地位与作用。美育是以培养审美力为其任务的，而审美力对于一个人的成长是不可或缺的方面。我们决不能将审美力孤立起来，认为其对于一个人的成长无足轻重。有些同志正是从这种孤立、片面、机械的整体的立场出发，才突出地强调了"德、智、体"三育，而相对地忽视了美育。但从事物都是构成不可分割的有机整体的角度考虑，美育和审美力就具有了不容忽视的地位与作用。因为，从具体的个人来说，意志力、认识力和审美力是构成统一性格的不可分割的三个方面。它们之间是互相渗透、制约和影响的，缺一不可。从教育来说，"德、智、体、美"四者构成了完整的教育系统的不可分割的四个方面，同样是互相渗透、制约和影响的。如果忽视或者否定了审美力和美育，那么，意志力、认识力与"德、智、体"三育就必然要受到影响，其发展也一定受到阻碍。正是从统一的性格系统和教育系统出发，我们才应该充分看到美育的作用，并给美育以应有的地位。

第二，从信息的传递和反馈着眼把握美育的根本特点

当代信息理论告诉我们，任何事物从某种意义上来说都是信息的传递和加工，其特点就表现在这种传递和加工的过程之中。美育当然也是一种信息的传递和加工，即是教育者自觉地运用美的信息，传递给受教育者，经过受教育者的接受、消化，再将其反馈、输出。这整个传递和加工的过程，都是以情感感染、潜移默化为其特点的。因而,情感感染、潜移默化就是美育的基本规律。从这个意义上说,没有情感感染和潜移默化也就没有了美育。

第三,从美育这个小系统从属于社会这个大系统的角度考虑,应从更广阔的背景上研究、探讨美育问题

当代系统论认为,整个社会构成一个有机联系的大系统,而各个领域则构成其小系统,一切小系统都从属于社会这个大系统,美育这个小系统也是从属于社会这个大系统的。只有从广阔的社会背景上才能更好地研究、探讨美育问题。因此,对美育的探讨不但要从整个教育的角度考虑,而且要从整个社会的角度考虑。一方面,要看到,社会的发展已对美育提出了迫切的要求,发展美育是顺应时代潮流的事情。另一方面,也要看到,只有在广阔的社会背景上,从横向联系的诸多方面,才能对美育和审美力问题有更准确而深刻的把握。

四、美育研究的现状及其
发展的紧迫性

我国虽早在本世纪初就由王国维、蔡元培和鲁迅等学者和革命先驱大力倡导美育,但它始终没有引起人们应有的重视,研究者甚少,成果不多。新中国成立以后,在党的领导下,美育逐步受到重视和得到发展,并在实际工作中取得了一系列可喜的成绩,但还没有达到对美育所应当重视的程度。更何况,十年浩劫中极"左"路线的干扰,更是完全扼杀和否定了美育。打倒"四人帮"之后,教育界和学术界重新重视美育,恢复了对美育的研究和探讨,并出版了有关的专著和译著,许多高等院校也在美学课程中增加

了美育的内容。但对美育的研究还远远不够。首先表现在没有将它同德育、智育、体育一样,提到应有的地位上。相当一部分教育工作者仍然将其看作是可有可无的事情。其次,尽管学术界的许多同志也承认美育是一个独立的学科,但对它的研究仍很薄弱。美育也始终未建立起自己的科学的体系,科研成果的水平也不太高。高等院校迄今未将其作为一门独立的课程。从总的方面来说,美育研究的队伍也较弱小,并不很稳定。凡此种种,都说明美育这一学科的发展在我国仍然处于初始阶段,有大量的工作要做,甚至还需为它的发展开辟道路。

由上述情况可知,美育的这一发展现状是同现实生活对美育的需要极不相称的。我国目前正进行社会主义"四化"建设和"两个文明"建设,并且面临着世界性的技术革命的挑战。在这样的情况下,美育在培养社会所急需的心理结构和知识结构都得到合理和平衡发展的社会主义新型人才方面更具有其特殊的意义。可以说,重视美育、研究美育、给美育以应有的地位,已是刻不容缓的大事。因为,实现"四化",关键在合格人才的培养。而美育就是培养合格人才的必不可少的途径。在这样的情况下,政治思想工作者、教育工作者、美学工作者、心理学和社会学工作者都应理所当然地重视美育、研究美育。各类大中小学校都应从理论与实践上真正地开展起审美教育工作。社会各界,特别是党政领导部门和教育领导部门也都应重视美育,将美育的发展提到议事日程上来。

一、美育的本质

美育的本质问题,也就是美育的含义到底是什么的问题,历来在国内外都有不同的看法。这种对美育的本质的不同看法,就导致了对美育的作用与地位的不同的理解。

1. 在美育本质问题上的不同看法

概括起来,对美育的本质不外有这样三种看法:一种是认为美育从属于"德、智、体"三育,我们把它叫做"从属论";一种是认为美育是一种形象的教育,我们可以把它叫做"形象教育论";一种是认为美育是"情感教育",我们把它叫做"情感教育论"。

在"从属论"方面,最具代表性的就是苏联的奥夫相尼柯夫和拉祖姆内依所主编的《简明美学辞典》。这本辞典在"审美教育"的条目中明确地认为,"审美教育是劳动教育、思想教育、政治教育,特别是道德教育的一部分"。持这种观点的,在我们国内也不乏其人。很明显,由这种"从属论"出发,必然会认为美育可包含在"德、智、体"三育之内,从而否定了美育的独立的地位与作用。

在"形象教育论"方面,最具代表性的就是中国社会科学院文学研究所文艺理论研究室《美学原理》编写组所编的《〈美学原理〉提纲》。①　在这个提纲中,作者认为,"美的观念不仅是美的认识的关键,也是美感教育的基础"。所谓"美的观念",即"由于人们的形象思维活动的最初成果得到形象的观念,经过概括作用的集中化又成为特定的意象,再进而概括、提高成典型的意象"。这就说明,在作者看来,"美的观念"即"典型的形象",也就是美感教育的"基础"。这种观点不能说完全不对,但却有相当的片面性。它缩小了"美育"的范围,只将其局限于"艺术教育",从而否定了以自然美与社会美作为美育的手段。因为,只有艺术才能创造出"典型的形象"。更重要的,也还是没有看到美育的独立地位与意义。因为,如果"美育"仅仅是"典型形象"的教育,那只要在"德、智、体"三育中辅以此类手段即可,不必另有美育的独立地位。当然,作者在后面也谈到情感教育的问题,但那只不过是作为美育的"特点",而不是作为其本质。

在"情感教育论"方面,最具代表性的就是蔡元培先生的著名观点:"美育者,应用美学之理论于教育,以陶养感情为目的者也。"②当然,蔡元培先生这里所讲的,从理论本身看还不尽完善,从思想体系看,则主要是借用于西方以"人性论"为基础的资产阶级"情育说"。但我认为,这一将美育的本质归结为"情感教育"的基本思想是可取的。如果更全面一点地说,美育就是借助于美的形象的手段(包括自然美、社会美和艺术美)达到培养人的崇高情感的目的。这就将美育与"德、智、体"三育区别了开来。一是从手段上来看,"德、智、体"三育尽管也可借助于美的形象的手段,但不是主要凭借于此,只不过以其为辅助而已。只有"美育"才主

①载《美学论丛》第4期,中国社会科学出版社1982年版。
②高平叔编:《蔡元培教育文选》,人民教育出版社1980年版,第195页。

要以美的形象为手段。二是从根本上为美育确定了独立的领域，即"情感教育"的领域。这是完全区别于"德、智、体"三育的，从而使美育具有了独立的意义和地位。正是从这样的观点出发，我们才主张在教育方针中"德、智、体"三育之外，再加上"美育"，成为"德、智、体、美"四育。这一点，已为建国三十多年来的教育实践所证实是十分必要的，同时，也集中地反映了当前"两个文明"建设的迫切要求。

2. "美育"概念的提出及其最初的含义

为了进一步探讨美育的本质，我们有必要追溯一下"美育"概念的提出及其最初的含义。

艺术教育尽管自古就有，但"美育"作为一个独立的概念，却是十八世纪末由德国剧作家和美学家席勒在其著名的《美育书简》中首次提出来的。席勒于 1793 年 5 月至次年 7 月，为了报答丹麦亲王奥古斯登堡的克里斯谦公爵所曾给予自己的资助，将自己所写的十多封论述美育的信寄给了公爵。这些信最初只流传于哥本哈根的宫廷之中。1794 年，因火灾，原稿被焚，但保留了复制件。后来，席勒又重写了全部书简，篇幅较原稿几乎加长了一倍，并于 1795 年上半年发表在《霍里》杂志上。这个杂志是席勒在歌德的直接参与下编辑的。发表时分了三次，即 1 月发表了头九封信，2 月发表了七封，6 月发表了最后的十一封。席勒的《美育书简》既是第一部资产阶级在"美育"方面的理论论著，也是人类文化史上第一部明确、系统地论述美育的论著。它对于我们研究"美育"的本质有着历史的借鉴作用。

要了解席勒在《美育书简》中所阐述的有关"美育"的本质含义，首先要弄清楚康德关于美感的看法。因为，席勒的《美育书简》完全是在康德美学思想的影响下写成的。当然，从思想体系来看，康德是主观唯心主义者，席勒则力图摆脱主观唯心主义而向客观唯心主义靠拢。这就使他在许多方面对康德的美学思想有所修改，但基本观点上却大体相同。诚如席勒本人在《美育书简》第一封信中所明白表述的那样，"我对您毫不隐讳，下述命题绝大部分是基于康德的基本原则"。① 那么，他在《美育书简》中主要基于康德的哪些基本原则呢？最主要的是基于康德关于美是属于特殊的情感领域的基本看法。康德的这一看法是建立在物自体与现象界分裂的二元论的哲学基础之上的。他认为，现象界与物自体是根本对立的，人的认识能力（即所谓感性与知性）只能把握现象界而不能认识物自体。物自体只能凭借属于信仰领域的理性的意志能力去把握。这样，在人的心理功能上就形成了"知"与"意"这两个互相隔绝的领域。要将其沟通就必须借助于情感的领域。情感是知与意之间的中介与桥梁，同情感相对应的美也就成了真与善的中介与桥梁。由于康德作为主观唯心主义者完全否定客观美的存在，因而他所说的美即是美感，美的情感性质即是美感的情感性质。对于康德的这一有关美感的情感性质及其作为中介与桥梁的观点，席勒给予了批判地继承。同时，席勒还批判地继承了康德关于美是自由的游戏的思想。康德认为，所谓美的艺术就是想象力不受任何强制地同知性力、理性力处于一种自由的游戏的状态，由此唤起了主体的某种高尚的愉悦的情感。对于康德美学思想所包含的历史观—人性论，席勒几乎

---

① ［德］席勒：《美育书简》，徐恒醇译，中国文联出版公司1984年版，第35页。

是全盘接受,并在《美育书简》中大加发挥。康德从人性论出发,认为人可分为动物性的人、理性的人和既是动物性又具理性的现实的人;生理快感只适合于动物性的人,善则适合于理性的人,只有美才适合于既是动物性又具理性的现实的人。

席勒正是在上述康德美学基本原则的基础之上,建立了自己的关于美育的基本思想。他认为,美育的性质和任务就是在感性和理性的领域之外开辟一个新的消除了感性与理性束缚的高尚的情感的领域。用他的话来说,就是要在力量的王国和法制的王国之外创建一个审美的王国。他说,"在力量的可怕王国中以及在法则的神圣王国中,审美的创造冲动不知不觉地建立起第三个王国,即游戏和外观的愉快的王国。在这里它卸下了人身上一切关系的枷锁,并且使他摆脱了一切不论是身体的强制还是道德的强制"。① 在他看来,这样一个审美的王国就是自由的王国、高尚的情感的王国。首先,他认为,在这样一个王国里,人们所借助的手段既非感性的力量也非理性的法则,而是感性与理性完全融合的"审美的外观""活的形象"。他说,这种"审美的外观"和"活的形象"就是"质料(再现者的自然本性)应该融化在(被再现者的)形式中,物体应该溶化在外观中,现实应该融化在形象的显现之中"。② 很明显,这里所谓的"审美的外观"和"活的形象"就是"美的形象"。因此,在席勒看来,美育应该是以"美的形象"作为教育手段的。他所认为的这种"美的形象"尽管主要指艺术品,但范围较广,也包括现实美,例如美的行为等。他在《论美》中举了一个

①〔德〕席勒:《美育书简》,徐恒醇译,中国文联出版公司1984年版,第145页。
②〔德〕席勒:《论美》,张玉能译,刘纲纪、吴樾主编《美学述林》第1辑,武汉
　　大学出版社1983年版,第311页。

十分生动的例子来说明美的行为也包括在"活的形象"的范围之内。他说,有一个人落到一伙强盗手中,强盗把他的衣服剥光,并把他抛在寒风凛冽的路上。这时,先后有五个人经过他身旁。第一个人只给了他一个钱袋,让他转请别人帮忙。席勒认为这是一种善心的突发。第二个人让他用钱来换取自己的救助,席勒认为这是一种利益的行为。第三个人本身很疲乏、窘迫,从感情上不愿帮助那个落难的人,但义务驱使他请落难者同自己坐在一匹马上,席勒认为这是出于对道德法则的尊重。第四人原来是落难者的仇人,落难者原以为他要将自己处死,但那人却反而要给以帮助,席勒认为这是出于怜悯。第五个人是一个挑担者,他毫不犹豫地似乎是未加思考地就让落难者趴在自己的背上,精神爽快地把这个落难者带到村庄。席勒认为,只有这第五个人的行为才是美的行为。因为,他似乎是忘记了自己,高尚的道德原则已经成为他的内心的要求,使他好像是本能地完成了自己的行动,履行了自己的义务。由此,席勒断言:"这样可见,在有一种自然的不因外力而发生的活动时,道德的行为才是美的行为。总之,只有在精神的自律与现象中的自律一致的情况下,自由的活动才是美的活动。"①其次,席勒认为,这种"审美的外观"或"活的形象"所产生的心理效果是唤起想象力的自由的游戏。这里所说的"游戏",就是指面对着"美的形象",想象力处于一种不受任何束缚的自由自在的状态,仿佛游戏一般。一切的游戏在席勒看来都是由"过剩"引起的。即便是动物,也只有在食物过剩时才会有"游戏"。他形象地举例说:"当狮子不受饥饿所迫,无须和其他野兽

---

① [德]席勒:《论美》,张玉能译,刘纲纪、吴樾主编《美学述林》第 1 辑,武汉大学出版社 1983 年版,第 291 页。

博斗时，它的剩余精力就为本身开辟了一个对象，它使雄壮的吼声响彻荒野，它的旺盛的精力就在这无目的的使用中得到了享受。"①人也只有在自然的需要有所过剩时才能进入游戏的状态。但审美的游戏却是一种特殊的游戏，是想象力创造自由的形式的游戏。它完全同自然需要的枷锁割断了关系，摆脱了动物性的本能的桎梏，使想象力在其自由的活动中自然而然地符合了理性的要求。人在这种想象力的自由的游戏中就处于一种高尚的情感快乐之中。席勒认为，作为快乐，有三种情形。一种是"感性的快乐"，人只有作为个性才能享受，是不具普遍性的。再一种是"理性的快乐"，只有作为种族才能对其享受，但由于每个人都具有个体的痕迹，因而这种快乐也是不具普遍性的。只有在想象力的自由游戏中，人才能既作为个人又作为种族的代表，因而才能享受到一种"美的快乐"。这种快乐既是感性的又是理性的，既是个别的又是普遍的，因而是一种高尚的情感快乐。

那么，席勒如此倡导美育并力图建立所谓"审美的王国"的目的是什么呢？原来，他认为美育是获得政治自由的唯一途径。这就需要从当时的时代情况和席勒的特定的阶级地位来探讨其根源。众所周知，《美育书简》是欧洲启蒙运动时期的产物。当时，"自由、平等、博爱"是这场资产阶级革命的旗帜，但怎样才能实现"自由、平等、博爱"的政治理想呢？不同的阶级和派别有着不同的回答。席勒是作为德国资产阶级的代表来回答这个问题的。由于当时的德国长期处于封建分裂的状态，被三百多个封建小邦所割据，政治与经济的发展均处于落后的状态，封建主义仍具有相当大的势力。因此，德国资产阶级是最具有两面性的阶级。一

---

① [德]席勒：《美育书简》，徐恒醇译，中国文联出版公司1984年版，第140页。

方面要求革命,一方面又具有强烈的妥协精神。席勒正是作为这样一个阶级的代表面对着法国大革命的风暴的。一方面,他曾赞扬过法国革命,但一旦革命高潮到来,他又为惊天动地的暴力革命所震撼,因而陷入失望。在法国革命进入雅各宾专政、路易十六被送上断头台时,席勒对法国革命充满了反感的情绪。他在1793 年 2 月 8 日写给克尔纳的信中说,"我两周以来都不再读法国的报纸,这种不幸的虐杀使我感到厌恶"。① 另一方面,席勒作为一个极其敏锐的思想家也的确看到了资产阶级革命本身的弊病。这场"革命"尽管以"自由"为旗帜,但却并未能真正给人民带来自由。席勒描述当时的现实说,"现在,国家与教会、法律与习俗都分裂开来,享受与劳动脱节、手段与目的脱节、努力和报酬脱节。永远束缚在整体中一个孤零零的断片上,人也就把自己变成一个断片了。耳朵里所听到的永远是由他推动的机器轮盘的那种单调乏味的嘈杂声,人就无法发展他生存的和谐,他不是把人性印刻到他的自然(本性)中去,而是把自己仅仅变成他的职业和科学知识的一种标志"。② 这是对资本主义的社会矛盾的深刻揭露。不仅如此,他还深刻地洞察到了弥漫于整个资本主义社会的自私自利的"畜类状态"。具体表现为,由于不知道自己的人的尊严,因而不能够尊重别人的尊严;由于意识到自己的粗野的情欲,因而害怕别人这种类似的情欲;从来在自己身上看不见别人,而只是在别人身上看到自己;社交越来越把他封闭在个体之内,而不是把他向全社会扩展。面对这样一种情况,席勒希望找到一条

---

① 阿布什:《席勒》,柏林建设出版社 1980 年版,第 183 页。转引自徐恒醇《美育书简·译者前言》,第 5 页。

② [德]席勒:《美育书简》,徐恒醇译,中国文联出版公司 1984 年版,第 51 页。

解脱的出路,这就是试图通过美育来实现自由、拯救社会的资产阶级改良主义的道路。他在《美育书简》的第二封信中声言:"这个题目不仅关系到时代的鉴赏力,而且更关系到这个时代的需求。我们为了在经验中解决政治问题,就必须通过审美教育的途径,因为正是通过美,人们才可以达到自由。"①他天真地认为,只有凭借美育才能克服人性的分裂和兽欲的横流。他断言:"要使感性的人成为理性的人,除了首先使他成为审美的人,没有其他途径。"②这种倡导抽象的情感教育的资产阶级改良主义理论影响极其深远。十九世纪的许多批判现实主义文艺家都有类似的观点。英国著名作家狄更斯就在其《钟声》和《艰难时世》等作品中流露出通过"情感教育"使为富不仁的资产者得到道德改善和调和阶级矛盾的思想。法国作家福楼拜在其题为《情感教育》的小说中,也通过一个资产阶级浪子的一生说明其一事无成就在于情感的脆弱,试图形象地告诉人们通过情感教育就可以拯救这个阶级。俄国著名作家托尔斯泰不仅在其作品中流露出"自我完善"的消极思想,而且还在其理论名著《艺术论》中提出"艺术应该取消暴力"以及艺术的使命在于把目前暴力的统治代之以爱的统治等命题。我国近代著名教育家蔡元培先生关于美育的本质是情育的思想也直接来源于康德和席勒。

总之,面对上述以席勒为代表的资产阶级思想家们将美育的本质归结为情感教育的思想,我们应取马克思主义的批判地分析的态度。既要看到这一理论从美学、心理学和社会学的角度立论,有其合理的内核,也要充分看到它在政治上的改良主义色彩

①[德]席勒:《美育书简》,徐恒醇译,中国文联出版公司1984年版,第39页。
②[德]席勒:《美育书简》,徐恒醇译,中国文联出版公司1984年版,第116页。

和思想上的唯心主义内容。

3. 马克思主义关于美育
本质的基本思想

马克思主义者也把美育的本质看作"情感教育",但却同资产阶级思想家们有着完全不同的理论根据。资产阶级思想家的美育思想是建立在历史唯心主义的基础之上的,而我们马克思主义的美育思想却是建立在历史唯物主义的基础之上的。马克思主义的历史唯物主义是我们探讨美育的本质,乃至于建立整个的美育理论的根本的指导思想。因为,美育,作为教育的一个方面是属于意识形态的范畴的,是要被一定的经济基础所决定、被一定的政治所制约的。离开了一定的经济与政治的决定与制约作用就无法科学地理解"美育"的本质。这正是马克思主义美育思想与资产阶级美育思想的根本区别之所在。诚如恩格斯《在马克思墓前的讲话》中所说,"正像达尔文发现有机界的发展规律一样,马克思发现了人类历史的发展规律,即历来为繁茂芜杂的意识形态所掩盖着的一个简单事实:人们首先必须吃、喝、住、穿,然后才能从事政治、科学、艺术、宗教等;所以,直接的物质的生活资料的生产,因而一个民族或一个时代的一定的经济发展阶段,便构成为基础,人们的国家制度、法的观点、艺术以至宗教观念,就是从这个基础上发展起来的,因而,也必须由这个基础来解释,而不是象过去那样做得相反"①。具体地说,马克思主义关于美育本质的基本思想主要有以下五点:

---

① 《马克思恩格斯选集》第 3 卷,人民出版社 1972 年版,第 574 页。

第一，美育的本质不是抽象的情感教育，而是人类反映现实的特有的情感判断能力的培养

资产阶级思想家从历史唯心主义出发，将美育的本质归结为抽象的"情感教育"，从而否定了美育的客观现实根据。康德的"情感判断"所凭借的就是一种主观先验的理性原则——无目的的合目的性，最后将审美情感引向神秘的宗教信仰领域。席勒尽管不满意于康德的"哲学宗教"学说，并试图从客观的范畴上来探索美育的根源问题，从而提出了"审美外观""活的形象"等概念。但席勒也并未摆脱唯心主义，他所说的借以引起情感快乐的根源最后仍不得不归结于内心。他在阐述审美观照的巨大作用时，曾说过这么一段意味深长的话："只要光亮在人内部照耀起来，他身外便不再有黑夜；只要平静在他内部出现，宇宙中的风暴就会立即停止，自然的相互斗争着的力量也就会在稳定的界限内得到安宁。"①可见，在他看来，审美观照就是一种由内心所发的光，能照亮外在的黑暗，也是一种主观的平静，能借以止息客观的风暴与争斗。不仅如此，他所说的由美育所导致的自由，也完全是一种人的内在心理的想象力的自由，属于精神、意识的范畴。总之，资产阶级思想家们所说的"情感教育"完全是脱离客观现实的、唯心的。马克思主义美育思想同上述唯心主义理论根本对立，尽管它也主张美育的本质是情感教育，但这里所说的"情感"则完全是客观现实在人的头脑反映的特殊的产物。马克思主义的反映论认为，人类的认识、情感、意志等，都是客观现实在人脑中的反映，是

---

① [德]席勒：《美育书简》选，曹葆华译，《古典文艺理论译丛》第5册，人民文学出版社1963年版，第82页。

人类把握世界的不同的形式。马克思在其著名的《〈政治经济学批判〉导言》中认为："整体，当它在头脑中作为被思维的整体而出现时，是思维着的头脑的产物，这个头脑用它所专有的方式掌握世界，而这种方式是不同于对世界的艺术的、宗教的、实践—精神的掌握的。"①这里，马克思讲了人类掌握世界的四种方式。其中，艺术的掌握世界的方式就是一种特有的情感的掌握世界的方式，反映了人与现实之间特有的审美关系。现代心理认为，"情绪和情感是人对客观现实的一种特殊的反映形式，是人对于客观事物是否符合人的需要而产生的态度的体验"②。俄国著名生理学家巴甫洛夫则认为，情感是人的大脑皮层对外界刺激的特殊反映，表现为由外界刺激对大脑皮层的暂时联系的维持或破坏，使人改变对客观现实的态度，从而产生了积极的情感和消极的情感。这就深刻地揭示了情感的本质，说明它尽管是一种特殊的心理现象，但其根源仍在于客观现实。首先，由于长期的社会实践使人们产生了某种特定的社会需要也就是在大脑皮层上建立了某种暂时的联系。其次是当人们面对一个具体的事物时，就会将这一事物同自己的社会需要联系起来，从而对其产生积极与消极的体验，也就是外界刺激对原有的大脑皮层的暂时联系产生维持或破坏的作用。当然，作为审美来说，反映了人对外界事物的一种特殊的肯定性情感体验，也就是外界事物在一定程度上符合了自己的审美需要，从而产生美感体验。这一种美感体验就是人类反映现实、判断现实的一种特殊的方式。通常我们把它叫做情感判断的方式。它也是人类掌握现实的一种特殊的能力，即情感判

①《马克思恩格斯选集》第 2 卷，人民出版社 1972 年版，第 104 页。
②孙汝亭等主编：《心理学》，广西人民出版社 1982 年版，第 441 页。

断的能力,或者叫做审美力。它虽然不是对客观事物直接把握,因而同认识有别,但却是对客观事物的审美体验,内中也包含了认识的因素,并从特殊的角度反映了事物的属性。我们所说的美育,就是旨在通过美的形象的手段,培养人们具有这种对于客观现实的情感判断能力、审美的能力。

第二,美育的对象不是抽象的"人",而是历史、具体的人

资产阶级思想家们在阐述自己的美育思想时,都是以抽象、超阶级、超历史的"人"作为其对象。法国著名启蒙主义思想家卢梭在其教育小说《爱弥儿》中就以抽象的"自然人"作为其对象,席勒在《美育书简》中也是以抽象的"人"作为其对象。他所说的"感性的人""理性的人""审美的人"统统是脱离现实的,没有历史内容的。他整个的美育思想都是建立在抽象的"人性论"的理论基础之上。他认为,人有两种本性,即感性与理性,理想的人应该是这两个方面的和谐统一,而现实的人却都是分裂的,并常常是自然的感性冲动压倒了形式的理性冲动,而要纠正这一偏向达到两者的和谐统一,就必须通过一个中介的途经,即使其成为审美的人。他说:"想使感性的人成为理性的人,除了首先使他成为审美的人以外,再没有其他的途径。"①马克思主义对于这种抽象的"人性论"的观点给予了严肃的批判。马克思主义认为,在现实世界上从来就不存在什么抽象的"人"和"人性",而只有具体、历史的"人"和"人性"。因为,一切的人都只能生活在特定时代的特定社会关系之中,作为意识范畴的人的本性也只能被这种特定的社

———————

① [德]席勒:《美育书简》选,曹葆华译,《古典文艺理论译丛》第 5 册,人民文学出版社 1963 年版,第 73 页。

会关系所制约和决定,是这种特定的社会关系的反映。因此,马克思在其著名的《关于费尔巴哈的提纲》中尖锐地批判了费尔巴的"自然人"的错误理论,并深刻地指出:"人的本质并不是单个人所固有的抽象物。在其现实性上,它是一切社会关系的总和。"①恩格斯也在《诗歌和散文中的德国社会主义》一文中批判了席勒从抽象的人性出发、逃避现实的错误倾向,认为这只不过是"逃向康德的理想来摆脱鄙俗气","归根到底不过是以夸张的庸俗气来代替平凡的鄙俗气"。② 这就一针见血地指出了席勒所声言的"感性的人""理性的人""审美的人"都绝不是超凡脱俗的、抽象的,而都逃不脱由资产本性决定的鄙陋,只不过是"平凡的鄙俗"与"夸张的庸俗"的区别罢了。同上述资产阶级的人性论的观点相反,马克思主义的美育思想是以现实、历史、具体的人为其对象的。从我们今天来说,美育的主要对象就是社会主义这一特定时代的青少年。在他们身上集中地反映了时代、社会的特点。他们长在红旗下,沐浴着社会主义的阳光雨露,经过了马列主义、毛泽东思想的教育,因而有着基本的良好品质。同时,不能忘记,当前的社会还在一定的范围内存在着阶级斗争。因而,青少年一代还会受到各种剥削阶级腐朽思想的侵蚀,包括十年浩劫的遗毒和因对外开放而带来的国外资产阶级思想的影响等。这就是我们美育工作的现实出发点。只有从这样的现实出发,美育工作才会取得切实的成效。

---

① 《马克思恩格斯选集》第 1 卷,人民出版社 1972 年版,第 18 页。
② 杨柄编:《马克思恩格斯论文艺和美学》,文化艺术出版社 1982 年版,第 235 页。

第三,美育的内容不是抽象的"自由、平等、博爱",而是社会主义的崇高情操

尽管我们马克思主义者同某些资产阶级思想家一样,都主张美育的本质是情感教育,但对情感的内容的理解却并不相同。毛泽东同志《在延安文艺座谈会上的讲话》中指出:"马克思主义的一个基本观点,就是存在决定意识,就是阶级斗争和民族斗争的客观现实决定我们的思想感情。"[①]这就说明,由于经济、社会地位的不同,不同阶级与社会集团的人们的情感是有着明显的差异的。资产阶级思想家们所理解的美育的情感内容是抽象的"自由、平等、博爱",主观唯心主义者康德将美感的心理内容归结为一种抽象的"主观共通感",即所谓"人同此心,心同此理"。席勒则以抽象的"自由"作为其审美王国的法则,说什么"以自由来给予自由——这就是这个国家的基本法则"[②]。马克思主义的经典作家曾经以极其尖锐的笔锋毫不留情地揭露了资产阶级思想家们关于"自由、平等、博爱"的欺人之谈,马克思曾在《六月革命》一文中指出:"大多数人有充分的权利嘲笑那些犯了时代错误,不断重复博爱词句的可怜的空想家和伪善者。因为这里的问题正是要抛掉这种词句以及由这个词句的模棱两可的含意所产生的幻想。"[③]与此相反,我们马克思主义所主张的情感教育绝不是抽象的,而是有其特定的社会内容的,其核心成分就是社会主义与共

①《毛泽东选集》第三卷,人民出版社 1966 年版,第 809 页。

②〔德〕席勒:《美育书简》选,曹葆华译,《古典文艺理论译丛》第 5 册,人民文学出版社 1963 年版,第 95 页。

③《马克思恩格斯全集》第 5 卷,人民出版社 1972 年版,第 156 页。

产主义的崇高情操。因为,我们所说的情感教育,即美育,是旨在培养一种健康的情感判断能力,即审美能力。从情感这一心理功能处于认识与意志的中介地位来看,这种审美力中包含审美认识力、审美感受力和审美创造力三个方面。其中,审美的认识力接近于理智的认识,作为世界观的一个方面在审美过程中暗暗地发挥作用。它直接地被一个人的政治社会实践所决定,具有鲜明的政治倾向性。我们马克思主义的美育思想主张以社会主义与共产主义思想作为审美认识的基础。审美认识在整个审美活动中具有指导的作用,决定了它的方向。审美的感受力就是在审美认识制约下的对美的事物的感受能力。它是审美力的主要标志。审美创造力则是按照审美认识在审美感受的基础上,在实践中创造美好事物的能力,既包括艺术创造,也包括劳动创造和日常的语言行为。这三个方面结合起来就形成一种特有的、以高尚的社会主义与共产主义情操为核心的、美好的精神风貌。

第四,美育的地位不是脱离经济与政治的"美育至上",而是被一定的经济与政治所制约

资产阶级思想家们总是脱离经济与政治,将美育的地位夸大到不适当的程度,甚至提出种种"美育至上"的口号。这都充分说明了他们的意识决定论的历史唯心主义的观点。例如,席勒在《美育书简》中就将美育作为拯救资本主义社会的唯一途径。他否定暴力革命,将其斥为野蛮的原则,也对抽象的理性失去了信心,因而试图建立一个审美的王国。这个审美的王国是一个极其美妙的理想的世界,这个理想世界消除了暴力、对抗、压迫和苦难。他具体地写道:"在审美的国家中,一切东西,甚至服役的工具,都是自由的公民,同最高贵的人具有平等的权利;强制地使驯顺的群众服从自己目的的智力,也必须在这里征求它们的同意。因此,在这里,在审美外观的王国中,得到实现的是平等的理想,而这种理想其实是梦想者十分愿意看到早日实现的;如果的确优美的风度在王座附近成熟得最早,并且也最完全,那末我们就不得不承认在这里也有仁慈的命运,它看来往往在现实中限制人,只是为了驱使人进入理想世界。"①我国近代著名的民主主义者蔡元培先生也是一位教育万能论者。他认为,当时社会所存在的私斗、侵略、贫富悬殊等,只要"教之以公民道德"即可加以解决,而"公民教育"的一个重要途径就是美育。上述种种,都是不切实际的幻想。因为,美育作为一种社会意识形态,决不会仅仅凭此就能"救国",当然更不是什么"万能"的。它决不可能扭转经济与政治的进程而推黑暗为光明。它虽然有着重要的社会作用,但从总的方面来说还应被经济与政治所制约。社会的改革和人类的改造,最根本的途经还是经济与政治的革命。只有如此,才能解决生产力与生产关系、经济基础与上层建筑之间的矛盾,推动社会的前进。美育,乃至整个教育只不过是其辅助手段之一。因此,我们马克思主义者尽管十分重视美育,但向来都是把它放在同经济与政治的正确关系之中给予恰当的地位。今天,我们党提出了"两个文明"建设的重大课题,从战略的高度论述了社会主义精神文明建设的重要意义。在这样的形势下,我们应从整个"四化"建设的高度来看待美育问题,将其摆在适当的位置,作为社会主义精神文明建设的必不可少的组成部分。

---

① [德]席勒:《美育书简》选,曹葆华译,《古典文艺理论译丛》第5册,人民文学出版社1963年版,第96页。

第五，美育的目的不是培养资产阶级所需要的人才，而是培养一代社会主义新人

美育，作为教育的一个方面，是以造就人才为其目的的。席勒也正是鉴于资产阶级社会人性的分裂、道德的沦丧、始终未能摆脱"畜类状态"而提出美育问题的。他试图通过美育的途径培养出摆脱了感性与理性束缚的一代"自由的"新人，使分裂的人性重新在资产阶级身上得到和谐统一。他说，"只有趣味才能够给社会带来和谐，因为它在个人心中建立起和谐。一切其他形式的表象都使人分裂，因为它们完全是以人的存在的感性部分或精神部分为基础的；只有美的表象才使人成为整体，因为它要求他的两种天性跟它一致"。① 当然，这种感性与理性和谐统一的"自由的"新人无非是席勒理想中的维护与发展资产阶级统治所需要的人才。这是所有的资产阶级美育思想的鲜明的阶级性之所在。我们马克思主义者倡导美育的目的也是为了育人，也就是为了培养一代社会主义新人。我们从不用曲折的语言掩盖这一目的，而是公开地加以承认。党的"十二大"明确要求我们："在生产建设中不仅需要创造更多更好的物质产品，而且需要培养一代又一代的社会主义新人"。总结建国三十多年来正反两方面的经验，我们认为，作为社会主义新人不仅应做到"德、智、体"全面发展，而且应做到"德、智、体、美"全面发展。这是由美育本身的情感教育的本质决定的。因为，高尚的情感在新的一代社会主义建设者的健康成长中是一个不可或缺的因素。而社会主义的情感教育又

① ［德］席勒：《美育书简》选，曹葆华译，《古典文艺理论译丛》（第5册），人民文学出版社1963年版，第95页。

具有别的教育所不可代替的独特的内容。同时,这也是时代发展的需要。当前,我国进入了一个社会主义建设的新时期,提出了坚定不移的以经济建设为中心的总任务,以及与此有关的改革和开放的方针,并且正面临着新的技术革命的挑战。根据上述情况,邓小平同志向教育战线提出了"面向现代化,面向世界,面向未来"的新要求。在这样的形势下,美育在培养人的高尚的思想情操方面与开发人的创造能力方面更加显示出了自己独特的作用。如果说,为了适应现代化建设的要求,我们的教育思想也应现代化的话,其中一个重要方面就是要充分看到美育在培养全面发展的社会主义新人方面的重要作用。

二、审美力的特点

美育的目的,简言之,就在于培养人们的审美力。那么,什么是审美力呢?

1. 审美力是一种特有的 情感判断能力

对于审美力,学术界的同志大都认为是一种情感判断能力。但对这种情感判断能力特点的认识,却不太一致。有的同志认为,这种情感判断能力的实质和特点归根结底是一种认识能力。例如,有的同志说,情感的反映形式不论怎样特殊,就其实质来说,总是这样那样地反映着人们对现实与自身关系的某种认识,不能背离认识论的一般原理。还有的同志说:文艺创作中的情感活动和一切情感活动一样,决不是孤立存在的心理现象;一定的认识内容总在情感、情绪的产生中起决定性的作用。这些同志的看法应该说是有一定的道理的,它正确地阐述了情感判断力同人的认识能力之间的必然联系及其中所包含的必不可少的认识内容。但其弊病却在于混淆了情感判断力与认识力之间的界限,从而抹杀了情感判断这一审美力的独立存在的意义。

早在古希腊时期,柏拉图就在其《理想国》中粗略地看到了人类掌握世界的三种特有的能力：认识能力（知）、情感能力（情）、意志能力（意）。但他只不过将这三种能力作为其《理想国》中哲学王、武士和自由民三个等级的人物由高到低的三种不同的天赋能力。① 十八世纪的德国大哲学家康德明确地划清了知、情、意之间的区别，阐述了它们各自的独特领域，认为"知"属于认识领域、"情"属于审美领域、"意"属于信仰领域。特别应该指出的是，康德第一次明确地将审美力的性质与特点界定为情感判断力，具有由认识力过渡到意志力的特殊的中介和桥梁的作用。这是康德对心理学、特别是对美学的重要贡献。但是，康德作为主观先验的唯心主义者，终究是更多地看到了"知、情、意"之间的区别，而相对地忽略了它们之间的联系，并将上述三种心理功能的根源导向某种神秘的先验原则。

马克思主义的反映论为科学地理解人类的"知、情、意"的心理功能提供了理论的根据。它从存在决定意识的唯物主义基本原理出发，认为人的一切意识活动（即心理活动）无不是客观现实在大脑中的能动的反映。从另一个角度说，也就是人的一切意识活动（即心理活动）都可以在客观现实中找到其根源。但人对现实的反映并不就等于是人对现实的认识，人对现实的反映能力也并不等于认识力。事实证明，人对现实的反映包括认识、情感、意志等广泛的内容，而人对现实的反映能力也包括认识力、情感判断力和意志力等诸多的方面。当然，它们之间的关系，决不像唯心主义者所断言的那样，是相互隔绝的、对立的、各自成为封闭的圆圈的，而是相互关联、影响和渗透的。但是，这又不能否定它们

① 柏拉图认为，哲学王具有理性的认识力，武士具有意志力，自由民具有欲望的情感力。理性以意志控制欲望同哲学王以武士控制平民一样。

各自还有其独立的内容。就拿审美判断力来说,它虽然同认识力
与意志力都密切相关,但却具有同它们并不相同的特殊的内容。
例如,运用审美力对一幅齐白石老人所画的虾图进行欣赏,就不
同于生物学家运用认识力对虾的研究。因为,生物学的认识力是
旨在把握虾的生理结构的客观规律,其中不能掺有任何主观的因
素。同时,作为审美力来说,对虾图的欣赏也不同于一位厨师对
虾从功利的角度的考虑。因为,厨师着重从烹饪的功利目的着
眼,考虑如何使虾成为一种美味食品。作为审美力来说,对齐白
石老人的虾图既不是着眼于其客观的生理结构的研究,也不从功
利的角度考虑,而是取观照的欣赏的态度。也就是通过虾图的色
彩、线条结构,把握其生动的外形,再进一步领略到某种蓬勃的生
命力的旨趣,从而得到感情上的满足。这种情感上的满足反映了
人与对象之间的一种特有的情感关系。它不同于人与对象的认
识关系和功利关系。反映这种特有的情感关系的审美力,也不同
于反映认识关系的认识力和反映功利关系的意志力。这就是马
克思在《〈政治经济学批判〉导言》中所说的人类掌握世界的理论、
宗教、艺术与实践—精神四种方式之一的艺术的掌握世界的方
式。这种艺术的掌握世界的方式,或者说审美的掌握世界的方
式,当然也是人类反映现实的形式之一。如果非要说它也属于认
识的范畴的话,那也只不过是从广义的角度来说。若从狭义的角
度来说,它又决不同于科学的对世界的认识,并且也不是以这种
科学的认识为前提。因为,对世界的艺术的掌握(或审美的掌握)
带有极强烈的主观色彩。在审美的过程中,现实无不打上了鲜明
的主观印记,经过了某种情感加工的变形的处理。正是在这样的
意义上,我们说审美的规律是不同于科学规律的。按照审美的规
律,不仅在浪漫主义的艺术作品中有"白发三千丈"的夸张和《西

游记》中梦幻般的神魔世界，就是在现实主义的艺术作品中也有
"忧端齐终南"一类的夸张，甚至会出现"雪中芭蕉"这样的图景。
这个"雪中芭蕉"是王维在《袁安卧雪图》中所画的。从科学的规
律来看，芭蕉为南方热带植物，雪为北国寒天特有的景致，两者不
可能同时在一地出现。但作为审美的艺术，作者却借雪之白茫茫
一片与蕉心之内空，来表现某种佛学中朦胧的"虚空"的情感。因
此，沈括在《梦溪笔谈》中称赞此画："此乃得心应手，意到便成，故
造理入神，迥得天意。此难可与俗人论也。"这就是所谓艺术的真
实不等于科学的真实，也不等于生活的真实。诚如列宁在《哲学
笔记》中所借用的费尔巴哈的话，"艺术并不要求把它的作品当作
现实"①。由此证明，审美力所遵循的规律不同于认识力所遵循
的规律。认识力所遵循的是客观的科学的规律，而审美力所遵循
的却是主观体验的情感的规律。这种主观体验的情感的规律当
然也要有某种客观的依据。例如，李白在《秋浦歌》第十五首中写
道："白发三千丈，缘愁似个长。不知明镜里，何处得秋霜？"这里
写因愁闷而陡增白发，当然是某种因强调愁情之长久不去而进行
的大胆的夸张，是客观现实生活中不可能出现的，不含认识的科
学规律的，是一种主观体验的情感规律的表现。但其中也还有某
种客观现实的依据。因为，在现实生活中因愁而发白是客观存在
的。这就说明，审美的情感规律中也有着某种客观的依据，审美
力同认识力密切相关。但情感规律同科学规律、审美力同认识力
毕竟有着根本的区别。正因为如此，许多在审美当中允许的事情
在认识中就不允许。例如，我国传统的京剧表演象征意味极浓，

---

① 中国社会科学院文学研究所文艺理论研究室编：《列宁论文学与艺术》，人
　　民文学出版社 1983 年版，第 41 页。

几个小卒就代替千军万马，围着舞台转几圈就表示行军数千里，所谓"三五步行遍天下，六七人百万雄兵"。但观众对此却没有疑惑。这就说明，在审美中人们并不要求事实的"逼真"，而是要求某种情感的满足。这也正是某些艺术品的大致情节虽早已为人们了解，但大家还是要买书阅读、买票看剧或电影的重要原因。历代的一些优秀艺术珍品之所以超越时代，历久不衰，具有永久的魅力，其原因也主要在此。

　　按照心理学的解释，情感是人对于客观事物是否符合人的需要而产生的态度的体验。这就说明，情感包含两个方面的内容。一个方面是客观事物与人的某种需要之间的客观关系，另一个方面是人对这种关系的态度的主观体验。审美力属于情感的范畴，当然也无例外地包含上述两个方面。但它又不同于一般的情感而有着自己的特殊性。我们知道，由于情感同认识和意志关系密切并处于其中介地位。因此，情感也大体可分为三种。一种是同认识密切相关的认识情感，一种是同道德密切相关的道德情感，一种就是审美情感。关于审美的情感判断的特殊性，我们认为可从两个方面看出。一个方面就是从客观方面来说，审美的情感判断反映了人与对象之间特有的审美关系。因为，自有人类以来，人同对象之间就形成了各种复杂的关系。大体说来，有这样几种：生理欲求的关系、认识的关系、功利的关系和审美的关系等。所谓生理欲求的关系即指饮食男女的生理要求。一般来说，人类的这种生理欲求也同动物迥然不同而社会化了。所谓认识关系即指人同对象之间旨在探寻其客观规律的关系。而所谓功利的关系即指人同对象之间发生了一种实用或伦理道德的关系。在上述的生理欲求关系、认识关系和功利关系中，人类对于对象都有着某种现实的实质性的要求。只有在人与对象的审美关系中，

人才与对象保持着一定的距离、取审美的"观照"的态度。康德将
其称为"静观",黑格尔则称作"欣赏"。尽管作为唯心主义者,他
们所说的"静观"和"欣赏"都同社会实践脱节而具有唯心的成分,
但作为揭示人与对象之间特殊的审美关系来说却是有其合理的
因素。总之,审美的情感判断反映了人同对象之间特有的审美关
系。这种审美的关系是同生理欲求关系、认识关系与功利关系在
内容上不同的。在这里,需要特别说明的是,人与对象之间的审
美关系尽管是一种无实质性的观照的关系,但决不能因此而否定
在审美的情感判断中形象性的重要意义。有的同志认为,在艺术
的创作中"略过外在的细节写心理、写感情、写联想和想象、写意
识活动,也没有什么不好。后者提供的不是图画,而更像乐曲。
它能探索人的心灵的奥秘,它提供的是旋律和节奏"。① 有的同
志则以散文和杂文为例,说明审美判断中的对象也可以不要形象
而纯是感情。② 这些看法应该说是片面的。其片面性表现在把
情感与形象割裂了开来。事实上,任何情感作为一种意识形式都
是对具体的客观事物的反映,而其表现也必须凭借客观的形象。
心理学告诉我们,人只有面对个别的具体的事物才会产生主观的
体验,从而拨动情感的琴弦。因此,不论从情感的产生还是从其
表现来说,审美的情感体验都必须凭借个别的具体的形象。可以
说,形象是因,情感是果;形象是形式,情感是内容;形象是现象,
情感是实质。两者相辅相成,密不可分。没有形象,情感就无所
产生和寄托;而没有情感,形象则失去生命。早在十八世纪,康德

---

① 王蒙:《对一些文学观念的探讨》,《文艺报》1980 年第 9 期。
② 李泽厚:《形象思维再续谈》,《美学论集》,上海文艺出版社 1980 年版,第
   5 页。

就把审美判断归结为单称判断，其对象以形象的个别存在为其特点。应该说，这是十分有道理的。再从主观方面来说，审美的情感判断反映了人对这种特殊的审美关系的主观的体验。这当然也是一种特殊的体验。首先，这种体验应该是一种肯定性的情感体验。也就是使人产生某种精神性的愉悦之情。马克思把这种愉悦之情叫做"艺术享受"。① 当然，这是一种高级的精神性的享受。即使是面对悲痛，人们在对其进行审美体验时也必然由痛感过渡到快感，使人灵魂"净化"、精神升华，给人一种崇高的悲壮之美的精神享受。这就是对于许多优秀的悲剧作品人们明明知道要引起悲哀之情却偏偏要买票去看，甚至预先准备了手绢到剧场去哭一场的原因。总之，审美情感判断的这种肯定性，就使人在审美中得到一种特有的"满足"。但这是一种精神性的"满足"，是具有普遍意义的，包含着某种高尚的思想意义和理性精神的情感的"满足"，决不同于纯个体性、生理快感的满足。而且，这种"满足"也不同于因知识的获得而形成的情感上的"满足"。这种知识性的"满足"是理智型的、较冷静的，是一种"欣慰"。例如，《居里夫人传》第十三章写到，这一对青年科学家夫妇，经过千辛万苦，终于在世界上第一次提炼出了纯镭。当他们在晚上走进实验室，怀着无比喜悦的心情看到装着镭的小玻璃容器在黑暗中闪着蓝色的荧光时，作者是这样描写的：

> 在黑暗中，在寂静中，两个人的脸都转向那些微光，转向那射线的神秘来源，转向镭，转向他们的镭！玛丽的身体前倾，热烈地望着，她又采取一小时前在她那睡着了的小孩的床头所采取的姿势。

---

① 《马克思恩格斯选集》第 2 卷，人民出版社 1972 年版，第 114 页。

她的同伴用手轻轻地抚摸着她的头发。

她永远记得看荧光的这一晚,永远记得这种神仙世界的奇观。

总之,这是一种胜利后的"欣慰",尽管情绪很激动,但还是同对象保持较大的距离,在理智上是十分清醒的。至于因道德行为而导致的情感"满足",其中的理智性就更强,甚至总是自觉地同某种道德信念相联系。例如,雷锋在 1960 年 10 月 21 日的日记中记录了自己的这样一段感受:

> 今天吃过午饭,连首长给了我们一个任务:上山砍草搭菜窖。……劳动到了十二点,大家拿着自己从连里带来的一盒饭,到达了集合地点,去吃中午饭。当时,我发现王延堂同志坐在一旁看着大家吃,我走到他面前一看,他没有带饭来,于是我拿了自己的饭给他吃。我虽饿点,让他吃饱,这是我最大的快乐。我要牢牢记住这段名言:
>
> "对待同志要像春天般的温暖,对待工作要像夏天一样的火热,对待个人主义要像秋风扫落叶一样,对待敌人要像严冬一样残酷无情。"

审美的情感"满足"就同这种道德的情感"满足"不同。它虽然也包含着理性因素,但却同理性原则无直接的明显的联系,而是在形态表现上具有"出神入化"的特点,也就是似乎是不知不觉地同对象融为一体。鲁迅先生在《诗歌之敌》一文中曾说:"诗歌不能凭仗了哲学和智力来认识,所以感情已经冰结的思想家,即对于诗人往往有谬误的判断和隔膜的揶揄。"[1]谢榛在《四溟诗话》中曾经叙述了自己欣赏马柳泉所写一首小诗《卖子叹》的体

---

[1]《鲁迅全集》第 7 卷,人民文学出版社 1981 年版,第 236 页。

会。这首诗是这样的：

> 贫家有子贫亦娇，骨肉恩重哪能抛？
>
> 饥寒生死不相保，割肠卖儿为奴曹。
>
> 此时一别何时见，遍抚儿身舐儿面：
>
> "有命半年来赎儿，无命九泉抱长怨。"
>
> 嘱儿"切莫忧爷娘，忧思成病谁汝将？"
>
> 抱头顿足哭声绝，悲风飒飒天茫茫。

谢榛评道："此作一读则改容，再读则下泪，三读则断肠矣。"这里的"改容""下泪""断肠"都是一种"出神入化"、亲身感受式的审美的情感体验。

总之，审美力是一种特殊的情感判断能力，这种情感能力表现为审美体验与审美评价的直接统一，互相渗透，也就是在审美的情感体验中直接渗透着、融化了审美评价的因素。

2. 审美体验的特点

审美力集中地表现为人的审美体验能力，而审美体验则反映了人与对象之间一种特殊的审美关系。这种审美关系中渗透着人与对象之间的生理关系、认识关系、道德关系的内容，但又与它们不同。审美体验是一种不同于生理活动、认识活动与道德活动的特殊的审美活动。它同任何心理活动一样，表现为层次分明的、由低到高逐步发展的过程。但它的自始至终都贯穿着肯定性的情感体验，而且自始至终都不离开具体可感的形象。因此，可以说，审美体验的过程就是借助于形象的递进而形成的情感发展的过程。形象与情感始终交织在一起。这就是审美体验的鲜明特性，是其不同于其他任何心理活动之处。其具体过程，可大体作以下描述：

第一，审美感知是审美体验的开始

所谓审美体验首先就是一种基于感受的、对于对象的遭遇和情感的亲身体会。因此，任何审美体验都是由感官对于审美对象的感受开始的。没有感受就没有审美。人们对于外界事物的感受凭借着眼、耳、鼻、舌、身等五种感官，并由此形成视、听、嗅、味、触等五种感觉。对于审美感受来说，在这五种感官中主要凭借眼、耳（即视、听）两种感官。车尔尼雪夫斯基认为，"美感是和听觉、视觉不可分离地结合在一起的，离开听觉、视觉，是不能设想的"。① 黑格尔也说，艺术敏感"通过常在注意的听觉和视觉，把现实世界丰富多彩的图形印入心灵里"。② 这可以说是审美体验同生理快感与认识活动的重要区别之一。为什么会这样呢？我认为，目前心理学界有些同志的看法还是比较能说明问题的。他们将视、听器官看作是较高级的感官，同对象相隔距离较远，可以在一定程度上超越生理需求，对对象进行高级的精神性的审美观照。而嗅、味、触等器官则属于较低级的感官，同对象距离较近，较多地局限于生理性的感受，而难以进行精神性的审美观照。在这个问题上，我认为，康德有一个观点还是可取的。那就是，他认为，对于审美来说应当是判断先于快感，而不能是快感先于判断。因为，如果快感先于判断，就是以快感等同于美感的庸俗的快乐说，生理的快感会影响到审美判断的正确。当然，在审美的感知

---

① ［俄］车尔尼雪夫斯基：《艺术与现实的审美关系》，周扬译，人民文学出版
　　社 1979 年版，第 40 页。
② ［德］黑格尔：《美学》第 1 卷，朱光潜译，商务印书馆 1981 年版，第 357 页。

中尽管以视觉与听觉为主,但并不排斥其他感觉的参与。法国著名的雕塑家罗丹在谈到他对古希腊雕塑《维纳斯》的审美感觉时说道:"抚摸这座雕像时,几乎会觉得是温暖的。"[①]而在对于文学形象的审美感知时,则更多地需要调动各种感觉的经验。例如,小说《红岩》描写到国民党特务严刑审讯女共产党员江姐,将江姐倒吊在屋梁上,用竹签一根根地对准她的指尖钉入时,作者这样写道:

> 一根,两根! ……竹签深深地撕裂着血肉……左手,右手,两只手钉满了粗长的竹签……
>
> 一阵又一阵泼水的声音……
>
> 已听不到徐鹏飞的咆哮。可是,也听不到江姐一丝呻吟。

读到这里,我们不仅要调动自己的视觉、听觉,而且要调动自己的触觉,仿佛感到根根竹签插到了我们的手指之中,从而更深地感受到了江姐在酷刑下的肉体痛苦和她那超凡、坚韧不拔的英雄气概。

正因为审美体验开始于审美感知,并且是一种肯定性的情感体验,所以,在审美体验中尽管不以生理快感为主要条件,但也要以生理快感为条件之一。当然,我们所说的审美感知中的生理快感并不是指某种饮食男女的本能的需求的满足,而主要是指审美对象的外在形式能对感官(主要是视觉和听觉)起到积极的作用,引起某种肯定性的快感。例如,对于音响来说,要引起审美的感知总应是一种和谐的乐音而不是刺耳的噪音;对于色彩来说,也

----

①[法]罗丹口述,葛赛尔记:《罗丹艺术论》,沈琪译,吴作人校,人民美术出版社1978年版,第31页。

应是冷、暖色搭配适宜,给视觉以肯定性的刺激,而不是光怪陆离。总之,审美对象首先应做到使人赏心悦目。这应该是在审美感知中导向肯定性的审美体验的必要条件之一。因此,在审美体验中,对象应该是符合形式美规律的、在感官上能引起快感的。相反,那种违反平衡、对称、和谐等形式美规律的怪谲的色彩、刺耳的噪音、扭曲的形体,首先引起生理上的反感,因而不可能在情感上同审美主体一致,引起肯定性、审美的情感体验。但审美体验也决不能停留在生理快感之上。它应在此前提下很快地朝前发展,导向更广阔的精神领域。因此,在审美的情感体验中常常是不自觉地忽略、忘却了对象的形式美所引起的生理快感的因素。这种因素虽不占主要地位,但却是审美体验的生理方面的根据,是不容忽视的。

第二,审美联想是审美体验的发展

联想是一种记忆的形式,即所谓追忆。对于审美体验与联想的关系,历史上曾有许多理论家论及。法国理论家狄德罗在论及艺术创作时就认为,艺术的想象“是人们追忆形象的机能”①。黑格尔也认为,艺术想象“这种创造活动还要靠牢固的记忆力,能把这种多样图形的花花世界记住”②。我国诗人艾青也说,“联想是由事物唤起的类似记忆,联想是经验与经验的呼应”。可见,他们都把联想作为审美想象的基础,审美体验的一个不可缺少的环节。审美联想即是审美感知与以往的生活经验的某种联系。只

---

① [法]狄德罗:《论戏剧艺术》上,陆达成、徐继曾译,《文艺理论译丛》第 1 期,人民文学出版社 1958 年版,第 170 页。
② [德]黑格尔:《美学》第 1 卷,朱光潜译,商务印书馆 1981 年版,第 357 页。

有经过这样的联系,审美体验才能在感知的基础上进一步发展,从而使审美主体与审美对象之间进一步超越生理快感,发生更高级的精神性的审美关系。

作为审美联想来说,有一个重要特点就是审美感知着重同情感记忆发生联系。目前心理学界一般认为,记忆分形象记忆、逻辑记忆、运动记忆与情感记忆四种。所谓情感记忆就是一种以情绪、情感为对象,通过人的情感体验而实现的识记、保持及复呈的过程。这就使审美体验更明显地区别于认识活动和道德活动。因为,在认识活动与道德活动中也常常要借助于联想的心理过程,但却并不主要同情感记忆联结。这也进一步加深了审美体验中的情感色彩。例如,鲁迅在《故乡》中写到,他回到阔别二十余年的故乡,由故乡的一事一物勾起他对少年时代的朋友闰土的回忆。鲁迅这样写道:

> 这时候,我的脑里忽然闪出一幅神异的图画来:深蓝的天空中挂着一轮金黄的圆月,下面是海边的沙地,都种着一望天际的碧绿的西瓜,其间有一个十一二岁的少年,项带银圈,手握一柄钢叉,向一匹猹尽力的刺去,那猹却将身一扭,反从他的胯下逃走了。

显然,这里"深蓝的天""金黄的月""碧绿的瓜"以及项带银圈、手执钢叉的少年等景象都打上了少年鲁迅浓烈的情感体验的印记,并保留在他的记忆之中。这就是一种具有浓郁的情感色彩的审美联想。这种审美联想同认识过程与道德过程中的联想的区别是极为明显的。因为,在认识与道德的活动中,现实的感知一般只同逻辑记忆与形象记忆相联系,是客观事物真实映象的较准确的复现。这就是一种较客观的"由此及彼"。而审美联想中情感记忆的复呈,却不是客观事物真实映象的准确的复现,而是打上了主观情感的印记,染上了情感色彩的某种主观性印象的复现。在审美联想中审美感知与情感记忆的这种必然联系的结果,一方面使审美体验的情感色彩更为浓郁,另一方面也在不知不觉中使审美体验距离客观的真实的形象越来越远。著名的戏剧家斯坦尼斯拉夫斯基曾经这样说过:"时间是一种很好的滤器,它能把我们对体验过的情感的回忆澄清和滤净。它还是一个卓越的艺术家。它不但能澄清回忆,还能把回忆诗化。由于记忆的这种特性,即使是那种黯淡的、实际存在的和粗糙的自然主义的体验,也都会随着时间的进展而变得美丽些、艺术些。这使体验具有魅惑力和感染力。"①

　　审美联想与一般的联想一样,分接近联想、类似联想、对比联想与关系联想四种。所谓接近联想是由经验与经验之间在时间空间上的接近所引起的联想。例如,我们欣赏苏轼咏西湖的著名绝句:"水光潋滟晴方好,山色空濛雨亦奇。欲把西湖比西子,淡妆浓抹总相宜。"如果我们曾经去过西湖,就可调动我们以往在西湖的切身感受,追忆当时在观光西湖时晴天水光波动的美丽景致和雨中云雾迷茫的奇妙景象。这样,就会加深对这首美丽的风景诗的审美体脸。

　　所谓类似联想是由经验之间性质相近引起的联想。例如,《红楼梦》第二十三回写林黛玉经过梨香院的墙角外,听到里面十二个女孩子演唱明代汤显祖的《牡丹亭》。当听到杜丽娘"伤春"一段时,不觉被吸引住了。特别是听到"只为你如花美眷,似水流年"一句,"仔细忖度,不觉心痛神驰,眼中落泪"。这就是杜丽娘

<hr />

① [俄]斯坦尼斯拉夫斯基:《斯坦尼斯拉夫斯基全集》第2卷,林陵、史敏徒　等译,中国电影出版社1959年版,第276页。

被封建枷锁禁锢而引起的伤春之感,同林黛玉寄人篱下、终身无着的遭遇颇为相似,因而引起林黛玉的联想,不免伤心落泪。这种类似联想在审美体验中常常出现。一位阔别故国三十余年的女同胞,叙述她回国后观看话剧《蔡文姬》的感受。她说:"看《蔡文姬》,感同身受,尤其是《胡笳十八拍》,一唱三叹,凄凉委婉。我待在那儿静听,我默念:'无日无夜兮不思我乡土,禀气含生兮莫过我苦','雁南征兮欲寄边心,雁北归兮为得汉音'……这些都使我回肠千转,悲不自胜。"很明显,这是由于蔡文姬的思乡之情同这位女同胞的思乡之情十分接近而引起她强烈的情感体验。再如,画家管桦所画水墨画《风雨竹》,以简洁的笔触勾画出数杆同狂风搏斗的青竹,给人以一种决不屈服的感受。据了解,这幅奇特的《风雨竹》就是在类似联想的基础上创作成功的。1976年3月末4月初,作者到天安门广场上去,亲眼看到群众悼念周总理的动人场面,深深地感动了他。这样深刻的感知,勾起了他对一次类似的情感体验的记忆。有一次,他到紫竹园散步、赏竹,突然乌云满天压来,狂风夹着沙石吼叫,头顶上、天空中一派杀气腾腾。顷刻间,便是千万条雨鞭抽打着奔跑的游人,抽打着弱不禁风的花草,但唯有在竹林中发出一阵阵惊心动魄的呼号声,每一杆竹都在奋力与风雨搏斗。显然,管桦由天安门广场上人民的抗击"四人帮"同紫竹园中竹林对暴风雨抗击的相似而产生了审美联想,在此基础上加工创作出动人心魄的艺术品《风雨竹》。①

所谓对比联想是由经验之间相反的特点引起的联想。例如,杜甫晚年所写的《观公孙大娘弟子舞剑器行并序》,就运用了对比联想。这是作者于公元767年大历年间所写的一首诗。其时,杜

---

① 关山:《墨竹欣赏小记》,《光明日报》1979年10月14日。

甫漂泊四川夔州，一天，在夔州别驾元持的家里看到一个名叫李十二娘的作剑舞表演。答问之间才知她原来是开元年间著名舞蹈家公孙大娘的弟子。这就引起了杜甫今昔不同的对比联想，由今之衰联想到昔之盛。他想起五十年前在长安所看到的公孙大娘的表演。当时，正处盛世，皇帝侍女如云，八千之众，公孙大娘也青春年华，"玉貌锦衣"，舞姿出众。而五十年后，不仅"绛唇珠袖两寂寞"，人舞两亡，而且整个国家也因安史之乱，造成"风尘澒洞昏王室"，致使"梨园弟子散如云"。杜甫在其他诗篇的创作中也常用对比联想，如"野径云俱黑，江船火独明"（《春夜喜雨》）、"冠盖满京华，斯人独憔悴"（《梦李白二首》）。至于著名的南宋民歌《月儿弯弯照九州》，在艺术处理上也是运用的对比联想。歌云："月儿弯弯照九州，几家欢乐几家愁。几家夫妇同罗帐，几家飘散在他州。"

　　所谓关系联想是由经验之间某种从属、因果等特殊的关系而引起的联想。例如，有一幅画，画一只船停在渡口，几只野鸟栖立船头。这幅画就引起你的关系联想。使你根据自己以往的经验，想到野鸟栖立船头的原因是船上和渡口都无人烟。经过这样的联想，就形成了一个崭新的意境："野渡无人舟自横。"再如，有一幅画，画一个小和尚在山涧水边挑水，你也会根据自己以往的经验联想到深山中会有一座古寺，从而产生"深山埋古寺"的意境。同样，由牲畜的铃声你会联想到沙漠或草原。这也是由过去的生活经验，由因果关系而产生的联想。肖殷同志曾经记载延安时期冼星海同志托他到黄河边代买骆驼、牛、羊、马四种铃铛时说过的一段话，冼星海说："我们搞音乐创作的与你们搞文学创作的一样，要联想，要形象构思。只有一种声音触发时才会引起联想，只要当我们听到这类牲口的叫唤或铃声时，我马上就联想到了沙漠，或想到了草原，想到沙漠无际，草原连成一片。我想通过声音来抓形象，借用联想，引起灵感，一下子仿佛被带进了诗情画意之中，然后把这些诗情画意用音符表达出来。"①

第三，审美想象是审美体验的深化

审美联想只不过是审美感知中获得的新信息与以往的审美经验中信息的往复、交流，所起的作用只是对审美感知在量上加以扩展。从主体方面来说，审美联想主要表现为一种自发的、散漫的、较被动的、有时是无意识的心理活动。而审美想象则是在审美联想的基础上的一种有目的、有定向性和意识性的、更加积极主动的心理活动。此时，审美主体已不是局限于审美联想中对审美感知的量的扩展，而是经过大脑的加工、改造，以各种新旧信息为材料，创造出一种新的形象。所以，审美想象是一种新的形象的创造，是审美的情感体验从质上向深度的发展。

其实，从心理学的角度说，任何想象都是在原有形象的基础上一种新的形象的创造，是人的特有的创造能力的表现。"想象"一词源出于《韩非子·解老篇》："人希见生象也，而得死象之骨，案其图以想其生也。故诸人之所以意想者，皆谓之象也。"可见，"想象"的原义就是在死象之骨的基础上想其生时之象。作为审美想象则是在审美感知和审美联想所提供的形象的基础上创造出一种崭新的、饱蘸着审美者主观印记的形象的过程。黑格尔认为，这是"主体的创造活动"，"最杰出的艺术本领"。② 他把艺术

①《人民文学》1981 年第 8 期第 84—88 页。
②［德］黑格尔：《美学》第 1 卷，朱光潜译，商务印书馆 1981 年版，第 356—357 页。

的审美想象比作一座冶炼炉,通过这种炉子可以把感性、理性与情感熔铸成崭新的形象。他说,"艺术家必须是创造者,他必须在他的想象里把感发他的那种意蕴,对适当形式的知识,以及他的深刻的感觉和基本的情感都熔于一炉,从这里塑造他所要塑造的形象"。①一般地来说,任何创造性的活动都是要经过想象这一心理过程的。但审美的想象是一种特殊的想象。它的特殊性就表现在,在想象的过程中始终伴随着强烈的感情活动。审美想象中新的形象的创造不像科学活动的想象那样以对客观事物冷静的认识为动力,而是以强烈的情感为动力。在审美想象中,情感犹如"酵母",将审美感知和审美联想中所提供的审美经验经过"化学"作用,创造出一个带着审美者强烈感情色彩的新的形象。这一整个过程,表面上看,是审美者将自己个人的情感转移到审美对象之上,实际上是以情感为动力,结合以往的审美经验对审美对象进行加工、制作、改造。这就是所谓"移情"的过程。事实证明,凡是审美都要"移情",每一个审美者眼里的审美对象都已不是原物的本来面目,而总要印上审美者的主观感情色彩。因为,没有感情活动就不会有审美体验,这就是通常所谓的"情人眼里出西施"。"移情",本来是西方唯心主义美学的一个概念。德国的唯心主义美学家康德将审美过程中这种主观情感对象化的现象称作"偷换"(subreption),另一位德国唯心主义美学家立普斯则将此称作"移情"(empathy)。他们所说的"移情",是先有主观情感,然后再把这种情感在审美中"外射"到对象之上。康德说,暴风雨中的大海本身并不壮美,而是可怕的,一个人只有事先在内心里装满了大量的观念,才能在欣赏时把内心壮美的观念激

---

① [德]黑格尔:《美学》第 1 卷,朱光潜译,商务印书馆 1981 年版,第 222 页。

发出来，偷换到对象之上。立普斯甚至认为，移情就是对象实际上是我自己，或者说自我也就是对象，对象由自我决定，先有自我，后有对象。这些观点都是唯心主义的、荒谬的。我们唯物主义者也承认"移情"现象，但我们所说的"移情"是建立在审美感知和审美联想的基础之上的。即先有对于审美对象的感知和以往的审美经验作为基础，由此引起审美联想的深化，才能激起强烈的感情而发生"移情"现象。这是不同于唯心主义移情说的唯物主义移情说。正是从这种唯物主义移情说出发，高尔基认为，"想象——这是赋予大自然的自发现象与事物以人的品质、感觉甚至还有意图的能力"。①

这种移情现象在对自然物的审美中就是所谓"拟人化"，达到一种物我融为一体的境地。例如，李白诗《劳劳亭》："天下伤心处，劳劳送客亭。春风知别苦，不遣杨柳青。"这里，"春风"俨然变成了不忍别离的"我"，有意不让杨柳变青，使离人无法折枝送别。再如，黄巢著名的《不第后赋菊》，也是运用了"移情"的"拟人化"的手法。诗云："待到秋来九月八，我花开后百花杀。冲天香阵透长安，满城尽带黄金甲。"此处，秋菊变成了胸怀大志的起义英雄，而所谓"满城尽带黄金甲"就是推翻皇朝、图谋帝业。

正是因为审美想象表现为一种特有的"移情"现象，所以任何审美体验都是有着浓厚的个人色彩的。前面所说的"情人眼里出西施"就是这种情形。西方有一句俗语：有一千个观众就有一千个哈姆雷特。我们也可以说，有一千个读者就有一千个林黛玉。事实也的确如此，每个人都在自己的生活经验和审美感知的基础上形成的特有的情感色彩去对审美对象进行加工、改造。

---

① ［苏］高尔基：《论文学》，孟昌等译，人民文学出版社1978年版，第160页。

　　审美想象中"移情"的心理特征就使审美者进入一种对于审美对象亲身体验的特有状态,即与审美对象同命运、共悲欢,不自觉地加入到对象的行列之中。这就是由"移情"产生的情感体验的高度发展,而其高潮就是审美共鸣。"共鸣"本来是一个物理学的概念,说明两个物体由于振动的频率相同,一个物体振动就会引起另一个物体相应的振动。我们借用这个概念来说明审美想象的移情过程中一种极其强烈的感情活动。这种感情活动的强烈,达到了感同身受、出神入化、物我统一的境地。也就是说,审美者完全站到了审美对象的角度去感受、去体验,而似乎是忘记了自我的存在。这在表演艺术中就是所谓的进入"角色"。托尔斯泰曾在《艺术论》中描述了这一现象。他说,"感受者和艺术家那样融洽地结合在一起,以致感受者觉得那个艺术作品不是其他什么人所创造的,而是他自己创造的,而且觉得这个作品所表达的一切正是他很早就已经想表达的"。① 柴可夫斯基也曾以他创作歌剧《奥涅金》时完全被审美对象"融化"的情形来说明"共鸣"现象。他说,如果以前写的音乐曾经带有真情的诱惑,而且附带着对于题材和主角的爱情,那就是对于奥涅金的音乐。当写作这部歌剧时,由于难以借用笔墨表示的欣赏,自己甚至完全溶化了,身体都在颤抖着。巴金也曾说,自己在写作著名的《家》《春》《秋》时,完全站到了书中人物立场之上。他说,"我是把自己的感情放在书上,跟书中人一同受苦,一起受考验,一块儿奋斗"。②

----

①［俄］列夫·托尔斯泰:《艺术论》,丰陈宝译,人民文学出版社 1958 年版,第 149 页。

②《中国现代作家谈创作经验》上,山东人民出版社 1980 年版,第 241—242 页。

　　这种"共鸣"现象还有一个特点，就是审美主体在审美想象中不自觉地把自己想象为对象。诚如高尔基所说，"文学家的工作或许比一个专门学者，例如一个动物学家的工作更困难些。科学工作者研究公羊时，用不着想象自己也是一头公羊，但是文学家则不然，他虽慷慨，却必须想象自己是个吝啬鬼，他虽毫无私心，却必须觉得自己是个贪婪的守财奴，他虽意志薄弱，但却必须令人信服地描写出一个意志坚强的人"。① 在我国古代艺术理论中，也有这种在审美想象中把自己想象为对象的记载。宋代罗大经在《画说》中记载，曾无疑画草虫时将自己想象为草虫。他说："曾云巢无疑工画草虫，年迈愈精。余尝问其有所传乎？无疑笑曰：'是岂有法可传哉？某自少时，取草虫笼而观之，穷昼夜不厌。又恐其神之不完也，复就草地观之，于是始得其天。方其落笔之际，不知我之为草虫耶，草虫之为我也。'"② 据说，施耐庵写武松打虎时也有类似情形。他在写作《水浒传》"武松打虎"一段时，苦于对武松的神气写得不活，于是就搬了一张长凳子放在堂屋当中，一只手按住凳子，把凳子当作虎，在长凳两边跳来跳去，摹仿醉汉打虎的姿态，体会其心理。他一直跳来跳去，满头大汗，并举起拳头要打凳子，引起他妻子的疑惑，问他干什么，他说："我在打虎啊！"说完就跑到书桌前坐下来，很快写好武松打虎这一段，并真的把武松写活了。在审美想象中把自己想象为对象的特点，正是由审美体验中情感色彩特别强烈所致，也是导致审美共鸣的重要原因。这也正是审美想象与科学想象的重要区别之一。科学的想象虽然也凭借直观的形象，但更多的是一种客观的类推，而

---

① ［苏］高尔基：《论文学》，孟昌等译，人民文学出版社1978年版，第317页。
② （宋）罗大经：《鹤林玉露》，中华书局1983年版，第343页。

不是主观的"移情"。例如,英国的卢瑟福在想象原子的结构时,就曾以太阳系天体的形象来推断原子结构的形象。在这种科学想象的过程中,卢瑟福没有必要把自己想象为原子,也不允许将自己的喜怒哀乐的感情灌注到想象的过程之中。因为,作为科学来说,应该是越冷静、越客观越好。但审美想象就不同。在审美想象的过程中,审美主体必须将自己想象为对象。这样才能感同身受,发生共鸣,获得强烈的审美的情感体验。这种情形,在审美的体验中真是屡见不鲜。例如,从艺术创作方面来说,法国作家福楼拜创作《包法利夫人》,写到女主角服毒时,于是就"一嘴的砒霜气味,就像自己中了毒一样,一连两日闹不消化,我把晚饭全呕出来了"。从艺术欣赏的方面来说,钱谷融同志在题为《艺术的魅力》一文中记载了这样一件事:安徽省一个剧团演出京剧《秦香莲》,演到包公起先因挡不住皇太后的压力,为了息事宁人,包了二百两银子送给秦香莲,劝她放弃惩处陈世美的念头,回乡好好度日。这时,有一位老太太对秦香莲的身世产生了强烈的共鸣,完全忘记了自己是在剧场看戏,情不自禁地站起来大声喊道:"香莲,俺们不要他的臭钱!"

审美想象中这种"共鸣"现象是比较复杂的。它是建立在审美主体与审美对象之间的认识、道德、感情一致的基础上的一种以强烈的感情活动为其特点的心理现象。感情的一致则是共鸣的最主要的前提。有时是审美者的情感经验与审美对象所包含的感情完全一致而产生的共鸣现象。例如,小说《红岩》中革命烈士的壮烈就义,就会触动我们对革命事业的崇高感情而潸然泪下。还有一种情形就是审美者的情感经验与审美对象所包含的感情性质不同,但在某一点上有一致之处。例如,《红楼梦》中的宝黛爱情与我们马克思主义者的爱情生活在阶级性质上是不同的,但在追求美好的幸福的生活、争取爱情自由这一点上却有共同之处,因而同样可拨动我们的感情的琴弦,引起我们的共鸣。

这种审美共鸣使审美者完全沉浸到审美对象所感发的特有的情感气氛之中,因而具有某种直感的特点,似乎是不假思索的。例如,巴尔扎克写《欧也妮·葛朗台》时达到了入迷的程度,对突然进屋的人大叫"是你害死了她(指葛朗台)!"显然,这是未经思索的。再如,《水浒传》描写燕青带李逵到东京桑家瓦子勾栏听《三国志平话》,听到关云长刮骨疗毒,李逵在人丛中情不自禁地高叫:"这个正是好男子!"这也是冲口而出,未经思索的。如果经过思索,就决不会高声大叫。因为,他们是以朝廷反叛者的身份化装潜入东京的,一旦暴露身份,就有杀身之祸。这种直感式的共鸣的强烈程度甚至会发展到审美者诉诸行动的地步。1822年8月的一天,巴黎的一家剧院演出莎士比亚的名剧《奥赛罗》,当演到奥赛罗掐死苔丝德萝娜时,门口站岗的士兵突然开枪打死了奥赛罗的扮演者。这当然是极个别的情形,但却生动地说明了审美共鸣中不经思索的直感的特点。

3. 审美评价的特点

第一,审美评价是一种寓理于情的特殊的理性评价

上面,我们大体上阐述了以情感为动力及中心的整个审美体验的过程。这个过程即是由审美感知到审美联想,再到审美想象的逐步发展、递进的过程。这整个过程是形象的鲜明性与情感的强烈性的直接统一。也就是随着形象的逐步鲜明,情感也不断地

强烈。从这整个过程来看,审美似乎完全是一种情感体验的过程了。作为情感体验的高潮的"共鸣",又具有不假思索的直感的特点。那么,在审美的过程中到底还有没有理性的因素呢?我们认为,不仅有,而且还是非常重要的成分。但这种理性因素是一种特殊的理性因素,是一种寓理于情的情感的评价、情感的判断。有人不相信在情感中还会包含着理性,在形象中还会包含着评价,并将此看作是唯心主义。这是不正确的,是一种形而上学的观点,忽视了审美所具有的内在的辩证统一的特性。在这些持形而上学观点的人看来,情感只能是情感,不能同时是理性,形象也只能是形象,不能同时是评价。但是,按照辩证唯物主义的观点,任何事物都不是孤立的、静止的,而是在各种对立因素的辩证的联系中发展的。恩格斯曾经十分深刻地批评了这种持有孤立静止论的形而上学家们。他说,形而上学家"在绝对不相容的对立中思维;他们的说法是:'是就是,不是就不是;除此之外,都是鬼话。'在他们看来,一个事物要么存在,要么就不存在;同样,一个事物不能同时是自己又是别的东西"。① 事实是,在审美的体验中,情感同时包含着理性,形象同时包含着评价,但这是一种寓理于情的审美理性、寓思想于形象的审美评价。人的情感从大的方面分两类,一类是完全建立于感知之上的接近于生理快感的低级的情感。这种低级的情感也可能具有某种积极的愉悦性,但这主要是一种感官的愉悦,更多地带有直接的感官愉悦的特点。当然,这种低级的情感也带有某种理性色彩,而不同于动物的快感。马克思认为,人的感官已经是不同于动物的社会性的感官。他说,"不言而喻,人的眼睛和原始的、非人的眼睛得到的享受不同,

———————

① 《马克思恩格斯选集》第 3 卷,人民出版社 1972 年版,第 61 页。

人的耳朵和原始的耳朵得到的享受不同,如此等等"。① 但还有一种包含着更多、更明显的理性因素的高级的情感。这种高级的情感又分两种,一种是属于科学、政治、伦理道德范围的,表现为科学研究的热忱、成功后的欣慰以及崇高感、伦理道德感等。这些都是在认识与思考之后,经过深思熟虑而产生的、带有明显的理智与思想色彩的情感。再一种就是同低级情感有相似之处的、也似乎是具有某种直感性的、由审美体验所产生的审美情感。这也是一种完全不同于低级情感的高级情感。它的特点是不具备明显的理智与思想色彩,而是在这种情感本身就直接包含、渗透着深刻的认识和伦理道德的因素,即所谓寓理于情。

第二,理性因素在审美体验中的表现

理性因素在审美体验中不是作为独立的阶段出现,而是直接渗透于审美体验之中。有的同志认为,先有对于审美对象的理性认识,然后才发生审美体验。这是不符合实际的。事实上,在审美的情感体验中,理性因素不会、也不应该作为一个独立的阶段出现。尽管如此。它在审美体验中的表现还是十分明显的。首先,它决定了审美体验能否发生。对于同一对象,由于审美者立场、观点和情趣的不同,有的能发生审美体验,有的就不能发生审美体验。诚如鲁迅所说,"饥区的灾民,大约总不去种兰花,像阔人的老太爷一样,贾府上的焦大,也不爱林妹妹的"。而且,政治观点的对立还会导致审美体验的根本对立。1830 年 3 月 15 日,巴黎法兰西剧院首次上演雨果的浪漫主义戏剧《欧那尼》。在演出过程中,革新派与保守派由于政治观点和艺术观点的不同,反

---

① 《马克思恩格斯全集》第 42 卷,人民出版社 1979 年版,第 125 页。

应迥然相异。革新派公开赞赏，为其鼓掌叫好，保守派则公开反对，大声进行斥责和发出嘘声。两派相互争吵、指责，闹得不可开交，成为法国戏剧史上的一次重大事件。这是政治理论观点决定审美体验能否发生的明显例证。其次，理性因素还决定了审美的情感体验的强烈程度。由于立场、观点和情趣的相异，对同一审美对象即使都会产生审美的情感体验，但强烈程度却不相同。有的较强，有的较弱。更重要的是理性因素决定了审美想象所创造的形象中渗透、融注着特有的意蕴。这就使审美想象所创造的形象已不同于现实生活的形象。它既凝聚着强烈的感情，又渗透着深刻的理性，是感性与理性直接统一的整体，是一种特有的无言之美，包含着理性因素的"意象""意境"。理性因素在这里是不用借助于抽象概念而直接渗透于形象之中的。这就是所谓"不着一字，尽得风流""理之在诗，如水中盐，蜜中花，体愿性存，无痕有味""意在言外"等等。可见，审美想象创造的形象所包含的"理"是完全通过形象表现出来的。因为，形象本身只能借以流露出情感，而"理"就凝聚于情感之中。形象、情感、理性三者合而为一。当然，这种情感不是日常生活中的喜怒哀乐，而是一种包含着无限的理性因素的高级情感，耐人咀嚼，发人深省，并常常将人引导到一种无限高尚的却又多少有些神秘感的难以用语言表达的美的境界。例如，我们在欣赏达·芬奇的名画《蒙娜丽莎》之后，对女主人公的美妙而神秘的笑久久难以忘怀，感到其中似乎体现了文艺复兴时代的某种崭新的时代精神、资产阶级的理性力量，却又难以言述。至于《红楼梦》第九十八回，写林黛玉死时，最后悲哀地呼喊"宝玉！宝玉！你好……"，一定会永留我们耳际，似乎从中听到了一个弱女子对社会和人生的控诉，但又决不止此……至于杜甫诗"朱门酒肉臭，路有冻死骨。荣枯咫尺异，惆怅难再述",就更是不仅包含着作者强烈的感情色彩,而且包含着作者对社会、时代与人生的深刻思考与概括。黑格尔在其《美学》中将审美想象中这种形象、情感与理性高度完美统一的境界称作是一种"无限的、自由的"。① 这里所说的无限性与自由性都是指审美想象中所包含的理性因素的特征。所谓"无限",即指其不受个别形象所包含的感情的有限性的束缚,在容量上具有极大的丰富性。因为,作为个别形象所包含的感情只能是一,而审美想象创造的形象所包含的感情却是十、百、千、万……因而,具有高度概括性的理性色彩。所谓"自由",即指其不受作为现实形象所包含的情感的必然性所束缚。在性质上,超出这种必然性,达到更高、更深远的理性境界。例如,齐白石老人所画的虾图,表面上看是表现虾的生动活泼,但其深意全不在此,而在某种自由的精神,对生命的热爱……这就是所谓"象外之象""景外之景""味外之味"。这正是审美体验中理性因素最高的表现,审美体验所达到的最高境界。它是一切审美者所追求的目标,也是审美作为人类理性生活的一个重要方面。

第三,理性因素在审美体验中发挥作用的特点

理性因素在审美体验中既然不是作为独立的阶段出现,而是直接渗透于审美的体验之中。那么,它如何渗透于审美体验之中,又具有哪些特点呢? 我们认为,理性因素是以理性积淀的特殊形式发挥作用的。那就是,审美者在长期的生活经历中形成了自己的立场和世界观,主要以概念的形式贮存于大脑皮层之中,也渗透于感性的形象记忆之中。这种立场与世界观等理性因素,

---

① [德]黑格尔:《美学》第 1 卷,朱光潜译,商务印书馆 1981 年版,第 143 页。

在认识与道德活动中总是以自觉、明显、概念的形式发挥其指导与制约的作用。但在审美体验中,在大多数情况下,却常常是在不知不觉中,即潜在地发挥作用。首先,在审美的感知中,就已经包含着理性因素。尽管审美的感知要以某种生理快感为基础才能产生肯定性的情感评价。但如前所说,一方面,人的生理快感本身就已经社会化、理性化了,根本不同于动物的快感。更重要的是,审美感知的快感同生理快感的明显区别在于,它是以视听觉为主的、精神性的,同审美对象之间是有距离的。其次,在审美联想中,审美者的"追忆"尽管主要是同情感记忆发生联系,但逻辑记忆也对审美联想发生制约作用。这是审美中情与理的矛盾的对立统一的表现之一。巴金在写作《激流三部曲》时,一打开记忆的闸门就发生了这种情与理的矛盾。从情感的记忆来说,他在记忆中对自己的祖父还保留着"旧社会中的好人"的印象,但从逻辑记忆的角度,从当时已经接触到的各种社会科学的知识来看,他又清楚地认识到他的祖父是这个家庭的"暴君"。最后,巴金在以自己的祖父做原型的高老太爷的形象中虽还留下了同情的痕迹,但呈现在我们面前的毕竟是一个封建的卫道者、造成无数悲剧的祸首。这是逻辑记忆制约情感记忆、理制约情的明显例证。在审美想象中,尽管以情感为动力,但积淀在大脑中的各种理性因素仍然会不知不觉地起制约的作用,决定了审美者在审美想象中对审美对象的取舍和加工。康德把这种情形称作是:审美的活动中没有明显的规律,但却"暗合"某种规律,是一种看不出规律的规律,不露痕迹的规律。这就是我国古代文论中所谓的"无法之法"。恰如宋人严羽所说,"古人未尝不读书,不穷理。所谓不涉理路,不落言筌者,上也。诗者,吟咏情性者也。盛唐诗人惟在兴趣,羚羊挂角,无迹可求"(《沧浪诗话·诗辨》)。他认为,古人做诗不是完全排斥理性的因素,只不过是没有明显的理性的痕迹,好像是一只被猛兽追赶的羚羊,纵身挂角树上,以致野兽找不到其足迹。应该说,这样的阐述是深得审美的真谛的。理性因素在审美想象时暗中发挥作用,首先要求审美的想象符合形象的形式美的规律,如平衡、对称、和谐等。否则,审美想象的产品不会引起强烈的肯定性的情感体验。更重要的是,作为理性因素的表现,要求审美想象符合生活本身的逻辑。这里也包括情感的逻辑。因为,所谓情感的逻辑不可能单独存在,须借助于形象的逻辑方可实现。同时,情感而有逻辑就成为合理性的高级情感。例如,电影艺术中蒙太奇手法的运用,形象的连接就应是合逻辑的。如果描写一次战争的决策,当镜头呈现出指挥员下决心"狠狠地打"时,接着的镜头应该是万炮齐发或千军万马的出击,而不应该是一群青蛙从池塘中的跳出。如果是后者,就既违背了生活的逻辑,也违背了情感的逻辑。这种形象自身所具有的理性的逻辑就是许多文艺家的创作过程中出现人物形象违背原来的设想而自主活动的情形的原因。著名的《毁灭》的作者法捷耶夫把一贯动摇自私的游击队员美谛克描写成由于幻灭而自杀,但理性却向他提出,这样写不符合形象自身的逻辑。因为,这样的胆小鬼不会去自杀而会去叛变。于是,法捷耶夫毅然改变原来的写法,写到整个队伍被打散后,美谛克把手枪扔进了草丛,逃离了部队,向白军驻扎的方向跑去……鲁迅在一开始也没有想到要给他的阿Q以大团圆的结局。他在《〈阿Q正传〉的成因》一文中说,"其实'大团圆'倒是'随意'给他的;至于初写时可曾料到,那倒确乎也是一个疑问。我仿佛记得:没有料到"。但阿Q终于以"大团圆"结局,这是形象自身的逻辑,也是理性因素暗中发挥作用的结果。因为,鲁迅作为一个激进的革命民主主义者,是清醒地看到了辛亥革命的悲剧的，阿 Q 的大团圆正是辛亥革命悲剧的曲折表现，是作者对辛亥革命的理性认识给人物带来的必然的结局。

当然，我们还须看到，在对不同的审美对象的体验中，理性因素所占的比例是不同的。一般地来说，在对自然美与形式美的审美中，体验多于理解，情感多于理性。而在对艺术品的审美中，理解又多于体验，理性又多于情感。但在对音乐、建筑、诗歌等表现艺术的审美中，理性因素更隐晦一些，情感因素更突出一些。而在对绘画、雕塑、小说等再现艺术的审美中，理性因素又相对地明朗一些。

综上所述，审美力就是借助于形象的一种特殊的情感判断能力，具体表现为逐步递升的审美感知力、审美联想力和审美想象力。这是形象逐步鲜明的过程，也是情感逐步发展的过程，同时也是理性因素逐步加深的过程。形象、情感、理性三者融而为一，理性与情感均寄寓于形象，形象是审美活动所凭借的主要手段，而情感则是其根本特点。

三、美育在历史上的地位

"美育"这个名词尽管出现在十八世纪末,审美教育却古已有之,并一直为中外历代政治家、思想家和教育家所重视。美育在历史上的地位不是一直不变的,而总是随着不同时代的不同的经济、政治和文化状况而发生变化。一般来说,在经济繁荣、政治开明和文化发达的时代,美育的地位就高;而在经济凋蔽、政治黑暗和文化落后的时代,美育的地位就低,甚至会取消美育。对于政治家和思想家来说,凡是政治上进步、文化素养较高的,都重视人的全面发展和感情生活,因而也都重视美育,而一切政治上的独裁者或目光短浅者,以及文化上的愚昧者,都压制或轻视人的感情生活,因而轻视乃至于否定美育。

1. 美育在我国历史上的地位

我国是世界四大文明古国之一,著名的"礼仪之邦",有着悠久、优良的文化传统。从总的方面来说,我国历来对审美教育是重视的,在这一方面积累了丰富的经验。但美育在我国的发展史也是曲折的,其间交织着进步与落后、文明与愚昧的斗争,有着许多值得后人吸取的经验和教训。

在我国,审美教育的提出,据目前史学家的考证,最早始于奴隶社会的周代。因为,在此之前的商代,还只重视宗教教育与军事的训练,所谓"国之大事,在祀与戎"(《左传·成公十三年》)。到了周代,才有了文武兼备的教育思想。据《说苑·君道》载,周成王曾告诫负责治鲁的伯禽说,"夫有文无武,无以威天下;有武不文,民畏不亲。文武俱行,威德乃成"。正是在这种思想的指导下,西周时期才出现了著名的"六艺"教育,即礼、乐、射、御、书、数。这里的所谓"礼",即政治道德教育;"乐"指艺术教育;"书"指习字练习;"数"指数学知识的传授和计算练习;"射"和"御"则指军事体育训练。"六艺"包含了德、智、体、美等多种教育因素。其中"礼"的教育被放在首位,不仅要求学会"君臣之义"和"长幼之序"的道理,还要参加实际的"演礼",使其行为举止合乎礼节。"乐"的教育放在第二位。它的面很广,包括"乐德、乐舞、乐语"(《周礼·春官·大司乐》)三项内容。"乐德"侧重于提高艺术审美认识,"乐舞"和"乐语"侧重于艺术训练。这些方面都由大司乐负责教授,形成了"春诵夏弦"的生动局面。

　　在我国奴隶社会,将美育思想发展到高峰的是著名的政治家、思想家和教育家孔子。孔子形成了自己的比较完备的美育思想,被其弟子们发展为儒家学说中著名的"诗教"和"乐教"理论。儒家"诗教"和"乐教"的理论不仅是我国奴隶社会时期美育思想的代表性观点,而且成为我国漫长的封建社会中占统治地位的美育思想,几乎雄霸了两千余年。儒家美育思想的核心是强调一种"中和谐调"的艺术教育理想。这就是后人在《礼记·经解》中概括的"温柔敦厚,诗教也"。这种"中和谐调"的艺术教育理想是东西方奴隶社会与封建社会的共同特征,集中反映了此类社会由政治上对人的约束而导致情感上对人的约束的特点。所谓"中和谐调"的艺术教育旨在通过某种情感适度的艺术,使人的感情平和,进而达到人与人关系的谐和，即所谓"政和"。儒门弟子在《礼记·中庸》中对此解释道："喜怒哀乐之未发，谓之中；发而皆中节，谓之和。中也者，天下之大本也；和也者，天下之达道也。致中和，天地位焉，万物育焉。"这一理解是符合孔子美育思想的本意的。正是根据这一"中和谐调"的艺术教育理想，孔子主张用一种情感表达适度的具有"中和之美"的艺术作品作为艺术教育的教材，所谓"乐而不淫、哀而不伤"（《论语·八佾》）。这就是所谓的"雅乐""颂诗"等。对于情感激烈的反映了尖锐社会矛盾的某些民歌，孔子则竭力反对，提出所谓"郑声淫""放郑声"（《论语·卫灵公》）的看法，目的为了借此培养情感平和、内容与形式谐调的"彬彬君子"。这就是孔子所要求的"文质彬彬，然后君子"（《论语·雍也》），成为奴隶主阶级中的模范人物。但最后还是为了"礼"的建立，政治制度的巩固，所谓"兴于诗，立于礼，成于乐"（《论语·泰伯》）。上述种种，说明孔子美育思想的出发点和落脚点都是以"礼"的建立和政治的巩固为基准。但他却不是僵化的政治教条主义者，一味干巴巴地鼓吹政治说教。相反，他充分地看到了艺术教育在巩固政治、培养人才方面所特有的作用，因而大力倡导，列为教育子弟的必修课。据说，有一次他见到自己的儿子鲤，马上问他学诗没有，鲤说没有学，孔子严肃地教训道："不学诗，无以言"（《论语·季氏》）。他还进一步认为，学习诗歌可以起到"兴观群怨"的作用，"迩之事父，远之事君，多识于鸟兽草木之名"（《论语·阳货》）。更进一步，他还试图借助于艺术教育改变社会风气，即所谓"移风易俗，莫善于乐"（《孝经·广道要》）。

作为儒家继承者的荀子在其《乐论》中不仅继承了孔子的"中和谐调"的艺术教育理想，而且进一步加以发展。首先是强调了艺术教育的巨大感染作用，所谓"夫声乐之入人也深，其化人也速"。这里所谓的"入人""化人"都是指情感上对人的打动。其次是更充分地看到了艺术教育可以使人感情平和,使人与人之间关系和谐的特殊效果。他说,"乐也者,和之不可变者也;礼也者,理之不可易者也。乐合同,礼别异"。这就进一步将礼与乐的作用加以区分,说明"礼"是坚持封建的礼节道德,分别尊卑上下的等级次序,而乐则是为了协调和谐人与人之间的关系,使人安分守己、友好亲善。因此,他进一步强调了"礼乐之统,管乎人心矣",即是只要坚持了礼与乐这两条根本的教育,就可以把人的内在精神世界控制住,从而巩固其统治。这就是儒家"礼乐治国"的思想。

相传为孔门弟子公孙尼子所著的《乐记》,在基本思想上与荀子的《乐论》相通,但内容更为丰富广博。这部著作进一步强调了儒家学者对艺术教育的重视,所谓"乐也者,圣人之所乐也:而可以善民心,其感人深,其移风易俗,故先王著其教焉"。它认为,先哲们之所以如此重视"乐教",其重要原因是看到了对艺术的爱好是人的基本情感要求,是人与禽兽的重要区别。它说:"夫乐者乐也,人情之所不能免也。"又说,"是故知声而不知音者,禽兽是也"。更重要的还在于,他看到了艺术反映人民的情感好恶,因而与政治相通。他说,"是故治世之音安以乐,其政和;乱世之音怨以怒,其政乖;亡国之音哀以思,其民困。声音之道,与政通矣"。但通过艺术教育却可使举国上下达到和谐一致,因而人心平静、政局安定。所谓"乐在宗庙之中,君臣上下同听之,则莫不和敬;在族长乡里之中,长幼同听之,则莫不和顺;在闺门之内,父子兄弟同听之,则莫不和亲。故乐者,审一以定和,比物以饰节,节奏合以成文,所以合和父子君臣,附亲万民也:是先王立乐之方也"。

汉代的《毛诗序》,继续发挥和完备了儒家的"诗教"理论,着重阐发了诗歌的教化作用。所谓"风,风也,教也;风以动之,教以化之","故正得失,动天地,感鬼神,莫近于诗。先王以是经夫妇、成孝敬、厚人伦、美教化、移风俗"。

在先秦两汉时代的美育思想史上,儒家的"诗教""乐教"理论始终是作为其主流的。到了汉代,由于"罢黜百家,独尊儒术",儒家美育思想更成为正宗。尽管如此,还是有不同的理论观点与之对立。最著名的就是墨家的"非乐"思想。墨家也承认美和艺术能引起人的美感,但他们却把美与艺术同政治、军事、生产相对立,认为艺术活动妨害了上述事业,因而明确提出"为乐非也"的观点。他们说,"是故子墨子之所非乐者,非以大钟、鸣鼓、琴瑟、竽笙之声,以为不乐也;非以刻镂、华文章之色,以为不美也;非以刍豢煎炙之味,以为不甘也;非以高台、厚榭、邃野之居,以为不安也。虽身知其安也,口知其甘也,目知其美也,耳知其乐也,然上考之,不中圣王之事;下度之,不中万民之利。是故子墨子曰:为乐,非也"(《墨子·非乐上》)。当然,这种观点反映了劳动者对统治阶级骄奢淫逸的抗议,发出了"民有三患:饥者不得食,寒者不得衣,劳者不得息"(《墨子·非乐上》)的正义呼声。但将美与艺术同政治、军事、生产完全对立而看不到其内在的必然联系和互相促进的作用,则是一种非科学的观点,反映了墨家作为小生产者的浅短而狭隘的眼光。这种"非乐"的思想,从科学的意义上来说,是不可取的。至于法家的"文以害法"的思想,将文与法、美与善相对立,在实质上同墨家的"非乐"的思想是一致的,也是不科学的。

汉代著名史学家、文学家司马迁,同儒家"温柔敦厚"的诗教相对立,提出了"发愤著书"的思想。他列举了许多历史上的著书立说的事例,结合自己惨遭宫刑后的感受,认为包括文艺在内的作品,都是"意有所郁结,不得通其道,故述往事,思来者"(《史记·大史公自序》)。在评论屈原的《离骚》时,他认为这部优秀作品也是"发愤之作",所谓"屈平疾王听之不聪也,谗谄之蔽明也,邪曲之害公也,方正之不容也,故忧愁幽思而作《离骚》"。他认为,正因为这部作品表现了一种愤世嫉俗的高尚感情,所以"虽与日月争光可也"(《史记·屈原贾生列传》)。很明显,这种"愤书"是不同于宣传封建礼教的"雅乐"和"雅颂之声"的,它所起的作用也决不是什么"温柔敦厚"的教化作用。只是司马迁在这方面没有进一步展开。司马迁在论述音乐的作用时,论述了音乐可以激荡人的生理快感,使人精神愉悦,从而达到陶养性情的目的。他说:"故音乐者,所以动荡血脉,通流精神而和正心也。"(《史记·乐书》)只是,他机械地将某一乐音同人的某一脏器相联系,又进而与某种道德规范相沟通,这应该说是一种非科学性的理解。但他将音乐同生理快感联系,这在我国美学史上和美育史上都是带有首创性的。

魏晋南北朝时期,我国封建制度已日渐巩固、成熟,政治斗争空前激烈,在儒学之外,老庄和佛学得以传播和盛行,思想领域异常活跃,文艺本身也较前发展,使这一时期在美育思想方面呈现出自己的特点。首先是儒家的"中和谐调"的美育思想得到了进一步的完善和发展。在我国美学史上第一部系统的文艺理论巨著——《文心雕龙》中,南朝文论家刘勰从"温柔敦厚"的"诗教"出发,进一步明确地提出了"原道""征圣""宗经"的主张和"文以明道"的原则。刘勰在《文心雕龙·原道》篇中指出,"故知道沿圣以垂文,圣因文而明道,旁通而无滞,日用而不匮"。其次是出现了我国美学史上第一篇有关文艺批评和欣赏的专论——《文心雕龙·知音》篇。刘勰在《知音》篇中论述了文艺批评与欣赏的重要，所谓"良书盈箧，妙鉴乃订；流郑淫人，无或失听"。在他看来，优秀的文艺作品尽管装满了箱子，还得依靠卓越的评论家来判断，才能发挥审美作用。像郑国民歌那样放荡的音乐会使人走上歧途，千万不能因它而迷惑了自己的听觉。刘勰还在这篇文章中批评了"贵古贱今""崇己抑人""信伪迷真"等不良倾向，论述了"故圆照之象，务先博观""无私于轻重，不偏于憎爱，然后能平理若衡，照辞如镜"的正确态度，阐明了"观文者披文以入情，沿波讨源，虽幽必显"的科学的鉴赏方法。这样详尽而科学的文艺批评论和欣赏论，在我国美学史和美育史上都是第一次，对后世影响极大。这一时期，由于文艺本身的发展，人的审美力的成熟，在对人的审美力的认识方面也较前集中、丰富和充实。西晋陆机在《文赋》中不仅论述了"诗缘情而绮靡"的特点，而且对艺术想象力作了具体的描述，所谓"收视反听，耽思旁讯；精骛八极，心游万仞"。尤其是刘勰，在其著名的《文心雕龙·神思》篇中更是深刻而全面地论述了艺术想象中情感、形象与思理之间的关系，概括出艺术想象的"神与物游"的特点。他说："文之思也，其神远矣。故寂然凝虑，思接千载；悄焉动容，视通万里。吟咏之间，吐纳珠玉之声；眉睫之前，卷舒风云之色。其思理之致乎！故思理为妙，神与物游。"当然，这一时期也有一些有背于儒家"诗教"和"乐教"的理论。最著名的就是"竹林七贤"之一曹魏时期嵇康的《声无哀乐论》。嵇康同儒家"温柔敦厚"的"诗教"和"哀而不伤，乐而不淫"的"乐教"相对立，认为音乐中"声"与"情"是分离的，音乐只有声音本身的和与不和，而没有感情上的哀与乐，感情上的哀与乐是由欣赏者本身的哀与乐决定的。他说："夫哀心藏于内，遇和声而后发，和声无象而哀心有主。夫以有主之哀心，因乎无象之和声而后发，其所觉悟，惟哀而已。"这种"声情二元论"，尽管在对抗儒家的"诗教"与"乐教"方面有其一定的意义,但将文艺作品本身的形式与内容相分离、将文艺的作用与其所包含的内容相分离,就是不科学的了。

　　唐宋时代,封建社会与我国古代文学均发展到鼎盛时期。这时的美育思想,从儒家正统的"诗教"和"乐教"来说,沿着两个方向发展。一个方向是继承、发展、完备,甚至在某些方面对儒家"诗教"和"乐教"理论有所突破。这一方面的代表是白居易。他进一步以哲学的"情气"之说,完备了儒家的诗教,认为上自圣贤下至百姓,都有相同的情与气,而诗歌的特征则是"根情,苗言,华声,实义",所以能够"感人心而天下和平",得以发挥上可以"补察时政"、下可以"泄导人情"的作用。对于作者,他还提出了"文章合为时而著,歌诗合为事而作"(《与元九书》)的原则,要求其创作目的在于"惟歌生民病,愿得天子知"(《寄唐生》)。特别是他强调了写作讽喻诗的重要作用。他认为,这种诗的特点是"意激而言质"(《与元九书》),因而便于反映人民疾苦,疗救社会。这就在一定程度上突破了儒家"温柔敦厚"的"诗教"。另一方面,儒家的"诗教"和"乐教"也逐步发展到以程朱理学为代表的排斥、否定美育的情感感染性的"以道代文"的极端。程灏和程颐兄弟大肆鼓吹"作文害道"的理论,反对文艺的感染性和艺术性。他们说:"今为文者,专务章句,悦人耳目。既务悦人,非俳优而何?"(《二程语录》)在这些封建的道学家看来,如果注重文章艺术性,使人产生情感的愉悦,就会像滑稽演员那样做的是下流营生。这样,在他们的所谓文艺作品中就只能板着面孔进行封建的说教了。这就是政治教条主义者们对美育的特性的否定。另一位封建的理学家朱熹则以"道者文之本,文者道之枝叶"(《朱子语类》)的观点,把宣传封建的伦理道德放在压倒一切的位置上,否定艺术的特殊的价值。这种以政治道德代替艺术、取消艺术的特性和艺术教育的感染性的理论，是极其错误的，反映了一切封建卫道者和政治教条主义者否定艺术和艺术教育特性的共同特点。唐代韩愈继司马迁"发愤著书"之说，提出了"物不得其平则鸣"的思想，他认为："人之于言也亦然，有不得已者而后言。其歌也有思，其哭也有怀，凡出乎口而为声者，其皆有弗平者乎！"又说："乐也者，郁乎中而泄于外者也，择其善鸣者而假之鸣。"（《送孟东野序》）这是对封建的"道统观"的一种冲破，试图以"物不得其平则鸣"的现象说明借文艺表现封建社会中受压抑之情是合乎自然规律的，从而表现出与儒家"温柔敦厚"的"诗教"不同的倾向。这一时期，随着文艺创作的繁荣，对审美力的研究也在魏晋基础上有所发展。主要是唐代的司空图提出了一种对"味外之旨""韵外之致"（《与李生论诗书》）的创造和欣赏的审美观。这实际上是深入地探讨了审美过程中形象、思理与情感的关系问题，看到了三者统一所达到的一种特有的美的境界。在此前提下，宋代的严羽提出了审美中的"兴趣"之说，所谓"夫诗有别材，非关书也；诗有别趣，非关理也。而古人未尝不读书，不穷理。所谓不涉理路，不落言筌者，上也。诗者，吟咏情性也。盛唐诗人惟在兴趣，羚羊挂角，无迹可求"（《沧浪诗话·诗辨》）。这些理论尽管以唯心主义为根据，但却表明了人类对审美力认识的深入。

明清之时，封建社会已走到自己的后期，内部产生了某些资本主义的萌芽因素。这就使美育思想上具有了明显的突破封建传统的趋势，产生了突出地强调情感并借以冲破封建礼法的美育观点。这一方面的代表人物首推以"异端"自居的明代著名思想家李贽。他提出著名的"童心说"，认为只有"童心"才是文艺的真谛，所谓"天下之至文，未有不出于童心焉者"。而所谓"童心"，即真心、赤子之心、真情实感。这无疑具有资产阶级人性论的味道。他正是以这种"童心说"为武器,展开了向封建的儒家经典的进攻。他十分勇敢地指出:"然则六经、《语》《孟》,乃道学之口实、假人之渊薮也,断断乎其不可以语于童心之言明矣。"(《童心说》)这在当时,真是一种冲决桎梏的惊人之语。著名的戏剧家汤显祖,则以"情"为旗帜,同封建的"礼"与"法"相对立。他一变儒家"文以载道"的习见,认为"情"为文艺之本,所谓"世总为情,情生诗歌,而行于神"(《耳伯麻姑游诗序》)。他并以"情"与封建的"法"相对抗,批判当时"灭才情而尊吏法"的封建传统,认为"世有有情之天下,有有法之天下"(《青莲阁记》)。很明显,他是主张"有情之天下"的。他还具体地描绘了这种"以情成文"的文艺作品所产生的特殊的感人作用,所谓"使天下之人无故而喜,无故而悲。或语或嘿,或鼓或疲,或端冕而听,或侧弁而咍,或窥观而笑,或市涌而排。乃至贵倨驰傲,贫啬争施。瞽者欲玩,聋者欲听,哑者欲叹,跛者欲起"。由此,他认为,戏剧艺术的这种审美作用,"岂非以人情之大窦,为名教之至乐也哉。"(《宜黄县戏神清源师庙记》)

在我国近代,美育的积极倡导者是王国维、蔡元培和鲁迅。由于这三位文化伟人都曾先后留学国外,接受了西方新兴的资产阶级文化,因而他们的美育思想从总的方面来说带有明显的资产阶级理论色彩,反映了我国新兴的,却是软弱的民族资产阶级的要求。当然,鲁迅在激烈的斗争中逐渐成长为伟大的共产主义者,但那是以后的事情。王国维受康德、叔本华美学思想的影响,于 1906 年发表了著名的《论教育的宗旨》一文,提出了"心育论"的观点。他认为,教育包括体育与心育两个方面,心育包括"智、德、美(情)"三育,"德智体美"四育并举才能造成完全的人格。他说:"人之能力分为内外二者:一曰身体之能力,一曰精神之能力。

发达其身体而萎缩其精神，或发达其精神而罢敝其身体，皆非所谓完全者也。完全之人物，精神与身体必不可不为调和之发达。"他还全面地论述了美育的作用，认为"美育者一面使人之感情发达，以达完善之域；一面又为德育与智育之手段，此又教育者所不可不留意也"。此外，他还明确主张"智、德、美、体"全面发展。他说："人心之知情意三者，非各自独立，而互相交错者"，"三者并行而得渐达真善美之理想，又加以身体之训练，斯得为完全之人物，而教育之能事毕矣。"蔡元培先生更是我国近代热心倡导美育的学界领袖。他曾留学德国，并赴欧洲各国考察，曾多次撰文和发表演说阐述美育的意义并具体制订实施美育的措施。他最早于1912年发表《对于教育方针之意见》一文，提出了五个方面作为国民教育的宗旨，即军国民主义、实利主义、德育主义、世界观、美育主义。美育在这里已不限于一般的课程设置，而是作为整个教育的宗旨、发展方向和目标。1920年，他在《普通教育和职业教育》一文中，明确提出"体、智、德、美"四育并举的思想。他认为，普通教育的重要宗旨就是"养成健全的人格"，而"所谓健全的人格，内分四育，即（一）体育，（二）智育，（三）德育，（四）美育"。对于美育的作用，他认为主要在于培养高尚纯洁的感情。他说："纯粹之美育，所以陶养吾人之感情，使有高尚纯洁之习惯，而使人我之见、利己损人之思念，以渐消沮者也。盖以美为普遍性，决无人我差别之见能参入其中。"他还针对当时崇洋派鼓吹基督救国、复古派主张孔教救国的实际情况，提出了"以美育代宗教"说。他认为，宗教虽与情感作用关系最为密切，但它是一种片面的宗教情感的刺激，常常为扩张己教而攻击异教，甚至不免演出流血性的争斗与战争。为此，蔡元培认为："鉴激刺感情之弊，而专尚陶养感情之术，则莫如舍宗教而易以纯粹之美育。"我国伟大的文化巨人鲁迅对美育也是十分重视的。早年,他曾在国民政府教育部担任社会教育司第一科科长,负责文化、科学和美学诸事宜。1912 年 6 月,教育部举办"夏期美术讲习会",鲁迅讲《美术略论》,连续四讲。1913 年 2 月,鲁迅又在《教育部编纂处月刊》上发表《拟播布美术意见书》,集中地表达了他早年的美学与美育思想。他在论述美术的作用时说:"顾实则美术诚谛,固在发扬真美,以娱人情,比其见利致用,乃不期之成果。"关于美术的目的,他认为:"虽与道德不尽符,然其力足以渊邃人之性情,崇尚人之好尚,亦可辅道德以为治。"1915 年 3 月,教育部社会教育司编辑出版了《全国儿童艺术展览会纪要》一书,书内收有《儿童艺术展览会旨趣书》一文。据鲁迅研究专家唐弢同志考证,此文系鲁迅所作。该文十分强调艺术的教育作用,认为"儿童之精神"应具有"德与智与美三者",艺术能使儿童"观察渐密,见解渐确,知识渐进,美感渐高"。当然,在我国近代亦有一次公然删除美育的事件,那就是北洋军阀政府在蔡元培辞去教育总长职务后,于 1912 年 7 月 12 日召开"临时教育会议",决议"删除美育"。鲁迅对此,在日记里愤然写道:"闻临时教育会议,竟删美育。此种豚犬,可怜可怜。"国民党统治时期,政治腐败,经济凋敝,文化的发展受到阻滞,美育也必然不被重视。

　　新中国成立以后,政治清明,经济振兴,文化教育事业得到发展,美育也较前受到重视。开国之初,我党和政府不仅多次在有关教育方面的文件中强调学生的全面发展和加强文化教养的重要性,而且在有关文件中明确提出要求学生做到"德、智、体、美与生产技术"的全面发展。1955 年 9 月 2 日,教育部《关于颁发〈小学教育计划〉及〈关于小学课外活动的规定〉的命令》。该命令指出:"小学教育的任务是培养社会主义全面发展的成员。所以小学不但要进行智育、德育、体育、美育,同时还必须有步骤地实施基本生产技术教育。"与此同时,在实际工作中也实行了一系列加强美育的措施。大、中、小学的音乐、美术课程逐步受到重视,学生的课外文娱活动十分活跃。但由于我国经济落后,在客观上还缺乏迅速发展美育的物质基础。而在主观上,由于1957年以后的极左思潮的干扰,教育战线片面地理解和执行"为政治服务"的方针,随之出现了"阶级斗争是主课"的错误提法,这就使教育工作的健康发展受到一定的影响。其中的一个重要表现就为以德育代美育。十年浩劫之中,由于极左路线发展到了顶峰,美育便被"四人帮"一伙戴上了"封、资、修"的帽子而加以废除,并进而扫荡了优秀的文化艺术遗产。这就使得这场所谓"文化大革命"成为一场彻底否定文化的大破坏,也表明了"四人帮"一伙的极端愚昧与反动。但这只不过是小小的历史插曲,无损于我国几千年文明之邦重视美育的优良传统。改革开放以来,特别是党的十一届三中全会以后,随着各条战线的拨乱反正,教育战线的极"左"路线也受到了应有的批判,美育重新受到重视并得到加强。更为重要的是,我党总结新中国成立三十多年来正反两个方面的经验教训,彻底肃清"左"的流毒,提出了"两个文明"建设的战略方针。在这"两个文明"的建设中,"社会主义精神文明"建设就包含着"美育"的重要内容。这就为美育提供了科学的理论根据。而在全国范围开展的"五讲四美三热爱"活动更是明确地将倡导"文明、健康、科学的生活方式"、加强审美教育作为精神文明的重要方面,认为应把普及美育知识、提高文化素养提到思想教育工作的日程上来。要求学校和各群众团体采取措施加强审美教育,帮助人们分清生活中的美与丑、文明与粗野等界限。积极地美化生活,美化环境,自觉地改变不良习惯,经常注意语言、举止、仪表、风度的文明礼貌。这种对精神文明和美育的大力倡导是我国人民文明进步的标志,有力地说明了我们中华民族不仅将在经济、科技等方面走在世界各民族的前列,而且会在文化素养上发挥几千年的优良传统,走到世界各民族的前列。

2. 美育在西方历史上的地位

在西方,早在公元前五世纪左右,古希腊的奴隶主阶级就十分重视美育。雅典的奴隶主阶级为七岁至十四岁的儿童设立弦琴学校,学生在那里学习音乐、唱歌,朗诵《荷马史诗》。当时著名的政治家和思想家柏拉图、亚里士多德都非常重视艺术教育。柏拉图在他的政治纲领性论著《理想国》中认为,艺术教育是培养"城邦保卫者"的不可缺少的手段。他这里所谓的"城邦保卫者",即奴隶主贵族的接班人。他认为,理想的接班人则应是"心灵的优美与身体的优美谐和一致"[1],"对于身体用体育,对于心灵用音乐"[2],而音乐应该在体育之前。他认为,原因在于"头一层,节奏与乐调有最强烈的力量浸入心灵的最深处,如果教育的方式适合,它们就会拿美来浸润心灵,使它也就因而美化;如果没有这种适合的教育,心灵也就因而丑化。其次,受过这种良好的音乐教育的人可以很敏捷地看出一切艺术作品和自然界事物的丑陋,很正确地加以厌恶;但是一看到美的东西,他就会赞赏它们,很快乐地把它们吸收到心灵里,作为滋养,因此自己性格也变成高尚优美"[3]。为此,他主

---

[1]柏拉图:《文艺对话集》,朱光潜译,人民文学出版社1963年版,第64页。
[2]柏拉图:《文艺对话集》,朱光潜译,人民文学出版社1963年版,第21页。
[3]柏拉图:《文艺对话集》,朱光潜译,人民文学出版社1963年版,第62—63页。

张使得青年们"天天耳濡目染于优美的作品,像从一种清幽境界呼吸一阵清风,来呼吸它们的好影响,使他们不知不觉地从小就培养起对于美的爱好,并且培养起融美于心灵的习惯"①。亚里士多德也十分重视艺术的道德教育作用。他说:"美是一种善,其所以引起快感,正因为它是善。"②可见,他已经把文艺的政治伦理作用摆在快感作用之上了。他还在《政治学》中明确指出,虽然"音乐是一种最愉快的东西",能够使人"心畅神怡",但它的第一个目的仍是"教育"③。他说:"但是我们还要说,音乐应该学习,并不只是为着某一个目的,而是同时为着几个目的,那就是(1)教育、(2)净化、(3)精神享受,也就是紧张劳动后的安静和休息。"④他还对音乐的"净化"作用进行了具体的说明:"某些人特别容易受某种情绪的影响,他们也可以在不同程度上受到音乐的激动,受到净化,因而心里感到一种轻松舒畅的快感。"⑤在古罗马时代,诗人贺拉斯提出了"寓教于乐"的著名命题。他说:"诗人的愿望应该是给人益处和乐趣,他写的东西应该给人以快感,同时对生活有帮助","寓教于乐,既劝谕读者,又使它喜爱,才能符合众望"。⑥

①柏拉图:《文艺对话集》,朱光潜译,人民文学出版社1963年版,第62页。
②北京大学哲学系美学教研室编:《西方美学家论美和美感》,商务印书馆1980年版,第41页。
③北京大学哲学系美学教研室编:《西方美学家论美和美感》,商务印书馆1980年版,第45页。
④北京大学哲学系美学教研室编:《西方美学家论美和美感》,商务印书馆1980年版,第44页。
⑤北京大学哲学系美学教研室编:《西方美学家论美和美感》,商务印书馆1980年版,第45页。
⑥北京大学哲学系美学教研室编:《西方美学家论美和美感》,商务印书馆1980年版,第46、47页。

在欧洲漫长的中世纪，封建主义和宗教神学统治着广大人民，美学和美育都被宗教所代替。这一时期的主要神学家圣·奥古斯丁甚至提出了"美在上帝"的命题。他在《忏悔录》中认为，人世间一切美好的东西，诸如金银、荣誉、权势、地位、友谊等等，"的确有其美丽动人之处，虽则和天上的美好一比较，就显得微贱不足道"。[①] 文艺复兴时期，终于将"美"从天上拉回到人间。诚如著名艺术家达·芬奇所说，"欣赏——这就是为着一件事物本身而爱好它，不为旁的理由"。[②] 正因为如此，美育也逐渐摆脱了宗教的束缚而受到应有的重视。当时，许多思想家和教育家都从不同的角度论述了美育，主张儿童学习音乐，到田野中去欣赏大自然的美，阅读古希腊罗马时代的优秀作品。18世纪资产阶级的启蒙思想家们，主张通过宣传理性和科学照亮人们的头脑，以此促进社会的完善。因此，他们都无例外地十分重视审美教育，将其作为宣传启蒙的手段。例如，法国启蒙运动的杰出代表卢梭，在其著名的教育小说《爱弥儿》中，通过自己臆造的一位名叫爱弥儿的孤儿的成长道路，阐述了自己的教育思想。他认为，教育就是要防止人在社会的污染中变坏，恢复人的自然本性，使其回到"自然人"的状态。而要做到这一点，途径就是通过自然美对儿童进行熏陶。他提出了"回到自然"的口号，主张儿童远离城市，住到农村，在大自然的环境中培养起对美的事物的兴趣和爱好，使他们的自然素质不致被腐蚀。法国另一位启蒙主义领袖，著名的

①北京大学哲学系美学教研室编：《西方美学家论美和美感》，商务印书馆
　1980年版，第64页。
②北京大学哲学系美学教研室编：《西方美学家论美和美感》，商务印书馆
　1980年版，第69页。

《百科全书》的主编狄德罗则特别强调艺术教育。他认为，艺术教育的作用在于"帮助法律引导我们热爱道德而憎恨罪恶"，使"德行显得可爱，恶行显得可憎，荒唐事显得触目"。① 这就要求艺术起到道德教化的作用。为此，他甚至主张直接在舞台上讨论道德问题，这就产生了影响极大的所谓"问题剧"。不仅如此，他还认识到艺术教育的特点是通过形象的迂回曲折的方式来教育人。他说："让他去教育人，去取悦于人；但是这一切都要做得毫不牵强。假使别人发现了他的目的，他就算没有达到目的，那时他就不是在对话而是在说教了。"②他认为，正因为具有这样的特点，所以艺术教育才能够"更准确更有力地打动人心深处"③。这时，即便是一个坏人，在看完戏后也可能是比较不那么倾向于作恶了。这种教育作用，"比被一个严厉而生硬的说教者痛斥一顿要有效得多"④。席勒也是一位受到启蒙运动思潮影响的思想家，他的"只有通过美，人们才能达到自由"的观点，反映了启蒙运动中资产阶级争取个性自由的要求。伟大的俄国民主主义者别林斯基则明确地要求文艺应去"唤醒沉睡的灵魂"，要求文艺家不要以社会娱乐者的面目出现，而要成为社会的"精神和理想生活的代言人；成为能够解答最艰深问题的预言家，成为一个先于别人

①［法］狄德罗：《狄德罗美学论文集》，张冠尧译，人民文学出版社 1984 年版，第 138、411 页。

②［法］狄德罗：《狄德罗美学论文集》，张冠尧译，人民文学出版社 1984 年版，第 176—177 页。

③［法］狄德罗：《狄德罗美学论文集》，张冠尧译，人民文学出版社 1984 年版，第 137 页。

④［法］狄德罗：《狄德罗美学论文选》，张冠尧译，人民文学出版社 1984 年版，第 137 页。

在自己身上发现大家共有的病痛和忧伤,并且以诗的再现去医治
这种病痛的医生"①。别林斯基的继承人车尔尼雪夫斯基更明确
地要求文艺成为"生活的教科书",成为鼓舞人民反对旧制度、创
造新生活的有力武器。②

①转引自蔡仪《论别林斯基的文学思想》,《美学论丛》第 2 期,中国社会科学
　出版社 1980 年版,第 144 页。
②参见《艺术与现实的审美关系》,周扬译,人民文学出版社 1979 年版,第
　106 页。

四、美育是培养全面发展的社会主义新人的重要手段

前已说到,审美力是一种特殊的情感判断能力。那么,一个人为什么要具备审美力呢？这就涉及美育的作用问题。原来,审美力是全面发展的社会主义新人所必须具备的能力,美育就是培养这种新人的必不可少的手段。

（一）无产阶级的历史任务就是自觉地按照"真善美"统一的原则改造客观世界和主观世界

1. 人类的实践活动都是既改造客观世界又改造主观世界

社会实践是人类与动物的最根本的区别,动物只能凭借本能的动作去适应客观世界,而人类却借助有意识的实践去改造世界。人类的社会实践不仅在于改造客观世界,而且也在于改造主观世界。这是统一的实践活动的不可分割的两个方面。事实证明,人类在改造客观世界的同时也就改造了主观世界,而且也只有通过改造主观世界,提高人的实践能力,才能使对于客观

世界的改造不断发展。这种对主观世界的改造，包括诸多的方面。首先是改造了人的生理结构。由于参加生产劳动，促使人的手与脚分工，从而站立起来，手也愈加灵巧，大脑也愈加发达。人的外形也在劳动实践中不断发展变化，日趋完善。其次是改造和发展了人的感觉能力，使之日趋社会化。诚如马克思所说，"一句话，人的感觉、感觉的人性，都只是由于它的对象的存在，由于人化的自然界，才产生出来的。五官感觉的形成是以往全部世界历史的产物"。① 再次，改造了人的思维能力。在劳动实践中形成的大脑的发达，为人的思维能力的发展提供了物质的前提。而且，随着实践活动中人的认识的不断加深，使人的抽象思维能力不断发展，从对个别事物的认识发展到对一般的本质的把握，从对可见的宏观世界的观察发展到对不可见的微观世界活动规律的了解。最后是改造了人的精神境界。人类在劳动实践和社会革命实践中不仅逐步地将自己从自我满足的动物状态中解放出来，也逐步地从剥削社会所固有的利己状态中解放出来，达到更高的精神境界。总之，人类在社会实践中不仅可以创造出更加美好的客观世界，同时也将自己塑造得更加美好。

2. 人类按照"真善美"统一的原则改造客观世界与主观世界

人类是按照"真善美"统一的原则来改造客观世界与主观世界的。马克思在《1844年经济学哲学手稿》中指出，"动物只是按照它所属的那个种的尺度和需要来建造，而人却懂得按照任何一个种的尺度来进行生产，并且懂得怎样处处都把内在的尺度运用

①《马克思恩格斯全集》第42卷，人民出版社1979年版，第126页。

到对象上去；因此，人也按照美的规律来建造"。① 马克思在这里，从哲学的高度阐述了人类的社会实践与动物的活动所遵循的不同原则（即尺度）。动物的活动是以本能需求的满足为原则，它不需要改造客观世界，更不需要改造自己，既没有社会，也没有历史。但人类的社会实践却是按照"真善美"统一的原则进行。所谓"真"的原则，即"任何一个种的尺度"，是劳动实践对象的客观必然性规律，属于客体的范围。所谓"善"的原则，即"内在的尺度"，是主体在某种愿望、利益和目的推动下改造客体的劳动实践活动，属于主体的范围。所谓"美"，是实践中人的本质力量的结晶，表现为主体的目的、利益和愿望在客体之上的实现，即主体的对象化、对象的"人化"、真与善的直接统一。这种美的原则（规律）非常重要，反映了主客体之间的审美关系，处于真与善的中介地位。没有美，主体就不能在客体中实现自己的目的，善就不能在真之中得到确证，人类的社会实践就无法进行。因此，"美"，既是人类有机统一、不可分割的社会实践的一个方面，也是人类改造客观世界与主观世界的重要原则。在对人的主观世界的改造中，也就是在人的自我塑造中，既要遵循真与善的原则，也要遵循美的原则。总之，应遵循"真善美"统一的原则。

3. 无产阶级的历史任务就是自觉地按照"真善美"统一的原则改造客观世界与主观世界

　　人类虽应按照"真善美"统一的原则改造世界，但长期的剥削制度的存在却不允许人类自觉地运用这一原则。因为，剥削制度下的社会生产以满足少数剥削者的私欲为主要目的，这就不能完

----

①《马克思恩格斯全集》第 42 卷，人民出版社 1979 年版，第 97 页。

全按照客观自然的规律生产,极大地局限了人类真正实行"真"的原则。也因剥削制度所必然形成的人压迫人的现象,使人们的利益、目的和愿望要么代表少数人的私利,要么受到压抑,所以,"善"的原则的实行也不可能。而剥削社会中情感的腐蚀,也使"美"的原则受到私利与金钱的玷污。无产阶级的历史任务就是改变这种状况,自觉地运用"真善美"统一的原则改造客观世界与主观世界。这是一个极其伟大的任务,它的实现必将开辟人类历史的新时代,在逐步地建设一个"真善美"统一的客观世界的同时也会创造出"真善美"统一的美好的人类。这一伟大历史任务的完成需要经过夺取政权、巩固政权,经济建设和文化建设的漫长而又艰辛的历程。但无产阶级有能力也有勇气担当起这一历史的重担。

（二）马克思主义关于培养全面发展的社会主义新人的思想

1. 在人的自我塑造上所走过的曲折道路

人类在改造主观世界,即在自我塑造上曾走过曲折的道路。奴隶社会初期,人类开始有了人性的自我意识。古希腊时普罗塔哥拉(公元前481—前411年)曾有一句名言:"人是万物的尺度。"强调从"人"出发看待一切、衡量一切、评价一切,虽有主观唯心主义和相对主义的色彩,但却表明了人性的初步觉醒。与此相联系,在人的培养上,提出了德、智、体、美的比较全面的要求。柏拉图关于"城邦保卫者"的教育思想就比较集中地反映了这一情形。但当人类社会过渡到中世纪之后,人性被神性所取代,人权被王权所剥夺,至高无上的"神"和天人合一的"王"成了主宰一切的权威。这样的情况反映在教育上,就是将敬神与效忠帝王的道德教育放到了统帅的地位,培养出来的多是俯首帖耳的奴才和缺乏独立思想的附庸。这是在人的自我塑造上的畸形现象。文艺复兴运动犹如一声春雷,打破了神权和王权的桎梏,喊出了"人性解放"和"民主自由"的资产阶级革命口号。当时的人文主义者提出了"人创造他自己"的名言,主张人的全面发展,并且也的确涌现了一批具有多方面能力和心理素质的"巨人"。诚如恩格斯所说,"这是一次人类从来没有经历过的最伟大的、进步的变革,是一个需要巨人而且产生了巨人——在思维能力、热情和性格方面,在多才多艺和学识渊博方面的巨人的时代"。① 此后的资产阶级启蒙运动也主张人的全面发展。但资产阶级关于人的全面发展的理论,哲学基础是抽象人性论,并在很大程度上脱离了客观的社会实践。只有马克思主义才在科学的理论基础上提出了自己关于人的全面发展的理论,在人类历史上第一次将人的自我塑造问题同社会的政治与经济条件及实践相联系,从而为人类的自我改造开辟了无限美好的前景。

2. 马克思主义关于培养全面发展的社会主义新人的理论

马克思主义根据改造资本主义社会、建设社会主义与共产主义社会的伟大历史任务,提出了造就全面发展的社会主义与共产主义新人的思想。恩格斯最早于1847年在《共产主义原理》一文中提出这一思想。他在回答"彻底废除私有制以后将会产生什么结果"的问题时,对未来的社会主义与共产主义社会作了较为科

---

① 《马克思恩格斯选集》第3卷,人民出版社1972年版,第445页。

学的预见,指明了在那样的社会里将会消灭私人所有制,终止经济危机,消灭社会分工和阶级,发展大工业生产的规模,在此基础上将造就出"一种全新的人"。① 1857 年,马克思在其伟大著作《资本论》中,在论述未来教育时,谈到了培养这种"全面发展的人"(即"全新的人")的具体途径。他说,"未来教育对所有已满一定年龄的儿童来说,就是生产劳动同智育和体育相结合,它不仅是提高社会生产的一种方法,而且是造就全面发展的人的唯一方法"。② 我们党在最近召开的十二大上继承并发展了这一思想。胡耀邦同志在报告中指出,"我们在生产建设中不仅需要创造更多更好的物质产品,而且需要培育一代又一代的社会主义新人"。

　　马克思主义关于培养全面发展的社会主义新人的思想是以历史唯物主义为其理论基础的,是从一定的经济与政治条件出发,是为了适应一定的经济与政治的需要而提出来的。它不同于某些资产阶级理论家和空想社会主义者所谓的培养全面发展的"新人"的理论。资产阶级理论家和空想社会主义者的"新人"的理论是以历史唯心主义的人性论为其理论基础的,是脱离现实的经济与政治条件的。他们从抽象的"人性"出发,认为资本主义社会"异化"了人性,而唯有通过教育的途径或某种乌托邦式的公社,才能使"人性复归",从而造就出全新的人。甚至,马克思在其早期著作《1844 年经济学哲学手稿》中仍留有这一思想的痕迹。在这篇未完成的手稿中,他在对共产主义进行描述时,这样写道:"共产主义是私有财产即人的自我异化的积极的扬弃,因而是通

---

① 《马克思恩格斯选集》第 1 卷,人民出版社 1972 年版,第 222—223 页。
② 《资本论》第 1 卷,人民出版社 1975 年版,第 530 页。

过人并且是为了人而对人的本质的真正占有；因此，它是人向自身、向社会的（即人的）人的复归，这种复归是完全的、自觉的，而且保存了以往发展的全部财富的。"①在这里，我们所看到的仍只是"人性—异化—复归"的抽象的思想的公式，经济与政治的因素消失了，"新人"的具体的社会的属性看不到了。很明显，这不是科学的马克思主义的思想。

作为科学的马克思主义思想，培养全面发展的社会主义与共产主义新人的理论是针对着旧的剥削社会，特别是资本主义社会的现实情况的。在这种社会里，由于生产资料私有制的存在，造成了在心理和性格上人的畸形发展。主要是私有制导致金钱成为社会追求的唯一目标，从而使人们用一种纯私利的眼光看待社会和他人。他们为了追逐私利和金钱可以不顾一切，不择手段，甚至出卖灵魂，伤害亲人。于是，在当代物质文明高度发展的资本主义社会就出现了各种子杀父、夫卖妻的奇案。这是一种对社会人生的极端卑下的纯实用态度。在这种社会中成长起来的常常是虽然富有并掌握科学技术，却是精神空虚灵魂肮脏的畸形儿。这些人，在心理和人格的发展上也是不健全的。但是，新的社会主义、共产主义社会的经济与政治条件却要求有一种在心理和能力上都完全不同于资本主义时代的全新的人。因为，在这样的社会中，由于私有制和阶级的消灭，真正地实现了人与人之间的民主与平等。同时，也逐步创造了比资本主义水平更高的劳动生产力和规模宏大的、由国家和劳动人民掌管的大型生产和社会事业。凡此种种，都需要一种在心理上、人格上和能力上全面发展的新人，才能适应崭新的社会主义、共产主义社会的经济与政

①《马克思恩格斯全集》第 42 卷，人民出版社 1979 年版，第 120 页。

治的需要。而且,这种全面发展的社会主义与共产主义新人也只有在社会主义与共产主义的制度下才有产生的可能。因为,只有在这样的社会条件下,才为每个社会成员在心理、人格和能力方面的全面发展提供良好的土壤。恩格斯指出,一方面"由整个社会共同和有计划地来经营的工业,就更加需要各方面都有能力的人,即能通晓整个生产系统的人";另一方面,"根据共产主义原则组织起来的社会,将使自己的成员能够全面地发挥他们各方面的才能,而同时各个不同的阶级也就必然消失"。[1]

　　至于如何才能造就这种全面发展的社会主义新人,马克思主义也不同于抽象的"人性复归"的理论,提倡社会实践的学说。马克思主义认为,人的改造不能仅仅通过教育或凭借闭门思过式的"自我完善"所能"奏效",而只有通过革命的实践,在改造客观世界的同时改造主观世界。毛泽东同志在其著名的《实践论》中指出,"无产阶级和革命人民改造世界的斗争,包括实现下述的任务:改造客观世界,也改造自己的主观世界——改造自己的认识能力,改造主观世界与客观世界的关系"。这就为我们培养一代又一代全面发展的社会主义新人指明了根本的途径。事实证明,在革命战争年代,我们党正是在如火如荼的推翻旧政权的流血斗争中培养了一批又一批李大钊、方志敏、赵一曼、黄继光式的全新的共产主义战士。在社会主义建设的伟大事业中,我们党又在领导人民进行宏伟的建设事业中造就了雷锋、蒋筑英、罗健夫等新时代的英雄。今后,我们也只有在党所领导的建设"四化"的伟业中才能造就一批又一批社会主义、共产主义的新人。

---

[1]《马克思恩格斯选集》第1卷,人民出版社1972年版,第223页。

(三) 美育是培养全面发展的社会主义新人的重要手段

上面谈到,我们党在"十二大"中指出了要培养一代又一代的社会主义新人。那么,这种社会主义新人的含义是什么呢?我们认为,就是指在政治道德水平、文化知识、身体素质及审美能力、即"德、智、体、美"几方面都得到全面发展的人才。培养这样的全面发展的人才正是我们党"四化"宏伟事业的伟大任务之一,也是我们党实现"四化"宏伟目标的必要条件之一。因为,我们的社会主义"四化"不仅应为社会创造巨大的物质财富,还要为社会造就一批又一批全新的人才。只有造就了这样的人才,"四化"才能真正实现。这就是我们通常所说的,实现"四化"一方面要有物质、资金的准备,更重要的是人才、智力的准备。从一定的意义上说,人才的准备比物质、资金的准备更重要。因为,只有这种"德、智、体、美"全面发展的新型人才才能适应全新的社会主义"四化"建设的需要,真正担当得起艰难而复杂的建设社会主义与共产主义的重任。而对于这种全面发展的社会主义新人来说,审美力是必不可少的一种能力。

第一,审美力是人类文明的标志

目前,尽管学术界对于什么是美的问题众说纷纭,但肯定的一点是共同认为美是劳动的产物,是人类文明的结晶。人类学和考古学向我们证明,动物与自然一体,它们是不具备审美能力的。十九世纪英国著名生物学家达尔文认为动物也有审美力,这是不正确的。达尔文说,"美感——这种感觉也曾经被宣称为人类专有的特点。但是,如果我们记得某些鸟类的雄鸟在雌鸟面前有意地展示自己的羽毛,炫耀鲜艳的色彩……我们就不会怀疑雌鸟是欣赏雄鸟的美丽了"。① 很明显,达尔文在这里是将动物的求偶的本能与人类对于对象的美的观照相混淆了。因为,动物只能被动地适应自然,按照本能去繁衍后代。它们不能改变自然,不能按照某种意图去生活。因此,它们就不能认识自己和自然,也就不能认识自然和自身的美,不具备审美的能力。而只有人类,通过生产劳动,才创造了美,并发展了自己的审美能力。众所周知,人类在劳动中改造了自然,在自然对象之上打上了自己的烙印,在劳动产品之上刻上了自己的意志、愿望、理想等本质力量的印记。这种劳动产品,既是人类创造的物质财富,又是人类精神文明的体现。从一定的意义上来说,这种物化了人的本质力量的劳动产品也就是美。人类正是通过劳动产品才开始了对于自然对象和自己本身的认识。当这种认识处于观照、欣赏的状态,并引起赏心悦目的愉快时,就是审美。这种对于劳动产品的观照的欣赏能力就是最初的审美能力,是人类的一种特有的能力。席勒在《美育书简》中认为,这种审美的观照是人摆脱自然的欲望,同对象发生的第一个自由的关系。可见,审美既是人类特有的能力,那就不是孤立的,而是社会的,是人类社会文明的标志。康德认为,一个孤立地居住在荒岛之上的人决不会有对美的追求,决不会去修饰自己和自己的茅舍,而"只在社会里他才想到,不仅做一个人,而且按照他的样式做一个文雅的人(文明的开始);因为作为一个文雅的人就是人们评赞一个这样的人,这人倾向于并且善

---

① [俄]普列汉诺夫:《论艺术:没有地址的信》,曹葆华译,生活·读书·新知
　　三联书店 1978 年版,第 8 页。

于把他的情感传达于别人，他不满足于独自的欣赏而未能在社会里和别人共同感受"。① 美与审美，在人类社会的早期，由于劳动产品的匮乏，所以是同直接的功利难以区分的。我国古代的所谓"羊大为美"，不管是直指羊肥为美，还是指人们在狩猎之后以大羊头装饰表演舞蹈为美，都是同对羊的捕获和占有相联系。但随着人类社会的前进、劳动产品的丰富，美越来越具备了独立的意义，人的审美能力也不断地随之发展。人不仅按照生活的需要来生产，而且也按照精神的审美的需要来生产，在生产出产品的同时也生产出审美的对象。在人类的审美史上首先出现的是工具的美，人类在劳动实践中首先创造了实用的，同时又具对称、均衡等审美因素的工具。接着就是产品的美。人类由于逐步摆脱茹毛饮血的原始生活而创造了各种生活的用品，如器皿、食物等等。它们既能满足人类的生活需要又能引起人的愉悦之情。再进一步，就是创造了根本不具实用目的的、完全为了人的审美需要的艺术品。同时，人的审美能力和创造美的能力也正是在劳动实践中、在物质文明与精神文明的建设之中发展起来的。恩格斯在《自然辩证法》中指出，只是由于劳动，"人的手才能达到这样高度的完善，在这个基础上它才能仿佛凭着魔力似地产生了拉斐尔的绘画、托尔瓦德森的雕刻以及柏格尼尼的音乐"。② 还有一点，就是人类社会是逐步朝着和谐的方向发展的。和谐的程度愈高，表明人类社会愈加文明，而审美活动就是促使社会和谐的极重要因素。因为，人类的社会生活包括生产认识活动、政治道德活动与审美情感活动等。审美情感活动具有特殊的作用，成为整个社会

---

① ［德］康德：《判断力批判》上卷，宗白华译，商务印书馆 1964 年版，第 141 页。
② 《马克思恩格斯选集》第 3 卷，人民出版社 1972 年版，第 510 页。

生活的黏合剂。只有借助于审美情感活动,人类的社会生活才得以和谐。因此,审美力与审美活动的发展也标志了社会的和谐程度。作为有机统一的整体的社会生活,一旦缺少了审美情感活动,其整体的和谐统一性就将被破坏,社会就将倒退,后果难以设想。因此,不论是美还是审美力都是在劳动实践中形成与发展的,也都是社会进步的结果,人类文明的标志。正是从这个意义上,我们才断言:社会的进步就是人对美的追求的结晶。高尔基曾说,"照天性来说,人都是艺术家。他无论在什么地方,总是希望把'美'带到他的生活中去。他希望自己不再是一个只会吃喝、只知道很愚蠢的、半机械地生孩子的动物。他已经在自己周围创造了被称为文化的'第二自然'"。① 由此可知,人类社会越朝前发展、越文明,人的审美能力就越强。到了共产主义社会,人类处于极高的文明状态,本身也具有极强的审美能力。从另一个角度来看,也可以说,审美能力越发展越说明人类朝文明时代的不断进步,而审美能力的低下则是人类文明处于落后状态和倒退的表现。一般来说,社会发展处于落后状态的民族,审美能力也相对较低。当然,艺术的发展和生产的发展并不完全平衡。在人类社会的早期,不仅在西方出现过高度发展的古希腊文化,而且在东方也出现了灿烂的古中国和古印度文化。但我们所说的社会发展不仅指经济,也包括政治、思想等精神的因素,是各个方面的总和。从这个角度看,人类的审美能力是社会文明的标志这个命题应该是正确的。

　　审美力作为人类文明的标志还反映了人类由物质生产水平

---

① [苏]高尔基:《文学论文选》,孟昌等译,人民文学出版社1958年版,第71页。

决定的对现实生活需要的不断丰富和发展。人作为一个有生命的存在物同动物一样有着现实的物质需要，也就是要从现实世界获得吃、喝、住、穿等生理需求的满足。当然，人不同于动物之处在于，人不仅是简单地从现实世界接受馈赠，而更重要的是通过自己的劳动进行创造。但是，人不同于动物之处更在于，除了物质的需要之外还有着超越物质的精神需要，而精神需要比物质需要更高尚。马克思说过："如果音乐很好，听者也懂音乐，那末消费音乐就比消费香槟酒高尚，虽然香槟酒的生产是'生产劳动'，而音乐的生产是非生产劳动。"①审美需要就是人的精神需要之一。而且，越是随着物质生产水平的发展，物质财富的增加，在现实的物质需要不断提高的同时，审美等精神需要也就愈加发展。精神的需要与物质的需要是紧密相联、相辅而成的。物质需要是精神需要的基础。一个生产力水平落后的民族，主要精力用于解决物质需要，搞吃、搞穿、审美等精神需要当然就极其淡薄。只有在生产高度发展的前提下才谈得到审美一类的精神需要的发展。反之，精神需要又会对物质需要起促进的作用。健康的精神生活使人更加精神昂扬，追求更高的生活目标，而低下的精神生活则会消磨人的意志，逐渐对物质生产起到促退的作用。高尚的审美活动就是这种健康的精神生活的一个方面。不可想象，在未来的物质文明高度发达的社会主义中国，我们的人民和青年竟会是缺乏审美力、目光短浅的猥琐人物。相反，他们应当是，而且必须是具有极高超的审美力、旨趣高尚、光彩夺目的公民。因此，美育是精神文明建设的不可缺少的一环，是"四化"建设的百年大计之一。

————————

① 马克思:《剩余价值理论》第一册，人民出版社1975年版，第312页。

第二,审美力是一个健全发展的人的心理结构的必要组成部分

心理学的基本常识告诉我们,人的心理结构包括知、情、意三个部分。这是由人类区别于动物的劳动实践的根本特点决定的。因为,人类在劳动实践中首先形成了特殊的真善美的领域,同劳动实践中形成的"真善美"的领域相对应,人类也就有了"知、情、意"这样三种掌握世界的能力,或称心理机能。所谓"知",即认识客观对象的规律性、必然性的能力;所谓"意",则是反映主体意志、愿望的意志力;所谓"情",即审美能力,是主体对劳动实践成果取艺术的观照态度而产生的一种肯定性的情感评价,也就是人们在对劳动实践成果的观照中因目的的实现和人的自我肯定而产生的一种赏心悦目的愉快。总之,认识能力、意志能力、审美能力,这三种能力都是人类通过劳动实践所获得的掌握世界的能力,是人类区别于动物的特有的心理机能,而审美能力则兼具认识能力与意志能力的特点,处于其中间地位,成为其中介。因而,对于一个健全发展的人来说,这三种心理机能都是必须具有的、缺一不可的。它们紧密联系、互相渗透,组成了一个健康的心理整体,一旦失去了其中的一个方面,人的心理就将失去平衡,其他两个方面的能力就将受到抑制。由于审美能力具有中介和过渡的特点,就更有其特殊的作用。缺少了它,作为整体的心理过程就将被破坏,心理结构就无法平衡,人的健全发展必然受到影响。由此可见,忽视了审美力的培养和情感的教育就忽视了心理结构的健全的发展,违背了心理卫生的原则,同样会对青年的身心带来危害。由于我国长期以来极"左"路线的干扰,心理学这门重要学科被斥为唯心主义,其发展受到极大限制。所以,人们极少从心理卫生的角度考虑各种问题。这也是造成忽视美育倾向的一个重要原因。随着心理科学的发展，人们愈来愈认识到不仅应培养智力结构健全的人才，而且要培养心理结构健全的人才。审美力就是健康的心理结构的不可或缺的方面。这就充分说明了以情感教育为特点的美育的不可代替的重要作用。

第三，审美力是确立伟大的共产主义信念的巨大的必不可少的情感动力

我们要求一代又一代社会主义新人都必须牢固地确立共产主义的伟大理想和信念。但这种理想和信念的确立，除了理性的灌输、斗争实践的教育之外，很重要的一点就是必须使人们具有极强的审美能力。因为，共产主义理想本身既是至善的目标又是社会美的理想。审美能力就是一股巨大的欣赏美、追求美和创造美的情感力量，是一种为美好的理想而献身的崇高的激情，也是一种不可遏止、不达目的誓不罢休的热情。高尔基曾经把"美"称作是一种力量。他说："我们理解'美'是各种材料——也就是声调、色彩和语言的一种结合体，它赋予艺术的创造——创造品——以一种能影响感情和理智的形式，而这种形式就是一种力量。"[1]列宁对于情感的力量说得更为明确。他说，"没有'人'的情感，就从来没有也不可能有人对于真理的追求"。[2] 甚至，连资产阶级作家巴尔扎克也说过一句名言："热情就是整个人类。"[3]

---

①［苏］高尔基：《文学论文选》，孟昌等译，人民文学出版社 1958 年版，第263 页。

②《列宁全集》第 20 卷，人民出版社 1958 年版，第 255 页。

③《外国作家谈创作经验》上，山东人民出版社 1980 年版，第 242 页。

关于情感在为崇高信念而献身的行为中具有多么巨大的力量,我们可以从无数革命先烈和前辈身上找到答案。他们正是以巨大的热情、空前的献身精神投入到为实现共产主义理想而斗争的伟大事业之中。革命烈士夏明翰的壮烈诗篇"砍头不要紧,只要主义真。杀了夏明翰,还有后来人",就犹如向共产主义进军的战斗号角,又好像熊熊燃烧的革命火炬。因此,审美能力的培养是共产主义教育的不可缺少的一环。事实证明,只有具有较强、健康的审美力的人,才会无比热爱生活,热爱祖国,热爱党,才有一股为理想奋斗的热情和勇往直前的拼搏精神,才会具有一种强大的为实现美好理想而努力创造的力量。

第四,审美力的培养是为了适应青年一代逐步发展的审美需要

审美需要是对某种社会性的情感满足的追求。它是人类特有的一种社会性的需要。马克思在《1844年经济学哲学手稿》中论证了人的需要的丰富性,既包括吃、喝等维持生命的基本生理需要,也包括买书、上剧院、谈理论、唱歌、绘画、击剑等精神需要。审美需要就是人的精神需要之一种。它具体表现为欣赏和创造美的事物(包括自然美、社会美与艺术美)的强烈要求。这种审美需要的产生,从生理上来说固然以视、听等感受力的日渐发展为其前提,但最根本的还是对自然、社会和艺术在理性认识上的逐步发展。审美需要从人的儿童时期就已初步具有,而在青年时期最为强烈,到成年时期则趋于成熟。它是人类的一种客观存在的需要,是不以人们的意志为转移的。特别在一个人的青年时期,审美需要进入高潮期,情感的追求十分强烈。包括对美丽的形式的爱好、对动人的美的形象的向往、对美好生活的憧憬等等。审美需要本身是多样的、分层次的，既有较低级的对形式美的追求，也有较高级的对包含着深刻的理性内容的社会美、艺术美的追求。它是客观的，但又是社会的，是在后天形成和发展的。审美需要虽是人类的一种美好的感情要求，但如不加引导，也有可能走向歧途，变成对某种怪异的"美"的追求，甚至发展到反面，以丑为"美"，以生理快感的满足为"美"。特别是一个人的青年时期，既是审美需要强烈发展的时期，又是审美需要极不稳定的时期，很容易被社会上某种畸形的"美"所诱惑而在情感上误入歧途。因此，审美力的培养可以说是一种顺乎规律的事情，是按照人的客观的审美需要自觉地实施教育的必要手段。

第五，审美力是构成美好性格的必要条件

性格是一个人对周围现实的稳定的态度，以及与之相适应的行为方式。我们社会主义教育的重要目的之一，就是培养学生具有美好的性格。这样的性格当然是各具个性的，但也有许多基本之点，那就是思维的敏捷、意志的坚强、行动的果断、道德的文明等等。而审美力即是构成这种美好性格的必要条件。也就是说，一个美好的性格必须以审美的态度对待现实，包括社会、人生、事业、亲友、同志等。所谓审美的态度即是强烈的爱憎分明的情感态度，对一切美好的事物无比热爱，对一切丑恶事物的无比憎恶。只有具备了这样的审美态度，性格中气质、能力等其他因素才能朝着优化的方向发挥出自己的作用。审美教育就是旨在培养人的审美力，这种审美力包含着审美态度，因而审美教育也是培养美好性格的不可缺少的手段。事实证明，我们的审美教育，主要目的并不在于培养多少艺术家，也不仅在于培养人们的艺术欣赏能力，而更重要的是培养人们以审美的态度对待现实，对待生活。

有人说，美育的目的在于培养"生活的艺术家"，这是十分恰当的。的确，如果我们每个人都具备了较强的审美力，成为生活的艺术家，以满腔的热爱之情对待党和国家，处理家庭关系和同志关系，克服事业中所碰到的挫折和困难，那么，我们的社会将会更加和谐、美好，我们的"四化"大业也必将得到更快、更好的发展。

五、美育的现实作用

一般来说,审美教育的作用是培养全面发展的社会主义新人的重要手段之一。但不仅如此,从当前的现实情况来看,由于我国经历了"十年动乱"的破坏,极"左"思潮的余毒至今尚存,而新的四化建设的总任务也给教育工作提出了许多新的课题。凡此种种,都使美育具有了自己特有的现实作用。

1. 美育是扭转"十年动乱"中形成的
美丑颠倒的恶劣倾向的重要措施

"十年动乱"给我们国家带来了深重的灾难。它不仅使我国的经济面临着崩溃的危险,而且给我们民族在精神上也造成巨大的创伤。这种精神创伤的一个重要表现,就是在极"左"思潮影响下形成了一种美丑颠倒、是非混淆的恶劣倾向。我们可以具体地来看一下这方面的情况。众所周知,"四人帮"在文化上搞了一个所谓"大扫荡""破四旧",将人类的宝贵文化遗产、我国长期形成的民族美德、我党的优良传统和各种法律制度统统斥之为"封资修",列入"彻底扫荡"之列。而各种卑下低劣的社会陋习和精神垃圾则伴随着各种社会渣滓的粉墨登场而一起泛滥起来。这对青年一代的毒害最为严重。这种毒害直到今天仍未真正肃清。

首先是由于长时期以来精神食粮奇缺,使得青年一代不能接触到优秀的文化成果而变成美盲、乐盲、画盲,以至闹出有的青年误将贝多芬当作我国当代女高音歌唱新星的笑话。再就是美丑颠倒,以美为丑,以丑为美。例如,在高校毕业分配时,有的学生服从祖国需要,主动地要求到边远地区与艰苦地区工作。这种行为本身既是善的,也是美的。但却有个别学生将此讥笑为"傻"。这就是以美为丑。再如,考试作弊,本来是很低级卑下庸俗的丑行,在通常的情况下人们是将其同偷窃一样看待的,但这些年有些学生却认为这种丑行不丑。许多学校虽几经整顿考试纪律,却难以完全杜绝作弊现象。这就是所谓以丑为美。当然,还有其他方面的事例。总之,这种美丑颠倒的恶劣倾向严重地戕害了广大青年的灵魂,腐蚀了他们的感情。对此,必须予以彻底扭转,而一个重要的途径就是借助于美育。通过美育,广大青年增强辨别美丑的能力。这就不是一种简单化的方法,而是胡耀邦同志所说的正面教育的方法、疏导的方法,必然会产生很好的效果。

2. 美育是抵制剥削阶级
思想腐蚀的有力武器

我国现在还处于阶级社会,地主资产阶级作为一个阶级已经消灭,但在一定范围内仍然存在着阶级斗争。这种斗争既表现于政治经济领域,也表现于思想文化领域。我们执行了对外开放的经济政策,这当然对于发展我国经济、开阔我们的眼界、使我国成为真正世界性的大国都是十分必要的。但也随之带来了国外资产阶级对我们的腐蚀问题。因此,当前我国尽管在经济上同某些外国资产阶级进行合作,但在思想意识领域的斗争还是存在,有时还很激烈。例如，前一段时间，低级、黄色的唱片、画片、书籍以及录像与录音带等就曾一度泛滥，在社会上造成了一定程度的腐蚀。我们曾于 1983 年调查了山东省第一劳教所 40 名青年罪犯，其中受到黄色书刊与音乐毒害的就有 37 名。面对这种情况，党中央号召我们开展经济和文化领域的反腐蚀斗争。在文化领域，可采取禁止进口、翻印、出售黄色唱片、画片、书籍和录像与录音带的政策，但最重要的还是通过美育提高人们，特别是青年一代的审美能力。这样，即便是接触这一类东西，也能鉴别、抵制。

3. 美育是社会主义精神文明建设的重要方面

党的十二大给我们规定了"两个文明"一起抓的奋斗目标，说明社会主义现代化既包含物质文明，也包含精神文明，而且两者互为条件，互相促进。这就是从有机整体的角度来考察"两个文明"建设在社会主义"四化"建设中的作用。因为，任何社会都包含着物质与精神两个方面，物质方面主要指以生产力发展水平为基础的物质财富与物质生活，而精神方面则指文化与思想等精神因素，两者有机地统一为不可分割的社会的整体。缺少其中的任何一方面，整个的社会建设与社会生活必将失去平衡，受到破坏。我国的"十年动乱"，从文化的破坏开始，对精神文明建设的摧毁最为严重，同时导致了对物质文明的破坏，几乎将我国经济推到崩溃的边缘。因此，两个文明建设都应重视。作为精神文明来说，它是对物质文明的重要保证，没有高度发展的精神文明就不会有高度发展的物质文明。因此，高度发展的社会主义物质文明必须有相应的高度发展的社会主义精神文明与之适应。而美育就是社会主义精神文明建设的重要方面。因为,社会主义精神文明建设包含着文化建设与思想建设两个方面。美育在这两个方面中都是不可或缺的。从文化建设来说,它主要指社会性的精神文明建设,与美育直接有关的教育与文艺就是社会性精神文明建设的重要内容,艺术作为审美的物化形态,又常常在一定的意义上成为社会性精神文明的标志。从思想建设来说,它主要指每个社会成员的文化与思想素养。而审美力则是这种文化与思想素养的重要内容,是一个人文化素质的重要标志之一。总之,物质文明建设的目的在于创造丰富的生产与生活用品,而精神文明建设的目的则在于对人的根本改造,培养出一代新人。产品的丰富与人才的培养,两者互为因果,是社会主义四化建设的统一的目标。美育是人的根本改造的重要途径之一,诚如郭沫若同志所说,人的根本改造,应当从儿童的感情教育、美的教育着手。① 下面,我们具体地论述一下美育在社会主义四化建设和精神文明建设中的作用:

第一,美育作为社会关系的内在调节器,可使社会生产和社会生活更加和谐

社会关系是生产关系的反映,我们社会主义社会的社会关系是建立在公有制生产关系的基础之上的,是平等、互助、同志式的新型关系。但公有制的生产关系只不过为这种新型的社会关系提供了物质的前提。由于剥削思想的遗毒与人们思想认识的差异,社会关系中的矛盾是必然存在的。这种矛盾,毛泽东同志将其称作是人民内部矛盾。对于人民内部矛盾,也应很好地处理。

---

① 参见《光明日报》1983 年 2 月 25 日。

否则，一旦激化，也不利于社会主义四化建设。对于这种矛盾，可通过三个渠道加以解决。一个是通过政治与法律的制度，规定出各种强制性的条文，要求人们必须这样或不准那样。再一个是通过社会道德加以规范，从理性上告诉人们应该如此或不应该如此。还有就是通过审美的情感教育的方式加以引导，使人们情不自禁、自觉自愿地去热爱什么或憎恶什么。第一、二两个渠道虽然重要，但只是一种外在的调节，而审美却是一种内在的调节，常常产生更为理想的效果，可使社会关系更加美好和谐。

第二，美育可提高全民辨别美丑与善恶的能力，有利于克服不正之风，端正社会风气

由于"十年动乱"的遗毒，党内与社会上都存在着种种不正之风，败坏风气，毒害人民，破坏改革，后果严重。这种不正之风，从总的方面来说，属于道德范畴方面的问题，是一种善与恶的颠倒。因而，克服不正之风的重要途径之一，就是要提高全民的道德分辨力，做到从善如流、疾恶如仇。审美力的提高有利于道德分辨力的提高。因为，美本身必然地包含着善的内容，特别是在社会美之中，善的因素更占据着极大的成分。因此，对美丑的辨别力与对善恶的辨别力是相通的。诚如康德所说，"美是道德的象征"[1]。高尔基也说过，"美学就是未来的伦理学"。[2] 因此，美丑分辨力的提高必将有助于善恶分辨力的提高，从而有利于人们自觉地克服和抵制不正之风，端正社会风气。

---

[1]［德］康德：《判断力批判》上卷，宗白华译，商务印书馆 1964 年版，第 201 页。
[2] 转引自尼·阿·德米特里耶娃《审美教育问题》，冯湘一译，知识出版社 1983 年版，第 166 页。

第三，美育可丰富人民的精神生活，建设科学的生活方式

社会主义四化建设是前所未有的伟大事业，需要建设者们付出长期、巨大的劳动代价。而在这样一个为实现四化目标而奋斗的过程中，建设者们不仅有着紧张的劳动生活，而且还需要充裕的物质生活和丰富的精神生活。因为，我们的建设者不是苦行僧，更不是无生命的机器，而是有血有肉、有思想、有情感的活生生的个人。所以，在紧张的劳动之余，必须要有充裕的物质生活与丰富的精神生活予以保证。审美活动就是丰富的精神生活的重要内容。它不仅可使人们的身体得到放松后的休息，还可使人们的情感得到陶冶，更可提高人们的精神境界。再就是，随着经济体制改革的逐步实行，不仅引起人们经济生活的重大变化，而且要求人们的生活方式随之发生变化。这就要求在全社会形成适应现代生产力发展和社会进步要求、文明健康、科学的生活方式。它的基本特点是有利于身心健康发展的高度的科学性与和谐性，有利于协调统一物质生活与精神生活的诸多方面。美育就是建立这种科学、和谐的生活方式的必要条件。因为，审美活动不仅可在科学的意义上使人的心理处于平衡之中，而且可使人的精神和整个生活处于和谐愉悦、有节奏的状态之中。

第四，美育可形成创造美的巨大动力，产生推动四化建设的有利效应

社会主义四化建设归根结底是为了将人类从自然与精神的束缚下解放出来，获得自由。经济建设是为了发展生产力，将人类从自然力的束缚下解放出来；文化与思想建设则是为了提高全民族与全社会的思想文化水平，将人类从剥削社会形成的愚昧状

态和陈腐观念的束缚下解放出来。最后,使人类逐步地从必然王国走向自由王国(即共产主义社会)。德国古典美学有一个命题,即"美是自由"。如果剔除这一命题的唯心主义基础,将其建立在唯物主义的理论之上,那还是有道理的。从"美是自由"的观点出发,我们为实现自由王国而斗争的整个过程及自由王国本身都应该是美的。因而,社会主义四化建设也可理解成是一种创造美的伟大斗争。美育本身就可产生这种创造美的巨大动力,促使人们为创造更加美好的生活和美好的社会而斗争,从而产生推动四化建设的有利效应。

4. 美育是贯彻党的教育 方针的重要手段

　　党的教育方针是培养德、智、体全面发展的有社会主义觉悟的有文化的劳动者。最近,在新的形势下,邓小平同志又对这一教育方针加以丰富发展,进一步提出了"面向现代化,面向世界,面向未来"的新要求。根据党的教育方针和"三个面向"的要求,我们认为目前党对教育事业最根本的要求就是培养"四化"所急需的建设人才。从新的社会发展和科技发展的现实出发,这样的人才应该是德智体美全面发展的。因为,如上所说,审美力已是社会主义全面发展的新人所必须具备的能力。但目前,尽管执行党的教育方针和邓小平同志"三个面向"的要求的总的情况是好的,但少数地区和教育单位片面追求升学率的现象仍是十分严重。有的学校从高一开始就把学生禁锢在教室之中,使学生从早到晚陷入无休止的题海,一切的文体活动都被排斥在外。据报载,上海市 600 所中学,高中开设音乐课的只有六七所。这实际上剥夺了广大青年学生接受审美教育的权利。从实际调查的情况看,广大青年学生对美育的要求是十分强烈的。上海市在某中学对高中 144 名学生征询"你对音乐有无兴趣"的问题,明确表示"无"的只有 1 人,有兴趣的比例占 99％以上。有的同志针对这类学校轻视美育、禁锢学生的严重现象十分感叹地说,这就好像给学生判了有期徒刑,而给教师判了无期徒刑。这样的学校,总是笼罩着一片紧张的考试的气氛,一切的歌声和欢笑被抛到九霄云外。长此下去,造成的后果将是极其严重的。最主要的就是培养了一些从心理结构到知识结构都畸形发展的学生。这样的学生常常是高分低能,乃至于缺乏生活的热情和对美的向往,目光短浅,视野狭窄。倡导美育,让它在一切学校中占据自己应有的地位,就可使歌声和欢笑重新回到这些青年学生之中,使他们的学生生活充满着美的青春的朝气。这是抵制不良倾向、全面贯彻党的教育方针、真正培养适应"三个面向"的新的一代的重要手段,是我们教育工作的当务之急。

5. 美育是迎接新的技术革命挑战的重要措施

当前世界,面临着一场以电子计算机、遗传工程、光导纤维、激光、海洋开发等新技术的广泛利用为其特征的新的技术革命。这场技术革命将会在社会生产和社会生活的各个领域引起巨变。它的特点是智力因素在生产和生活中将会发挥更大的作用,各种新技术的运用将会引起生产力的新飞跃。这场新的技术革命对于我们来说将是一场严峻的挑战。由于我国 1957 年以来的几次折腾,失去了许多经济发展的良机,同世界先进水平的差距拉大了。如果这次再搞不好，就会更加陷于被动，同世界先进水平的差距会更大。这场技术革命对于我们来说又是一次发展经济的极好时机，只要我们认清形势，抓住良机，就会利用这次机会使我国的经济面貌发生根本性的变化。但关键在于把智力开发放在首位，尽速培养出一支适应新的技术要求的新型科技人才。这样的新型科技人才有两大特点：一是综合性，一是创造性。这两大特点的形成都同审美教育的加强密切相关。首先是所谓综合性。这是从知识结构的角度讲的，要求新型的科技人才掌握文、理、社会科学、美学等各方面广博的知识。因为，新的技术革命常常是在各种边缘学科和中间学科发生突破性的进展。这就要求我们培养的新型科技人才不能囿于某种学科、某类知识，而应掌握包括美学在内的各方面的知识内容。因此，审美教育（包括美学知识的教育）就成为新型人才培养方面不可缺少的一个方面。目前，西方各国教育家越来越认识到培养这种综合性人才的重要性。联合国教科文组织高等教育与教育人员培养局主任德·纳日孟在其《为什么要高等教育》一书中指出："培养全面的人，以各种广泛领域的知识武装的人，既要有科学又要有文化。"甚至，有的西方教育家认为，"没有综合化就不会产生伟大的文化和伟大的人物"。华裔美籍教授陈树柏认为，在科技发达的社会中，一个优良的理工科毕业生，除了专修的各科能运用自如以外，还需要具备法律、经济、文学、历史、美术、音乐等基本知识。换句话说，良好的大学教育，是一个完美、平衡的基本教育。美国的许多学者认为，美国获得诺贝尔奖的人比苏联多好几倍，其重要原因之一就是苏联学者的知识面太窄，难以在科技方面取得新的突破。法国的有识之士看到了这一点，他们从中小学入手，要求每个学童都能掌握一门艺术。这种对于人才的"综合化"要求，也同当前世界范围的产品竞争有关。从这个角度看问题，可以说，作为一个科技人才是否掌握生产美学方面的基本知识，同他所设计的产品的销路息息相关。因为，随着时代的发展，人们对于日用消费品，甚至是工业产品，不仅有质量方面的要求，而且有外形美观方面的要求。所谓创造性的人才，就是指不仅能熟练地掌握已有的科学技术和生产知识，而且能在此基础上触类旁通、举一反三地提出各种创造性的见解和进行创造性的发明。这种创造性的特点主要是从人才的心理结构和思维能力来说的。而借助美育所培养的形象思维能力、想象的能力就是人的重要的创造能力之一，是新型的科技人才所必具的能力。

六、美育与"德、智、体"
三育的关系

上面,我们探讨了美育的特有的作用,这些作用是其他任何教育形式所无法取代的。现在,我们进一步从美育与"德、智、体"三育的关系来探讨美育的作用。不论是从理论上,还是从实践上来看,美育与"德、智、体"三育都有着不可分割的密切关系,是这三育的不可缺少的条件。在这一方面,王国维先生提出了著名的"体育"和"心育"的调和论,以及"知、情、意"的"心育"和谐发展论。俄国著名的民主主义革命家别林斯基也较深刻地论述了美育与智育、德育的关系。他说,审美力是"人的尊严的一个条件:具备了这个条件,才能有智慧,有了它,学者才能达到世界思想体系的高度,从共同性上认识自然和现象;有了它,公民才能为祖国而牺牲自己个人的愿望和利益;有了它,人才能把生活看作伟业盛事,而不感到创业的艰辛困苦……美感是善心之本,是品德之本"。① 下面,我们具体地论述美育与"德、智、体"三育的关系。

---

① 转引自巴拉诺夫编《教育学》,李子卓等译,人民教育出版社 1979 年版,第39 页。

1. 美育与德育的关系

第一,美育是实施德育的必不可少的手段

　　所谓德育,是旨在培养正确的政治观点和高尚的道德观点,是从理智上对客观社会现象的评价。理智的评价总是以情感的评价为必要条件,理智上的肯定与否定总是以情感上的爱憎为前提的。因此,美育对于德育来说是不可缺少的,它是培养高尚的道德情操的重要手段。正如鲁迅所说,"美术可以辅翼道德"。①因为,人的政治道德修养包括道德认识、道德行为和道德情感这样三个方面的内容。所谓道德认识,是人的道德行为的理智方面的根据,是动机、目的和出发点,决定了道德品质的性质。所谓道德行为则是道德认识的具体实践、外部特征及其所产生的效果,是直接表现出来的,可供人把握的。道德认识与道德行为之间的关系是思想与行动、动机与效果之间的关系。资产阶级的唯心主义者片面地强调道德认识、动机,即所谓"善心",而机械唯物主义者则片面地强调道德行为和效果。我们是马克思主义的思想与行为、动机与效果的统一论者。但两者的统一必须有一个桥梁。这个"桥梁"就是道德情感。道德情感是建立在坚实的道德认识基础之上的人的自觉的要求与愿望,是人的内心的指令。它形成一股变思想为行为、使动机产生效果的强大推动力。因此,没有道德情感,道德认识就不能不付诸实践。例如,爱国主义的政治

————————

① 鲁迅:《拟播布美术意见书》,郭绍虞、王文生主编《中国历代文论选》第 4 册,上海古籍出版社 1980 年版,第 496 页。

道德品质就同爱国主义的情感紧密相联，它不仅应具有对爱国主义在理论上的认识，对"祖国"这个概念的深刻含义的逻辑思维上的把握，而且要把这种理论的认识和逻辑的把握变成实际的爱国主义行为，还必须在此基础上培养起强烈的爱国主义激情。它包含着对祖国几千年来灿烂文化的自豪，对亿万勤劳勇敢的祖先的钦佩，对万里锦绣河山的眷恋，对人民用乳汁和血汗哺育我们的感激，对近百年来帝国主义侵略我国的痛恨……这样一些具体的情感就凝聚成强烈的爱国主义激情，从而产生作为中华儿女的尊严感，和祖国虽然贫穷但我们却应更加热爱祖国、建设祖国的道德感。这样，才能产生热爱祖国、献身祖国的高尚道德行为。方志敏同志为祖国的解放、独立、自由，威武不屈、英勇献身，是一位伟大的爱国主义者。他的这种高尚的爱国主义行为，除了深刻的理论认识和高度的政治觉悟之外，很重要的一点就是具有强烈的爱国主义热情。他在狱中所著《可爱的中国》中就强烈地流露出了这样的感情，满怀深情地抒发了自己对祖国的赤子之爱：

　　朋友！中国是生育我们的母亲。你们觉得这位母亲可爱吗？我想你们是和我一样的见解，都觉得这位母亲是蛮可爱蛮可爱的。以言气候，中国处于温带不十分热，也不十分冷，好像我们母亲的体温，不高不低，最适宜于孩儿们的偎依。以言国土，中国土地广大，纵横万数千里，好像我们的母亲是一个身体魁大、胸宽背阔的妇人，不像日本姑娘那样苗条瘦小。中国许多有名的崇山大岭，长江巨河，以及大小湖泊，岂不象征着我们母亲丰满坚实的肥肤上之健美的肉纹和肉窝？中国土地的生产力是无限的；地底蕴藏着未开发的宝藏也是无限的；废置而未曾利用起来的天然力，更是无限的，这又岂不象征着我们的母亲，保有着无穷的乳汁，无穷的力量,以养育她四万万的孩儿？我想世界上再没有比她养得更多的孩子的母亲吧。至于说到中国天然风景的美丽,我可以说,不但是雄巍的峨嵋,妩媚的西湖,幽雅的雁荡,与夫"秀丽甲天下"的桂林山水,可以傲睨一世,令人称羡;其实中国是无地不美,到处皆景,自城市以至乡村,一山一水,一丘一壑,只要稍加修饰和培植,都可以成流连难舍的胜景;这好像我们的母亲.她是一个天姿玉质的美人,她的身体的每一部分,都有令人爱慕之美。中国海岸线之长而且弯曲,照现代艺术家说来,这象征我们母亲富有曲线美吧。咳！母亲！美丽的母亲,可爱的母亲,只因你受着人家的压榨和剥削,弄成贫穷已极;不但不能买一件新的好看的衣服,把你自己装饰起来;甚至不能买块香皂将你全身洗擦洗擦,以致现出怪难看的一种憔悴褴褛和污秽不洁的形容来！啊！我们的母亲太可怜了,一个天生的丽人,现在却变成叫化的婆子！站在欧洲、美洲各位华贵的太太面前,固然是深愧不如,就是站在那日本小姑娘面前,也自惭形秽得很呢！

第二,美育的强烈的感染性是一般的理论教育所不具备的长处

审美教育是以具体的形象感染性为其特长,因而常常收到以概念见长的理论性教育所难以收到的效果,给人以长久深入心灵的政治与道德的启示。例如,保加利亚著名的国际主义战士季米特洛夫在莱比锡法庭上同法西斯分子勇敢沉着地进行斗争,就受到车尔尼雪夫斯基的小说《怎么办》中革命者拉赫美托夫形象的感染和影响。而《钢铁是怎样炼成的》《青年近卫军》《把一切献给党》《红岩》等革命小说所塑造的革命英雄形象则哺育了我们好几

代的革命青年。美育的形象的感染性特别适宜于对青少年进行思想品德教育。现代心理学证明,青少年有两大重要心理特点。一是在少年时期(主要是十五六岁以前)主要以具体的形象思维见长,从十五六岁以后才逐步地转变到以抽象思维见长。二是青年的独立意识增强,喜欢独立思考,有一种排斥理论教育的心理倾向。美育运用具体的形象,在不知不觉中进行政治理论的教育,往往能收到更好的效果。

第三,美育本身包含着荣辱感、羞耻心等德育因素

审美力尽管主要是情感的因素,但作为一种高级的情感,本身就包含着必不可少的伦理道德的因素、善的因素,特别是对社会美的评判,往往同善恶的道德感紧密相联,包含着明显的荣辱感和羞耻心等伦理道德因素。因此,实施美育本身就极有利于人们在伦理道德领域中辨善恶、知羞耻。审美力作为一种高级的文化素养,往往直接、间接地制约着人们的道德行为、姿态风范、待人接物、衣着打扮、谈吐语言的文雅与粗鲁、高尚与庸俗。秦牧在题为《心灵美和风格美》的文章中指出:"文学艺术的爱好者,那些爱美的人,虽然可以属于各个阶级,可以有各种各样的立场,但是比较那些和美的欣赏完全绝缘的人,相对来说,一般总是比较善良一些,至少,什么碎尸案的主角,什么吃人肉的凶手,或淫威虐待者,或者满口污言秽语骂人爹娘取乐的,在受到强烈的美育陶冶的人们当中,产生的比例总要少得多的吧。"正因为美育本身包含着德育的因素,所以一切真正伟大的艺术家也都是道德高尚的人。我国古代画论的一个重要课题就是画品与人品的关系问题,认为只有人品好画品才能好。贝多芬就是一位既具有高度艺术修养又具有高尚道德品质的大音乐家。他当时尽管艺术造诣很

深,闻名遐迩,但地位低下,穷困潦倒。即使在这样的情况下,他也蔑视权贵,坚贞不阿,从不向达官贵人低下自己的不屈的头。1806年秋季的一天,贝多芬在他的艺术保护者李希诺夫斯基公爵的庄园里做客。晚上,当主人强迫他为当时占领维也纳的法国军官演奏时,他感到受到了莫大的污辱,冒雨愤然离去,并致函怒斥李希诺夫斯基对侵略军的阿谀奉承。他在信中义正词严地指出:"你可以使人成为七品官,但却不能使人成为歌德和贝多芬。你之所以是你,完全是由于偶然的出身,而我之所以是我却由于自己的努力,今后会有无数的公爵,但却只有一个贝多芬。"真是字字珠玉,大义凛然。这位伟大的音乐家在给他兄弟的遗嘱中写道:"把'德性'教给你们的孩子:使人幸福的是德性而非金钱。这是我的经验之谈。在患难中支持我的是道德,使我不曾自杀的,除了艺术之外也是道德。"①

2. 美育与智育的关系

第一,审美力是人的智能的不可缺少的方面

一个人的智能,一般包含知、能、识三个方面。所谓"知",即一个人所掌握的自然科学和社会科学等各方面知识的多少。而所谓"能",即一个人的实际技能,具体指动作技能(学习与生产中的写字、演奏、体操、操作等实际动手能力)和心智技能(感知、记忆、想象、创造等思维能力)。所谓"识",又叫识见,即生产活动和

①[法]罗曼·罗兰:《贝多芬传》,傅雷译,人民音乐出版社1978年版,第13页注③。

科技活动中预见性和计划性方面所达到的水平。这是在"知"与"能"的基础上所形成的一种综合性的智力水平。在这三个方面当中，知识是基础，能力是关键，识见是结果。能力是智能中最活跃的因素，可以使人从不知到知，从少知到多知，从已有的领域开辟新的领域，从知识转变为识见。能力中最主要的又是指心智能力，包括抽象的思维能力和形象的想象能力。这两种能力都属思维能力的范围，遵循着从个别到一般、从感性到理性的法则。只不过一个凭借概念的手段，一个凭借形象的手段。形象的想象能力在人的思维能力中占据着重要的地位，其心理机制就是从原有的形象创造出新的形象的能力。因而，从实质上来说，它是一种举一反三的创造能力。这种想象的创造能力正是人的审美能力的表现。它不仅在艺术的创作与欣赏中起着决定性的重要作用，而且也是科学研究中必不可少的因素。当代心理学认为，它在科学研究中所起的是一种凭借直观形象的模拟和类推的作用，并将其称作"发散思维"能力。这种"发散思维"能力是科学研究中所必须具备的能力。因为，在科学研究中，尽管主要凭借严肃的抽象思维能力，但仍然必须借助形象的想象能力的辅助。列宁认为，"即使在最简单的概括中，在最基本的一般观念（一般'桌子'）中，都有一定成分的幻想"。① 他还说道："有人认为，只有诗人才需要幻想，这是没有理由的，这是愚蠢的偏见！甚至在数学上也是需要幻想的，甚至没有它就不可能发明微积分。"② 高尔基也说，"艺术家也同科学家一样，必须具有想象和推测——'洞察

---

① 中国社会科学院文学研究所文艺理论研究室编：《列宁论文学与艺术》，人民文学出版社 1983 年版，第 51 页。
② 《列宁全集》第 33 卷，人民出版社 1957 年版，第 282 页。

力'。想象和推测可以补充事实的链条中不足和还没有发现的环节,使科学家得以创造出能或多或少地正确而又成功地引导理性的探索的各种'假说'和理论,理性要研究自然界的力量和现象,并且逐渐使它们服从人的理性和意志,产生出属于我们的、由我们的意志和我们的理性所创造出来的'第二自然'的文化"。① 可见,只有借助于直观的想象力,才能想象出肉眼观察不到的事物如何发生、如何作用,并从而提出创造性的假设。人的思路常常可以通过这种假设,作为不太坚牢的"跳板",跳跃到崭新的境界,取得重大突破。例如,1959 年,在坦桑尼亚发现古猿人化石,只有一片颅骨和几枚牙齿,但科学家却借助于想象力形象地复原了古猿人的形态。再如,德国气象学家魏格纳住院期间发现大西洋两边海岸线相似,非洲西和南美东犹如一张撕成两半的纸。于是,他借助于想象力提出了著名的"大陆漂移说"。还有著名的牛顿因苹果落地而借助于想象力发现"万有引力"。甚至连二十世纪出现的电子计算机也是同对人脑模拟的设想分不开的。因此,爱因斯坦断言:"想象力比知识更重要,因为知识是有限的,而想象力概括着世界上的一切,推动着进步,并且是知识进化的源泉。严格地说,想象力是科学研究中的实在因素。"②特别是当前,科技领域呈现所谓"知识爆炸"的飞跃发展的崭新局面,而我国在科技方面又处于落后的状态。在这样的情况下,为了使我国的科技和经济得以迅速振兴,使我中华民族能尽快站到世界先进民族之林,就必须大力进行智力开发。其中重要的一条就是要培养数量

---

① [苏]高尔基:《论文学》,孟昌等译,人民出版社 1978 年版,第 158—159 页。
② [德]爱因斯坦:《爱因斯坦文集》第 1 卷,许良英、范岱年编译,商务印书馆 1976 年版,第 284 页。

众多的具有创造能力的开拓型人才,而美育就是培养这类人才的重要途径。因此,必须改变陈旧的轻视美育的教育思想,将其放到应有的位置之上。

第二,审美活动可以调节人的大脑机能,提高学习和工作效率

现代神经生理学家、美国医生、诺贝尔奖获得者斯佩里,研究人的大脑两半球的功能分工,发现人的语言、数学、逻辑等是由大脑左半球负责的,俗称"数字脑",而图像、音乐及其他非语言信息则由大脑右半球管理,俗称"模拟脑"。而大脑皮质的活动表现为兴奋与抑制的过程。如果大脑的某个部分长期处于兴奋状态,就会引起疲劳而转化为抑制,工作效率就会降低。如果在紧张的科学思维之后有一个轻松的文娱活动,譬如听听音乐,特别是不带歌词的所谓"纯音乐",就能转换兴奋中心,使左半球大脑皮质迅速进入抑制状态,心理学上称为"假消极状态"。在这种抑制性的"假消极状态"中,左半球大脑皮质就能得到必要的休息,从而提高学习和工作效率。保加利亚心理学家洛柴诺夫博士通过研究认为,以优美的音乐使大脑左半球进入"假消极状态"后,人的记忆力是平常记忆力的 2.17—2.6 倍。著名的科学家爱因斯坦在潜心创立相对论的日子里,常常在书房里用小提琴演奏莫扎特的奏鸣曲。有时在演奏过程中突然茅塞顿开,创造性的思潮不断涌现。每当这时,他就立即投入紧张的科学理论研究之中。在工作之余,他也常弹奏贝多芬和巴哈的钢琴曲,放开喉咙纵情歌唱《花园小夜曲》。就这样,优美的旋律冲掉了疲劳。著名的生物学家达尔文曾经说过这样的话:"如果我能够再活一辈子的话,我一定给自己规定读诗歌作品,每周至少听一次音乐。要是这样,我脑中那些现在已经衰弱了的部分就可以保持它们的生命力。失去这些爱好,无疑就会失去一部分幸福,也许还会影响智力,更确切些说,会影响精神性格,因为它削弱了我们天生的感情。"①在现实生活中也常常出现这样的情况:一些既努力学习又积极参加文体活动的学生表面上看学习时间少了,但实际上却比一些死读书不参加文体活动的学生效率高。这就是有些人概括的"八减一大于八"的公式。但这不是一个数学的公式,而是一个心理学的公式。

第三,美学知识已成为当代科技工作者知识结构的重要方面

　　人类社会的发展早已从吃、喝、住、穿等物质生活的满足,发展到在物质生活之外还要求精神生活的满足。人们不仅仅按照物质需要去生产,而且还按照美的规律生产,对产品的外观及装潢提出了更高的美化的要求。早在20世纪30年代,卢那察尔斯基就提出了对日用品和生产品进行美化的主张。他说,"更重要千百倍的是要使日常生活用品不但有用和适用,而且其形象和色彩都能使人感到愉快……衣着打扮应当令人赏心悦目,家具应当令人赏心悦目,器皿应当令人赏心悦目,住宅应当令人赏心悦目……规模宏大的工业设计的任务就是要去探索庄严、雄伟、活泼等令人信服的原则,以取得赏心悦目的效果,并把这些原则,逐步运用到远比目前规模更为宏大的机器工业生产和日常生活建设方面去"。很明显,按照美的规律生产已经成为现代生产的一条原则。随着我国对外开放政策的实行,为了使我国的工业产品能够打入世界市场,对于产品的外观和装潢的美化显得更为迫

---

① 参见《译文》1955 年第 8 期。

切。鉴于上述情况,美学知识已成为当代一切科技工作者知识结构的重要方面。不仅要求他们必须按照科学的规律设计和生产,而且要求他们必须按照美的规律设计和生产。于是,陆续出现了反映这方面要求的新的学科,例如生产美学、技术美学、工程美学等等。

3. 美育与体育的关系

第一,美育与体育作为身心两个方面是相辅相成的

美育以心灵的健康为其目标,而体育则以身体的健康为其目标。心灵的健康一定会促进身体的健康,高尚的精神生活一定有利于身体各个器官的调节。我国古代的健身之道,首先讲究修身养性,就较好地反映了身心之间这种辩证统一的关系。相反,有些人的身体不健康,就常常是由于精神的因素造成的。

第二,美,同样是体育所追求的目标之一

体育所追求的目标在于身体的健康,而健康从一定的意义上来说也是一种美,即所谓健美。俄国著名的民主主义革命家车尔尼雪夫斯基提出了"美是生活"的重要命题。他认为,这里所谓的"生活",在普通农民看来就是一种包含着劳动的"旺盛健康的生活",其结果是"使青年农民或农家少女都有非常鲜嫩红润的面色。这照普通人民的理解,就是美的第一个条件"。[①] 虽然,车尔

---

① [俄]车尔尼雪夫斯基:《艺术与现实的审美关系》,周扬译,人民文学出版社 1979 年版,第 7 页。

尼雪夫斯基的这一观点中包含着人本主义的倾向,但仍有其合理的因素。作为人体美来说,健康的确是一个重要的因素。另外,体育运动中表现出来的勇敢精神、蓬勃的朝气和高尚的风格是一种精神的美。这种精神的美也是体育所追求的目标之一。许多艺术家曾以体育为题材,创作了优秀的表现体育运动中精神美的艺术佳品。例如,古希腊的米隆的著名雕塑《掷铁饼者》就表现了一种人的力量与美的精神交相融合的健美,具有巨大的美的魅力。许多优秀运动员也是美的追求者,他们不仅在体育运动中着意追求美的造型和高尚的精神之美,而且也从美的艺术中获取了体育运动的情感力量。我国著名的跳高运动员朱建华在创造优异的跳高成绩之前总要在场上听一段优美的音乐,一方面使心境平衡谐和,另一方面也从中获取精神力量。我国著名体操运动员李宁,每天在紧张的训练之余,总是听音乐和作画。他特别喜欢画竹。这是因为青翠挺拔的竹子画面中蕴含着某种精神之美。他说:"竹子的素质好,不畏严寒,坚韧不拔,它给我带来精神上的鼓舞。"

第三,体育运动本身就包含着美的因素

目前,体育运动的发展趋势已同音乐、舞蹈等美的艺术有着某种程度的融合。音乐的节奏、旋律和舞蹈的优美的造型已几乎渗透于一切体育项目之中,其中尤以体操、滑冰等最为显著。

七、美育的实施

美育属于教育科学的一个分支,是一个实践性很强的学科。因此,对于美育问题的理论研究固然重要,但更重要的还是在实践中实施。同时,美育本身也只有在具体的实施中才能得到发展。关于美育的实施问题,我们准备从指导思想、条件和途径等几个方面加以论述。

1. 美育实施的指导思想

美育的实施并不是什么新鲜的事情,而是古已有之。我国古代,对文人学士向有"诗书琴画"具备的要求,近现代的学校也都开有音乐、美术等课程。那么,在二十世纪八十年代的今天,我们应如何看待美育的实施问题呢? 也就是说,在实施美育的指导思想上或思想观念上应有何变化呢? 我们认为,要从就事论事地把美育仅仅看成几门课程的观点发展到从科学的有机整体的角度来看待美育和实施美育。这就要求我们将美育作为一种有序的社会工程来看待。从这样的角度,我们可以将美育看作是审美教育工程。它是整个社会工程和社会教育工程的重要组成部分。目前,在这一方面的研究尚属初步,我只能谈几点粗浅的看法。

首先,应从有机整体的角度确定审美教育工程和整个社会教育工程中其他方面的联系及其在整个社会教育工程中的地位。我们之所以要把审美教育看作是一个工程,这当然同它在改造社会和人的功能方面同工程学极其类似有关。但更重要的还在于,我们试图根据这种类似性,借助于工程学中的数理方法更为科学地对审美教育进行定性与定量的研究,以期推动审美教育工作朝着更为社会化与科学化的方向发展。以工程学的眼光看待美育,首先就应对其取有机整体的观点。看到它不仅本身是一个有机整体的系统,而且还属于教育工程这个大的整体系统中的一个小系统。因而,审美教育工程是不应该而且也不可能从整个教育工程这个大系统中分离开来的。无论是将其丢弃还是孤立起来的做法都是错误的。因此,审美教育工程不仅是整个教育工程的不可分割的组成部分,而且,审美教育的思想也应贯穿于整个教育工程,作为其重要的指导思想与根本方针之一。这样,审美教育作为教育工程的一部分,就不仅仅是开设几门课的问题,而是应作为其有机的组成部分。如果一旦将其割裂,社会教育这个完整系统的内在结构就将变化,并将导致教育性质的变化,整个教育工程就难以实施。正是从这种有机整体的系统工程的角度,我们认为,应该将美育正式列入党的教育方针。

其次,确定审美教育工程的目标。既然审美教育同工程学相类似,那就说明它是一种有组织有步骤的改造现实的实践活动。任何实践活动都是人的有目的的活动,有着预期的目标。正是这个预期目标成为审美教育实践的出发点和归宿,是贯穿审美教育始终的线索,也是其成为有机整体的根本原因。那么,审美教育工程的预期目标是什么呢,这应从整个教育培养全面发展的社会主义新人的总目标考虑。因此,必然得出审美教育工程的预期目标是培养全面发展的社会主义新人高尚、健康的情感素质。这种高尚、健康的情感素质当然首先表现于应有较高的审美能力，但决不仅仅局限于此。从根本上说，还应以审美的态度（即高尚的情感态度）去对待国家、社会和人生。这就是将审美教育作为系统工程区别于以往的艺术教育之处。以往的艺术教育往往着眼于技能的培养，目的在于单纯地培养人的审美能力；而审美教育工程则跳出了单纯培养审美能力的局限，上升到了培养全面发展的新人的高度，从而充分地体现了审美教育工程改造人与培养人、改造社会与完善社会的性质。

再次，充分认识审美教育工程的各个要素及其相互关系。审美教育作为系统工程是众多要素不可分割的有机统一的整体，是一个开放的系统。其功能遵循着"整体之和大于部分"的规律。从审美教育本身来看，包含着发出指令的教育领导机构、贯彻执行的教育者与接受指令的受教育者三个方面。这三者紧密联系为统一的整体，只有在其交互作用中才产生出审美教育应有的效应。其中的一个环节出现问题，审美教育就不可能发挥出自己的效应。由此说明，审美教育作为有机统一的工程，要求教育领导机构、教育者与受教育者三个方面都要明确自己在整个审美教育工程中的责任与作用，自觉地承担起自己的责任、发挥自己的作用。从横向联系的角度来看，审美教育与"德、智、体"三者紧密联系为统一的整体，互相渗透与制约，共同构成社会教育工程的不可分割的部分，起到培养全面发展的社会主义新人的重要作用。如果审美教育脱离了"德、智、体"三育，其培养高尚的健康的情感素质的既定目标就难以实现。从纵向联系的角度看，审美教育领导机构、审美教育实施者与审美教育接受者成为审美教育工程的小系统，审美教育工程作为整个社会教育工程的小系统，整个社会教育工程又作为整个社会工程的小系统。由此，从低到高，呈现出逐步递进的层次性,最后实现改造整个社会的伟大目标,完成社会主义物质文明建设与精神文明建设的历史任务。

最后,通过审美教育系统自身的反馈、调节,使其不断发展。审美教育工程是一个自身反馈调节的控制系统。具体如下图:

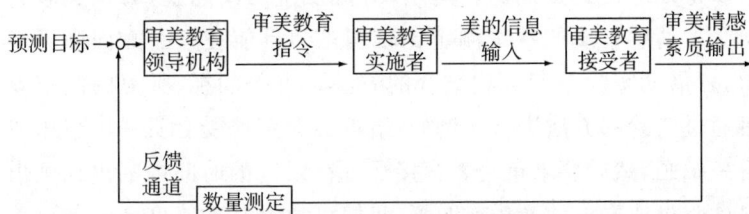

这里所谓"预期目标"就是前已说到的对于全面发展的社会主义新人高尚健康的情感素质的培养。根据这样的预期目标,由审美教育领导机构通过教育方针、教育计划与教学大纲等形式发出审美教育的指令,提出培养高尚健康的情感素质的定性与定量方面的具体要求。作为审美教育实施者的学校与教师,根据这样的指令,选择恰当的自然美、社会美与艺术美的信息作为教育手段,向审美教育接受者输入。这种美的信息经过审美教育接受者的加工处理成为其审美的情感素质表现出来,即所谓输出。以上虽然经过了美的信息的输入与输出,但只是审美教育工程的一部分。还有一部分,就是通过自身的信息反馈进行调节,不断提高审美教育水平的过程。信息反馈首先要对审美教育接受者表现出来的(输出)审美情感素质进行数量的测定,这种数量的测定在作为社会工程一部分的审美教育工程中,还主要借助于统计的方法,可通过抽样调查、民意测验等测定审美教育接受者的审美感受力、审美联想力、审美想象力以及对社会、人生的情感评判力,在这些方面得出一定的数据,并将这些数据反馈给审美教育领导机构,使它们据此对审美教育工程的预期目标进行校正,提出新的要求,再次发出审美教育的新的指令。这样循环往复,使审美教育不断地由低到高的发展前进,使审美教育接受者的审美情感素质不断地得到提高。在这里,可能发生的问题是,对审美教育接受者情感素质的数量测定比较困难。目前在这一方面尚无经验,可借助实验与调查相结合的方法。审美的视、听力的测定就可通过实验的方法进行。例如,给审美教育接受者听一段音乐或看一幅画,然后要求审美教育接受者在限定的时间内唱出或画出自己听过或看过的音乐或图画,我们可通过其准确度判定其审美感受力。对于审美的联想力与想象力,可通过直接调查的方法测定。也就是在审美教育接受者听完一段音乐或看完一幅画后,让其口述自己的体验,我们可根据其体验的深度和广度来评定其审美的联想力与想象力。至于审美教育接受者对社会、人生的情感判断力可通过直接的民意测验和间接的民意测验的方法进行判定。所谓直接的民意测验,即通过书面提问题的方法,直接让本人回答,要求其对具体的社会、人生现象表明自己的爱憎态度。所谓间接的民意测验,即通过书面提问题的方法,间接地让了解审美教育接受者的领导、同事和亲友回答他对具体的社会、人生现象的爱憎态度。

2. 实施美育的条件

美育的实施,除端正指导思想,将其作为审美教育工程来对待之外,还须为其提供必要的条件。

首先是社会条件。审美的心理本质在于主体处于不受任何束缚的自由状态而引起的一种情感愉悦。这就决定了以培养审美力为任务的美育在社会条件上要求有一个自由的时代。只有在这样的自由的时代,美育才能真正地得以实施并达到较高水平。所谓自由的时代,有两方面的含义。一方面的含义是必须使主体摆脱了物质的束缚,不为吃、喝、住、穿所累。在这一方面,马克思主义有一个基本观点,那就是作为"自由王国"的社会主义社会与共产主义社会,应是社会必要劳动时间大大减少,人们自由享用的时间大大增多。只有这种自由享用或支配的时间多了,人们才能有更多的时间去从事审美等文化活动。因此,从这个意义上说,自由时间与文化时间是成正比例的。这就要求生产力的高度发达和物质财富的极大丰富,将人们从维持生计的繁重劳动中解放出来,有条件在审美等精神文化活动中使用更多的时间。在这一方面,资本主义与社会主义都可能做到。因为,它们都具有较高的生产力和较丰富的物质财富。但资本主义社会随着生产资料私有制所带来的产品分配的不平等,由此相应地形成了对于自由时间的分配也是不平等的。虽然发达资本主义国家全社会的自由支配时间都相应较多,但相比之下,资本家却较之工人占有更多的自由支配时间并将这些时间用于审美等精神文化活动。而社会主义社会,则由生产资料公有制形成的较为合理的按劳分配制,相应地在自由时间的分配上也是比较合理的,使得全体工人、农民与知识分子都能较平等地享用由全社会的生产增长所造成的更多的自由支配时间。自由时代的另一个含义就是必须实行文化思想的自由,允许人们按照自己的兴趣、爱好自由地欣赏美与创造美。从表面上看,资本主义社会在这一方面似乎也存在着自由。但由于在资本主义社会中占统治地位的是资产阶级文化,无产阶级文化处于受压抑的境地。因此,说到底,他们的所谓

"自由"还是资产阶级思想文化的自由。我国作为社会主义社会，由社会制度决定，是努力倡导思想文化自由的，曾经提出过著名的"百花齐放，百家争鸣"的方针，积累了很好的经验。但由于长期极"左"思潮的影响，"双百方针"并未得到真正的贯彻，"十年动乱"中更是被"四人帮"推行了法西斯的文化专制主义所取代。"四人帮"一伙堵塞言路，禁锢思想，扼杀文化，思想文化领域受到空前的破坏，美的欣赏、创造与教育都被粗暴地践踏，使得我国好几代人审美水平的提高都受到阻碍。由此造成的严重后果不仅在近期，而且在将来都会表现出来。党的十一届三中全会以来拨乱反正，批判极"左"思潮，倡导思想解放。党中央还进一步明确地提出了文艺创作自由。这一切都说明，我国历史上真正的思想文化自由的时代已经到来。它必将为思想文化的发展，也为美育的发展提供良好的社会环境，使我们广大教育工作者和美学工作者大有用武之地。当然，任何自由都是相对的，而不是绝对的。我们所说的思想文化自由，当然是在维护四项基本原则的前提之下，以培养广大人民的"有理想、有道德、有文化、有纪律"的高尚品德为其目的。

其次是物质条件。美育的实施在物质方面应有所保证。全社会在环境上都应做到美化，并有较充足的文化设施。诸如博物馆、展览馆、影剧院、艺术馆、美术馆等等，以丰富人民的精神生活、实施审美教育。当然，由于我国目前生产力水平较低，物质条件有限，在文化建设方面难以拨款很多。在这种情况下，可实行国家、集体与私人投资相结合的方式。目前，方兴未艾的文化专业户是一个新生事物，只要给予必要的指导和管理，定会在精神文明建设和美育的实施中发挥重要的作用。在物质条件方面，对于学校应有更高要求。各类学校均应在建筑上做到朴素美观，在环境上做到清洁美化，使学生在优美的校园中，身心自然而然地受到美的陶冶。诚如蔡元培先生所要求的，"学校所在之环境有山水可赏者，校之周围，设清旷之园林。而校舍之建筑，器具之形式，造象摄影之点缀，学生成绩品之陈列，不但此等物品之本身，美的程度不同；而陈列之位置与组织之系统，亦大有关系也"。①而且，各类学校都应尽力逐步建立各种美育设施。中小学校经费有限，应在可能的情况下建立美术展览室，添置有关音乐、美术活动的器材。高校则应建立艺术馆和电影放映室。在艺术馆中可陈列中外名画的复制品，并设有音乐欣赏室，学生可入内欣赏中外著名艺术作品。

　　最后是组织方面的条件。美育既然作为教育工作总的指导思想之一并正式列入教学计划，设置了课程，那就要在组织上加以保证，建立相应的教学组织。中小学都应建立音乐和美术教研组。一方面负责有关课程的开设，另一方面负责全校美育的实施工作。中师和高校则应建立美育教研室，以便有专人负责此项工作，准备有关课程。这个教研室的教师目前可来源于有关艺术院校的艺术系科，其任务是承担美育方面的课程与讲座，研究并实施全校的审美教育工作。各省和中央教育部应设有艺术教育处和艺术教育局，统盘指导全国的美育实施工作。在这里，需要特别指出的是，我国目前在美育方面机构不全，人才奇缺。上面，教育领导部门没有分管美育的机构；下面，许多学校缺少这方面的教师。现有的美育教师也是人数少，质量不高。这就必然使自觉地将审美教育作为一项有组织的工程实施成为空话。这种情况的出现，当然同目前我国尚且缺乏对美育的应有重视直接有关。但如不抓紧改变这种情况，其严重性将会愈来愈加明显。

①高平叔编：《蔡元培教育文选》，人民教育出版社1980年版，第196—197页。

3. 实施美育的途径

　　美育的实施不是纸上谈兵,而是一种有目的的实践活动,这就必须要有实施美育的具体的途径。首先是实施美育所必须凭借的手段。美育的实施必须凭借自然美、社会美与艺术类的手段。我们先谈以自然美的手段实施美育。众所周知,大自然以其绮丽的风光、绚丽的色彩和蓬勃的生机而呈现出各种美丽的风貌,是实施美育的极好手段。自然美的教育常常是侧重于形式方面,总是在色彩、音响和线条等方面以其对称、均衡与和谐给人的眼、耳等感官以赏心悦目的愉快,进而达到精神的陶冶。即便是怪谲的山石和畸形的虬松,也常常是在怪异中表现出自然造化之妙。总之,自然美的教育一般地来说可直接训练人们的感官对于形式美的感受力。伟大的德国音乐家贝多芬诞生于莱茵河畔的波恩。莱茵河畔的美丽风光曾在少年贝多芬的心中留下了温柔而美好的记忆,给他的审美感受力以特有的熏陶。少年时期,他曾长时间地伫立在莱茵河畔,眺望着远处起伏的山峦,凝视着已经冲出峡谷的莱茵河水。他入神地欣赏着这大自然的美景,甚至当人们走到面前与他谈话时,他也沉思不语,偶尔喃喃地低声说:"对不起,我正陷入美好的遐思,别打扰我!"①这种对于故乡莱茵河美丽自然风景的感受几乎伴随着他一生。在他离开故乡十余年后,他写道:"我的家乡,我出生的美丽的地方,在我眼前始终是那样地美、那样地明亮,和我离开它时毫无两样。"这种对故乡自然美的感受始终是贝多芬后来音乐创作的重要内容。《第一交响曲》就是

----

①[法]罗曼·罗兰:《贝多芬传》,傅雷译,人民音乐出版社1978年版,第7页。

一件颂赞莱茵河的作品,而《七重奏》内以变奏曲出现的行板的主题,便是一支莱茵河的歌谣。当然,某些自然美却不是以其形式的优美给人以美的感受,而是以其形式的壮大象征着某种理性力量和道德原则,从而给人以极富哲理的美的启示。这常常发生在对壮美的欣赏之中。例如,面对无边无际的大海、洗涤整个大地的铺天盖地的暴风雨、照亮宇宙的闪电以及震撼人寰的惊雷,我们不是会感到个人的渺小和争名逐利的微不足道吗?不是会产生一种灵魂为之一洗、精神为之一振的特有的美的感受吗?德国美学家康德认为,面对这种无比巨大的壮美,所唤起的是一种不可战胜的人的尊严感和理性力量,而丢弃各种渺小的基于自然的欲求。他说,"自然威力的不可抵抗性迫使我们(作为自然物)自认肉体方面的无能,但是同时也显示出我们对自然的独立,我们有一种超过自然的优越性,这就是另一种自我保存方式的基础,这种方式不同于可受外在自然袭击导致险境的那种自我保存方式。这就使得我们身上的人性免于屈辱,尽管作为凡人,我们不免承受外来的暴力。因此,在我们的审美判断中,自然之所以被判定为崇高的,并非由于它可怕,而是由于它唤醒我们的力量(这不是属于自然的),来把我们平常关心的东西(财产、健康和生命)看得渺小,因而把自然的威力(在财产、健康和生命这些方面,我们不免受这种威力支配)看作不能对我们和我们的人格施加粗暴的支配力,以至迫使我们在最高原则攸关,须决定取舍的关头,向它屈服。在这种情况下自然之所以被看作崇高,只是因为它把想象力提高到能用形象表现出这样一些情况:在这些情况之下,心灵认识到自己的使命的崇高性,甚至高过自然"。① 下面,我们再谈

---

① 转引自朱光潜《西方美学史》下卷,人民文学出版社 1963 年版,第 379—380 页。

一下以社会美为手段实施美育。社会美虽以形象的形式出现,但
其所包含的内容却侧重于伦理道德的理性原则方面,更多地是以
现实生活中活生生的人与事给人以美好的道德启示。在我国数
千年的历史上,就曾涌现出无数伟大的人物。他们献身祖国、民
族和事业,创造了令人瞩目的伟业,表现出崇高卓绝的品德。在
我党半个多世纪艰苦奋斗的历史中,更是哺育了万千光彩夺目的
英雄人物。这些共产主义的英雄人物是人类的精英,他们的伟大
行为是美好品德的结晶。上述人物都是进行社会美教育的好教
材。这种社会美的教育应以形象性、情感性与伦理性的高度统一
为其特点。它区别于一般的历史教育与政治教育,常常能收到这
些教育形式所难以收到的极好效果。诚如著名诗人贺敬之在《雷
锋之歌》中形容全国开展"向雷锋同志学习"活动所产生的效果:

　　　　看,站起来,

　　　　你一个雷锋,

　　　　我们跟上去

　　　　十个雷锋,

　　　　百个雷锋,

　　　　千个雷锋……

　　最后就是以艺术美为手段实施美育。因为艺术美本身是在
现实美,(包括自然美与社会美)的基础上的美的提炼,所以这种
艺术美的教育就比自然美与社会美的教育更有其优越性,表现为
形象的教育与伦理道德的教育的直接统一,常常能收到极好的审
美教育的效果。本书将在第九章专门论述艺术教育问题,此不
赘述。

　　其次,实施美育所必需的教育环节。教育工作具体表现于教
育计划的执行,教育计划的主要方面是课程设置。因而,加强美

育的实施工作就应在课程设置中体现美育的内容。从中小学来说,应加强音乐与美术课的教学工作。音乐是以音响为原料,通过乐音的运动来表现人类最为细致的心理活动与情感的艺术种类。由于音乐更多地偏向于情感的表现,所以又称为表现的艺术、情感的艺术。音乐教育主要是诉诸人们听觉的一种教育形式。它对人的情感的陶冶和完善的个性的形成具有巨大的作用。古希腊的亚里士多德认为,"现在我们大家一致同意,音乐,无论发于管弦或谐以歌喉,总是世间最大的怡悦","这里,我们可以把音乐的怡悦作用作为一个理由,从而主张儿童应该学习音乐这门功课了"。[1] 我国古代的《礼记·乐记》也认为,"乐也者,圣人之所乐也,而可以善民心,其感人深,其移风易俗,故先王著其教焉"。贝多芬则认为,"音乐当使人类的精神爆出火花","音乐是比一切智慧、一切哲学更高的启示"。[2] 因此,我们应该重视中小学音乐课程的设置,保证课时和质量。在音乐课中,着重通过乐理讲授、教师的范唱、学生的视唱和听唱,培养学生的曲调感、听觉表象能力和节奏感。美术是凭借色彩与线条的原料来描绘现实的艺术形式,属造型艺术。美术教育以活生生的造型艺术的形象主要作用于人们的视觉,借以培养学生对比例估计和对亮度比的判别能力、对垂直方向和水平方向的视力寻求与确定的能力,以及空间想象力与视觉分析器与运动分析器的协调力等等。美术教育的形式多种多样,可通过写生画、意想画(主题画)和装饰

---

[1](古希腊)亚里士多德:《政治学》,吴寿彭译,商务印书馆 1965 年版,第418 页。

[2][法]罗曼·罗兰:《贝多芬传》,傅雷译,人民音乐出版社 1978 年版,第77 页。

画等培养学生的绘画能力。各类高等学校也应开设美育方面的课程。目前，我国高等院校在这方面极其薄弱，许多院校几乎是空白。我们认为，文、理、工、农、医、师各科，均应开设美育方面的必修课程或选修课程，例如，美学概论、美育概论、中外美术史、中外音乐史，中外文学史以及文学艺术欣赏方面的课程。从目前情况看，师范院校应将美学概论和美育概论作为必修课，工科院校应将技术美学或生产美学列为必修课程，艺术院校和中文系科应将美学概论作为必修课程。其他院校和系科均应在上述课程中选择部分课程作为选修课。目前，这类选修课可占总课时的 2% 到 5%，也就是要求大专学生在二年至四年中选修一门至三门这类课程。此外，平时可不定期地安排艺术欣赏方面的讲座，这类讲座尽管不占课时，但也要列入计划。

最后，谈谈教师在实施美育中的作用。教育工作的实施除了正确的教育方针的制定与优秀的校长的选择之外，关键就是教师。美育的实施也有赖于教师。因为，教师在整个审美教育工程中处于举足轻重的中间的环节。他们作为审美教育的执行者，从上接受审美教育领导机构发出的审美教育指令，在下则对受教育者具体实施审美教育。因此，必须保证教师这一中间环节能够很好地履行自己的职能。这就应对教师本人的素质与实施美育的自觉性有较高的要求。同时，教师与学生接触最多，对学生的影响最大，是学生的楷模。所以，应该要求每个教师都成为实施美育的模范。诚如苏联著名教育家赞可夫在《与教师的谈话》中所说，"人具有一种欣赏美和创造美的深刻而强烈的需要，但是这并不是说，我们可以指望审美情感会自发地形成。必须进行目标明确的工作来培养学生的审美情感，在这里，教师面前展开了一个广阔的活动天地"。据此，对于教师来说，应将美育体现于自己的教学工作中，在教学过程中尽力借助于形象与情感的手段，做到知识性与情感性的统一。教师应力争以优美纯净的语言、整洁的板书、朴素大方的风度姿态进行教学工作。更重要的是，教师应以自己的美好高尚的爱国主义、共产主义的品德，给学生以潜移默化的熏陶感染。请看，鲁迅先生在他的著名散文《藤野先生》中所记载的他所尊敬的一位日本老师——藤野先生。藤野先生的外貌并不美，但有着一丝不苟的认真的教学态度和在日本当局煽动反华之时坚持中日友谊的高尚品德。这种高尚的社会美的风范给鲁迅以终生的影响。鲁迅写道："每当夜间疲倦，正想偷懒时，仰面在灯光中瞥见他黑瘦的面貌，似乎正要说出抑扬顿挫的话来，便使我忽又良心发现，而且增加勇气了，于是点上一支烟，再继续写些为'正人君子'之流所深恶痛疾的文字。"

八、正确的审美观的确立

美育的实施包括帮助广大青年确立正确的审美观。那么,为什么要使青年确立正确的审美观,其内容又是什么呢?

1. 审美观是世界观的有机组成部分

审美观即人们对客观世界的审美把握,也就是对客观世界中美的事物与丑的事物的分辨。它同真理观与伦理观一起构成了人们对世界的总的看法,因而是世界观的有机组成部分。如果说,真理观作为认识旨在分辨真与假,伦理观作为道德旨在分辨善与恶,那么,审美观作为审美则旨在分辨美与丑。真理观、伦理观与审美观构成人的世界观的整体,相互间紧密联系、依存与制约。因此,审美观的水平与发展也就制约了真理观与伦理观的水平与发展,一个人对美丑的分辨影响了他对真伪与善恶的分辨。正是从这个意义上说,审美观在人的世界观的形成中具有不可或缺的作用。长期以来,我们没有从整体的观点看待青年一代世界观的形成,常常是简单化地将世界观与政治观等同,相对地忽视了审美观的教育。这样,常常使青年从理论上掌握了许多道理,但却没有将这些道理变成内在的情感要求,因而,不免使青年的世界观过于抽象空洞,缺乏内在的动力,经不起实际的考验。

2. 正确的审美观的确立是
实施美育的必要条件

　　青少年,作为审美教育的接受者,确立正确的审美观是十分必要的。原因是,这样可使青少年在整个审美教育工程的实施中,虽是教育的接受者,但却不是被动的、盲目的,而是主动的、自觉的。这就能使他们充分发挥自己在这有序的工程中作为一个不可分割的层次的应有作用。现代系统论告诉我们,任何有序的系统都是分层次的,每一个层次都有自己特殊的作用,不能为其他层次所代替。审美教育作为有序的系统工程,分成三个层次,即审美教育领导机构、审美教育的实施者与审美教育的接受者。青少年,作为第三个层次——审美教育的接受者,承担着接受美的信息并将其加工、处理、吸收、转化为自己的情感素质的职能。他们犹如机械控制系统中"接受机",如果机器的性能良好,排干扰的能力就加强,对信息的接受、处理和输出的灵敏度、准确度就增大。同样,作为审美教育接受者的青少年,如果具有正确的审美观,那么,在对美的信息的接受、处理、吸收、转换与输出上就比较顺利并能收到良好效果。正是从这样的事实出发,我们才特别强调正确的审美观的确立是实施美育的必要条件。

　　另外,还有一个方面的问题,那就是,对于审美教育接受者来说,不仅要使其确立正确的审美观,而且,还要同时帮助他们破除不正确的审美观。这就好像是机械控制系统中的排干扰一般,干扰愈小,信息的传输与转换愈快、愈准确。那么,需要破除哪些不正确的审美观呢?

　　首先,要破除享乐主义的审美观。有的青年把审美单纯地看作享乐，因而过分地追求官能刺激的满足，甚至大量地接触庸俗、低级、黄色的作品。这本身就违背了审美教育的培养高尚健康的情感素质的预期目标。的确，审美是一种"享乐"，但又不是一般意义上的享乐，更不是单纯的官能刺激的满足，而是一种高级的精神性的享乐。在这种"享乐"中，包含着深厚的伦理道德的因素。不是以对社会的占有为乐，而是以对社会的贡献为乐；不是以接受他人的馈赠为乐，而是以对他人的帮助为乐；不是以个人的满足为乐，而是以社会的前进为乐。具有这种情感素质的人，不是追求醉生梦死的生活，而是追求社会的发展、人类的幸福的有意义的生活。只有排除了这种享乐主义的审美观，才能按照美育的预期目标、自觉地接受审美教育。

其次，要破除主观主义的审美观。有的青年把审美完全看成个人的事情，所谓"穿衣戴帽，各人所好"，因而在日常的美的欣赏与追求中，一味地我行我素，即使走偏方向也不接受师长与亲友的劝告。的确，审美是一种主观性极强的个人活动，从根本上来说是一种不受外界明显约束的主体的内在要求。但审美又不完全是主观的、个人的，而是具有极强的社会性。它不仅同社会的经济、政治、文化、风俗密切相关，因而，一个时代有一个时代的美，而且，在审美的表面的个人主观性中却蕴含着丰富的社会客观性。它不仅在内容上包含着理性的精神，在形式上也具有社会普遍性。总之，审美既是一种个人的体验，又是一种具有社会普遍性的体验。一切纯个人的体验决不是审美，而只是生理快感。

再次，要破除"猎奇"的审美观。有的青年认为，凡是新奇的就是美的，因而不仅在生活中而且在艺术的欣赏中都取"猎奇"的审美态度。这种态度其实也是片面的。不错，凡美的事物都应该具有独创性与新颖性。在这个意义上,我们也可以说,凡是美的都是新奇的。但又不能说,凡是新奇的都是美的。因为,美不仅要求新奇,还要求具有和谐性并能引起人的高级的情感愉悦。许多新奇的事物却并不具有这样的特点,甚至违背了这一特点而成为"丑"。所以,决不能仅仅以"新奇"为美并在审美中取"猎奇"的态度。

3. 正确的审美观内容

审美观既然这样重要,那么,其内容到底是什么呢?要而言之,所谓审美观的内容就是指辨别美丑的标准,也就是对"什么是美与什么是丑"的回答。但对于"什么是美与什么是丑"的问题,历来都是难解之谜。早在公元前五世纪,古希腊大哲学家柏拉图就在其著名的《大希庇阿斯篇》中提出了这样一个问题:"凡是美的那些东西真正是美,是否有一个美本身存在,才叫那些东西美呢?"①他最后的问答是:"美是难的。"②两千多年之后,俄国大文学家托尔斯泰在其著名的《艺术论》中仍然将"美是什么"的问题看作一个"谜"。他写道:"'美'这个词儿的意义想来当然已经是大家知道和了解的。但事实上这个问题不但没有明白,而且,虽然一百五十年来——自从 1750 年鲍姆嘉登为美学奠定基础以来——多少博学的思想家写了堆积如山的讨论美学的书,'美是什么'这一问题却至今还完全没有解决,而且在每一部新的美学著作中都有一种新的说法。……'美'这个词儿的意义在一百五

---

① 柏拉图:《文艺对话集》,朱光潜译,人民文学出版社 1963 年版,第 181 页。
② 柏拉图:《文艺对话集》,朱光潜译,人民文学出版社 1963 年版,第 210 页。

十年间经过成千的学者的讨论，竟仍然是一个谜。"①当代美国美学家托玛斯·门罗也认为，"对美这个名词至今还尚未很好了解"，因而人们"只能涉及无数的书籍而毫无结果地去争论美固有的定义"。我国当代在美是什么的问题上，也有着美在主观、美在客观、美在主客观统一与美在客观社会性不同的四派。可以说，在美的看法上真是众说纷纭，莫衷一是，而且许多理论又深奥莫测，难以掌握。尽管如此，我们还是可以在马克思主义的辩证唯物主义与历史唯物主义的指导之下，结合审美的实践，为美与丑的辨别确定一些原则性的标准。首先，在对美与丑的看法上应有一个最基本的出发点，那就是美与丑的问题是一个社会问题，美的事物与丑的事物是社会的现象，因此离开了社会实践就无所谓美与丑。试想，在人类出现以前的地球上，也曾有过绚烂的花朵、婉转的鸟鸣、飘动的彩云、蔚蓝的大海……但它们本身决无美与丑的问题，只在出现人类以后，有了对于客观世界的审美把握，它们才具有了美与丑的含义。因此，美丑问题从来都是同社会实践相联系的。马克思在其名著《1844 年经济学哲学手稿》中指出："劳动创造了美。"他正是从劳动实践的角度，在同一著作中提出了著名的关于"美的规律"的命题："动物只是按照它所属的那个种的尺度和需要来建造，而人却懂得按照任何一个种的尺度来进行生产，并且懂得怎样处处都把内在尺度运用到对象上去，因此人也按照美的规律来建造。"②正是根据马克思主义的这些重要论述，我们认为，凡是凝聚着某种理性精神和客观真理的可以引

---

① ［俄］列夫·托尔斯泰：《艺术论》，丰陈宝译，人民文学出版社 1958 年版，第 13 页。
② 《马克思恩格斯全集》第 42 卷，人民出版社 1979 年版，第 93、97 页。

起人们高级的情感愉悦的形象就是美的,反之,则是丑的。由此,可将美丑的辨别大致分为以下几个方面。

第一,美的事物必须引起人们高级的情感愉悦

有人认为,对美的把握应完全从客体着眼。这从表面上看似乎坚持了唯物主义,但其实并不科学。如上所说,美是一种社会现象,而不是自然现象。因此,对美的把握就离不开人,离不开审美主体。正因为如此,才在美学研究中出现了这样一个命题:只有引起人的美感的事物才是美的。这个看似同语反复的命题却道出了一个真理:美的事物是以被人感受为美为其前提条件的。这就要求美的事物必须引起人们高级的情感愉悦(审美快感)。这是因为,美作为事物的社会属性,反映了主体与对象之间一种特殊的审美关系。当然,对象与主体之间还有认识、功利与伦理等各种关系。但审美关系却是主体与对象之间的一种特殊的关系,是一种高级的情感愉悦的关系。也就是说,在社会实践中,由于目的的实现、人在对象之上的自我肯定而形成的一种情感的愉悦。在人类社会的初期,表现为由劳动产品而引起的愉悦。后来,则表现为由艺术的创造而产生的对艺术产品的愉悦。艺术欣赏就是在观照中因人类群体目的的实现而产生的情感愉悦。总之,美的事物都是足以引起人们情感愉悦的事物,不能引起情感愉悦的事物,就不是美的,引起人们情感厌恶的事物就一定是丑的。

第二,美的事物必须是鲜明生动的形象

美的事物引起人们高级情感愉悦的特点决定了它必须是鲜明生动的形象。当然,这里所说的"形象"是从广义的角度说的,

包括自然形象、社会形象和艺术形象。但凡是形象,都是一幅活生生的生活图画,具有具体可感性。美的这种形象特征是其最基本的条件,最重要的标志。可以说,凡是被称作美的事物的,都必须是活生生的形象,不论是自然养、社会美,还是艺术美,概莫能外。原因就在于,只有具体可感的形象才能扣触人们的心扉,拨动人们情感的琴弦,引起人们的愉悦;只有具体的可感的形象,才能使人们对其发生情感的体验。因此,可以断言,一切美的事物都是具体可感的形象,而不具形象特征的就不可能是美的事物。但是,又不是一切的形象都是美的。事实证明,只有那些在外形、结构与色彩上具有鲜明、生动与和谐的特性的形象才是美的。当然,这里所说的"鲜明、生动、和谐",并不仅指对称、协调与适中,某些不规则的曲线及结构与色彩的失调也常常不失为美。其主要根据在于是否与人的生理、心理具有某种内在的联系,从而使人在生理和心理上产生愉悦的快感。总之,凡是鲜明、生动、和谐并同人的生理、心理具有某种内在联系的形象都是美的,而同以上要求相反的形象则是丑的。

第三,美的事物必须包含着理性因素

美的事物是人的实践的产物,因而总是具有某种创造性,包含着理性的因素。因为,人的实践活动不同于动物的本能活动而具有某种意识性,是一种自觉的有目的的活动。这种意识、目的或愿望在实践上实现之后,当人们对实践产品持观照态度时,实践的产品就成为美的。正是从这种实践的观点出发,我们认为,美的事物必须包含着人的目的、愿望、意志等理性因素,具有善的伦理道德的内容。德国美学家康德曾说,美的事物所包含的这种理性因素使形象表现出一种特殊的生命力,犹如女子虽然端庄

但无生命力则不美,只有既端庄又富有生命力才是真正的美,也才具有着吸引人的魅力。黑格尔则把这种理性因素的渗透称作是"灌注生气",要求艺术形象的每一点都表现出内在的理性精神,好像是"把每一个形象的看得见的外表上的每一点都化成眼睛或灵魂的住所,使它把心灵显现出来"。① 这种借助于形象显现理性因素的理论在我国古代文论中称作"气韵说",要求艺术形象做到"气韵生动"。当然,人们所要求美的事物所显现出来理性因素不是某种狭隘的利益、愿望和意志,而应该是符合人类社会根本利益的理性精神,即理想。诚如俄国民主主义革命家车尔尼雪夫斯基所说,美是"应当如此的生活",这种包含着理想的美,主要是指社会美。至于自然美,如苍茫的星空、滔滔的大海、绵延的群山、蛮荒的草原、浩渺的森林……由于其中的绝大部分是未经人的实践改造的,所以它们所包含的理性因素主要从象征的意味上理解。也就是说,这些自然物只有在象征着某种理性精神时才可能是美的。有时,某处山林风景同古代的神话相联系,将人的遐思带到遥远的美妙的神话世界,从而具有一种美。有时,某处山林风景由其特殊的外形与结构同人类的生理与心理结构相一致,从而唤起人的某种愉悦之情,有时,某处山林风景契合人的某种特殊心境,从而激起人的情思。凡此种种,都说明自然美的理性因素是以象征的形式显现出来。正是由于美的事物包含着理性因素,这就使它们所引起人的愉悦之情不同于单纯的生理快感而成为一种高级的情感。纯粹的快感是物质的、个人的、低级的,而美感则是具有普遍性的、精神的、高级的。因此,凡是显现(象征)出理性因素的形象都是美的,相反的情形则是丑的。

---

① [德]黑格尔:《美学》第1卷,朱光潜译,商务印书馆1981年版,第198页。

第四,美的事物必然包含着客观的真理

美是人同现实之间的一种特殊的审美关系,美感则是人对现实的一种特殊的情感反映。因此,在美的事物中必然地具有现实的因素,包含着客观的真理。当然,美不同于真,美的事物也不同于客观真实。但是,美的事物作为社会实践的产物却必须以客观现实作为其重要根据。因为,人只有在社会实践中使自己的主观愿望符合客观的规律性时,才能使这种愿望得以实现,并在对象之上凝聚着人的理性精神,从而创造出美。正是从这个意义上,人们将美看作是合目的性与合规律性的统一、真与善的统一。这就要求美的事物不必就是客观真实,但却必须包含着客观真实,具有某种真理性的因素。因此,只有真实性的形象才是美的,而任何虚假的形象都是丑的。当然,我们这里所说的真实性是指某种本质的真实,即不必在客观现实中真有其事,但却可能有其事。真有其事的未必合规律,因而未必美,可能有其事的却一定合规律而可能美。

九、艺术教育是实施美育的最重要的途径

1. 艺术教育反映了人与艺术之间互相创造的辩证关系

前已说到,美育可借助自然美、社会美与艺术美的各种途径。而在这多种途径中,最重要的就是利用艺术美的艺术教育的途径。这正是人类运用人与艺术之间的辩证关系的自觉性的表现。因为,按照马克思主义的实践观点,在人类的生产实践活动中,不仅生产了主体所需要的产品,而且产品也反过来增长和提高了主体的需要。总之,没有主体的需要就没有生产,但没有生产也就没有主体需要的再生产。艺术活动作为一种精神生产,情况也是如此。一方面,人类为了满足自己的审美需要生产了艺术品,反过来艺术品又进一步培养、发展了人类的审美需要和能力。也就是,人类生产了艺术,艺术又生产了审美的主体。这就是人与艺术之间互相创造的辩证的统一的关系。诚如马克思在《〈政治经济学批判〉导言》中所说,"艺术对象创造出懂得艺术和能够欣赏美的大众——任何其他产品也都是这样。因此,生产不仅为主体生产对象,而且也为对象生产主体"。① 作为人类文明组成部分

---

① 《马克思恩格斯选集》第 2 卷,人民出版社 1972 年版,第 95 页。

的审美力及其产品——艺术,就正是在这种辩证的统一的关系中不断地朝前发展。这是一个不依人的意志为转移的客观规律。自觉地运用这一规律,重视和不断发展艺术生产和艺术教育,正是人类自我意识不断增长的证明。随着人类社会的不断前进,物质生产与精神生产的不断发展,人类日益摆脱粗俗、原始的物质需要的束缚,而发展着社会、精神的需求,其中就包括高级的审美需要,因而就愈发重视艺术生产和艺术教育。对于艺术教育的重要性,早在一百多年前有一位俄国作者在论述普希金的书中,曾作过比较准确的阐述。他说,什么更重要——科学知识还是文学艺术?一个受过教育、头脑清晰的人对此将这样回答:"科学书籍让人免于愚昧,而文艺作品则使人摆脱粗鄙;对真正的教育和人们的幸福来说,二者是同样的有益和必要。"①

2. 艺术教育的内容

艺术教育包括艺术创造与艺术欣赏。也就是通过艺术创造的实践培养学生审美的能力和通过对艺术品的鉴赏活动提高其审美能力。二者的途径不同,但达到培养审美力的目的却是同一的。比较起来,在艺术教育中,艺术欣赏比艺术创造运用得更为广泛普遍。一般来说,当我们谈到艺术教育时,通常就是指通过艺术欣赏的途径所进行的审美教育。原因在于艺术欣赏的方式较为简便,不像艺术创造那样需要各种物质材料。它只需几件艺

---

①转引自波库萨耶夫《车尔尼雪夫斯基》,钟遗、殷桑译,天津人民出版社1982年版,第5页。

术品就可将学生领到一个无限神奇、动人的美的世界,并常常能收到极好的效果。

正是因为艺术欣赏是艺术教育的主要方式,所以我们需要对它略略地介绍。什么是艺术欣赏呢? 所谓艺术欣赏,就是一种以情感激动为特点的美感享受。这就是说,在艺术欣赏中,欣赏者首先要被艺术品所吸引,引起感情上的激动。而且,这种激动还应该是肯定性的。也就是由于艺术品所包含的情感同欣赏者的情感一致,而使其喜欢,引起他的愉悦之情。这样,就能拨动欣赏者的心弦,扣触其心扉,使他感到一种从未有过的精神上的享受。这种肯定性的特色就从一个角度将艺术欣赏中的情感激动同现实生活中的情感激动划清了界限。例如,同是悲伤,但人们愿意花钱买票到剧院里欣赏悲剧,甚至为此而落泪,却决不愿意碰见大出殡而伤感。因为,前者是一种享受,而后者则是一种痛苦。对于这种肯定性的情感激劝,毛泽东同志把它叫做使人"感奋"令人"惊醒"。马克思则把它叫做"艺术享受"。不管是"感奋""惊醒",还是"艺术享受",在美学上我们都一律把它叫做"美感"。正如茅盾同志所说,"我们都有过这样的经验:看到某些自然物或人造的艺术品,我们往往要发生一种情绪上的激动,也许是愉快兴奋,也许是悲哀激昂,不管是前者,还是后者,总之我们是被感动了,这样的情感上的激动(对艺术品或自然物),叫做欣赏,也就是我们对所看到的事物起了美感"。①

---

①《茅盾评论文集》上卷,人民文学出版社 1978 年版,第 5 页。

3. 艺术教育所凭借的特有的
艺术美的手段

　　艺术教育所凭借的手段是不同于自然美与社会美的艺术美。这种艺术美具体地体现为艺术品。艺术品本身是艺术家创造性劳动的产物,是美的物化形态与集中表现,人类高尚情感的结晶。它同自然美与社会美相比,在美的层次上更高。人们通过对于艺术品的欣赏,可以直接接触到无限丰富多样的美的对象,从而受到熏陶启迪。因此,艺术品是实施美育的最好教材,它有着不容忽视的特点。

　　首先,形象性是它的外部特征。艺术品给予我们的第一个印象就是,它不是抽象的概念、判断、推理,而是具体的形象。它或者是由节奏与旋律构成的音乐形象,或者是由动作与形体构成的舞蹈形象,或者是由色彩与线条构成的绘画形象,或者由语言构成的文学形象。总之,形象性是艺术品的外部特征。任何形象都是一幅活生生的生活图画,是具体的、个别的、可感的。面对这样的形象都可"如闻其声,如见其人"。正因为艺术形象具有这种形象性的外部特征,才具备引起欣赏者感情激动的基本条件。心理学告诉我们,"情绪和情感是人对客观现实的一种特殊反映形式,是人对于客观事物是否符合人的需要而产生的态度的体验"。① 可见,只有具体的个别的事物才能引起人们的情感体验,而任何抽象的概念一般都不会产生这样的效果。这就是艺术美在欣赏中之所以激起欣赏者情感激动的原因之一。

----

① 孙汝亭等主编:《心理学》,广西人民出版社 1982 年版,第 441 页。

其次,形象性与情感性的直接统一是艺术品的根本特点。一般的生活形象不会像艺术形象那样使人产生巨大的情感激动的效果。艺术形象之所以会产生这样的效果,是由于在这具体、个别、可感的形象性之中,渗透、溶化着作家的强烈情感。艺术形象是作为客观因素的形象与作为主观因素的情感的直接统一。这种直接统一,犹如盐之溶于水,"体匿性存"。这就是我国古代文论中常讲的"情景交融""寓情于景""一切景语皆情语"等等。不论是造型艺术中的形象,文学作品中的形象,还是音乐形象、舞蹈形象,都不单纯是对生活形象的客观写照,而是浸透着饱满的情感。法国著名小说家左拉在称赞一个作家时写道:"这是一个蘸着自己的血液和胆汁来写作的作家。"我国清代作家曹雪芹在谈到自己写作《红楼梦》的情形时十分感叹地说:"字字看来都是血,十年辛苦不寻常。"请看,他在《红楼梦》第二十七回所写的著名的《葬花辞》吧!辞中写道:"一年三百六十日,风刀霜剑严相逼;明媚鲜艳能几时,一朝漂泊难寻觅","未若锦囊收艳骨,一抔净土掩风流;质本洁来还洁去,强于污淖陷渠沟"。这些词语,全部写的是花,但实际上却是写人;表面上记述葬花之景,实际上字字句句无不渗透着作家对女主人公"风刀霜剑严逼"的凄凉身世的深厚同情,寄寓着对于不与封建势力妥协的"质本洁来还洁去"的高尚情操的热情歌颂。真是花与人、景与情高度直接地统一,达到了水乳交融的地步。面对这样的艺术形象,我们怎能不为之潸然泪下呢?又如,著名唐代诗人杜甫,一生坎坷,历尽艰辛,对安史之乱所引起的国破家亡有深刻的体验,他在五律《春望》中,劈头四句写道:"国破山河在,城春草木深。感时花溅泪,恨别鸟惊心。"这是公元 757 年,杜甫陷身长安时所作。表面上,诗人在写长安春景,但却借破碎的山河、凄深的草木、溅泪的花和悲鸣的鸟,寄寓了对国破家亡的悲愤之情。这首写景诗不是也同《红楼梦》一样，"字字看来都是血"吗？面对着这样的情景交融的艺术形象，人们怎能不引起强烈的情感激动呢？

最后，艺术品所包含的情感是一种寓有理性的高级的情感。艺术品不仅包含着情感，而且所包含的不是一般的情感，而是寓有理性的情感。普列汉诺夫说："艺术既表现人们的感情，也表现人们的思想，但是并非抽象地表现，而是用生动的形象来表现。艺术的最主要的特点就是在于此。"①正因为如此，艺术形象才有理性的价值，艺术欣赏才能作为美育的主要途径而富有极大的教育意义。众所周知，艺术形象都不是简单的生活原型，而是经过典型化的艺术提炼的产物。别林斯基曾说："才能卓著的画家在画布上创造出来的风景画，比任何大自然中的如画美景都更美好。为什么呢？因为它里面没有任何偶然和多余的东西，一切局部从属于总体，一切朝向同一个目标，一切构成一个美丽、完整、个别的存在。"②他又说道："诗的本质正就在这一点上：给予无实体的概念以生动、感性、美丽的形象。"③可见，就在这样朝着一个目标、舍弃任何偶然多余的东西的典型化过程中，使艺术形象所包含的情感具有了巨大的思想性、理性。具体表现为，这种情感不是局限于对个别事物的感触，而是具有巨大的概括意义。巴尔扎克在《论艺术家》一文中说："艺术作品就是用最小的面积惊人

---

① [俄]普列汉诺夫：《普列汉诺夫美学论文集》，曹葆华译，人民出版社1983年版，第308页。

② [俄]别林斯基：《别林斯基选集》第2卷，满涛译，上海文艺出版社1963年版，第458页。

③ 《外国理论家作家论形象思维》，中国社会科学出版社1979年版，第69页。

地集中了最大量的思想,它类似总和。"例如,杜甫在《春望》中所表达的感情,就不是局限于对个别的草木花鸟之感,也不同于某些才子佳人无聊的伤春,而是在草木花鸟之感中凝聚着整个时代人民的家国之痛。再就是,艺术作品所包含的情感不是偶然的,而是具有某种必然性,因而富有深刻的哲理。例如,《红楼梦》中的《葬花辞》,所咏者为花之凋零,看似偶然,但却暗寓着封建时代叛逆的女性的纯洁而凄苦的命运。这就包含着必然性,具有启发人的深刻的哲理意味。

4. 艺术教育所产生的动人心魄的神奇魔力

艺术品的形象性与情感性的高度统一的特点,就决定了艺术教育所产生的这种肯定性的情感激动必然是极其强烈的,具有一种动人心魄的神奇魔力和巨大的感染力量。它可以使人"神摇意夺,恍然凝想",以致"快者掀髯,愤者扼腕,悲者掩泣,羡者色飞"。古希腊哲人柏拉图将这种情形称作是一种"浸润心灵"的"诗的魔力"。高尔基也把这种摄人心魄的美学现象称作是一种令人不可思议的"魔术"。他曾经生动地描写了自己少年时期在热闹的节日里,避开人群,躲到杂物室的屋顶上读书。他被福楼拜的小说《一颗纯朴的心》迷住了,当时,他由于无知,误以为这本书里藏着一种"魔术",以致曾经好几次"机械地把书页对着光亮反复细看,仿佛想从字里行间找到猜透魔术的方法"。① 对于艺术品的这种

①〔苏〕高尔基:《论文学》,孟昌等译,人民文学出版社1978年版,第182—183页。

摄人心魄的奇妙作用,列宁也曾做过描述。有一天晚上,他听了一位钢琴家演奏贝多芬的几支奏鸣曲,被深深地激动了。他说:"我不知道还有比《热情交响曲》更好的东西,我愿每天都听一听。这是绝妙的、人间没有的音乐,我总带着也许是幼稚的夸耀想:人们能够创造怎样的奇迹啊!"艺术品的这种动人心魄的神奇魔力,甚至会导致某种罕见的群众性的狂热场面。例如,1824 年 5 月 7日,在维也纳举行贝多芬的《D 调弥撒曲》和《第九交响曲》的第一次演奏会,获得了空前的成功,情况之热烈几乎带有暴动的性质。当贝多芬出场时,受到群众五次鼓掌欢迎。在如此讲究礼节的国家,对皇族的出场,习惯上也只用三次的鼓掌礼。因此,警察不得不出面干涉。交响曲引起狂热的骚动,许多人哭了起来。贝多芬在终场以后,也被感动得晕了过去。大家把他抬到朋友家中,他蒙蒙眬眬地和衣睡着,不饮不食,直到次日早晨。总之,动人心魄的神奇魔力正是艺术教育的特色,也正是我们把它作为实施美育的重要途径的原因之所在。

5. 艺术教育特有的潜移默化的作用

首先,任何艺术品都不同程度地给人以某种教育。任何艺术品都不是无目的的、为艺术而艺术的。唯美主义者企图将艺术关进象牙之塔,否定它的一切功利作用。这是不现实的。其实,任何艺术品都因包含着作者对生活的主观体验和评价而在不同程度上具有某种思想意义。而一切优秀的文艺作品又都从不同的角度给人们以启发教育。鲁迅曾要求一切进步文艺成为引导人民前进的灯火。他在《论睁了眼看》一文中说:"文艺是国民精神所发的火光,同时也是引导国民精神的前途的灯火。"当然,文艺由于其题材与体裁的不同,所起教育作用的程度和角度都是不同的。一般来说,山水诗、风景画、轻音乐等,更多的是给人以一种健康的情感的陶冶;而小说、戏剧、电影、历史画等,则更多的是给人以一种思想上的启示。

其次,艺术教育是以"寓教于乐"为其特点的。艺术所给予人的教育是不同于政治理论所给予人的教育的。政治理论是以直接的理论教育的形式出现,目的明确,内容直接。艺术教育的特点是以娱乐的形式出现的,是娱乐与教育的直接统一。这就是思想教育的目的直接渗透、溶解于无目的的娱乐之中。关于艺术教育的这一特点,古代许多理论家都不同程度地认识到。柏拉图就对文艺提出了"不仅能引起快感,而且对国家和人生都有效用"的要求。古罗马的贺拉斯在《诗艺》中认为,文艺的作用是"寓教于乐"。文艺复兴时期的塞万提斯也对文艺提出"既可以娱人也可以教人"的要求,后来,狄德罗则将文艺的"寓教于乐"称作是"迂回曲折的方式打动人心"。周恩来同志《在文艺工作座谈会和故事片创作会上的讲话》中也指出:"群众看戏,看电影是要从中得到娱乐和休息,你通过典型化的形象表演,教育寓于其中,寓于娱乐之中。"这一切都告诉我们,文艺的教育作用是以娱乐的形式出现的,没有娱乐就没有艺术的教育,也没有艺术的欣赏。而所谓"娱乐",有两大特点:第一,从目的上来看,是为了情感上的轻松愉悦、精神享受,而不是为了刻苦出力;第二,从欣赏者所处的境况来看,完全是一种自觉自愿,没有外在的规范强制,而是出自内在的心理欲求。这种艺术教育的特点是被艺术欣赏中的心理特点所决定的。因为,艺术欣赏是一种理性评价与感性体验的直接统一,表现为强烈的情感体验的形式。所以,它所起的作用也就主要是动之以情。政治理论是一种纯理性的逻辑、判断、推理活动。所以,它的教育作用就是一种诉之以理。

最后,艺术教育的娱乐性中渗透着理性的因素。艺术教育尽管以娱乐性为其特点,但决不是单纯的娱乐,而是在娱乐中渗透着理性,包含着教育。但这是一种特殊的理性教育。

第一,从性质上来说,这种渗透于娱乐的教育主要不是认识的和道德的教育,而是一种情感的教育,是一种对于人的内在心灵的熏陶感染,也就是从情感上打动心灵的启迪。歌德在其著名的论文《说不尽的莎士比亚》中,认为莎士比亚著作的特点表面上看似乎是诉诸人们外在的视觉感官,而实际上是诉诸人们的"内在的感官"。所谓"内在的感官"就是心灵。也就是说,艺术教育是一种打动人们的心灵的教育。它触动着人们情感的琴弦,而所产生的效果则是心灵的震动,即灵魂的净化、道德的升华。茅盾同志通俗地把这叫做"灵魂洗澡"。他在谈到自己第一次听冼星海的《黄河大合唱》的感受时说道,"对于音乐,我是十足的门外汉,我不能有条有理告诉你:《黄河大合唱》的好处在哪里? 可是他那伟大的气魄自然而使人鄙吝全消,发生崇高的情感,只是这一点也就叫你听过一次就像灵魂洗过澡似的"。① 这种情形,我们都会有亲身的感受。例如,当我们读到李存葆同志的小说《高山下的花环》中的这样一段:梁三喜带领全连攻上无名高地后,被躲在岩石后面的敌人击中左胸要害部位。他立刻倒了下来,但仍然微微地睁着眼,右手紧紧地攥着左胸上的口袋,有气无力地说"这里,有我……一张欠帐单……"。同志们在那热血喷涌的弹洞旁边,在那左胸口袋里找到一张血染的四指见方的字条——"我的欠帐单",密密麻麻地写着十七位同志的名字,总额 620 元。此

---

① 《散文选》第 2 册,上海教育出版社,第 70 页。

景此情,难道对于我们不是一场灵魂的洗涤吗?作者在这无言的形象描绘中为我们塑造了一位含辛茹苦、为国捐躯的高大英雄形象。在这样一个"位卑未敢忘忧国"的高大英雄形象面前,我们会感到一种从未有过的道德的启示和人生哲理的领悟。

第二,从艺术教育的形式来看,不同于政治理论教育的直接的教育形式,而是一种间接的潜移默化。也就是在娱乐中不知不觉地、暗暗地,当然也是逐步地使欣赏者接受、改变,乃至培养起某种感情。人们曾经借用杜甫的一句诗,把这种情形比作细雨的滋润大地,即所谓"润物细无声"。也有人将此比作战场上的一种出其不意、猝不及防的战术,对人的感情的"偷袭"。这明在艺术教育中,受教育者常常是不知不觉地被艺术形象所征服,从而当了它的"俘虏"。著名作家巴尔扎克非常了解艺术的这种特有的潜移默化作用。他曾经说过这样一句名言:"拿破仑用刀来能完成的事,我要用笔来完成。"

第三,从对文艺家的要求来看,正因为艺术教育具有这种特有的启迪、熏陶人们心灵的巨大作用,所以人们常常把艺术品称作"精神食粮",把文艺家叫做"人类灵魂的工程师"。从这个角度说,艺术教育和美育工作的人也应该是"人类灵魂的工程师"。作为一名光荣的"人类灵魂的工程师",应对自己的工作感到自豪、感到肩负着高尚的责任,应十分重视并很好地利用艺术教育的武器,更好地培养广大群众,特别是青年一代的健康的审美能力,塑造他们的美好的心灵。

十、审美力的培养

从马克思主义的实践观点出发,我们认为,审美力只有在审美的实践中才能形成,而审美的实践则必须包括审美的客体和审美的主体两个方面。因此,审美力的培养也必须从主客观两个方面着手。从客观方面来说,就是优秀的审美对象的选择。从主观方面来说,则是有关审美力的各种主观条件的创造。

1. 审美力是后天形成的社会性能力

唯心主义者认为,审美力完全是一种先天的禀赋,是天才。我们辩证唯物主义者不完全否认审美能力具有某种先天性,但先天的禀赋只不过为审美力的形成提供了一种可能,更重要的还是要通过后天的实践使可能变成现实。社会存在决定社会意识。马克思不仅讲过"艺术对象创造出懂得艺术和能够欣赏美的大众"①,而且,在《1844 年经济学哲学手稿》中还谈到,人的感觉能力也完全是由对象产生出来的。他说,"不仅五官感觉,而且所谓精神感觉、实践感觉(意志、爱等等),一句话,人的感觉、感觉的人性,都只是由于它的对象的存在,由于人化的自然

①《马克思恩格斯选集》第 2 卷,人民出版社 1972 年版,第 95 页。

界,才产生出来的"。① 这段话尽管还残存着费尔巴哈人本主义的痕迹,但却较正确地阐述了"人的感觉能力是后天由感觉对象的存在才产生出来的"这样一个唯物主义真理。

2. 审美对象的选择

第一,审美能力的强弱同审美对象的水平直接有关

既然人的审美能力主要是后天形成的,并且是由审美对象的存在而创造出来的,那么,审美对象水平的高低就同审美能力的强弱直接有关。只有通过真正美的艺术品,才能培养出较强的审美能力和健康的审美趣味。因此,在审美的欣赏中不能采取来者不拒的方针,而应对艺术品进行必要的选择。因为,并不是一切艺术品都是美的。我国南朝时的钟嵘在著名的《诗品》中将五言诗分为上、中、下三品,其实,不仅诗歌有上、中、下三品之分,一切的艺术都有上、中、下三品。我们要尽量选择艺术中的上品作为自己的欣赏对象。这样,"水涨船高",人们的欣赏水平、审美能力也就能逐渐提高到相应的高度。歌德曾说,"鉴赏力不是靠观赏中等作品而是要靠观赏最好作品才能培养成的。所以我只让你看最好的作品,等你在最好的作品中打下牢固的基础,你就有了用来衡量其他作品的标准,估价不至于过高,而是恰如其分"。②

---

① 《马克思恩格斯全集》第 42 卷,人民出版社 1979 年版,第 126 页。
② [德]爱克曼辑录:《歌德谈话录》,朱光潜译,人民文学出版社 1978 年版,第 32 页

第二,低级庸俗的作品不仅是对人的腐蚀,而且会形成不良的审美趣味

低级庸俗的作品,对于广大人民,特别是缺乏审美判断力的青少年,危害是极大的。它从思想感情上,在不知不觉中腐蚀人们的灵魂。例如,有一位大学生,参与了流氓犯罪活动,以致堕落。其原因之一是沉湎于低级庸俗的腐朽艺术。而一位年幼无知的初中女学生则因看了手抄本黄色小说,被其中的腐朽情感腐蚀,陷入男女鬼混之中,最后沉沦堕落,不能自拔。另外,由于审美欣赏是以审美感知为基础的,所以低级庸俗的作品常常以反映本能欲求的靡靡之音、黄色的色情描绘给人某种官能的刺激。这就使缺乏辨别力的青年在心观上形成一种感知的癖好,成为不良的审美习惯和趣味。因此,庸俗低级的艺术品同宗教一样,是一种精神的鸦片。人们一旦上了瘾,尽管理智上想摆脱,但感情上却难以做到。某中学收缴黄色书刊,一个学生明知手抄本黄色小说不好,但却只交了上半部而留下了下半部,说明其在情感上颇有恋恋不舍之意。这就好像《红楼梦》第十二回所描写的贾瑞的情形。书中写到,贾瑞陷入王熙凤狠毒地设计的相思局之中,一病在床。这时有一个道士送他一个"风月宝鉴"。这个"风月宝鉴"为警幻仙子所制,专治"邪思妄动"之症,道士嘱咐贾瑞"千万不要照正面,只照背面,要紧,要紧"。贾瑞照背面,见是一个骷髅,寓理性、警戒之意。贾瑞不愿意,又照正面,只见凤姐站在里面朝他招手,他喜不自胜,病情加重。但仍然执迷不悟,还是要照,如此三四次,结果一命呜呼。这尽管带有某种宿命论的色彩,但却具哲理性,生动形象地说明了庸俗低级的癖好一旦养成就难以改正。

第三,在美丑的对比中增强审美能力

我们对于庸俗、低级、有毒的作品,一方面采取查禁收缴的政策,但另一方面对于其中的某些作品亦可在有指导的情况下组织青年接触。这是一种通过比较、鉴别提高审美能力的方法。诚如毛泽东同志所说,"真的、善的、美的东西总是在同假的、恶的、丑的东西相比较而存在,相斗争而发展的"。这是真理发展的规律,也是增强人的审美力的规律。

3. 正确的审美态度的确立

审美力的培养,从主观上来讲,还必须确立正确的审美态度,即确立与实用和科学的态度不同的审美的观照的态度。

第一,不能以直接实用、功利的态度对待审美对象,而必须同对象保持一定的距离

这就是说,在审美中,既不能单纯从功利价值的角度衡量对象,客观地估量对象有何经济价值,更不能用经济占有的态度去看待对象,好像一个商人看待一颗宝石,只想到如何攫取它去卖钱。正如马克思所说,"贩卖矿物的商人只看到矿物的商业价值,而看不到矿物的美和特性"。当然,也不能对于对象完全取生理欲求的态度。好像一个人在非常干渴的时候,看到一幅美妙的水果静物画,此时所想到的只是吃掉水果解渴,而不会进行审美的欣赏。再就是,个别人单纯从庸俗的生理的态度去看待一些仕女画、女雕,甚至专门在一些优秀作品中寻找个别的揭露剥削阶级荒淫生活的镜头和章节,这都是审美态度上的偏颇。事实证明,

审美的态度同以上各种实用的态度都是不同的。在功利的实用之中,主体与对象之间的距离非常切近,以便满足主体的某种现实需要。在审美中,主体与对象之间保持着较大的距离,以便于进行审美的观照(欣赏)。如果主客体之间的关系太切近了,审美的观照关系就将消失,而代之以功利的实用关系。

第二,必须用欣赏的审美的态度观赏对象,而不能像自然科学那样来研究对象

审美的规律与自然科学的规律是不完全相同的。自然科学的规律是纯客观的,一就是一,二就是二,不能含糊。但审美的规律却是对于客观现实的情感的反映、主观的加工。例如,唐代诗人李白的著名诗句"黄河之水天上来""白发三千丈""燕山雪花大如席"等等,都是带着主观情感色彩的夸张。对于上述诗句,如果单纯从自然科学的角度考虑,那是无论如何都不能理解的。只有从审美的角度,从情感上加以体验。

4. 审美感受力的培养

第一,审美感受力是审美力中最基本的主观条件

审美活动是以审美的感受为基础的,并且,审美感受贯穿于审美活动的由始至终,因此,可以说,没有审美感受力就没有审美。正如马克思所说,"如果你想得到艺术的享受,你本身就必须是一个有艺术修养的人","对于没有音乐感的耳朵说来,最美的音乐也毫无意义,不是对象……因为任何一个对象对我的意义(它只是对那个与它相适应的感受说来才有意义)都以我的感受所及的程度为限"。费尔巴哈也说:"如果你对于音乐没有欣赏力,没有感情,那么你听到最美的音乐,也只像是听到耳边吹过的风,或者脚下流过的水一样。"

第二,审美感受力的重要标志就是感受艺术品的"灵敏性"和"统摄力"

狄德罗指出,"艺术鉴赏力究竟是什么呢? 这就是通过掌握真或善(以及使真或善成为美的情景)的反复实践而取得的,能立即为美的事物所深深感动的那种气质"。很明显,在狄德罗看来,艺术鉴赏力就是主体"能立即为美的事物所深深感动"。这首先表现为感受的灵敏性,包括耳朵能迅速地捕捉到音乐的节奏与旋律,眼睛能迅速地捕捉到造型艺术的光线和线条的明暗与变化。只有在此基础上才能进一步产生审美的联想与想象。这种"灵敏性"表现为能够迅速地凭借自己的视听感官,特别敏锐地感受到别人所没有感受到的色彩和声音的特征。也就是说,这一方面有自己的"发现"。诚如罗丹所说,"美是到处都有的。对于我们的眼睛不是缺少美,而是缺少发现"。巴乌斯托夫斯基在《金蔷薇》中记载了这样一件事:法国画家莫奈到伦敦去画威斯敏斯特教堂。莫奈都是在伦敦平常的雾天工作。在莫奈的画上,教堂的哥特式的轮廓在雾中隐约可见。他把雾画成是紫红色的,这使伦敦人大为惊愕。因为,通常人们都认为伦敦的雾是灰色的。但当惊愕的人们走到伦敦大街上的时候,才第一次发现伦敦的雾的确是紫红色,其原因是烟气太多和红砖房使雾染上了紫红色。于是,莫奈胜利了,人们给他起了个绰号"伦敦雾的创造者"。审美感受力还表现为对艺术品整体把握的能力,即所谓"统摄力"。凭借这种"统摄力",可将对客体各个部分的印象从记忆中回想起来，彼此呼应，联成一体，从而形成一个具有内在联系的美的形象。这就是一种初步的审美的综合能力。

第三，审美感受力还包括审美通感的能力

所谓"审美通感"，就是在一种审美感受的诱发和影响下产生另一种审美的感受。这样，审美感受才能由此及彼，得到发展和深化。这种审美的通感能力是审美感受力的重要方面，能帮助我们加深对于艺术品的体验。审美通感有多种情形。一种是对于听觉形象，可通过大脑的加工幻化成视觉形象。相传两千多年前，楚国有位名叫俞伯牙的琴师，停船汉阳龟山脚下，抚琴消遣。隐士钟子期虽是樵夫，却很会欣赏音乐。伯牙弹琴时心里想到高山，钟子期就在旁赞道："美哉！巍巍乎若泰山。"伯牙弹琴想到水时，钟子期又贤道："美哉！荡荡乎若江河。"我们在欣赏著名的二胡曲《二泉映月》时，也可通过悠扬的节奏和旋律，仿佛看到月夜中二泉的明澈静谧的美丽景色。在欧洲，也有一个由听觉形象幻化成视觉形象的美丽传说。据传，在一个月夜，贝多芬曾为莱茵河边一个穷皮鞋匠的瞎眼妹妹弹奏了一曲《月光曲》。这个盲姑娘尽管看不见美丽的月华，但从乐曲声中却仿佛看到月亮从大海里升起，海面上顿时撒满了银光，耀眼通亮。过一会儿，仿佛海面上又狂风骤起，巨浪滔天，大有千军万马之势。盲姑娘的眼睛睁得大大的，完全被乐曲所陶醉。再就是对于视觉形象，可通过大脑加工幻化成听觉形象。例如，宋代诗人宋祁写了曲牌为《玉楼春》的词，用以描写春景，其中一句"红杏枝头春意闹"。"红杏"本是视觉形象，但一个"闹"字却把无声的红色的杏子，仿佛变成了顽皮嬉戏的儿童发出的"闹"声，一下子突现了春意盎然的生命力。王国维说："着一'闹'字而境界全出。"

还有就是建筑,通常将它叫做"凝固的音乐"。人们从故宫建筑的富丽宏大,仿佛听到了我国古代庄严沉重的历史乐音,而从苏州园林小巧玲珑的建筑又仿佛听到了一曲江南水乡优雅动听的民歌。

第四,只要通过长期的艺术实践就可提高自己的审美感受力

提高审美感受力的唯一办法就是狄德罗所说的要通过"反复实践",也就是长期的审美煅炼。这就要经常有计划地接触各个艺术门类的一些艺术珍品,不断体味,久而久之,审美感受能力自然就会逐步提高。诚如《文心雕龙》的作者刘勰所说,"凡操千曲而后晓声,观千剑而后识器"。例如,我们初次接触某些古典音乐,很可能在感受上是模糊的、混乱的,但时间一长,我们就能逐步分辨和掌握其中的节奏和旋律,并进而体会到其中的情感。再如,我们初次接触古典小说,往往注意力集中于故事情节,但经过一段时间,我们就会被作者的生花妙笔所塑造的栩栩如生的形象所感染。当然,艺术实践还包括创作实践。如果有条件尝试一下某种创作活动,如音乐、小说、诗歌、舞蹈、绘画等,就能更好地掌握艺术规律,体会艺术的"三昧",增强自己的审美感受力。

5. 文化素养的提高

审美活动不仅局限于审美的感受,而且还要通过审美的感受发展到审美的联想和想象。因此,审美力是一种综合的能力,集中地反映了一个人的文化的道德的历史的素养。正如马克思所说,"五官感觉的形成是以往全部世界历史的产物"。这就说明,包括审美感受力的五官的感觉不同于动物的感觉,是在劳动实践所创造的物质文明与精神文明的长期历史条件下形成的,是建立在一个人的文化素养的基础之上的。

第一,文化素养对于一些古典作品的欣赏显得特别重要

众所周知,古典作品的产生都有其特定的历史条件。如果对这种历史条件缺乏必要的知识,就难以准确地理解作品的含义。例如,有的人不理解为什么莎士比亚的著名悲剧《哈姆雷特》的主人公哈姆雷特复仇时老是犹豫不决。这是由于他们不了解,这部作品产生于十七世纪初,描写十二世纪末丹麦宫廷的事件。当时封建主义在力量上大于新兴的资产阶级。因此,哈姆雷特作为新兴资产阶级的代表,面对强大的封建势力,他的复仇是艰难的。这样,任务本身的艰巨性,就导致了行动的犹豫不决。再如,对于《红楼梦》这部作品中的许多人物和场景,没有文化素养也很难欣赏。对于贾母这个人物就是如此。按常理,作为外祖母,她应该特别疼爱林黛玉,但为什么却用"调包计"残酷地置林黛玉于死地呢?这就必须从封建社会对女性提出的"三从四德"和封建阶级的本性等深刻的社会根源理解。

第二,文化素养对某些表现人体美的作品的欣赏也显得十分必要

如何欣赏表现人体美的艺术作品,也是同文化素养有关的。

①从历史的角度看待人体美

人体美的绘画、雕塑主要盛行于西方。它的产生不是偶然的,而是有其历史的时代的原因的。人体美的第一个高潮期为古希腊时期。这同当时的社会历史条件有关。主要是古希腊奴隶

制时期始终没有大一统的中央帝国,而是分裂为各个城邦,战争频繁,尚武成风,整个民族都有严格的体育训练要求。这就形成了对健康而强壮的人体美的欣赏和追求。当时的奥林匹克运动会都是裸体进行的,毫不介意地在大庭广众之下炫耀自己健美的身躯。另一个原因是作为古希腊的宗教来说,不像后来的宗教那么神秘,而是人神统一,神的美也就是人的美。因此,可以毫无顾忌地把神雕成裸体。再就是,希腊地处地中海沿岸,气候也适宜于户外裸体活动。以上就是古希腊人体美艺术繁荣的历史原因。西方人体美艺术的第二个高潮期为文艺复兴时期(公元14—16世纪)。这时,新兴的资产阶级主要以人文主义、人性的解放对抗禁欲主义和神性的束缚,于是出现了一些裸雕、裸像。由以上对于古希腊与文艺复兴两个时期的分析可见,西方人体美艺术品的产生都是历史的现象,有其历史的背景。只有结合这样的背景,才能对这些艺术品正确地了解和欣赏。总之,从西方人体美艺术的两个高潮期来看,它的兴起都有其历史的原因,不能笼统地认为人体美的艺术是人类文明的表现,因为,从总的发展趋势来看,对直接的生理部分的掩盖正是羞耻心和人类文明的表现。正如黑格尔所说,"除掉艺术的目的以外,服装的存在理由一方面在于防风御雨的需要,大自然给予动物以皮革羽毛而没有以之给予人,另一方面是羞耻感迫使人用服装把身体遮盖起来。很概括地说,这种羞耻感是对于不合式的事物的厌恶的萌芽。人有成为精神的较高使命,具有意识,就应该把只是动物性的东西看作一种不合式的东西,特别是要把腹胸背腿这些肉体部分看作不合式的东西,力求使它们屈从较高的内在生活,因为它们只服务于纯然动物性的功能,或是只涉及外在事物,没有直接的精神的使命,也没有精神的表现。所以凡是开始能反思的民族都有强弱不同的羞耻感和穿衣的需要"。①

　　②从美学的角度来看待人体美的艺术品

　　人体美的艺术品,作为艺术,我们应从美学的角度进行鉴赏。从美学的角度看,任何真正的艺术品都是美的结晶,高尚情感的表现,感性与理性的直接统一。因此,裸雕与裸画作为艺术品,也应是自然的形体美与内在的精神美的直接统一。而且,应是内在的精神美统率外在的形体美,外在的形体美只有在表现了内在的精神美之时,才有其独立存在的意义。这就为我们划清了人体美艺术与黄色作品,如"春宫画"之类的界限。作为人体美的艺术品,其外在裸露的形体是借以表现内在的丰富的情感和高尚的精神品格。在这种人体美的艺术中,突出了用以表现情感和精神的形体部分,而省略了同表现情感与精神无关的形体部分。这样的作品所给予人的是一种高尚的审美享受、情感体验,而不是低级的官能刺激。例如,著名的《米洛的维纳斯》,虽为裸雕,但面部表情的端庄流露出纯洁典雅的情感,体态的婀娜优美体现出青春的健美和旺盛的生命力,稍稍前倾的修长的下身和微微侧倾的上身表明了内心的沉静、平和、温柔。这尊雕像给人一种端庄典雅的感受和青春活力的熏陶。有一位作家在小说中曾将这尊雕像看作是医治日常生活丑行的良药、给人以温暖的太阳。他充满激情地说道,"如果杀死她——就等于夺去了世上的太阳"。但黄色的裸雕、裸画却是一种粗野的自然主义的流露,外在的形体并没有包含深刻的意蕴,而是有意进行某种轻佻的色情展览,目的在给人以官能的刺激。

---

① [德]黑格尔:《美学》第 3 卷上册,朱光潜译,商务印书馆 1981 年版,第157 页。

③要适当地考虑到民族的欣赏习惯

我们中华民族,有着自己的历史特点,表现为政治上巩固的中央集权国家的早期出现,漫长的封建社会延续了一千年之久,在文化上有着悠久的文明的传统,在思想上儒学始终处于正宗的地位。因此,我们中华民族比较深沉、内向,形成了在审美习惯上倾向于一种素朴的含蓄美。无论是我国古代的绘画,还是戏剧,都在某种程度上表现了这种素朴的含蓄的美,有着强烈的象征意味,倾向于表现的艺术,不像西方古代倾向于再现的艺术。因此,尽管在我国艺术史上,唐代曾经出现过"飞天"等半裸的雕塑,但还是侧重于某种飘飘欲仙的非现实性。因此,从民族的审美习惯来看,不宜过于提倡裸雕、裸画。但对于这类作品也不必大惊小怪,而是允许尝试。只是应以健康的审美标准给予鉴别,杜绝那些粗野的自然主义的带有黄色倾向的作品出现。

第三,文化素养能帮助我们理解某些以丑为素材的作品

文艺作品并不都是以美的事物为素材的,也有一些是以丑的事物为素材。对于这样的作品,只在具有一定的文化素养时才能理解其在艺术中化丑为美的特点,并体验到文艺家在这种化丑为美的过程所流露出来的高尚的情感,从而对其欣赏并被其感染。

具体地来说,有这样几种情形:

①通过艺术家的评判化丑为美

以丑为素材的艺术品,素材本身是丑的,欣赏者之所以会在艺术品中发现美,原因就在于艺术家的评判,通过这种评判渗透着、倾注着美的理想。这里有两种情形。一种是喜剧性的美。艺术家通过讽刺甚至夸张的讽刺,唤起了读者或观众的笑声。这种讽刺本身就是一种批判,通过批判,流露作者正面的审美理想,使读者或观众在笑声中受到正面的情感教育和美的感染。例如，果戈里的《钦差大臣》，从骗子赫列斯达可夫到以市长为首的官吏们，都是卑鄙可耻的人物，可以说是一幅群丑图。但剧中却有一个唯一的正面人物，那就是由作者的辛辣的讽刺所引起的观众的笑声。广大观众正是通过笑声感受到了作者在剧中所流露出来的正面的审美理想。再一种情形是悲剧性的美。素材是遭受摧残和蹂躏的人物，艺术家通过人物内心强烈痛苦的刻画，表现出一种对命运抗争的歌颂。例如，著名的群雕《拉奥孔》，为古希腊艺术家阿格山大等人在公元前 42 年到公元前 21 年之间所作。它取材于公元前十二世纪前后，在古代小亚细亚发生的特洛亚战争中的一个传说。据说特洛亚祭司拉奥孔泄露了希腊人的"木马计"，偏袒希腊人的海神放出两条巨蟒紧紧地缠绕拉奥孔父子。雕像表现了拉奥孔为了救助幼子同巨蟒经历的惊心动魄的搏斗。他的整个姿态、表情和每块肌肉都凝聚着斗争的精神和不屈的意志，给人以昂扬奋发的感受。当然，也可以在作品中表现出一种对美好事物被毁灭的同情。例如，罗丹的雕塑《欧米哀尔》（又名《老妓》）。这是作者根据法国诗人维龙的《美丽的欧米哀尔》而塑造的，表现了一名肌肉萎缩的老妓女，弯腰蹲踞着，以绝望的目光感伤逝去的青春，悲叹自己的衰老的身躯，流露出艺术家深深的同情。

②通过突出事物本身隐藏的内在的美而化丑为美

有一些丑的素材本身就包含着某种内在的美，艺术家将这种内在的美加以突出，就可化丑为美。这里也有两种情形。一种是通过夸张的手法将丑的素材变为美的，从而给欣赏者以美的启示。例如，我国传统年画中的肥猪。猪本身并不美，但它的肥却是一种丰收、富裕的象征。作者将其加以夸张，就可使肥猪的形象包含某种社会美的理想。再就是通过外形的丑与内心的美的强烈对比化丑为美。例如,我国传统年画中的《钟馗捉鬼》和雨果的《巴黎圣母院》中的敲钟人加西莫多,就是以其外表的奇丑反衬出内在的正义或善良。

第四,文艺常识方面的基本素养有利于对艺术品的欣赏与理解

要加深对艺术品的欣赏,还必须具备基本的文艺常识方面的素养。例如,在欣赏文学作品时,必须掌握基本的文学常识,了解文学的特性与本质、文学形象的构成、创作方法与技巧等等。在欣赏造型艺术时,必须掌握绘画和雕刻的基本常识,诸如色彩的运用、冷暖色的搭配、线条结构等等。在欣赏音乐时,必须掌握必要的乐理,诸如旋律、节奏以及各种音乐体裁的知识。

6. 生活经验的丰富

上面曾经说到,审美联想是由现有的审美感受的经验唤起往昔的经验。由此可知,一个人的生活经历越丰富,往昔贮存于大脑中的经验越多,审美的联想就越丰富多彩。而只有在丰富多彩的审美联想的基础上才能进一步产生审美的想象,从而加深美感体验。我国文学史上著名的《琵琶行》就是唐代诗人白居易于公元 815 年贬官九江做郡司马时所作。一次,他在江边送客,偶遇曾经的琵琶女现在已成为商人妇。听其弹奏一曲哀怨的琵琶和苦难身世伤心的陈述,由此唤起白居易昔盛今衰的类似生活经验的回忆,从而被深深地感动。他不免情动于中而发为声,赋诗一首曰:"我闻琵琶已叹息,又闻此语重唧唧。同是天涯沦落人,相逢何必曾相识。"著名文艺评论家王朝闻也有过类似的体会。"十年动乱"之后,他重新观赏易卜生的戏剧《娜拉》,竟因勾起对"十年动乱"中生活经验的回忆,而有了新的体验。他写道:"我虽然没有被丈夫当作玩物来耍的遭遇,但是,比如在史无前例的'文化大革命'当中,有没有很不愉快的问题呢?……我不仅把娜拉看成被玩弄的妻子,而且把她看成是一个不被人理解不被人当作人而受到尊重而感到痛苦的人。"①再就是,有些青年人由于缺乏必要的生活经验,因而对于某些艺术形象所包含的思想感情难以理解。例如,对于唐代诗人贺知章的《回乡偶书》就体会不深。这就是由于缺乏必要的生活经验。其实,作者在这首诗中所寄寓的思想感情是很丰富的。诗云:"少小离家老大回,乡音无改鬓毛衰。儿童相见不相识,笑问客从何处来。"作者通过对比和反衬的手法,为我们描绘了一幅老大还乡、亲人相见不识的凄苦的图画,寄寓了作者对于岁月易逝的深深感触,从而流露了对离家出仕的悔恨和辞官归田之意。

7. 政治道德修养的加强

　　审美活动是体验与评价的直接统一,理性评价尽管渗透于情感体验之中,但却对情感体验具有明显的制约作用。这种理性评价就是指政治与道德的评价。为此,要提高自己的审美能力还必须加强政治道德修养。事实证明,正确的政治观点和高尚的道德修养可使审美体验沿着正确的方向发展。

---

① 王朝闻:《美学讲演集》,北京师范大学出版社 1981 年版,第 294 页。

第一,可在审美中排除庸俗低级的实用态度

如前所说,有些人以廉俗低级实用的态度和从占有的目的出发对待艺术,甚至专门寻找官能刺激。这主要是政治道德修养和情操方面的问题。确立了正确的政治观点,加强了道德修养,具有了高尚的情操,就可排除上述低级的非审美的杂念,使人们在审美活动中具有正确的态度。

第二,可使审美活动中的情感体验纳入正常的轨道

审美活动是以情感体验为其特点的。但情感犹如滔滔江河,如无理性的约束,就会漫出河床而泛滥成灾。因此,情必须在理的约束之下。狄德罗在《论戏剧诗》中指出,"诗人不能完全听任想象力的狂热摆布,诗人有他一定的范围。诗人在事物的一般秩序的罕见情况中,取得他行动的范本。这就是他的规律"。① 这里所说的"范围"、"范本"和"规律"就是指理性对感情的约束与指导,以使审美想象"合乎逻辑","显出各种现象之间的必然联系"。甚至连主观唯心主义美学家康德也认为,在审美活动中有无理性对情感的约束就好比是悍马和驯马的区别。他认为,在审美中,理性力对情感有所约束就好比驯良之马,否则就是野性勃发的悍马。

第三,可以鉴别某些思想倾向有错误和情感不健康的艺术品

艺术品是以形象性为其外部特征的,情感与思想都渗透、溶化于形象之中。因此,对艺术品的思想倾向和情感的鉴别难度较

---

① [法]狄德罗:《狄德罗美学论文集》,张冠尧译,人民文学出版社 1984 年版,第 163 页。

大。有些思想倾向上有着某种毒素的艺术品,由于具有一定的艺术性而常常在不知不觉中毒害了广大人民,特别是青年。列夫·托尔斯泰曾说:"物质毒品和精神毒品的区别在于,物质毒品多半因味苦而令人作呕,而以坏书形式出现的精神毒品,不幸得很,却往往使人销魂。"①而政治道德修养的加强就有助于对这类作品进行鉴别。俄国著名的革命民主主义者赫尔岑有一次参加了一个音乐欣赏会,立即以其敏锐的政治敏感辨别出这个音乐会所演出的音乐的轻佻和低级。当女主人告诉他,这些是当时社会上的流行音乐因而一定会十分高尚时,赫尔岑答道,"流行的就一定让人爱听吗? 就一定高尚吗?""你说流行感冒是不是让人喜爱? 是不是高尚?"又说:"有些低级的东西,冒充艺术珍品,它像流行性感冒的病菌一样,传染着健康人的肌体! 我们需要的真正的艺术,那才是高尚的艺术呀!"②在这里,赫尔岑讲到了一个辨别艺术品美丑的标准问题,那就是并不是"流行的"就是美的,因为在流行的事物中也不乏有毒之物。我们认为,这是一个很重要的见解。作为艺术品来说,当然应该被广大群众所接受和欢迎,即所谓"流行"。也可以说,一切真正的艺术品即使暂时不被群众接受,从长远的角度看,迟早会受到群众的欢迎,即在群众中流行开来。但并不是一切流行的艺术品都是美的。因为,艺术品的流行,除了艺术品本身的原因外,还同社会的风尚有关。在某种不健康的社会风尚盛行之时,符合这种风尚的艺术品也会流行,但这种艺术品却并不是美的。因此,我们应以较高的政治道德素养和冷静的头脑,分析地对待流行的艺术品。

---

① 转引自《文摘报》1985 年 2 月 11 日。
② 参见《外国作家艺术家创作故事》,山东人民出版社 1983 年版,第 82 页。

后　记

　　《美育十讲》是一本介于学术性与普及性之间的论述美育的专书,可作为高校美学教师、文科大学生与中小学音乐、美术教师教学与学习参考之用,亦适用于大中小学教育管理人员阅读。

　　这本书的写作主要是为了更好地贯彻党的教育方针,培养"德、智、体、美"全面发展的社会主义新人。为此,作者在本书中努力运用现代系统论、信息论与控制论的思维方法,从有机整体的角度对美育进行研究,着重探讨了美育同"德、智、体"三育的有机联系,以及它在构成人的具有整体性的智力结构与心理结构方面所具有的特殊作用。在美育的实施问题上,作者认为,它实质上是一个有系统的工程,即审美教育工程,并试图从定性、定量与自身反馈调节等方面使美育的实施更加科学化。作者还着重从心理学的角度论述了美育的情感教育本质,揭示了审美力作为情感判断力的内在奥秘,并进而探讨了美育的任务在于培养人们成为"生活的艺术家",以审美的态度对待社会和人生,因而美育在促进社会朝着和谐美好的方向发展上具有不容忽视的重要作用。此外,作者还以情感教育为中心线索,论述了美育的历史地位、艺术教育与审美力的培养等基本问题。

　　美育目前越来越引起人们的重视,这是一个具有重要意义的好的现象,也是现实生活对理论的呼唤所引起的必然反应。因为,三十多年的正反面经验向我们证明了,美育实在是一个极其重要的学科,它实质上是一种塑造美好心灵的崇高事业,其发展对于我们整个民族的素质和社会主义四化建设的前途都起着举足轻重的作用。在这个重大问题上,我们应该目光长远,而决不能短视,否则必将造成严重后果。而且,美育的发展也必将对美学和文艺等领域的前进带来巨大的推动力量。因为,美育将为美学与文艺的发展提供无数新的信息,并将其推入反馈调节、科学、有步骤的运动之中。这就使美学与文艺由静态到动态,由封闭到开放,从而具有了蓬勃的生命力。当然,美育的发展也同其他科学事业的发展一样,不会一帆风顺,而必然要经历同各种落后、愚昧的思想意识的斗争。因为,忽视美育正是经济与文化落后的反映,是极左思潮的表现,所以,要克服这种错误观念还要进行艰巨的斗争,并经过曲折的历程。但人类社会的前进是不可阻挡的,人们对世界和自身的认识也是不断发展的,这是不由人的意志为转移的历史规律。因此,审美力对于社会发展和人的成长的重要作用作为一个客观规律必将会逐渐为多数人所掌握,美育也必将会被全社会所重视,从而取得自己应有的地位。

作者是文艺理论与美学教师,对于美育问题只在《文学概论》和《美学》课的教学工作中涉及一点,真正较集中地研究美育问题还是开始于 1983 年初。那时,我们山东大学接受山东省教育厅交予的任务,开办了"山东高教干部进修班",短期轮训省内各高校中青年干部。主持者要求作者给这个班开设有关美育问题的讲座。作者应命先后讲过四次,积累了部分材料,在此基础上加以整理,才写成本书。由于作者本身知识的局限,在现代科学方法论、教育学和心理学等方面都知识贫乏,加上目前美育问题参考材料的缺乏,因此,这本书的写作只是一个初步的尝试,粗疏和错误在所难免,热烈欢迎美学、教育学方面的专家学者和广大读者提出批评。作者在写作本书的过程中,曾经参阅了国内外同行的有关论著,并得到山东教育出版社张华纲同志的支持,还得到高教干部进修班的领导与学员的热情鼓励。对于以上情况,特在此加以说明,并对有关同志致以谢意。

作　者

1985 年 12 月于山东大学